冶金专业教材和工具书经典传承国际传播工程
Project of the Inheritance and International Dissemination
of Classical Metallurgical Textbooks & Reference Books

职业本科“十四五”规划教材

冶金工业出版社

智能加热技术

主　编　戚翠芬　张树海　孟延军
副主编　李秀敏　陈　涛　黄素军
　　　　季如意　周玉朋　王志刚
主　审　齐素慈　付俊薇

扫码输入刮刮卡密码
查看数字资源

北　京
冶金工业出版社
2025

内容提要

本书以模块形式详细介绍了智能加热技术，全书共分8个模块，主要包括加热炉炉体设备检查维护、加热操作、完善安全管理制度和安全技术操作规程、加热工艺制度的制定与检查、加热产品质量分析、分析和处理加热事故、改进节能环保措施、智能加热控制技术等，内容涵盖了热轧厂原料加热岗位所需要的理论与实践。

本书可作为职业本科钢铁智能轧制技术专业、材料成型及控制工程专业的教学用书，也可作为冶金行业有关技术人员的培训教材或参考书。

图书在版编目（CIP）数据

智能加热技术 / 戚翠芬，张树海，孟延军主编. 北京：冶金工业出版社，2025. 7. --（职业本科“十四五”规划教材）. -- ISBN 978-7-5240-0228-4

Ⅰ. TF06

中国国家版本馆 CIP 数据核字第 2025TK0054 号

智能加热技术

出版发行	冶金工业出版社	**电　　话**	(010)64027926
地　　址	北京市东城区嵩祝院北巷 39 号	**邮　　编**	100009
网　　址	www.mip1953.com	**电子信箱**	service@mip1953.com

策划编辑　杜婷婷　责任编辑　杜婷婷　马媛馨　美术编辑　吕欣童

版式设计　郑小利　责任校对　郑　娟　责任印制　禹　蕊

三河市双峰印刷装订有限公司印刷

2025 年 7 月第 1 版，2025 年 7 月第 1 次印刷

787mm×1092mm　1/16；21.5 印张；475 千字；317 页

定价 66.00 元

投稿电话　(010)64027932　投稿信箱　tougao@cnmip.com.cn

营销中心电话　(010)64044283

冶金工业出版社天猫旗舰店　yjgycbs.tmall.com

（本书如有印装质量问题，本社营销中心负责退换）

冶金专业教材和工具书
经典传承国际传播工程
总　序

钢铁工业是国民经济的重要基础产业，为我国经济的持续快速增长和国防现代化建设提供了重要支撑，做出了卓越贡献。当前，新一轮科技革命和产业变革深入发展，中国经济已进入高质量发展新时代，中国钢铁工业也进入了高质量发展的新时代。

高质量发展关键在科技创新，科技创新离不开高素质人才。党的二十大报告指出："教育、科技、人才是全面建设社会主义现代化国家的基础性、战略性支撑。必须坚持科技是第一生产力、人才是第一资源、创新是第一动力，深入实施科教兴国战略、人才强国战略、创新驱动发展战略，开辟发展新领域新赛道，不断塑造发展新动能新优势。"加强人才队伍建设，培养和造就一大批高素质、高水平人才是钢铁行业未来发展的一项重要任务。

随着社会的发展和时代的进步，钢铁技术创新和产业变革的步伐也一直在加速，不断推出的新产品、新技术、新流程、新业态已经彻底改变了钢铁业的面貌。钢铁行业必须加强对科技进步、教育发展及人才成长的趋势研判、规律认识和需求把握，深化人才培养体制机制改革，进一步完善相应的条件支撑，持续增强"第一资源"的保障能力。中国钢铁工业协会《"十四五"钢铁行业人力资源规划指导意见》提出，要重视创新型、复合型人才培养，重视企业家培养，重视钢铁上下游复合型人才培养。同时要科学管理，丰富绩效体系，进一步优化人才成长环境，造就一支能够支撑未来钢铁行业高质量发展的人才队伍。

高素质人才来源于高水平的教育和培训，并在丰富多彩的创新实践中历练成长。以科技创新为第一动力的发展模式，需要科技人才保持知识的更新频率，站在钢铁发展新前沿去思考未来，系统性地将基础理论学习和应用实践学习体系相结合。要深入推进职普融通、产教融合、科教融汇，建立高等教育+职业教育+继续教育和培训一体化行业人才培养体制机制，及时把钢铁科技创新成果转化为钢铁从业人员的知识和技能。

一流的专业教材是高水平教育培训的基础，做好专业知识的传承传播是当代中国钢铁人的使命。20 世纪 80 年代，冶金工业出版社在原冶金工业部的领导支持下，组织出版了一批优秀的专业教材和工具书，代表了当时冶金科技的水平，形成了比较完备的知识体系，成为一个时代的经典。但是由于多方面的原因，这些专业教材和工具书没能及时修订，导致内容陈旧，跟不上新时代的要求。反映钢铁科技最新进展和教育教学最新要求的新经典教材的缺失，已经成为当前钢铁专业人才培养最明显的短板和痛点。

为总结、提炼、传播最新冶金科技成果，完成行业知识传承传播的历史任务，推动钢铁强国、教育强国、人才强国建设，中国钢铁工业协会、中国金属学会、冶金工业出版社于 2022 年 7 月发起了“冶金专业教材和工具书经典传承国际传播工程”（简称“经典工程”），组织相关高校、钢铁企业、科研单位参加，计划用 5 年左右时间，分批次完成约 300 种教材和工具书的修订再版和新编，以及部分教材和工具书的对外翻译出版工作。2022 年 11 月 15 日在东北大学召开了工程启动会，率先启动了高等教育和职业教育教材部分工作。

“经典工程”得到了东北大学、北京科技大学、河北工业职业技术大学、山东工业职业学院等高校，中国宝武钢铁集团有限公司、鞍钢集团有限公司、首钢集团有限公司、河钢集团有限公司、江苏沙钢集团有限公司、中信泰富特钢集团股份有限公司、湖南钢铁集团有限公司、包头钢铁（集团）有限责任公司、安阳钢铁集团有限责任公司、中国五矿集团公司、北京建龙重工集团有限公司、福建省三钢（集团）有限责任公司、陕西钢铁集团有限公司、酒泉钢铁（集团）有限责任公司、中冶赛迪集团有限公司、连平县昕隆实业有限公司等单位的大力支持和资助。在各冶金院校和相关钢铁企业积极参与支持下，工程相关工作正在稳步推进。

征程万里，重任千钧。做好专业科技图书的传承传播，正是钢铁行业落实习近平总书记给北京科技大学老教授回信的重要指示精神，培养更多钢筋铁骨高素质人才，铸就科技强国、制造强国钢铁脊梁的一项重要举措，既是我国钢铁产业国际化发展的内在要求，也有助于我国国际传播能力建设、打造文化软实力。

让我们以党的二十大精神为指引，以党的二十大精神为强大动力，善始善终，慎终如始，做好工程相关工作，完成行业知识传承传播的使命任务，支撑中国钢铁工业高质量发展，为世界钢铁工业发展做出应有的贡献。

中国钢铁工业协会党委书记、执行会长

2023 年 11 月

本书编委会

主　　编　戚翠芬　张树海　孟延军

副 主 编　李秀敏　陈　涛　黄素军　季如意　周玉朋

　　　　　王志刚

参　　编　宋　昱　张景进　杨晓彩　赵晓萍　陈柏旭

　　　　　种雪颖　赵锦辉　郑明哲　耿硕燕　石晓磊

主　　审　齐素慈　付俊薇

前　言

目前，是我国钢铁产业向高端化、智能化、绿色化转型升级，实现可持续高质量发展的关键时期，亟须大量高端技能人才，人才的培养离不开好的教材，而轧钢原料加热岗位职业本科层次高水平的教材目前尚属空白，因此，组织编写一套适应钢铁产业发展现状、融汇职业本科教育新理念的高水平、新形态、数字化专业教材实属当务之急。

本书编委会在对钢铁企业、行业专家、用人单位广泛调研的基础上，按照教育部职业本科国家教学标准、专业人才培养方案和课程标准的要求，甄选内容，数易其稿，历时2年完成了本书的编写工作。

本书入选中国钢铁工业协会、中国金属学会和冶金工业出版社组织的“冶金专业教材和工具书经典传承国际传播工程”第一批立项教材。

本书具有以下特点：

(1) 注重政治引领，贯彻党的二十大精神。本书编写以习近平新时代中国特色社会主义思想为引领，每个模块都融入“绿色”“低碳”“高质量发展”理念，锚定碳达峰、碳中和目标，坚守为党育人、为国育才的初心使命。

(2) 融入“四新”，思政贯穿全程。本书内容包含了轧钢原料加热的所有核心内容，融入行业的新方法、新技术、新工艺、新标准。同时，紧密结合教材内容，融入课程思政元素，围绕爱党爱国家国情怀、服务人民奉献社会、遵章守纪增强修养3个层面展开，构建了完整的课程思政体系，形成了清晰的课程思政主线和脉络。将思政案例和思政元素，体现在不同的内容中，实现立德树人功能；将创新方法、创新实战技巧与教学内容相融合，形成思政、创新、课程内容三位一体的完整结构；将专业知识与技能的传授、创新创业意识的提升、职业素质的培养以及民族精神的树立有机地融入教材开发全过程。

(3) 校企合作，岗课赛证融合。本书内容由校企合作确定，开发编写由校企双方共同完成；根据轧钢原料加热岗位需求，参照轧制原料工国家职业技能鉴定标准、职业技能竞赛标准，整合课程教学资源和内容，实现“岗课赛证”融通。

本书编写既重视实践技能的培养，关于生产、安全、操作案例全部来源于企业生产实际，充分彰显职业本科的职业教育属性；同时又注意加强理论体系的完整性、系统性和一定的理论深度，夯实学生进一步发展的基础。

(4) 体例匹配，注重因材施教。以真实生产项目、典型工作任务等为载体组织教学活动，本书体例采用模块形式、任务驱动，对接实际生产过程，每个模块由模块背景、任务描述、知识准备、任务实施、问题讨论、综合训练、“四新”拓展、项目实践构成。坚持创造性、主体性、个性化理念，通过设计不同风格和层次的学习资源，引导学生自主探索典型工作过程背后的知识、原理，激发学生解决各种复杂工程问题的创新动力，促进学生个性化发展。

(5) 结构合理，符合认知规律。以轧钢原料加热岗位职责为依据编写模块化内容；同时按学生的认知规律，构建从简单到复杂、难度递进式的教学模块；利用图片、微课、视频、动画、虚拟仿真等形式激发学生学习兴趣，帮助学生深入理解学习内容。

(6) 资源丰富，实现立体开发。本书实施立体化建设，开发了海量的微课、视频、图片、动画、题库等配套线上资源；实训环节通过视频、虚拟仿真等形式进行，扫描书中二维码即可观看，既方便学生学习，又能激发学习兴趣，提高学习效果。

本书由河北工业职业技术大学戚翠芬、张树海、孟延军担任主编；河北工业职业技术大学李秀敏、陈涛，鞍山钢铁集团有限公司黄素军，首钢京唐钢铁联合有限责任公司季如意，河钢集团石钢公司周玉朋，河北纵横集团丰南钢铁有限公司王志刚担任副主编。参加编写的人员还有河北工业职业技术大学宋昱、张景进、杨晓彩、赵晓萍、陈柏旭、种雪颖、赵锦辉，南京钢铁股份有限公司郑明哲、耿硕燕，首钢京唐钢铁联合有限责任公司石晓磊；全书由河北工业职业技术大学齐素慈教授、付俊薇教授主审。

在本书编写过程中，参考了有关文献资料，得到了相关单位的大力支持，在此向有关文献资料的作者和支持单位表示衷心的感谢。

由于编者水平所限，书中不妥之处，敬请广大读者批评指正。

编　者

2025年7月

目　　录

模块 1 加热炉炉体设备检查维护

模块背景——热轧航母甲板钢的第一环节

航空母舰，是集陆海空为一体的联合作战平台，是一个国家海军装备和国防实力的象征，2012 年前，在联合国五大常任理事国中，甚至在“金砖四国”中，我国是唯一没有航母的国家。

制造航空母舰，首先要生产航母用钢，没有航母用钢，一切都是空中楼阁。建造航空母舰需要的钢材品种规格很多，其主要钢种分为船体板、装甲板及结构板三大类。其中难度最高的要数结构板中的甲板钢，甲板钢不但要承受重达二三十吨的舰载机在起飞和降落过程中产生的强烈冲击和摩擦力，还要承受喷气式飞机高达几千摄氏度的火焰灼烧。因对其性能要求极高，全世界仅有少数几个国家可以生产。为了早日实现生产航母甲板钢的目标，鞍钢研究所研究人员日夜奋战，2013 年 8 月，完成了建造首艘国产航母所需的甲板钢、球扁钢等关键型号钢材的生产，中国成为了继美国、俄罗斯之后第三个可以自主研制和生产航母全部用钢的国家。

2017 年，我国第一艘国产航母山东舰正式下水。从此，国产航母的建造，进入新的篇章。航母用钢主要是通过轧制生产，钢在轧制之前首先进行加热，加热的目的是提高钢的塑性，降低变形抗力。加热是钢在热加工过程中的第一个重要环节。

钢在常温状态下的可塑性很小，因此它在冷状态下轧制十分困难，通过加热，提高钢的温度，可以明显提高钢的塑性，使钢变软，改善钢的轧制条件。一般来说，钢的温度越高，其可塑性就越大，所需轧制力就越小。例如，高碳钢在常温下的变形抗力约为 600 MPa，这样在轧制时就需要很大的轧制力，消耗大量能源，而且制造困难、投资大、磨损快。将它加热至 1200 ℃，变形抗力将会降至 30 MPa，是常温下变形抗力的 1/20。

钢坯加热的质量直接影响到钢材的质量、产量、能源消耗及轧机寿命。正确的加热工艺可以提高钢的塑性，降低热加工时的变形抗力，按时为轧机提供加热质量优良的钢锭或钢坯，保证轧机生产顺利进行。反之，如果加热工艺不当，或者加热炉的工作配合不好，就会直接影响产品的质量和轧机的产能。

一座合格的加热炉加热的坯料应该满足以下标准。

（1）为防止坯料造成过热、过烧缺陷，一般钢坯的加热温度为 1050~1250 ℃，对于低碳钢、高碳钢和低合金钢，1050~1180 ℃比较适宜。

（2）钢坯断面和长度方向任意点间的温差不大于 30 ℃。

(3) 步进炉加热的钢坯氧化烧损量控制在0.9%~1.2%，推钢式炉略有提高。对于加热制度有特别规定的钢种，如轴承钢等需要长时间在高温段加热的钢种氧化烧损会更高些。

(4) 钢坯脱碳层厚度应小于0.6 mm，一些特殊的用户需要的钢种脱碳层厚度要求小于0.35 mm，例如天津丰田汽车公司需要的53号钢。

加热炉是一个复杂的热工设备，它由炉膛与炉衬、冷却系统、燃烧系统、排烟系统、余热利用装置等基本部分构成。

任务1.1 检查维护炉衬

任务描述

微课
炉衬

动画
中板轧制生产工艺

炉墙、炉顶和炉底统称为炉衬。在加热炉的运行过程中，不仅要求炉衬能够在高温和荷载条件下保持足够的强度和稳定性、能够耐受炉气的冲刷和炉渣的侵蚀，而且要求有足够的绝热保温和气密性能。为此，炉衬通常由耐火层、保温层、防护层和钢结构四部分组成。其中，耐火层直接承受炉膛内的高温气流冲刷和炉渣侵蚀，通常采用各种耐火材料经砌筑、捣打或浇注而成；保温层通常采用各种多孔的保温材料经砌筑、敷设、充填或粘贴形成，其功能在于最大限度地减少炉衬的散热，降低能源消耗，改善现场操作条件；防护层通常采用钢板，其功能在于保持炉衬的气密性，保护多孔保温材料形成的保温层免于损坏。钢结构是位于炉衬最外层的由各种钢材拼焊、装配成的承载框架，其功能在于承担炉衬、燃烧设施、检测仪器、炉门、炉前管道以及检修、操作人员所形成的载荷，提供有关设施的安装框架。

因此，检查维护炉衬主要是检查维护炉墙、炉顶和炉底保温和气密性能，同时需要检查钢结构是否有变形与开裂等缺陷，发现问题要及时处理；若不能及时处理，要做好记录等待检修时处理。

知识准备

1.1.1 炉墙

1.1.1.1 炉墙结构

炉墙分为侧墙和端墙，沿炉子长度方向上的炉墙称为侧墙，炉子两端的炉墙称为端墙。炉墙通常用标准直型砖平砌而成，炉门的拱顶和炉顶拱脚处用异型砖砌筑。侧墙的厚度通常为1.5~2倍砖长。端墙的厚度根据烧嘴、孔道的尺寸而定，一般为2~4倍砖厚。整体捣打、浇注的炉墙尺寸则可以根据需要随意确定，一般厚度不小于200 mm。大多数加热炉的炉墙由耐火砖的内衬和绝热砖层组成。为使炉子具有一定的强度和良好的气密性，炉墙外面还包有4~10 mm厚的钢板外壳作炉墙的防护层。

承受高温的炉墙当高度或长度较大时，要保证有足够的稳定性。增加稳定性的办法是增加炉墙的厚度或用金属锚固件固定。当炉墙不太高时，一般用 232~464 mm 黏土砖和 232~116 mm 绝热砖的双层结构。炉墙较高时，炉底水管以下的炉墙增加厚度 116 mm。

炉墙上设有炉门、窥视孔、烧嘴孔、测温孔等孔洞。为防止砌砖受损，炉墙应尽可能避免直接承受附加载荷。因此，炉门、冷却水管等构件通常都直接安装在钢结构上。

耐火砖炉墙一般的辐射率在 0.6~0.7，目前采用在炉墙上喷涂一种辐射率高的黑金属微粒的新技术，可以将炉墙的辐射率提高到 0.95 以上，炉壁的辐射热能与炉壁的辐射率成正比，炉壁的辐射率越高炉壁的辐射热能越强。同时由于提高了辐射热能，在投入相同燃料的情况下，可能降低高温段的炉壁温度，在高温段，温度每降低 1 ℃，每平方米一小时可节能 1319 kJ。

1.1.1.2 炉门及孔洞

A 装出料炉门

图片 装料炉门

图片 出料炉门

侧装侧出料时，装料侧侧墙上设置装料炉门，用于防止冷空气侵入和炉内的热气体逸出以及炉内向炉外辐射热量。装料炉门由液压、气缸或带齿轮箱的电动机驱动并与钢坯移送动作连锁。出料侧两个侧墙上的出料炉门，也是由液压、气缸或电动机驱动并与钢坯移送动作连锁。炉门为升降式，用耐火隔热材料作内衬，通常是铸铁制造的；炉门框有的是铸件，有的是水冷的焊接件。用出钢机出料时一个出料炉门用于出钢，另一个出料炉门用于推杆的进退。用悬臂辊出料时，另一个出料炉门可用于烘炉期间放置临时烧嘴或监视出料、退坯。端装和端出料的炉门和前述炉门大体相同，较大的出料炉门采用焊接结构并有水冷炉门框。

B 观测炉门或观察孔

图片 观察孔

观测炉门位于炉子两侧墙的过钢线标高处，用于日常观察、炉子测试和烘炉期间放置临时烧嘴。观察炉门多数是内衬耐火隔热材料的侧开式炉门，炉门槛和炉底取齐。门扇中心有一销轴，还装有门栓，能平移转动，即门扇打开后其热面仍朝着门洞，改善了操作条件。观察孔用于在不打开炉门或无观测炉门的情况下观察炉子内部。

C 检修门或人孔

图片 检修炉门

检修门位于炉子加热段和均热段的两侧墙的炉底标高处，用于炉子检修时出入炉内，传递筑炉用材料和清除炉渣。门上有螺栓或门栓固定的盖板，门后的耐火材料侧墙上的开孔处用耐火砖砌筑堵死以减少热损失。

D 排渣口

在均热段悬臂辊下方沿炉宽有若干个排渣口，可将该处落下的氧化铁皮集中起来定期清除。

从节能观点出发，炉门个数应尽量减少，炉门结构应尽量严密，操作时炉门的开启时间应尽量缩短。

1.1.2 炉顶

加热炉的炉顶按其结构分为拱顶和吊顶两种。

当炉子跨度比较小时适合用拱顶。目前大部分加热炉跨度超过 4 m，大多采用吊顶结构。连续式加热炉多采用由吊挂钩、锚固砖和浇注料整体浇注的炉顶，或采用提前预制烘烤成型的炉梁或带锚固砖的炉顶预制块组装的复合顶。吊挂结构复杂、造价高，但它不受炉子宽度的影响且便于局部修理及更换。

图片 吊挂钩

图片 锚固砖

图片 砌筑完毕的炉顶

1.1.3 炉底

炉底是炉膛底部的砌砖部分，炉底要求承受被加热钢坯的重量，高温区炉底还要承受炉渣、氧化铁皮的化学侵蚀。此外，炉底还要经常与钢坯发生碰撞和摩擦。

炉底有两种形式：一种是固定炉底；另一种是活动炉底。固定炉底的炉子，坯料在炉底的滑轨上移动，固定炉底一般都是水平的，常见的炉型是推钢式连续加热炉。活动炉底的坯料是靠炉底机械的运动而移动的，常见的炉型是步进式加热炉、转底式环形加热炉等。为了增大坯料受热面积，提高产量，实现上下两面受热，现在大部分炉子的炉底全部是架空的。步进式加热炉是各种机械化炉底炉中使用最广发展最快的炉型。因此，这里重点介绍步进式加热炉的炉底结构。

1.1.3.1 钢坯在炉内的运送

推钢式加热炉内钢坯的运送一般是靠炉尾推钢机推动钢坯沿炉底滑动向前运行。

视频 步进输送

步进式加热炉与推钢式加热炉相比，其基本的特征是钢坯在炉底上的移动靠炉底可动的步进梁做矩形轨迹的往复运动，把放置在固定梁上的钢坯一步一步地由进料端送到出料端。图 1-1 是步进式炉内钢坯运动轨迹的示意图。

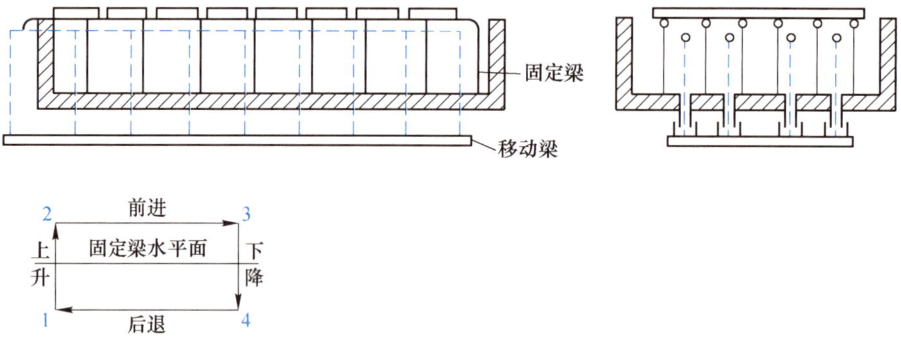

图 1-1 步进式炉内钢坯运动的示意图

炉底由固定梁和移动梁（步进梁）两部分所组成。最初钢坯放置在固定梁上，此时移动梁位于钢坯下面的最低点 1。开始动作时，移动梁由 1 点垂直上升到 2 点的位置，其间经过固定梁平面时把钢坯托起，接着移动梁载着钢坯沿水平方向移动一段距离从 2 点到 3 点；然后移动梁再垂直下降到 4 点的位置，当经过固定梁水平面时又把钢坯放到固定梁上。这时钢坯实际已经前进到一个新的位置，相当于在固定梁上移动了从 2 点到 3 点这样一段距离；最后移动梁再由 4 点退回到 1 点的位置。这样移动梁经过上升—前进—下降—后退四个动作，完成了一个周期，钢坯便前进（也可以后退）一步。然后开始第二个周期，不断循环使钢坯一步步前进。移动梁往复一个周期所需要的时间和升降进退的距离，是按设计或操作规程的要求确定的。可以根据不同钢种和断面尺寸确定钢坯在炉内的加热时间，并按加热时间的需要，调整步进周期的时间和进退的行程。

移动梁的运动是可逆的，当轧机故障要停炉检修，或因其他情况需要将钢坯退出炉子时，移动梁可以逆向工作，把钢坯由装料端退出炉外。移动梁还可以只做升降运动而不做前进或后退的动作，即在原地踏步，以此来延长钢坯的加热时间。

双步进梁式加热炉没有固定梁，由两组可动梁组成。第一组可动梁将钢坯抬起，前进过程中，第二组可动梁升起从第一组可动梁上接过坯料并送进。如此循环工作，坯料如同炉底辊运输一般，可保持不变的作业中心线，以一定速度连续平滑地运送。在运送过程中不会划伤钢坯下表面，并可与装出料辊道完全同步，其运送速度可自由调速，不但可逆送，且能停下，不需要采取防备电源停电的紧急措施。

为了避免升降过程中的振动和冲击，在上升和下降及接受钢坯时，步进梁应该中间减速。水平进退时开始与停止也应该考虑缓冲减速，以保证梁的运动平稳，避免钢坯在梁上摩擦滑动。办法是用变速油泵改变供油量来调整步进梁的运行速度。步进底（或梁）在矩形轨迹上的运行速度变化曲线如图 1-2 所示。

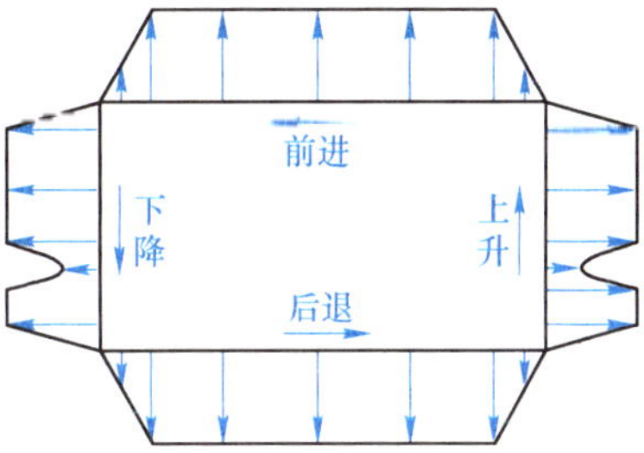

图 1-2 步进周期内运行速度变化曲线

1.1.3.2 步进式加热炉的结构

A 炉底结构

从炉子的结构看，步进式加热炉分为上加热步进式炉、上下加热步进式炉、双步进梁步进式炉等。

动画
步进式加热炉炉底机械

上加热步进式炉顾名思义只有上部有加热装置，固定梁和移动梁是耐热金属制作的，固定炉底是耐火材料砌筑的。这种炉子基本上没有水冷构件，故热耗较低，且只能单面加热，一般用于较薄钢坯的加热。

图片
推钢式加热炉炉底

与推钢式加热炉一样，为了满足加热大钢坯的需要，步进式炉也逐步发展了下加热的方式，出现了上下加热的步进式加热炉。这种炉子相当于把推钢式炉的炉底水管改成了固定梁和移动梁。步进式炉底结构如图 1-3 所示，固定梁和移动梁都是用水冷立管支撑的。梁也由水冷管构成，外面用耐火材料包扎，上面有耐热合金的鞍座式滑轨，类似推钢式加热炉的炉底纵水管。炉底是架空的，可以实现双面加热（步进式炉钢坯与钢坯不是紧靠在一起，中间有空隙，可认为是四面受热）。下加热一般只能用侧烧嘴，这是因为立柱挡住了端烧嘴火焰的方向，如果要采用端烧嘴，需要改变立柱的结构型式。上加热可以用轴向端烧嘴，也可以用侧烧嘴或炉顶烧嘴供热。考虑到轴向烧嘴火焰沿长度方向的温度分布和各段温度的控制，某些大型步进式炉在上加热各段之间的边界上有明显的炉顶压下，而下加热各段间设有端墙，以免各段之间温度的干扰；因此，这样的步进式炉沿炉子长度温度调节有更大的灵活性，如果炉子宽度较大，火焰长度又较短时，可以在炉顶上安装平焰烧嘴。

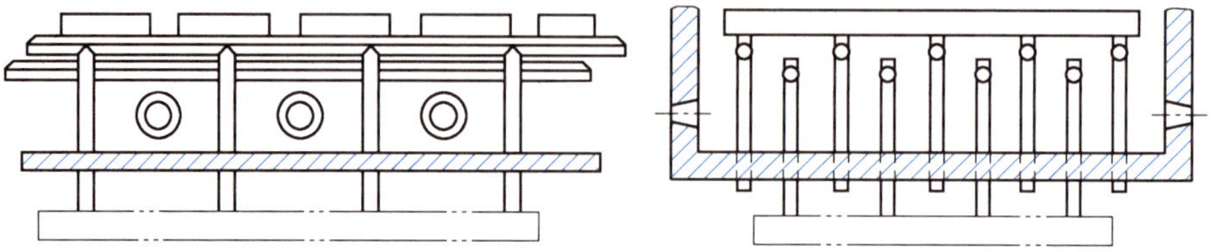

图 1-3　步进式炉底结构

图 1-4 是上下加热用于钢坯加热的步进式加热炉。这种炉型主要用于大型热连轧机钢坯的加热。

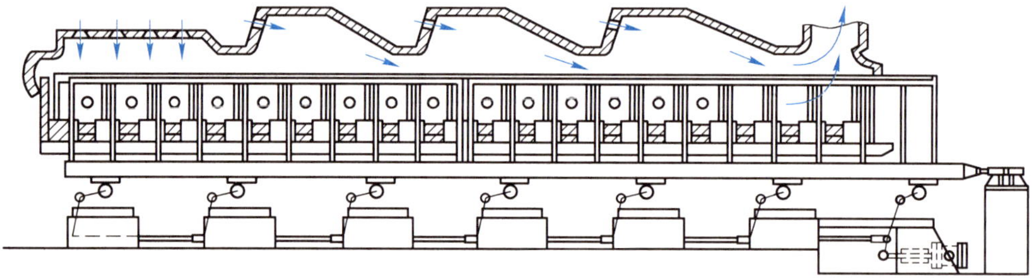

图 1-4　上下加热的步进式加热炉

B　步进机构

步进式加热炉的步进机构由驱动系统、步进框架和控制系统组成。步进系统一般分为机械传动和液压传动两种，目前广泛采用液压传动。现代大型加热炉的移动梁及上面的钢坯重达数百吨，使用液压传动机构运行稳定，结构简单，运行速度的控制比较准确，占地面积小，设备重量轻，比机械传动有明显的优点。步进机构型式如图 1-5 所示。炉底步进机构动作原理图如图 1-6 所示。步进梁（移动梁）由升降用的下步进梁和进退用的上步梁两部分组成。上步进梁通过辊轮作用在下步进梁上，下步进梁通过倾斜滑块支撑在辊子上。上下步进梁分别由两个液压油缸驱动，开始时上步进梁固定不动，上升液压缸驱动下步进梁沿滑块斜面抬高，完成上升运动，然后上升液压缸使下步进梁固定不动，水平液压缸牵动上步进梁沿水平方向前进，前进行程完成后，以同样方式完成下降和后退的动作，完成一个运动周期。

由于步进式炉很长，上下两面温度差过大，线膨胀的不同会造成大梁的弯曲和隆起。为了解决这个问题，设计上，目前一些炉子将大梁分成若干段，各段间留有一定的膨胀间隙，变形虽不能根本避免，但弯曲的程度大为减轻，不致影响炉子正常工作；操作上，在烘炉前要装入适量钢坯，防止隆起。

步进梁（或步进炉底，下同）的总升降行程一般为 70~200 mm，正常情况下炉子过钢线上下行程相等。它与钢坯入炉前的弯曲程度、炉长及钢坯在步进梁上的悬臂长度等有关。炉子长度为 10~15 m、钢坯较短、在炉内运行时不会出现明显的弯曲变形时，总升降行程可定为 70 mm；炉长超过 20m 时总升降行程可取 200 mm。有时设计中让炉子过钢线上的行程大于过钢线下的行程，以减小坯料本身弯曲、炉底结渣对钢坯运行的影响。升降速度的平均值通常为 15~40 mm/s。步进梁的平移行程一般为 160~300 mm，具体行程数值与钢坯入炉前的弯曲程度、坯料的宽度以及坯料之间的间隙有关，还要和炉子的有效长度相配合。移动速度通常为 30~80 mm/s。速度慢些有利于减小提升过程中的炉底振动和电动机功率。有时为了节能和缩短步进周期，让步进梁在下降和后退时的速度尽量快些。坯料宽度相差较大时，必要情况下步进梁可以有几种平移行程。步进框架及步进机械分成两段时，加热段和均热段液压缸的平移行程往往是预热段液压缸平移行程的 1~2 倍。只有一套步进机械时，钢坯在炉内的最大移动速度就是平移行程与最短步进周期之比，此速度必须和装出料机械的节奏及炉子的产量相协调。液压系统中采用比例阀及带压力传感器的变量泵，可以很方便地进行加减速控制，在升降行程和平移行程的起点和终点，做到炉底设备缓慢启动、平稳停止；在升降行程的中部，实现坯料的“轻托轻放”。

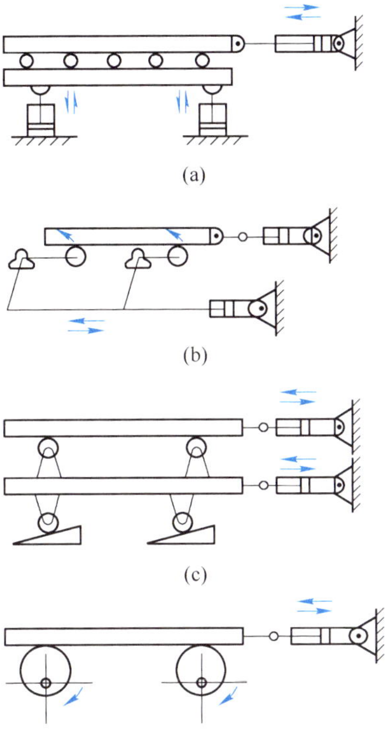

图 1-5　步进机构型式

（a）直接顶起式；（b）杠杆式；（c）斜块滑轮式；（d）偏心轮式

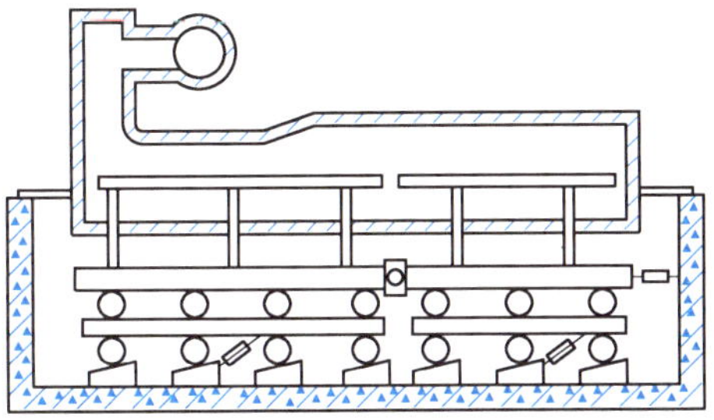

图 1-6　炉底步进机构动作原理图

为了控制炉底机械运行的位置，采用无触点开关、光电开关、限位开关、液压缸内置或外置线性位移传感器等。为了减小钢坯跑偏，除了设置定心装置外，要求步进梁传动机械（包括步进框架）的制造和安装保证规定的精度，左右两套升降机构必须同步（使用同步轴、同步液压缸、同步油马达、伺服阀等），装钢时尽量按中心线对称布料。

C　炉底密封与清渣结构

对于步进式加热炉，步进梁的立柱穿过炉底并固定在平移框架（上步进梁）上。为了使活动立柱与炉底开孔处密封，在活动梁下部设有水封槽，水封槽固定在平移框架（上步进梁）上。

图片
安装前水封槽

水封结构包括水封槽和水封刀两部分。水面上方的炉内空间宜小些，以免在升降过程中气流反复流动使钢坯冷却。水封槽还用于储存通过缝隙落下的氧化铁皮和耐火材料碎渣，因而水封槽宜深些，容积宜大些。水封槽的一边要向外倾斜，以便人工清除槽内积渣。水封结构如图 1-7、图 1-8 所示，水封结构下部悬挂有刮渣板，板间距小于步进底步距，水封槽则随步进炉底移动，利用步进底的往复移动将炉渣集中。出料口附近水封槽的槽边有向内的凸缘以阻挡水流溅出。

图片
安装后水封槽

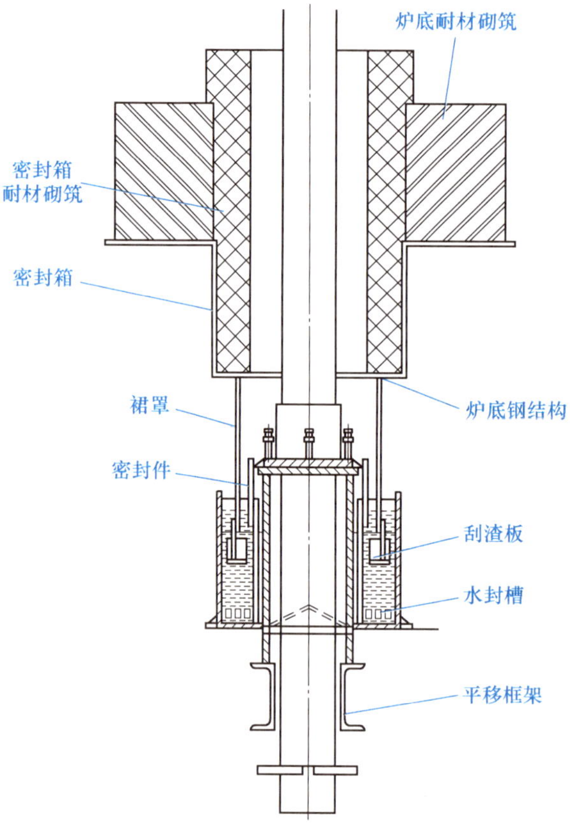

图 1-7　沿炉宽方向水封槽剖面图

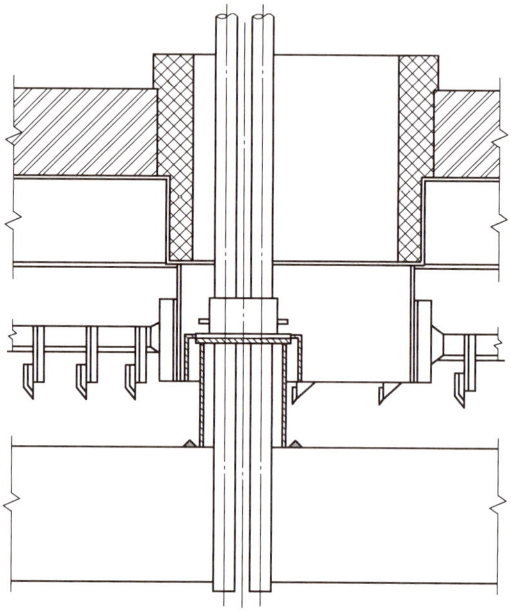
图 1-8　沿炉长方向水封槽剖面图

对于步进梁式炉，步进梁的立柱管穿过炉底长圆形开孔并固定在水平框架上，如图 1-9 所示，开孔的四周，用浇注料捣制成一圈高于炉子底面的围墙，以防止炉渣掉入水封槽。为防止冷空气渗入炉内，在炉底钢结构与水平框架上的水封槽之间设裙式水封刀（也称为裙罩）和支撑梁管头端盖，插入水封槽内进行密封。通过开孔落入水封槽的氧化铁皮，在步进梁下降和后退的过程中，通过安装在裙式水封刀下部以及其间的刮渣板被自动刮向装料端，水封槽和刮渣板在装料端是逐渐向上倾斜的。槽内的氧化铁皮高于水面后形成干渣，通过漏斗下的手动开闭机构定期将此干渣漏入出渣车内，运到车间外。水封槽的溢出水通到轧线冲渣沟，

视频
水封槽

水封槽由船板钢制造，槽内面涂沥青，刮板和裙罩及裙罩内部锚固钩材质均由不锈钢制造而成。

图 1-9 固定梁和活动梁立柱

图片
裙罩

图片
刮渣板

视频
裙罩

1.1.3.3 步进式加热炉的优缺点

和推钢式连续加热炉相比，步进式炉具有以下优点。

（1）加热灵活。在炉长一定的情况下，炉内坯料数目是可变的，而在推钢式加热炉中则是不可变的，此时加热时间就受到限制。例如炉子产量降低一半时，则炉内坯料加热时间就会延长 1 倍，对有些钢种来说这是不利的，而步进炉在炉子产量降低时，可以改变坯料间距来保持加热时间不变。

（2）加热质量好。在步进炉内可以使坯料间保留一定的间隙，这样扩大了坯料受热面，加热温度比较均匀，钢坯表面一般没有划伤的情况，两面加热时坯料下表面水管黑印比推钢式连续加热炉的要小些。

（3）炉长不受限制。对推钢式连续加热炉来说，炉长受到推钢长度的限制，而步进炉则不受限制。而且对于不利于推钢的细长坯料、圆棒、弯曲坯料等均可在步进炉内加热。

（4）操作方便。改善了劳动条件，在必要时可以将炉内坯料全部或部分退出炉外，开炉时间可缩短；由于不容易粘钢，因此可减轻繁重的体力劳动；和轧机配合比较方便、灵活。

（5）可以准确地控制炉内坯料的位置，便于实现自动化操作。

步进式炉的缺点主要是造价比较高、设备制造和安装技术要求较高、基建施工量大、机电设备维护水平要求高。在操作中要对炉底勤维护，及时清渣，经常保持移动梁和固定梁平直以防坯料跑偏。此外，步进式炉（两面加热的）炉底支撑水管较多，水耗量和热耗量超过同样生产能力的推钢式炉，经验数据表明，在同样小时产量下，步进式炉的热耗量比推钢式炉高 168 kJ/kg 钢。

1.1.4 基础

基础是炉子支座，它将炉膛、钢结构和被加热钢坯的重量所构成的全部载荷传到地面上。

大中型炉子基础的材料都是混凝土，只有小型加热炉才用砖砌。

砌筑基础时，应避免将炉子部件和其他设备放在同一整块基础上，以免由于负荷不同而引起不均衡下沉，使基础开裂或设备倾斜。

1.1.5 炉子的钢结构

为了使炉子成为一个牢固的整体，在长期高温的工作条件下不致严重变形，炉子必须设置由竖钢架、水平拉杆（或连接梁）组成的钢结构。炉子的钢结构起到框架作用，炉门、炉门提升机构、燃烧装置、冷却水管和其他一些零件都安装在钢结构上。使用平焰烧嘴的宽炉膛炉子，因炉顶钢结构比较庞大复杂而分成上下两层：上层用于支撑空气管道、煤气管道及管道附件，用大断面的钢梁制成；下层用于支撑吊炉顶和平焰烧嘴的重量，用中小型断面的钢梁制成。用小断面型钢作吊杆将下层钢梁悬吊在上层钢梁上。

图片
钢结构

1.1.6 转底式环形加热炉

1.1.6.1 概述

对于一些难以采用推钢式加热炉加热的坯料（如车轮、轮箍坯、饼、管坯、各种异型锻坯等），最初用室状炉加热，对于无缝钢管坯则在斜底炉内加热，在这些炉内加热主要的缺点是劳动强度大，一般都需要人工拨料。同时由于炉底是倾斜的（约12°），故不能控制沿炉底长度方向上炉气压力与外界压力相等，往往造成出料端负压，吸入大量冷风，使氧化烧损增加，恶化传热，增加燃料消耗量。其次，由于受操作条件限制，管坯加热温度不易均匀，对轧制产品质量有直接影响。而对于锻造车间来说，由于室状炉产量低，限制了锻锤生产率的提高。于是，在20世纪40年代开始使用环形加热炉，并取得了良好的效果。特别是在一些无缝钢管厂及锻造厂采用环形加热炉使生产翻了一番。采用环形加热炉代替室状炉及斜底炉的优点是明显的，它提高了产品产量及质量，减轻了劳动强度，但这种炉子造价比较贵，是斜底炉造价的5~6倍。从长远看，其基本投资可以很快地从产量的增加、质量的提高、成本的降低所节约的资金中得到回收。

微课
转底式环形加热炉

图片
转底式环形加热炉

视频
环形炉

1.1.6.2 环形炉结构

环形炉结构相当于把一个很长的侧出料单面加热的连续加热炉头尾相接，成为一个环形的炉子，但炉底不是固定的而是可以旋转的。它的平面图如图1-10所示、截面如图1-11所示。

环形炉工作情况是这样的，被加热的坯料由加料机送入装料门A（见图1-10）放在炉底上，坯料随着炉底一起缓慢旋转。在炉子外侧和内侧墙上装有一定数量的烧嘴或喷嘴，对坯料进行预热、加热及均热。被加热好的金属坯料最后从出料门B由出料机取出供轧制或锻造用。

环形炉结构上最大的特点在于炉底结构。它要保证按需要的速度正常地旋转并和内外环固定炉墙保持一定的间隙而不卡死，在使用过程中炉子金属结构不致变形太大而妨碍炉底的正常旋转。

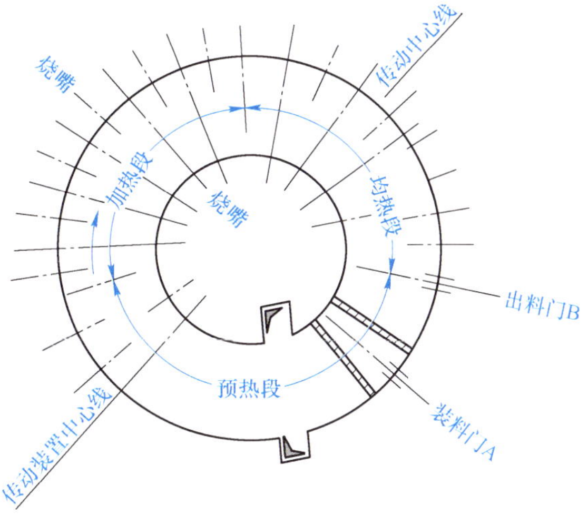

图 1-10 环形加热炉平面示意图

A 环形炉底

从图 1-11 可见，炉底耐火材料是砌筑在下环 4 和上环 5 二层钢结构上面的钢板上，上环 5 安放在下环 4 上允许受热后能自由膨胀，下环下面钢轨载着炉底重量放在很多个支撑辊 2 上，中小炉子采用一列或两列支撑辊，大直径的环形炉采用三列支撑辊，支撑辊采用滚珠轴承结构以减少摩擦阻力，增加转动时的动力，小型环形炉也有用滚珠代替支撑辊的设计。

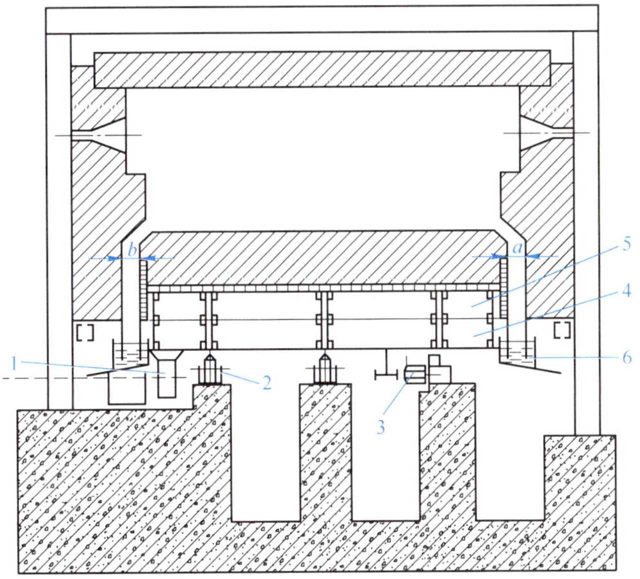

图 1-11 环形加热炉截面示意图

1—传动齿轮；2—支撑辊；3—定心辊；4—下环；5—上环；6—水封

环形炉炉底耐火材料砖型、砌筑方式是很重要的。在炉子使用过程中，由于热膨胀、温度急变、氧化铁皮等作用容易发生炉底边缘砖断裂而掉落发生卡住现象，另外是炉底不要堆积氧化铁皮，为此现场往往采用大块磷酸盐或高铝矾土耐火混凝土预制块来砌筑，使用效果较好。

B 环形炉底定心装置

为了保证环形炉底围绕着一个中心旋转，必须设有定心装置，常用的定心办法，即由沿圆周若干个带弹簧压紧装置的水平定心辊，一般从内环方向顶住炉底下环上的一圈轨道或钢板上面来实现定心，环形炉支撑辊及定心辊装置如图1-12所示。

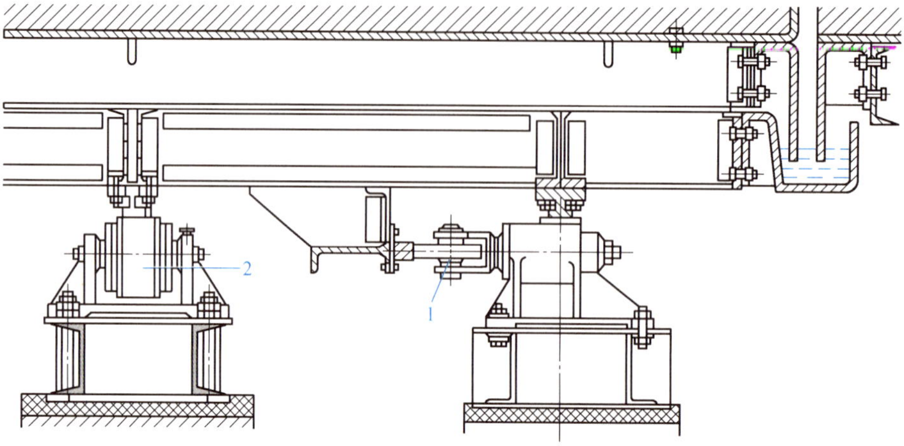

图1-12 环形炉支撑辊及定心辊装置
1—定心辊；2—支撑辊

C 环形炉底回转装置

环形炉底回转装置有两种：一种是铸铁齿条沿圆周固定在下环下面，靠它下面的主动齿轮来带动；另一种是链式的，在炉底钢结构外缘或下部安装一圈由特殊链节组成的重型链条（类似齿条结构），液压驱动的拨杆机构与链条啮合，通过拨动链条实现炉底回转。

D 环缝和水封

环形炉回转炉底和内外固定侧墙之间留有一定大小的环缝。环缝太小不但给施工造成困难，而且在使用过程中容易卡住炉底；太大热损失增大。由于外环热膨胀大，故外环间隙 b 设计得比内环间隙 a 要大一些，如图1-11所示。为了避免冷空气从炉底环缝间隙吸入，故设有水封装置，经过环缝掉落下来的氧化铁皮、耐火材料碎块等渣子也落在水封槽中，过一段时间要从水封槽中清走。为了检修及清理方便以改善劳动条件，环形炉底下部需要有足够的空间。

E 环形炉炉衬

环形炉炉衬用黏土砖或高铝砖砌成。我国一些工厂在环形炉上采用磷酸盐耐火混凝土及矾土耐火混凝土预制块砌筑炉顶、炉底及炉墙取得了良好的效果。主要是施工比较方便，避免了使用大量异型砖或施工时切砖、磨砖的麻烦。在环形炉出料门和装料门之间必须设置隔墙，它的作用是将装出料门彼此隔开，因该处的温度不同，使用隔墙后还可防止均热段的热气体短路直接进入烟道。此外往往在装料门和炉子排烟道间也设置隔墙，还在出料门对面内环侧墙上装有辅助烧嘴，采取这些措施的目的是保持被加热好的坯料不致被冷却。隔墙下面一般采取1~2根冷却水管来支持上面砌砖的重量。环形炉炉衬存在的问题是炉子使用一段时间后炉底外环边缘砖容易断裂而掉落，以及氧化铁皮堆积后炉底涨高，炉子内环使用一段时间后，炉墙容易向炉内方向倾倒，尤其小炉子更甚。为防止炉子内环炉墙倾倒，目前采取的措施有：（1）内墙用铁片或槽钢钩住，如图 1-13 所示；（2）采用倾斜内墙，为此内墙钢结构也必须做成倾斜的，如图 1-14 所示。

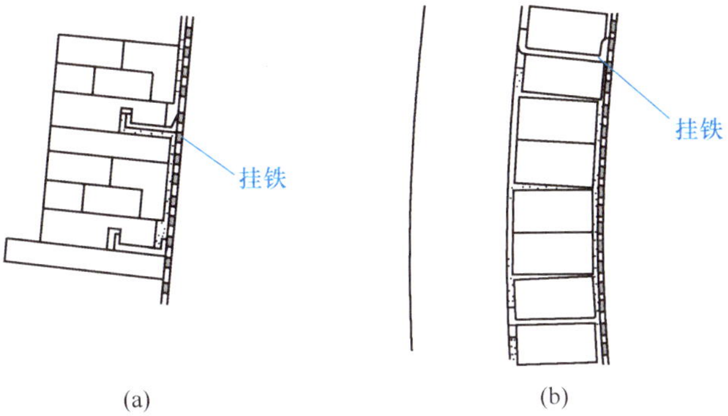

图 1-13　采用挂铁防止内环炉墙倾倒的结构
（a）用槽钢做挂铁；（b）用钢板做挂铁

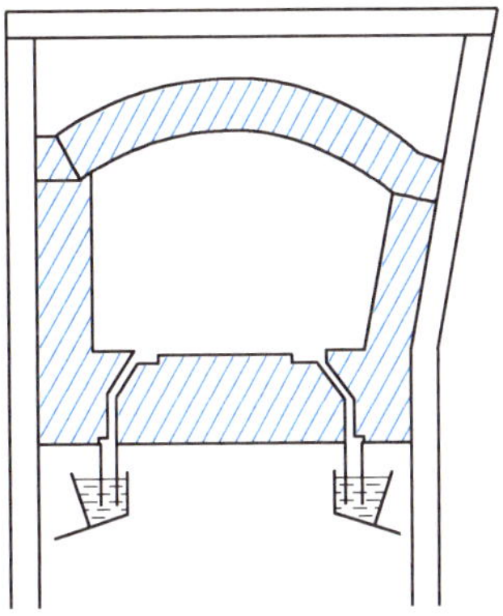

图 1-14　为防止内环炉墙倾倒而采用的倾斜炉墙

F　燃烧器布置

对于宽度比较小的炉子来说，只在外侧墙上布置烧嘴，而它们往往是切向布置的。大一些的环形炉内外侧墙上都安装烧嘴，有两种布置方式：一种是切向；另一种是径向布置。总的目的是保证炉温均匀，烧嘴大小、数量按拟定的温度制度来布置。一般预热段只布置很少小规格的烧嘴，主要烧嘴布置在加热段，均热段适当布置少量的或能力较小的烧嘴，燃料和空气分段供给，分段进行调节。近年来，为了降低燃料消耗，环形炉有在炉顶上布置燃烧器的。

G　进出料装置

炉料由输送料装置（辊道、链条、滑板或钢丝绳小车等）送到炉前后，采用机械手将料一根根装入炉内，加热好后由另一个机械手从炉门将料取出，进出料机械手结构分为固定框架高轨式、地面有轨小车式和落地出料机。

出料机械手的动作有前进、低头、夹紧、抬头、后退、张开等；装料机械手的动作有夹紧、前进、张开、后退等。

机械手驱动方式分为机械传动和气动两种。

1.1.6.3　转底式环形加热炉的优缺点

A　优点

（1）加热炉的转速和料坯之间的间隔可以准确控制，各段的温度可以根据需要通过调节供热量及利用中间烟道进行控制。加热炉的产量、热工制度等都有较大的灵活性。

（2）由于料坯之间有间隙，三面受热，温度均匀，没有水冷黑印，加热质量好。

（3）可以加热推钢式加热炉和步进式加热炉所不能加热的异型坯料。

（4）与斜底炉相比，沿炉长没有高度差，加热圆坯时不需要翻料，漏入的空气少，甚至可以采取微正压操作，烧损率比推钢式连续加热炉减少 1.5%~2%。

（5）加热炉可以排空，避免停轧时料坯在炉内长期停留。

（6）便于更换坯料规格。

（7）由于几乎没有什么水冷件，热耗比较低。

B 缺点

（1）机械设备复杂，占地面积大，投资费用高。

（2）坯料之间有间隙，炉底利用率低，炉底强度只有推钢式连续加热炉的一半左右。

（3）装料门和出料门相距很近，送料和出料的区域很窄，操作不方便。

任务实施

1.1.7 炉墙与炉顶的维护

耐火炉衬直接接受高温炉气的侵蚀和冲刷，其工作条件十分恶劣，做好维护工作十分重要。加热工要维护好炉衬必须做到以下几点。

（1）烘炉及停炉特别是大、中修的烘炉，必须按规程规定的升、降温速度进行，防止急骤升温和快速降温。过快的升降温速度会使砌体内部产生较大的热应力，致使炉体崩裂。

（2）不允许炉子超高温操作。炉温过高不仅会产生严重的化钢现象，而且大大缩短炉子的使用寿命。一般连续式加热炉最高炉温不得超过 1350 ℃，应绝对禁止把炉温提升到 1400 ℃，甚至更高温度的错误操作。必须明确超高温操作会影响炉衬的寿命，是绝对不允许的。

（3）要绝对禁止向高温砌体上喷水。在实际生产中，有的加热工因为急于清渣或进炉作业，用向高温炉衬上浇水的方法来加速炉子冷却。这种做法会对耐火材料产生极大的破坏作用，要坚决制止。

（4）应注意装炉操作，严防坯料装偏，或跑偏未及时纠正而刮炉墙、卡炉墙。要坚决避免预热段发生拱钢事故，以防撑坏炉顶。

（5）应尽量减少停炉次数。每次停、开炉都会因砌体的收缩和膨胀而使其完整性受到破坏，影响使用寿命。炉子的一些小故障应尽可能用热修解决，检修周期与轧机相同，平时无检修时间的几座炉子，每炉停炉次数应大致相等，以免由于停炉集中于某一座炉子而使其砌体受损严重，无法工作到一个检修周期。

1.1.8 实炉底的维护

钢在炉内加热时，不可避免要产生氧化，氧化铁皮脱落将造成炉底积渣，引起炉底上涨。积渣的快慢与钢的加热温度、火焰性质及钢的性质有密切关系。钢的加热温度高，火焰氧化性强时，钢的氧化加剧，积渣速度就快。特别是在炉温波动大时，氧化铁皮容易脱落，更易造成炉底上涨。炉底积渣过多时对钢的加热和炉子的操作都有不良影响，因此必须及时清理炉底，排除积渣。

避免炉内积渣过快最根本的方法是加热炉的正确操作。严格按加热制度控制炉温、不烧化氧化铁皮。这是因为烧化了的钢渣凝固后很坚硬，不容易用铁钎打掉。严格控制炉压，以避免炉内吸入冷空气而增加氧化烧损，减少氧化铁皮的脱落，以防炉底过快积渣造成炉底上涨。

1.1.9 架空炉底及炉底机械的维护

采用双面加热的炉子，除了要加强对实心炉底的清理与维护外，还应加强对架空炉底，即炉筋管、横向支撑水管及支柱水管的维护，以防止在高温下长期使用失去应有的结构强度和稳定性而造成塌陷，其维护要点如下：

（1）开炉前必须有压炉料，否则炉筋管等容易烧弯、烧坏；

（2）在装、出料时，要防止歪斜、弯曲坯料卡住炉筋管；

（3）经常检查炉内各炉筋管、横向支撑水管及支柱水管绝热包扎层，并及时修补损坏的地方；

（4）确保冷却水的连续供给，严格控制出口水温；

（5）炉筋管、横向支撑水管及支柱管经过一定的使用期后，在炉子检修时必须更换，勉强使用易造成事故。

1.1.10 炉底机械的维护

对于机械化炉底加热炉而言，炉底机械的正常运行是加热炉顺利生产的前提条件，因此必须加强对炉子装、出炉设备和炉底机械的日常维护和检修。否则，一旦发生事故将被迫停产。对炉底机械等的维护应从以下几个方面着手。

（1）经常检查各机械设备的运行情况。发现隐患，应利用一切非生产时间及时检修，防止设备带病工作。对于易损部件，应有足够的备品备件，以便能及时更换。

（2）加强对设备的润滑，对需要润滑的部位，应定期检查、润滑。

（3）对炉底机械要采取隔热降温措施，需冷却的部件，必须保证冷却水的连续供给。

（4）加强对液压系统的检查与检修。在机械化炉底的加热炉中，许多炉底机械是采用液压系统控制的，如步进炉炉底的步进梁。液压系统能否正常工作，将直接影响炉底机械的正常运行，必须加以重视。

1.1.11 炉子钢结构的维护

炉子钢结构的作用是保持砌体的建筑强度、支持砌体重量、抵抗砌体的膨胀作用及维持砌体的完整性和密封性。钢结构是否完整对整个加热炉的寿命长短有重大影响。

（1）在生产、烘炉和停炉过程中注意检查钢结构状态，发现钢结构变形或开焊时，应及时处理。

（2）防止炉压太高，炉门、装料口等处大量冒火，保证炉门、着火孔、测试孔关闭和堵塞严密，防止冒火烤坏钢结构和炉墙板。

（3）在操作时应避免发生事故，特别是推钢操作要严防推坏炉体砌砖，砌体损坏会导致钢结构被烧坏。

问题讨论

以某厂加热炉为例，讨论炉衬各层使用的是什么材料。

任务 1.2 检查加热炉冷却系统

任务描述

微课
加热炉的冷却系统

加热炉中的许多金属构件及设备需要冷却，如果不能保证冷却水的连续供给，加热炉是不能投入生产的，为此应加强对炉子水冷设施的检查维护工作。加热炉的冷却系统由炉底冷却水管和其他冷却构件构成。炉子的冷却方式主要分为水冷却和汽化冷却两种。对于炉门、炉门框、水冷梁等金属构件或机械设备等，一般均直接采用水冷；对于炉筋管、横向支撑水管及支柱水管，一般采用汽化冷却方式。检查加热炉的冷却系统就是对加热炉冷却系统的各个部分进行检查，防止出现跑冒滴漏，保证设备正常运行。

知识准备

1.2.1 炉底水冷结构

1.2.1.1 炉底水管的布置

图片
炉底水管的支撑结构

在两面加热的连续加热炉内，坯料在沿炉长敷设的炉底水管上向前滑动。炉底水管由厚壁无缝钢管制成，内径 50~80 mm，壁厚 10~20 mm，也有用矩形钢管、椭圆形钢管制作如图 1-15 所示。为了避免坯料在水冷管上直接滑动时对钢管壁的磨损，在与坯料直接接触的纵水管上焊有 20~40 mm 的圆钢或方钢，称为滑道（或滑轨），其磨损后可以更换，而不必更换水管。为了增加滑道的耐磨性，常采用连续焊缝以加强冷却。这类结构对钢料的冷却作用强，“黑印”严重，多用于加热炉的预热段。在炉子的加热段和均热段将纵水管故意下降 50~100 mm，水管上面覆盖厚度为 70~150 mm 的金属滑道。厚度较大或在水管与滑道之间衬以隔热材料的称为热滑道［见图 1-15（a）］，厚度较小的称为半热滑道［见图 1-15（b）］。

两根纵向水管间距不能太大以免坯料在高温下弯曲，最大不超过 2 m。但也不宜太小，否则下面遮蔽太多，削弱了下加热，最小不少于 0.6 m。为了使坯料不掉道，坯料装炉时两端应比水管宽出 100~150 mm。

炉底水管承受坯料的全部重量（静负荷），并经受坯料推移时所产生的动载荷。因此，纵水管下需要有支撑结构。炉底水管的支撑结构形式很多，目前常采用立管支撑。

在选择炉底水管支撑结构时，除了保证其强度和寿命外，应力求简单。这样一方面为了减少水管数量从而减少热损失，另一方面避免下加热空间被占去太多，这一点对下部的

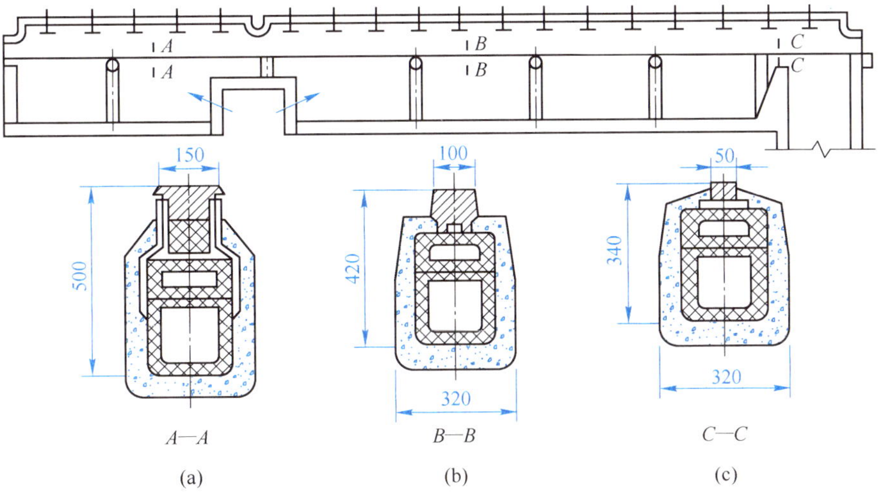

图 1-15　加热炉各段滑道

（a）热滑道；（b）半热滑道；（c）普通滑道

热交换和炉子生产率的影响很大。因此，在现代加热炉设计中，力求加大水冷管间距，减少横水管和支柱水管的根数。

图片
炉底水冷结构

在步进式加热炉内，设置了固定梁和活动梁。固定梁的主要作用是支撑钢坯；活动梁的主要作用是通过矩形运动，沿炉长方向将钢坯从固定梁上的一个位置搬运到另一个位置。在加热炉的钢坯和水冷梁之间，在不同的温度段交错设置了不同材质、不同高度的耐热垫块，预热段可采用06Cr25Ni20（旧标准中的 Cr25Ni20），第一、二加热段采用 Co-22 或 Co-20，第三加热段和均热段采用 Co50，以消除钢坯和水冷梁之间接触处的水冷黑印，并缩小接触处和两个支撑梁中间钢坯表面的温差。固定梁和活动梁由立柱支撑。固定梁、活动梁和支撑立柱采用 108~219 mm 厚壁碳素无缝钢管制成；同等支撑强度下为尽量减小水管直径，减轻水冷黑印，固定梁和活动梁一般为双管结构，如图 1-16 所示，其间用小方钢连接，也有的采用椭圆形钢管制作；支撑立柱常采用无缝钢管制作的双

图片
耐热滑块

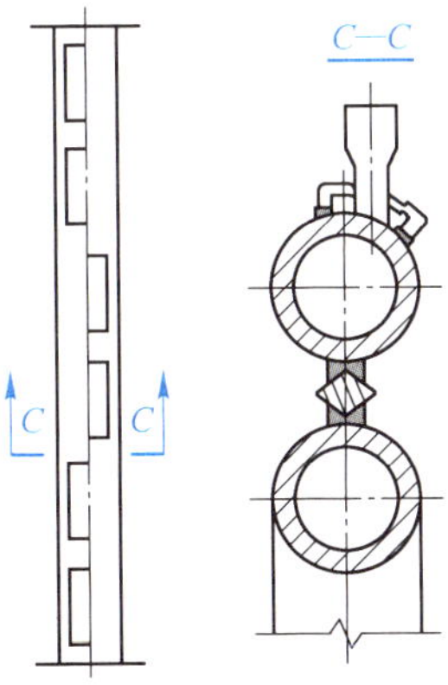

图 1-16　水梁双层结构及垫块布置

图片
安装前立管

图片
安装后立管

层套管，用水冷却，内管进水，外管排水。每根立柱根部带放水、排污和检查用阀门。立柱管与纵向支撑梁用刚性焊接结构，立柱在安装时要考虑纵向支撑梁受热时的膨胀量，使其在炉子工作状态下保持垂直受力。

1.2.1.2 炉底水管的绝热

炉底水冷滑管和支撑管加在一起的水冷表面积达到炉底面积的40%~50%，带走大量热量。又由于水管的冷却作用，使坯料与水管滑轨接触处的局部温度降低200~250 ℃，使坯料下面出现两条水冷“黑印”，在压力加工时很容易造成废品。特别是轧钢加热炉加热板坯时出现的“黑印”影响会更大，温度的不均匀可能导致钢板的薄厚不均匀。为了清除“黑印”的不良影响，通常在炉子的均热段砌筑实炉底，使坯料得到均热。实践表明，降低热损失和减少黑印影响的最有效措施，就是对炉底水管实行绝热包扎。

连续加热炉节能的一个重要方面就是减少炉底水管冷却水带走的热量，为此应在所有水管外面加绝热层。当炉温为1300 ℃时，绝热层外表面温度可达1230 ℃，可见，炉底滑管对钢坯的冷却影响不大。同时还可看出，水管绝热时，其热损失仅为未绝热水管的1/5~1/4。

图片
水管的双层绝热包扎

目前水冷管常用的包扎方法采用一层20 mm厚的陶瓷纤维，外面再加50 mm厚的低水泥浇注料或者防爆快干浇注料。烘炉时间达到14天左右的一般选用低水泥浇注料，成本低、强度高；烘炉时间在7天左右的一般选用防爆快干浇注料，价格比低水泥浇注料至少贵一倍，强度也稍差一些；如果仅有两天时间烘炉，只能用高强涂抹料或者可塑料，价格比防爆快干浇注料又至少贵一倍。包扎时，为了防止包扎层脱落，在管壁上焊上锚固钉，能将浇注料牢固地抓附在水管上。

图片
炉底水管上的锚固钉

包扎后的炉底水管抗热震性好，耐高温气体冲刷、耐振动、抗剥落性能好，能抵抗氧化铁皮的侵蚀，即使结渣也易于清除，施工简单，使用寿命至少可达一年。这样包扎的炉底水管，可以降低燃料消耗15%~20%，降低水耗约50%，炉子产量提高15%~20%，减少了坯料黑印的影响，提高了加热质量。并且投资费用不大，但增产收益很高，经济效益显著。

为了进一步消除“黑印”的影响，长期以来研究人员都在研究无水冷滑轨。无水冷滑轨所用材质必须能承受坯料的压力和摩擦，又能抵抗氧化铁皮的侵蚀和温度急变的影响。国外一般采用电熔刚玉砖或电熔莫来石砖，在低温段则采用耐热铸钢金属滑轨，但价格很高，而且高温下容易氧化起皮，不耐磨。国内采用棕刚玉-碳化硅滑轨砖，取得了试验成功，座砖用高铝碳化硅制成，效果较好。棕刚玉（即电熔刚玉）熔点高、硬度大、抗渣性能也好，但抗热震性较差。以85%的棕刚玉加入15%碳化硅，再加5%磷酸铝作高温胶结剂，可以满足滑轨要求。碳化硅的加入提高了制品的导热性，改善了抗热震性。通常800 ℃以上的高温区用棕刚玉-碳化硅滑轨砖及高铝碳化硅座砖，800 ℃以下可采用金属滑轨和黏土座砖，金属滑轨材料可用ZGMn13或06Cr18Ni11Ti（旧标准中的1Cr18Ni9Ti）。

1.2.2 汽化冷却系统

1.2.2.1　汽化冷却的原理与优点

水冷却耗水量大，带走的热量也不能很好利用，采用汽化冷却可以弥补这些缺点，因而受到了重视。

加热炉冷却构件采用汽化冷却，主要是利用水变成蒸汽时吸收大量的汽化潜热，使冷却构件得到充分的冷却。加热炉的冷却构件采用汽化冷却时，具有以下优点：（1）汽化冷却的耗水量比水冷却少得多，这是因为每千克水汽化冷却时所吸收的总热量大大超过水冷却时所吸收的热量；（2）用工业水冷却时，由冷却水带走的热量全部损失，而采用汽化冷却所产生的蒸汽，则可供生产、生活方面使用，甚至可以用来发电；（3）采用水冷却时，一般使用工业水，其硬度较高，容易造成水垢，常使冷却构件发生过热或烧坏，当采用汽化冷却时，一般用软水为工质，以避免造成水垢，从而延长冷却构件的寿命；（4）纵炉底管采用汽化冷却时，其表面温度比采用水冷却时的要高一些，这对于减轻钢料加热时形成的黑印，改善钢料温度的均匀性有一定的好处。

动画
汽化冷却系统

总之，加热炉采用汽化冷却，特别是采用自然循环冷却系统时，其经济效益是显著的。

图片
汽化冷却
系统工艺图

1.2.2.2　汽化冷却系统组成

加热炉汽化冷却包括软水系统、除氧给水系统、汽包、循环系统、蒸汽系统、排污系统、加药系统等。

A　软水系统

由厂区软水管网送来的软水分为两路：一路引入软水箱，经软水泵升压后送入除氧器；另一路引至磷酸盐加药装置。

图片
除氧给水系统

B　除氧给水系统

加热炉的除氧给水系统布置在炉区给水泵房内，由厂区供应的软化水进入加热炉软水箱，通过软水泵经调节阀送入大气式热力除氧器。然后从车间接入蒸汽经减压阀和调节阀进入除氧器，在除氧器中软水和蒸汽充分混合，达到除氧器额定压力下的饱和温度。从水中分离出的空气由除氧器顶部排入大气，除氧后的水进入除氧水箱。除氧水箱的水位和除氧器的压力均采用自动调节控制。除氧后符合国家标准《工业锅炉水质》（GB/T 1576—2018）的除氧软化水，通过给水泵经给水调节阀送入汽包。一般设置两台电动给水泵，一台运行，另一台备用；另设一台事故柴油机给水泵作为停电备用。在电动给水泵事故或停电时，由柴油机给水泵向汽包供水，确保整个系统的安全。

图片
电动给水泵

图片
柴油给水泵

C　汽包

汽包与下降管和上升管连接，下降管和上升管的另一端与加热炉冷却构件（炉底水管）连接，构成汽化冷却装置的闭路水循环系统。其作用是储存一定的水量，在给水中断的条件下，能维持一定时间的水循环，汽包工作压

图片
汽包

力1.27 MPa，选用安全阀A48Y-25C、DN100、PN1.6 MPa，共两个安全阀，开启压力分别为1.321 MPa和1.346 MPa。

汽包是工质在下降管、加热炉冷却构件（炉底水管）、上升管流动中完成水循环过程的连接枢纽。汽水混合物在汽包内分离成水和蒸汽，饱和蒸汽送至厂区管网。

D 循环系统

汽化冷却装置的循环方式有两种：一是自然循环，如图1-17所示；二是强制循环，如图1-18所示。

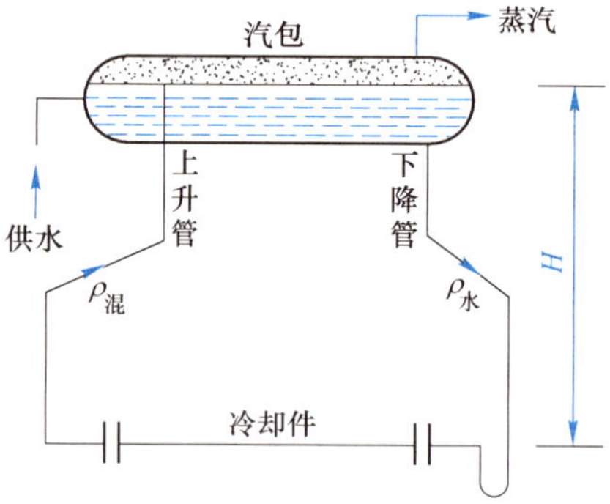

图1-17 自然循环原理图

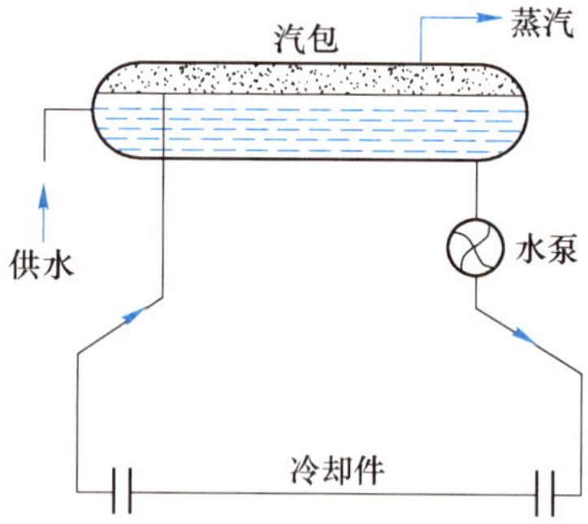

图1-18 强制循环原理图

自然循环时，水从汽包进入下降管流入冷却水管中，冷却水管受热时，一部分水变成蒸汽，于是在上升管中充满着汽水混合物，因为汽水混合物的密度$\rho_{混}$比水的密度$\rho_{水}$小，故下降管内水的重力大于上升管内汽水混合物的重力，两者的重力差$Hg(\rho_{水}-\rho_{混})$，即为汽化冷却自然循环的动力，汽包的位置越高（H值越大）或汽水混合物密度$\rho_{混}$越小（即其中含汽量越大），则自然循环的动力越大。因此管路布置上，首先要考虑有利于产生较大的自然循环动力，并尽量减少管路阻力。

如果汽包的高度和位置受到限制或由于其他原因，采用自然循环系统难以获得冷却构件所需要的循环流速时，也可以采用强制循环系统。强制循环的动力是循环水泵产生的，循环水泵迫使水产生从汽包起经下降管、循环泵、炉底管和上升管，再回到汽包的密闭循环。

目前，步进式加热炉大多采用强制循环，循环水冷却系统包括固定梁循环水系统和活动梁循环水系统。固定梁循环水系统由汽包、电动热水循环泵、柴油机热水循环泵、水分配联箱、固定梁及立柱、下降管、上升管及控制阀组组成，系统流程为：汽包中的欠饱和水→下降集管→热水循环泵升压→下降集管→分配联箱→下降支管→固定梁及立柱管冷却构件→上升支管→上升集管→汽包；活动梁循环水系统由汽包、电动热水循环泵、柴油机热水循环泵、水分配联箱、活动梁及立柱、步进装置、下降管、上升管及控制阀组组成，系统流程为：汽包中的欠饱和水→下降集管→热水循环泵升压→下降集管→分配联箱→下降支管→活动梁及立柱管→步进装置→上升支管→上升集管→汽包。

图片
步进装置

E 蒸汽系统

各冷却回路的冷却水在水梁中吸热后，部分水汽化，汽水混合物通过上升管进入汽包，在汽包内汽水分离，蒸汽经压力调节阀组送至厂区低压蒸汽管网，当汽包产生的蒸汽不外送时，经气动调节蒸汽阀、消声器排入大气。

F 排污系统

汽化冷却装置的排污系统一般包括汽包排污、步进装置下联箱及分配联箱排污、蒸汽管网排污。

a 汽包排污

为保证汽包内循环水水质，需连续排除汽包内表面含盐量高的水，并定期排除沉积在汽包底部及系统最低部位的不溶于水的磷酸盐等杂质，特设排污系统。汽包上一般设有两个定期排污管从汽包底部排污，一个连续排污管从汽包水面排污，三根排污管汇集于一根总管引入定期排污扩容器，分离出的蒸汽排入大气，分离出的水排入炉底积水坑，冷却后经排污泵排入铁皮沟。

b 步进装置下联箱及分配联箱排污

步进装置下联箱及分配联箱底部设排污管，排污水引入定期排污扩容器。

c 蒸汽管网排污

蒸汽管的最低点设有排污口，汇集至总管接至定期排污扩容器内，经降温后排入积水坑。

G 加药系统

为保证软水品质，设置磷酸盐加药装置，定期对系统进行加药。

图片
加药装置

H 取样系统

为监控汽化冷却系统炉水、给水品质，系统还设置有软水取样冷却器及炉水取样冷却器，定期对炉水及给水进行取样检测。

I 安全水系统

当停电或软水停止供应时，由安全水管网向汽化冷却系统供水，维持加热炉运行，保证加热炉安全停炉。

J 冷却水系统

冷却水系统也称为净环水系统，是向循环水泵、给水泵供冷却水，连续使用；向取样冷却器供冷却水，间断使用；向定期排污扩容器供冷却水，连续使用。

K 疏放水系统

疏放水系统包括汽包紧急放水和其他疏放水系统。需要紧急放水时，汽包底部设有紧急放水口，设有紧急放水阀，放水引入定期排污扩容器。另外，各种设备、汽管设有疏放水阀，疏放水引入铁皮沟。

1.2.2.3 安全三大附件

汽包上的安全附件主要有安全阀、压力表和水位表。

A 安全阀

安全阀是一种自动泄压报警装置，安装在汽包上。它的主要作用是：当汽包蒸汽压力超过允许的数值时，能自动开启排汽泄压，同时，能发出音响警报，警告司炉人员，以便采取必要的措施，降低汽包压力，使汽包压力降低到允许的安全运行压力范围内，防止汽包超压而引起爆炸。因此，安全阀是汽包上必不可少的安全附件之一，司炉人员常将安全阀比喻为“耳朵”。汽包上装有安全阀，在运行前，为便于进水，可以通过安全阀排除汽包内的空气，在停炉后排水时，为解除汽包内的真空状况，可通过开启安全阀向汽包内引进空气。

安全阀主要由阀座、阀芯（或称为阀瓣）和加压装置等部分组成，如图1-19所示。它的工作原理是：安全阀阀座内的通道与汽包蒸汽空间相通，阀芯由加压装置产生的压力紧紧压在阀座上。当阀芯承受的加压装置所施加的作用力大于蒸汽对阀芯的托力时，阀芯紧贴阀座使安全阀处于关闭状态；如果汽包内汽压升高，则蒸汽对阀芯的托力也增大，当托力大于加压装置对阀芯的作用力时，阀芯就被顶起而离开阀座，使安全阀处于开启状态，从而使汽包内蒸汽排出，达到泄压的目的。当汽包内汽压下降时，阀芯所受蒸汽的托力也随之降低，当汽包内汽压恢复到正常，即蒸汽托力小于加压装置对阀芯的作用力时，安全阀又自行关闭。

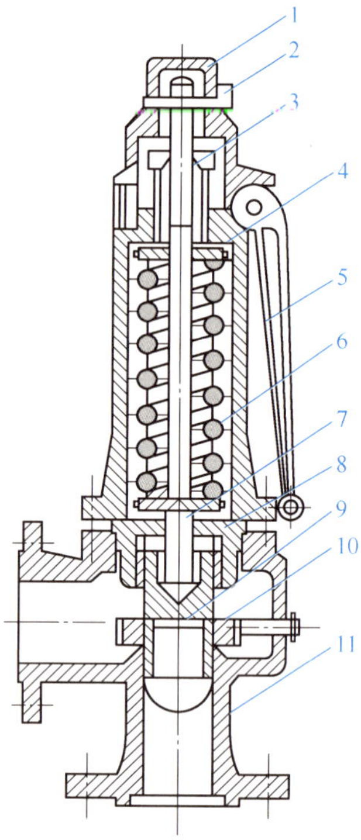

图1-19 弹簧式安全阀

1—阀帽；2—销子；3—调整螺丝；4—弹簧压盖；5—手柄；6—弹簧；7—阀杆；8—阀盖；9—阀芯；10—阀座；11—阀体

B 压力表

压力表是一种测量压力大小的仪表，可用来测量汽包内实际的压力值。压力表也是汽包上不可缺少的安全附件，司炉人员常将压力表比喻为“眼睛”。

压力表与汽包之间应设有存水弯管，如图1-20所示。使蒸汽在其中冷却后再进入压力表，避免由于高温造成读数误差，甚至损坏表内的零件。存水弯管的下部，最好装有放水旋塞，以便停炉后放掉管内积水。

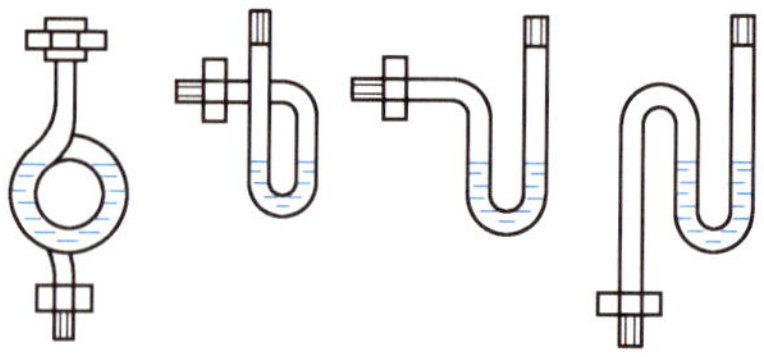
图1-20 不同形状的存水弯管

压力表的装置、校验和维护应符合国家计量部门的规定。压力表装用前应进行校验，并在刻度盘上画红线指示出工作压力，压力表装用后每半年至少校验一次，压力表校验后应封印。

C 水位表

水位表是一种反映液位的测量仪器，用来表示汽包内水位的高与低，可协助汽化工监视汽包水位的动态，以便控制汽包水位在正常范围之内。

水位表的工作原理和连通器的原理相同，因为汽包是一个大容器，当将它们连通后，两者的水位必定在同一高度上，所以水位表上显示的水位也就是汽包内的实际水位。

任务实施

1.2.3 检修后冷却系统气密性检查

加热炉运行一年后，往往在设备检修期间，汽化冷却系统同样要进行系统的检修工作，这些检修工作包括各阀门的更换、压力表的校验、执行机构的检修、各种显示仪表的校验、容器内的污垢清理等。在检修完毕后，按照国家规定要进行本系统的打压试验，试验的目的是在系统工作压力的规定倍数下检查各焊口、各个阀门的严密情况。汽化冷却操作工要配合职能部门的检验。配合试压工作的程序和步骤如下。

（1）在试压前，操作工要首先对系统的各部位进行检查，检查的内容包括汽包与主蒸汽联箱的阀位、排污阀位、放散阀位、显示仪表的阀位、系统与外界连接管道各处的阀位情况，应该关闭的要全部关闭，应打开的要全部打开，各步准备工作的检查情况符合要求后，再进行下步操作，如果发现不符合规定的情况，要及时反映给职能部门的工作人员。

（2）给上水系统的各电泵接通电源，检查询问接通情况，与仪表接通情况，查询各显示仪表正常与否，如没有问题，再进行下一步操作。

（3）上水操作。告诉各部门参与试压的工作人员，查询有关情况，如无问题，接通上水泵电源，电泵启动。查询电泵的正倒转情况，密切注意水位指示仪表的水位，与现场水位情况进行对证，沟通情况。

（4）水位在控制室内的仪表显示超出范围后要与现场人员联系，查询放散阀门是否已有水流出，如水从放散阀门流出说明水满，如无流出继续上水。

（5）水满后停泵，按下停止按钮，泵停后待下步操作。

（6）经职能部门同意，关闭放散阀门。

（7）询问现场工作人员有无漏水现象，如有要进行处理；如果没有漏水现象，请示有关人员进行下一步操作。

（8）观察各部位阀门处及焊缝处情况，有无漏水情况。

（9）经请示，开动蒸汽上水泵，首先要将蒸汽泵的出口阀门稍稍打开，逐渐加大蒸汽量，提高供水量。

（10）观察各部位阀门处及焊缝处情况，有无漏水情况。

（11）升压。各步正常，请示有关人员升压，稍稍打开蒸汽泵出口阀门，逐渐提高蒸汽泵的蒸汽量，密切注意系统的压力显示仪表的读数指针，当达到规定的数值时，压低蒸汽泵出口开度，小量度上水，注意观察压力表读数。

（12）当达到规定值时，停泵关闭蒸汽阀门，并严密观察回水逆止阀的密封情况，观察压力表指针读数，能否保持压力，若能，保持压力至规定时间。

（13）试验完毕后，卸压，按规定执行机构卸压至某一压力值，继续保持一定时间，然后再继续释放压力。

（14）各部位阀门、焊缝、汽包检修人孔有无漏水现象，有无渗水现象，查询这些情况。

（15）试压完毕。

（16）在试验书上签写操作人员姓名。

1.2.4 日常水冷设施的维护

（1）经常检查水泵运行情况及管路状况，保证管路上各调节阀严密、灵活。

（2）防止管路系统，特别是冷却部件或设备漏水。

（3）严格控制出口水温，及时调节冷却水流量。

（4）水冷系统尽可能形成闭环，循环使用，以节约用水。

1.2.5 日常汽化冷却系统的维护

（1）经常检查循环泵及循环系统所有管路的运行情况。

（2）严格控制汽包水位、压力及温度。

（3）经常检查管路上各种阀门和仪表，如安全阀、调节阀、放散阀、排污阀和压力表、水位计等是否正常，应确保其严密性、灵活性、准确性。

（4）保证软化水的质量，并定期对水管过滤器进行清洗。

问题讨论

讨论冷却系统试压、试漏步骤，并指出有哪些需要改进的地方？

任务 1.3 检查加热炉的燃烧系统

任务描述

加热炉的燃烧系统包括炉前煤气管道、供风系统和烧嘴，检查加热炉的燃烧系统，安全地把煤气送到炉前进行点火燃烧，从而控制炉膛温度。

知识准备

1.3.1 炉前煤气管道

1.3.1.1 管道布局

对煤气管道布局的要求如下。

（1）煤气管道一般都架空敷设；特殊情况需要布置在地下时，应设置地沟并保证通风良好，检修方便。

图片
煤气管道

（2）炉前煤气管道一般不考虑排水坡度。但应在水平管段上的流量孔板和主开闭器的前后、分段管的末端和容易积灰的部位设置排水管或水封。当用水封排水时，水封深度要与煤气压力相适应。

（3）积聚的冷凝水，在冬天可能会结冻的煤气管道及附件内，要采取保温措施，防止管内水汽结冰。

（4）冷发生炉煤气及其混合煤气的管道要有排焦油装置和不小于 0.2% 的排油坡度。

视频
煤气水封

（5）为了避免管道内积水流入烧嘴，煤气支管最好从总管的侧面或上面引出。

（6）当煤气管道系统中装有预热器，并考虑预热器损坏检修时炉子要继续工作，应装设附有切断装置的旁通管路。

（7）炉前煤气管道上一般应设有电动蝶阀、眼镜阀和气动切断阀、放散系统、爆发试验取样管、排水及排焦油装置、调节阀门、自动控制装置和安全装置相适应的附件。

视频
眼镜阀

1.3.1.2　煤气系统组成

加热炉一般采用高、焦、转炉混合煤气作为主燃料，高炉煤气、焦炉煤气、转炉煤气经过煤气混合加压站混合加压后，先经过煤气预热器，再进入烧嘴，在炉内燃烧。烘炉燃料可以用天然气。

煤气配管是指从加热炉前的煤气接入点到烧嘴前的所有煤气管路，主要包括如下内容。

图片
眼镜阀

（1）主煤气管。主煤气管道主要配置有电动金属密闭蝶阀、电动扇形盲板阀、快速切断阀和压力自动调节阀各 1 个，煤气预热器 6 台及波纹管补偿器 1 个。

（2）分段煤气管。各加热段煤气管路上主要配置为流量测量孔板 1 套、流量调节兼切断阀 1 个及波纹管补偿器 1 个。

（3）烧嘴前支管。每个烧嘴前支管上主要配置为球阀 1 个、金属硬密封蝶阀 1 个、1 个波纹管补偿器。

煤气管道所有的电动阀门均要求带手动功能和电机防爆加热炉各段煤气切断后，对分段煤气管切断阀后到烧嘴前的煤气管道进行自动吹扫；加热炉各段煤气切断后，对煤气总管到各段切断阀间的管道进行手动吹扫；关闭烧嘴前煤气切断阀对煤气支管、总管进行一部分一部分地吹扫。在煤气总管自动切断阀前后设有氮气管道和煤气放散管，每段的煤气管设有冷凝水排放管，煤气放散管末端设煤气放散管和气体检测取样阀。

1.3.1.3　放散系统

煤气管道直径小于 50 mm 时一般可不设放散管，管径 100 mm 以下，管道内的体积不超过 0.3 m^3时，一般设放散管但可不用蒸汽吹刷，直接用煤气进行置换放散。将煤气直接放散入大气中时，放散管一般应高出附近 10 m 内建筑物通气口 4 m 以上，距地面高度不低于 10 m，放散一般与煤气同一流向进行。放散管应置于两个主闸阀之间，各段煤气管的末端及管道最高点引出，并需考虑各主要管段均能受到吹刷。目前轧钢加热炉煤气管道大多使用氮气吹扫，氮气接点设在炉前煤气总管第二个主闸阀和各段闸阀之后并靠近

图片
煤气放散

图片
氮气吹扫口

闸阀，氮气吹扫管道需要设置有软管连接的快速接头，吹刷时用软管与供气点连接，不使用时需要断开。吹刷放散时间，大型炉子需 30 min 到 1 h，小炉子约需 15 min。

1.3.1.4 管道绝热

为了减少管道的散热损失，热煤气管道必须敷设绝热层，管道绝热方式有管外包扎和管内砌衬两种工艺，根据管道内介质温度和管径大小确定。金属钢管壁的工作温度不宜超过 300 ℃，当管内气体温度低于 350 ℃、管径小于 700 mm 时，可用管外包扎绝热。管内气体温度高于 400 ℃或管径较大时，可用管内砌衬绝热，但衬砖后内径不应小于 500 mm，且每隔 15~20 m 要留设人孔。

1.3.2 空气管道

空气管道包括从助燃风机出口到各烧嘴前的所有空气管路及稀释空气配管。助燃风机冷风入口设电动百叶窗调节阀对空气管道系统风量和风压进行调节，确保在管道系统所需风量和风压发生变化时风机保持在其特性曲线中稳定区段范围内工作，防止风机喘振现象发生。风机出口设电动切断阀。在热风总管上设有热风放散管和 1 个自动放散阀，热风总管及各段总管上装有波纹管补偿器和防爆阀，在每个供热段的热风支管上装有 1 个流量孔板和 1 个自动调节阀，烧嘴前支管路上设有波纹管补偿器 1 个，调整烧嘴间流量不平衡用的手动调节蝶阀 1 个。稀释空气配管指从稀释风机出口到烟道的稀释空气入口为止的管路系统。在稀释空气管道上设有气动调节阀，可根据需要自动开闭。

空气管道一般都架空敷设，需敷设在地下时，直径较小的可以直接埋入地下，但表面应涂防腐漆，热空气管道应放在地沟内。空气管道一般应采用碟阀调节，也可采用焊接的闸板阀。为了减少管道的散热损失，热空气管道也要敷设绝热层。

1.3.3 煤气烧嘴

燃料燃烧的完全与否、燃烧温度的高低、火焰的长短、炉内温度分布等均与燃烧装置的结构有关。由于气体与液体的燃烧方式不同，故燃烧装置的结构也截然不同。

煤气的燃烧方法分为有焰燃烧和无焰燃烧两种，因此烧嘴也有有焰烧嘴和无焰烧嘴之分。

1.3.3.1 有焰烧嘴

有焰烧嘴的结构特征在于：燃料和空气在入炉以前是不混合的（高速烧嘴例外）。有焰烧嘴种类很多，结构型式各不相同，它主要根据煤气的种类、火焰长度、燃烧强度来决定。加热炉常用的有焰烧嘴有低压涡流式烧嘴、平焰烧嘴、火焰长度可调烧嘴等。

图片
低压涡流式烘炉烧嘴

A 低压涡流式烧嘴（DW-Ⅰ型）

低压涡流式烧嘴的结构如图 1-21 所示。这种烧嘴的结构也比较简单，它的特点是煤气与空气在烧嘴内部就开始混合，并在空气和燃气通道内均可安装有涡流叶片，因此混合条件较好，火焰较短。要求煤气的压力不高，但因为空气通道的涡流叶片增加了阻力，因此所需空气压力比套管式烧嘴大一些，约为 1960 Pa。

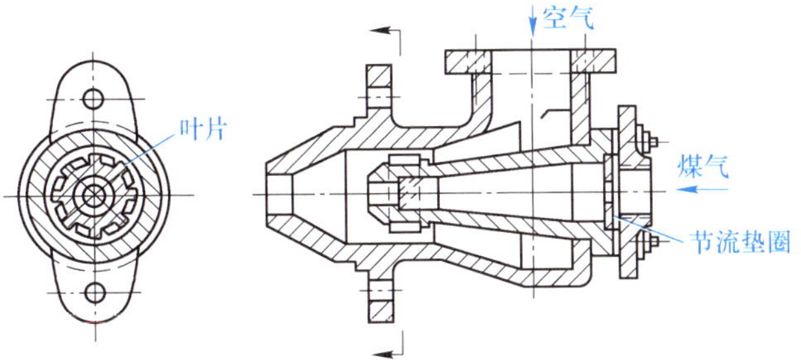

图 1-21 低压涡流式（DW-Ⅰ型）烧嘴

这种烧嘴用途比较广泛，可以烧净发生炉煤气、混合煤气、焦炉煤气，也可以烧天然气。烧天然气时只需在煤气喷口中加一涡流片或将喷口直径缩小，使煤气量与空气量相适应，并改善燃料与空气的混合。

图片
平焰烧嘴示意图

图片
平焰烧嘴

B 平焰烧嘴

低压涡流式烧嘴是长的直流火焰，如果希望烧嘴出口距加热物较近而火焰不要直接冲向被加热物，一般烧嘴就难以满足要求，此时可采用平焰烧嘴。平焰烧嘴气流的轴向速度很小，得到的是径向放射的扁平火焰，这样火焰不是直接冲击被加热物，而是靠烧嘴砖内壁和扁平火焰辐射加热。

煤气由直通管流入，煤气压力为 980～1960 Pa，也属于低压煤气烧嘴。空气从切向进入，造成旋转气流，空气与煤气在进入烧嘴砖以前有一小段混合区，进入烧嘴砖后可以迅速燃烧。烧嘴砖的张角呈 90°～120°扩张的圆锥形，这样沿烧嘴砖表面形成负压区，将火焰引向砖面而沿径向散开，形成圆盘状与烧嘴砖平行的扁平火焰，提高了火焰的辐射面积，径向的温度分布比较均匀。

平焰烧嘴近年发展比较迅速，用作连续加热炉均热段或炉顶烧嘴，也用于罩式退火炉和台车式炉上。

图片
调焰烧嘴示意图

图片
调焰烧嘴

C 调焰烧嘴

生产实践中有时需要通过调节火焰长度来改变炉内的温度分布，火焰长度可调烧嘴就可以满足这一需要。为了达到改变火焰长度的目的，可以采取不同的措施。调焰烧嘴通过调节一次及二次煤气量和空气量，可以改变火焰的长度。

1.3.3.2 无焰燃烧器

无焰燃烧器是气体燃料与空气先混合后再燃烧的燃烧装置。这类燃烧器由于预先混合，故燃烧火焰短，但要有压力较高的煤气（大于 10 kPa），且助燃空气不能预热到高温。工业上常用喷射式无焰燃烧器，由于其结构简单，不用鼓风机，所以在加热炉上也常被使用。无焰燃烧器的原理如图 1-22 所示。

煤气以高速由喷口 1 喷出，空气由吸入口 3 被煤气流吸入，因为煤气喷口的尺寸已

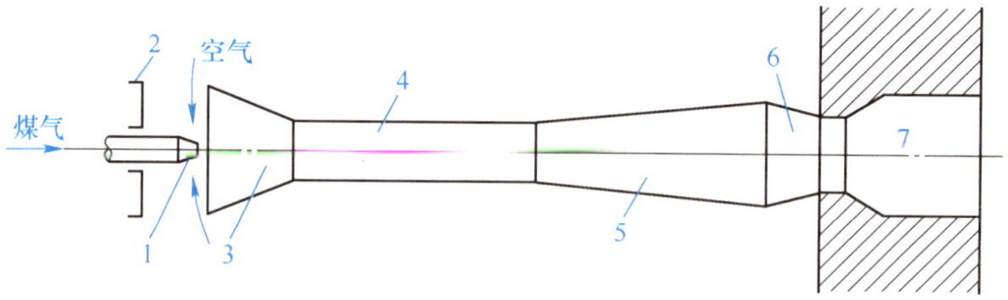

图 1-22 无焰燃烧烧嘴示意图

1—煤气喷口；2—空气调节阀；3—空气吸入口；4—混合管；5—扩张管；6—喷头；7—燃烧坑道

定，煤气量加大时，煤气流速增大，吸入的空气量也按比例自动增加。空气调节阀 2 可以沿烧嘴轴线方向移动，用来改变空气吸入量，以便根据需要调节过剩空气量。煤气与空气在混合管 4 内进行混合，然后进入一段扩张管 5，它的作用是使混合气体的静压加大，以便提高喷射效率。混合气体由扩张管出来进入喷头 6，喷头是收缩形，以保持较大的喷出速度，防止回火现象。最后混合气体被喷入燃烧坑道 7，坑道的耐火材料壁面保持很高的温度，混合气体在这里迅速被加热到着火温度而燃烧。

这类烧嘴视空气预热与否分为冷风和热风喷射式烧嘴两种，又可根据煤气发热量的高低分为低发热量及高发热量两种烧嘴。

喷射式无焰燃烧器在我国已标准化、系列化，使用时只需根据燃烧能力选用即可。

最后应明确一点，任何型式的烧嘴都不是万能的，在选用时，必须根据炉子结构的特点、加热工艺的要求、燃料条件等综合考虑。

任务实施

1.3.4 空气、煤气管道的检查维护

经常检查空气、煤气管道有无泄漏，是加热工的一项重要工作。特别是煤气一旦泄漏，极可能引起着火、中毒、爆炸等恶性事故，因此需特别注意检查。在煤气区应挂上“煤气危险区”等标志牌，进入危险区作业应有人监护；特别是检查高炉煤气管道时，应事先做好事故预测和安全措施，佩戴氧气呼吸器。要用肥皂水试漏，不得采用鼻子嗅的方法检查管道泄漏。对查出煤气管道泄漏要马上处理，不准延误；对于空气管道泄漏，只要不影响生产可另找时间处理。

加热炉上一切空气、煤气阀门必须灵活可靠。加热工应经常检查，看是否符合上述要求，如关闭不严或转动不灵活，应立即通知煤气钳工来处理。

煤气管道积水常常会造成煤气压力低或压力不稳定而影响生产，因此加热工应定期排放煤气管道中的积水。放水时要先观察厂房内气流方向，站在上风口放水，听到气体声立即闭死放水阀。

要特别注意冬季停炉处理煤气后，必须将煤气管道内积水排出，以免冻裂管道，造成煤气泄漏。

对加热炉除了要加强对上述重点项目进行维护外，同时还要加强对金属构架、炉门、观察孔等的维护。煤气管道上的各种开闭器和调节阀要经常润滑，以确保其严密性、灵活性。

1.3.5　燃烧系统检查步骤

燃烧系统的检查步骤如下：

（1）经常检查各种炉前管道是否有跑、冒、滴、漏，若有应立即处理，各种阀门开闭是否灵活，热管道保温层是否完好；

（2）要保持烧嘴或喷嘴的位置正确，与烧嘴或喷嘴砖的中心线相一致；

（3）保证烧嘴或喷嘴不滴漏，烧嘴砖孔不结焦；

（4）燃烧器要经常维护，定期检修，及时清除结焦、油烟及其他杂物；

（5）检查各个部件连接螺丝是否松动；

（6）检查嘴前所有阀门转动是否灵活，润滑是否良好；

（7）检查烧嘴及嘴前阀门是否泄漏；

（8）检查烧嘴与炉子接触部位是否冒火，如发现问题要及时进行处理或者采取措施，在处理过程中要遵守有关的安全规定。

问题讨论

（1）如果没有按照操作规程操作，可能会出现哪些事故？

（2）煤气管道上有哪些设施？

（3）轧钢加热炉常用哪种烧嘴？

任务 1.4　检查加热炉的排烟系统

任务描述

为了使加热炉能正常工作，需要不断供给燃料和空气，燃料燃烧后产生的废烟气需要排出炉外，因此，炉子设有排烟系统。检查排烟系统主要是检查其严密性，同时检查烟道内的烟道闸板和余热回收设备，保证正常排烟和余热回收。

知识准备

1.4.1　烟道

1.4.1.1　烟道布置

对烟道布置的要求如下：

（1）地下烟道不会妨碍交通和地面上的操作，因此一般烟道都尽量布置在地下；

（2）要求烟道路程短，局部阻力损失小；

（3）烟道较长时，其底部要有排水坡度，以便集中排出烟道积水；

（4）当烟道中有余热回收装置时，一般要设置旁通烟道和相应的闸板、人孔等，以便在余热回收装置检修时可不影响炉子的生产操作；

（5）烟道要与厂房柱基、设备基础和电缆保持一定距离，以免受烟道温度影响。

1.4.1.2 烟道断面

烟道一般采用拱顶角为60°或180°的烟道断面，当烟气温度较高、地面载荷较大、烟道断面较大或受振动影响大的烟道，一般用180°拱顶。同样烟道断面积时，60°拱顶的烟道高度可小些，但应注意防止因拱顶推力而使拱脚产生位移。

烟道内衬黏土砖的厚度与烟气温度有关。当烟气温度为500~800 ℃，烟道内宽小于1 m，一般用113 mm厚的黏土砖；烟道内宽大于1 m，用230 mm厚黏土砖。烟气温度低于500 ℃时可用100号机制红砖内衬。当烟道没有混凝土外框时，外层用红砖砌筑，其厚度应能保证烟道结构稳定。

1.4.2 烟道闸板和烟道人孔

1.4.2.1 烟道闸板

为了调节炉膛压力或切断烟气，每座炉子一般都要设置烟道闸板。

1.4.2.2 烟道人孔

烟道上一般都要开设人孔，以便于清灰、检修和开炉时烘烤。

图片
烟道闸板

1.4.3 烟囱

加热炉的排烟一般都用烟囱，它不需要消耗动力，维护简单，只有当烟囱抽力不足或使用蓄热式加热炉时，才采用引风机或喷射管来帮助排烟。

烟囱是最常用的排烟装置，它不仅起排烟作用，而且也有保护环境的作用。烟囱有砖砌、混凝土及金属三种。

金属烟囱寿命短，易受腐蚀，但它建造快，造价低。当烟温高于350 ℃时，金属烟囱要砌筑内衬，衬砖厚度一般为半块砖。烟温达到350~500 ℃时用红砖砌筑，高度为烟囱的1/3；烟温为500~700 ℃时烟囱全高衬砌红砖；烟温在700 ℃以上时烟囱全高衬砌耐火砖。

工业炉用烟囱在投入使用前一般要进行烘烤。烘烤方法一般是在烟道或烟囱底部烧木柴或煤炭，随着抽力的形成，气流逐渐与炉子接通。烟囱烘干后如出现裂纹，应及时进行修补。烘烤烟囱的最高温度为：

（1）有耐火砖内衬的红砖烟囱，300 ℃；

（2）无耐火砖内衬的红砖烟囱，250 ℃；

（3）有耐火砖内衬的钢筋混凝土烟囱，200 ℃；

（4）有耐火砖内衬的金属烟囱，200 ℃。

任务实施

1.4.4 排烟系统的检查

检修后要清理干净烟道中的杂物，正常生产时注意检查烟道是否漏风，烟道有无漏水和积灰影响抽力、排烟不畅的现象，检查闸门有无变形影响调节的情况。

问题讨论

为什么工业炉用烟囱在投入使用前一般要进行烘烤？

任务 1.5 检查维护加热炉的余热利用设备

任务描述

微课
余热利用设备

由加热炉排出的废烟气温度很高，带走了大量余热，使炉子的热效率降低，为了提高热效率，节约能源，应最大限度地利用废气余热。检查加热炉的余热利用设备，防止设备超高温，保证换向阀灵活启动，保证设备正常运行。

知识准备

余热利用的意义如下。

（1）节约燃料。排出废气的能量如果用来预热空气（煤气），由空气（煤气）再将这部分热量带回炉膛，这样就达到了节约燃料的目的。

（2）提高理论燃烧温度。对于轧钢加热炉来说，高温段炉温一般为 1250～1350 ℃，如果使用的燃料发热量低，那就不可能达到那样高的温度，或者需要很长的时间才能使炉子的温度升起来。而采取预热空气和煤气的办法就可以解决这个问题。

（3）保护排烟设施。炉子的排烟设施包括烟囱、引风机，都有耐受温度的极限。在回收利用烟气余热的同时，可以降低烟气的温度，保护排烟设施。

（4）减少设备投资。通过回收利用烟气余热降低烟气的温度，从而可以采用耐高温等级较低的排烟设施，减少设备投资。

（5）保障环保设施运行。通过回收利用烟气余热，降低烟气的温度，使得净化烟气的环保设施可以运行。

目前余热利用主要有两个途径：

（1）利用废气余热来预热空气或煤气，采用的设备是换热器或蓄热室；

（2）利用废气余热产生蒸汽，采用的设备是余热锅炉。

预热空气或煤气，能直接影响炉子的热效率和节能工作，当预热空气或煤气温度达 300～500 ℃时，一般可节约燃料 10%～20%，提高理论燃烧温度达 200～300 ℃。

1.5.1 换热器

换热器的传热方式是传导、对流、辐射的综合。在废气一侧，废气以对流和辐射两种方式把热传给器壁；在空气一侧，空气流过壁面时，以对流方式把热带走。由于空气对辐射热是透热体，不能吸收，所以在空气一侧要强化热交换，只有提高空气流速。

换热器根据其材质的不同，分为金属换热器和黏土换热器两大类。轧钢加热炉一般都采用金属换热器。

金属换热器，当空气预热温度在 350 ℃以下时，可用碳素钢制的换热器，温度更高时，要用铸铁和其他材料，耐热钢在高温下抗氧化，而且能保持其强度，是换热器较好的材料，但耐热钢价格高；渗铝钢也有较好的抗氧化性能，价格比耐热钢低。

金属换热器根据其结构分为管状换热器、针状和片状换热器、辐射换热器等。常用的是管状换热器。

管状换热器的型式也很多，图 1-23 是其中一种。

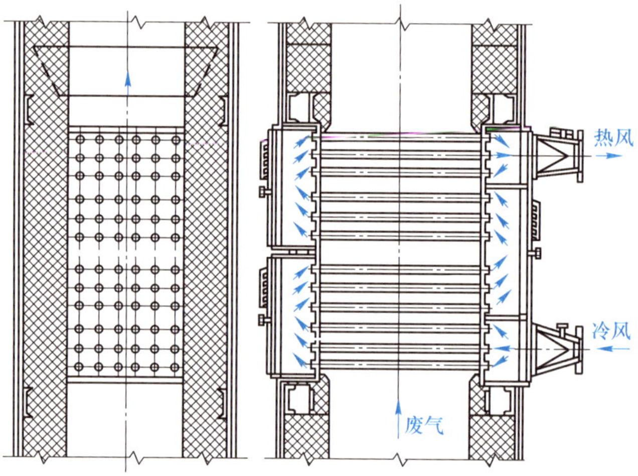

图 1-23 管状换热器

换热器由若干根管子组成，管径变化范围由 10 mm 至 150 mm。一般安装在烟道内，可以垂直安放，也可以水平安放。空气（或煤气）在管内流动，废气在管外流动，偶尔也有相反的情况。空气经过冷风箱均匀进入换热器的管子，经过几次往复的行程被加热，最后经热风箱送出。为避免管子受热弯曲，每根管子不要太长。当废气温度在 700~750 ℃时，可将空气预热到不超过 300 ℃，如温度太高，管子容易变形，焊缝开裂。

这种换热器优点是构造简单，气密性较好，不仅可预热空气，也可用来预热煤气。缺点是预热温度较低，用普通钢管时容易变形漏气，寿命较短。

图片
带插入件的
管状换热器

为了提高传热效率，采取在管状换热器中插入不同形状的插入件，通过增大热交换面积来强化对流传热过程。常见的插入件有“一”字形板片、“十”字形板片、螺旋板片、麻花形薄带等。金属管内插入麻花形薄板片。

由于管内增加了插入件，增加了气体流速，产生的紊流有助于破坏管壁的层流底层，从而使对流给热系数增大，综合给热系数比光滑管提高 25%～50%。这种办法的缺点是阻力加大，材质要使用薄壁耐热钢管，价格较高，可采用 1Cr18Ni9、0Cr13 和 20 号渗铝钢。

为了保证金属换热器不致因温度过高或停风而烧坏，一般安装换热器时都设有支烟道，以便调节废气量。废气温度过高时，还可以采用吸入冷风，降低废气温度的办法，或放散换热器热风等措施，以免换热器壁温度过高。

1.5.2 蓄热室

蓄热室的主要部分是用异型耐火砖砌成的砖格子，根据需要砖格子有各种砌法，炉内排出的废气先自上而下通过砖格子把砖加热（蓄热），经过一段时间后，利用换向设备关闭废气通路，使冷空气（或煤气）由相反的方向自下而上通过砖格子，砖把积蓄的热传给冷空气（或煤气）而达到预热的目的。一个炉子至少应有一对蓄热室同时工作，一个在加热（通废气），另一个在冷却（通空气），如果空气煤气都进行预热，则需要两对蓄热室。经过一定时间后，热的砖格子逐渐变冷，而冷的已积蓄了新的热量，便通过换向设备改变废气与空气的走向，蓄热室交替地工作。这样一个循环称为一个周期。蓄热室的加热与冷却过程都属于不稳定态传导传热。

近年来，国际最新燃烧技术—蓄热式燃烧技术就是应用了蓄热室的工作原理，不过蓄热体不是耐火砖砌成的砖格子，而是陶瓷小球或蜂窝状陶瓷蓄热体，这种加热炉称为高效蓄热式加热炉。

1.5.2.1 高效蓄热式加热炉的工作原理

高效蓄热式加热炉工作原理如图 1-24 所示，由高效蓄热式热回收系统、换向式燃烧系统和控制系统组成，其热效率可达 75%，这种换向式燃烧方式改善了炉内的温度均匀性。由于能很方便地把煤气和助燃空气预热到 1000 ℃左右，可以在高温加热炉使用高炉煤气作为燃料，从根本上解决了因高炉煤气大量放散而产生能源浪费及环境污染的问题。

高效蓄热式连续加热炉的工作过程说明如下。

（1）在 A 状态［见图 1-24（a）］，空气、煤气分别通过换向阀，经过蓄热体换热，将空气、煤气分别预热到 1000 ℃左右，进入喷口喷出，边混合边燃烧，燃烧产物经过炉膛，加热坯料，进入对面的排烟口（喷口），由高温废气将另一组蓄热体预热，废气温度随之降至 150 ℃以下，低温废气通过换向阀，经引风机排出。几分钟以后控制系统发出指令，换向机构动作，空气、煤气同时换向到 B 状态。

（2）在 B 状态［见图 1-24（b）］，换向后，煤气和空气从右侧通道喷口喷出并混合燃烧，这时左侧喷口作为烟道，在引风机的作用下，使高温烟气通过蓄热体排出，一个换向周期完成。

蓄热式连续加热炉，就这样通过 A、B 状态的不断交替，实现对坯料的加热。

高效蓄热式加热炉取消了常规加热炉上的烧嘴、换热器、高温管道、地下烟道及高大的烟囱。操作及维护简单，无烟尘污染，换向设备灵活，控制系统功能完备。采用低氧扩

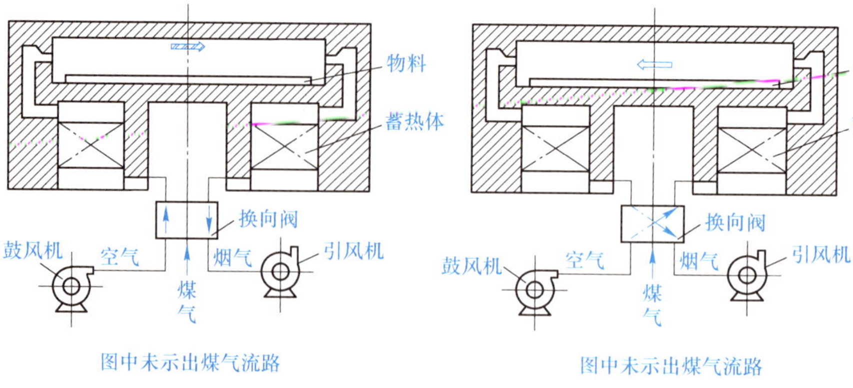

(a) (b)

图 1-24 高效蓄热式加热炉工作原理图

（a）A 状态；（b）B 状态

动画
高效蓄热式加热炉工作原理

散燃烧技术，形成与传统火焰迥然不同的新型火焰类型，空气、煤气双预热温度均超过 1000 ℃，创造出炉内优良的均匀温度分布，节能 30%～50%，钢坯氧化烧损可减少 1%。

1.5.2.2 蓄热式高风温燃烧器的主要组成部分及特点

蓄热式高风温燃烧系统主要组成部分有蓄热体和换向装置等，如图 1-25 所示。

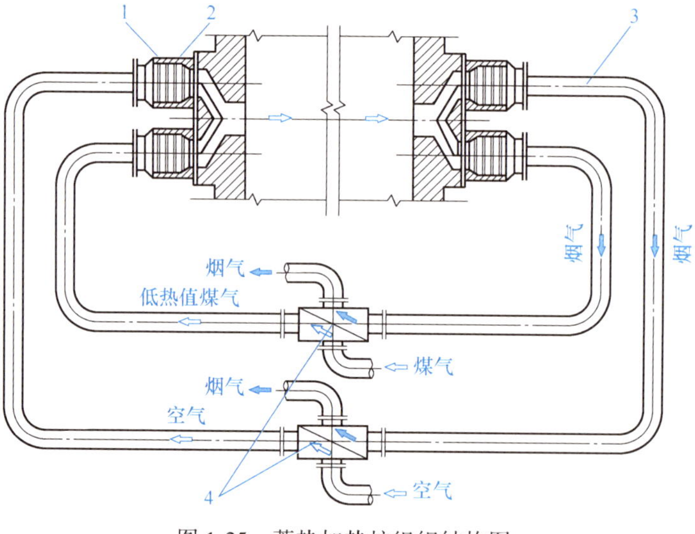

图 1-25 蓄热加热炉组织结构图

1—蓄热式烧嘴壳；2—蓄热体；3—管道；4—集成换向

动画
高效蓄热式加热炉介绍

蓄热体采用陶瓷小球或蜂窝体，如图 1-26 所示，作为蓄热体，其比表面积高达 200～1000 m^2/m^3，比老式的格子砖大几十倍至几百倍，因此极大地提高了传热系数，使蓄热室的体积可以大为缩小。因为蓄热体是用耐火材料制成，所以耐腐蚀、耐高温、使用寿命长。

如图 1-27 所示，换向装置集空气、燃料换向一体，结构独特。空气换向、燃料换向同步且平稳，空气、燃料、烟气绝无混合的可能，彻底解决了以往换向阀在换向过程中气路暂时相通的弊病，如图 1-28 所示。由于换向装置和控制技术的提高，使换向时间大为

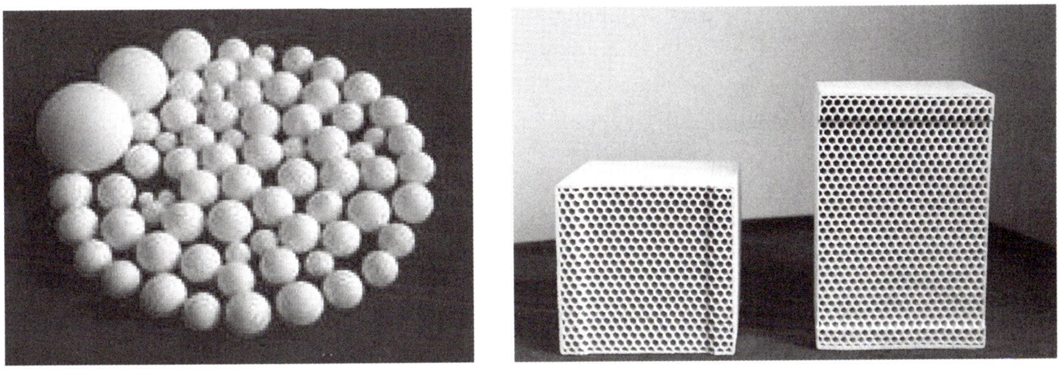

图 1-26　蓄热体

缩短，传统蓄热室的换向时间一般为 20 ~ 30 min，而新型蓄热室的换向时间仅为 0.5 ~ 3 min。新型蓄热室传热效率高和换向时间短，带来的效果是排烟温度低（150 ℃以下），被预热介质的预热温度高（只比炉温低 80 ~ 150 ℃）。因此，废气余热得到接近极限的回收，蓄热室的热效率可达到 85%以上，热回收率达 70%以上。

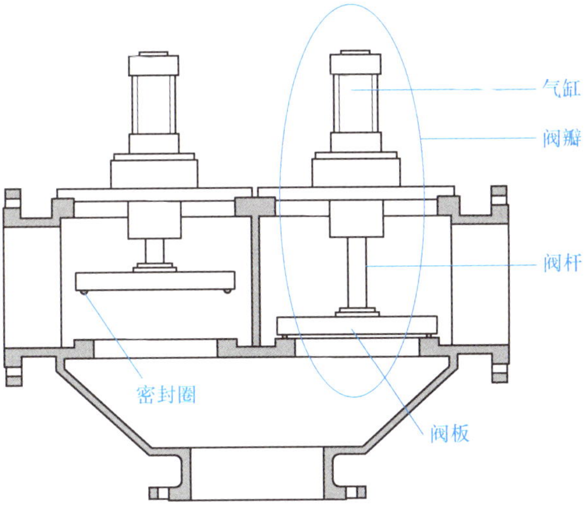

图 1-27　三通换向阀

蓄热式燃烧技术的主要特点是：（1）采用蓄热式烟气余热回收装置，交替切换空气与烟气，使之流经蓄热体，能够最大限度地回收高温烟气的物理热，从而达到大幅度节约能源（一般节能 10% ~ 70%）、提高热工设备的热效率，同时减少了对大气的温室气体排放（CO_2减少 10% ~ 70%）；（2）通过组织贫氧燃烧，扩展了火焰燃烧区域，火焰边界几乎扩展到炉膛边界，使得炉内温度分布均匀；（3）通过组织贫氧燃烧，大大降低了烟气中 NO_x的排放（NO_x排放减少 40%以上）；（4）炉内平均温度增加，加强了炉内的传热，使相同尺寸的热工设备，其产量可以提高 20%以上，大大降低了设备的造价；（5）低发热量的燃料（如高炉煤气、发生炉煤气等）借助高温预热的空气或高温预热的燃气可获得较高的炉温，扩展了低发热量燃料的应用范围。

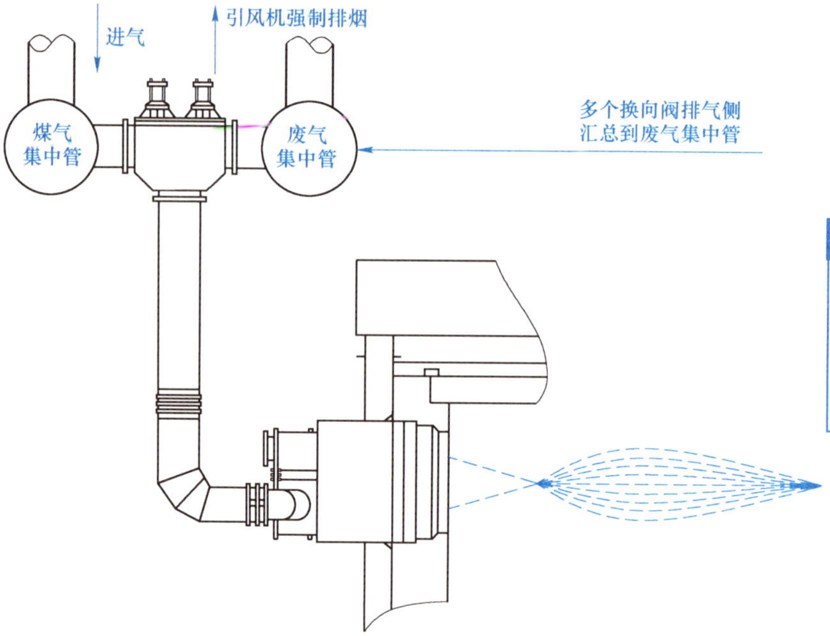

图 1-28 三通换向阀工作示意图

动画
三通换向阀
工作过程

1.5.2.3 高效蓄热式燃烧技术的种类

高效蓄热式燃烧技术在解决了蓄热体及换向系统的技术问题后，发展速度加快了，目前从技术风格上主要有三种，即烧嘴式、内置式、外置式。以下简述这三种蓄热式加热炉的区别。

图片
蓄热式
烧嘴总貌

A 蓄热式烧嘴加热炉

蓄热式烧嘴中的蓄热体常采用陶瓷蜂窝体，从高温到低温可以分别配置电熔刚玉挡砖、莫来石质蜂窝体、堇青石质蜂窝体。电熔刚玉挡砖具有密度大、强度高、耐高温、不易破坏的优点；莫来石质蜂窝体具有耐高温、比表面积大、蓄热快、蓄热量大的优点；堇青石质蜂窝体具有采购成本低、比表面积大、蓄热快、蓄热量大的优点。三种材质的蓄热体按一定比例砌筑在蓄热室内，形成良好的蓄热性能并可以保证较长的寿命。

图片
第一层挡火砖

B 内置蓄热室加热炉

内置蓄热室加热炉是我国工程技术人员经过多年的研究实验，在充分掌握蓄热式燃烧机理的前提下，结合我国的具体国情，开拓性地将空气、煤气蓄热室布置在炉底，将空气、煤气通道布置在炉墙内，既有效地利用了炉底和炉墙，又没有增加任何炉体散热面。

图片
第二层蜂窝体

内置蓄热室加热炉所特有的煤气流股贴近钢坯，煤气和空气在炉内分层扩散燃烧的混合燃烧方式，由于在钢坯表面形成的气氛氧化性较弱，从而抑制了钢坯表面氧化铁皮的生成趋势，使钢坯的氧化烧损率大幅度降低。对于加热坯料较长和产量较大的加热炉，由于对加热钢坯宽度方向上即沿炉长方

图片
格栅板及
导流板

向的温差要求较高，常规加热炉由于结构和设备成本的限制，烧嘴间距一般均在1160 mm以上，造成炉长方向上温度不均而影响加热质量，而内置式蓄热式加热炉所特有的多点分散供热方式，喷口间距最小处仅为 400 mm，并且布置不受钢结构柱距的限制，炉长方向上温度曲线几近平直，使得加热坯料的温度均匀性大大提高。

内置蓄热室加热炉对设计和施工要求较高，施工周期相对较长，对现有的加热炉的改造几乎无法实现，但对新建加热炉非常适合，并且适用于任何发热量的燃料。

C 外置蓄热室加热炉

如图 1-29 所示，外置蓄热室加热炉是介于内置蓄热室加热炉与蓄热式烧嘴（RCB）加热炉之间的一种形式，将蓄热室全部放到炉墙外，体积庞大，占用车间面积大，检修维护非常不便。炉体散热量成倍增加，蓄热室与炉体连通的高温通道受钢结构柱距的限制，空气、煤气混合不好，燃烧不完全，燃料消耗高，更无法实现低氧化加热。它既没有蓄热式烧嘴灵活性，又没有内置蓄热室加热炉的合理性，但适用于老炉型改造。

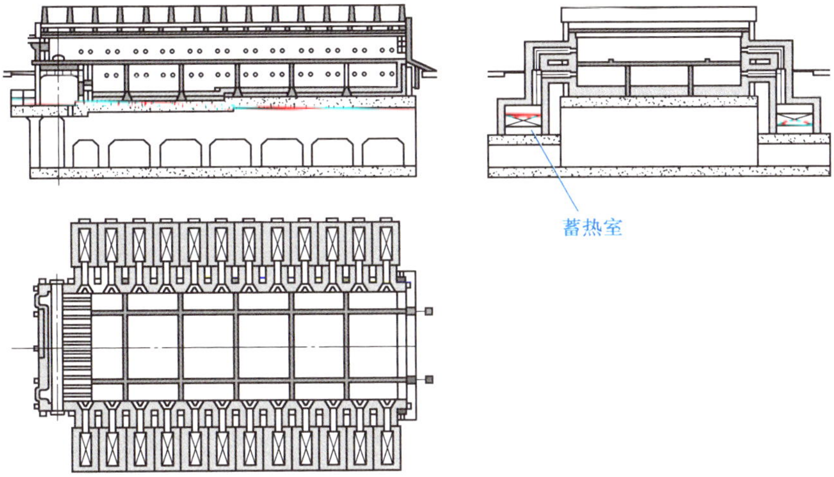

图 1-29 外置蓄热室加热炉

蓄热式加热炉在国内发展很快，但我们必须清醒地认识到还有许多有待完善的地方。例如，无论是使用何种燃料的蓄热式加热炉，在运行一段时间后，蓄热体很容易发生一些问题，采用小球作为蓄热体的蓄热式加热炉，小球会粘在一起，而使用蜂窝体作为蓄热体的蓄热式加热炉，蜂窝体堵塞比较严重，当蓄热体堵塞后，为了保证加热温度，不得不提高燃料和空气的供给量，从而造成能耗的升高。

另外，在检修时发现，蓄热体不仅会发生堵塞现象，而且在拆换过程中特别容易破碎，特别是接近炉内的两层蓄热体，每次拆开就破裂，不能重复使用。这样每次检修更换大量蓄热体，造成了检修成本的大幅上升。

任务实施

1.5.3 空气换热器的维护

（1）一般换热器入口烟温，允许长期不高于 800 ℃，短时最高不超过 850 ℃；预热风温不超过 500 ℃。

（2）热风自动放散阀是保护换热器的保护装置，为防止热风放散阀失灵，看火工每次接班后均应手动试放散一次，发现热风自动放散阀失灵应及时通知仪表工修复。

（3）全厂性停电前 2 h，必须由调度室书面通知加热工段或当班加热工停炉降温并关闭烟闸，确保停电之前换热器入口烟气温度降到 600 ℃以下。

（4）为防止换热器管子外壁结垢堵塞，每使用 6~12 个月应仔细清灰一次。

1.5.4 煤气换热器的维护

（1）如遇有停电、停风、停煤气或加热炉发生塌炉顶等大事故时，按紧急状态下停煤气停炉制度处理。

（2）每使用 5~6 个月清灰检查一次；使用一年整体打压试漏一次。

（3）使用高炉煤气等含尘量较大的气体燃料时，应每年对换热器第一行程的换热管内部进行高压冲洗一次，防止堵塞后煤气流量减小，影响加热产量。

1.5.5 蓄热式加热工巡检标准

（1）炉体有无透火，烧红。

（2）烧嘴是否换向正常，蓄热箱排烟温度低于 240 ℃。

（3）炉体净环水冷却管道手阀全开，流量开关无流量低报警。

（4）水封槽无剐蹭异响，液位高于 320 mm。

1.5.6 汽化冷却工巡检标准

（1）汽化冷却系统有无漏水、漏蒸汽现象。

（2）循环泵、给水泵运转是否正常，有无异响。

1.5.7 巡检周期及异常处理

（1）每班巡检一次。

（2）异常处理：各班巡检过程中发现问题及时联系相关专业处理，并记录在交接班记录或过钢通道检查表中。

问题讨论

烟气反吹新工艺有哪些需要改进的地方？

任务 1.6　合理选用耐火材料

任务描述

砌筑加热炉广泛使用各种耐火材料和绝热材料，耐火材料的合理选择、正确使用是保证加热炉的砌筑质量，提高炉子的使用寿命，减少炉子热能损耗的前提。耐火材料的种类繁多，了解各种耐火材料的性能、使用要求及方法，是正确使用耐火材料的必要条件。

砌筑加热炉的耐火材料应满足以下要求。

（1）具有一定的耐火度。即在高温条件下使用时，不软化不熔融。各国均规定：耐火度高于 1580 ℃的材料才称为耐火材料。

（2）在高温下具有一定的结构强度，能够承受规定的建筑荷重和工作中产生的应力。

（3）在高温下长期使用时，体积保持稳定，不会产生过大的膨胀应力和收缩裂缝。

（4）温度急剧变化时，不能崩裂破坏。

（5）对熔融金属、炉渣、氧化铁皮、炉衬等的侵蚀有一定的抵抗能力。

（6）具有较好的耐磨性及抗震性能。

（7）外形整齐，尺寸精确，公差不超过要求。

以上是对耐火材料总的要求。事实上，目前尚无一种耐火材料能同时满足上述要求，这一点必须给予充分的注意。选择耐火材料时，应根据具体的使用条件，对耐火材料的要求确定出主次顺序。

知识准备

1.6.1 耐火材料的分类

耐火制品通常根据耐火度、形状尺寸、烧制方法、耐火基体的化学矿物组成等进行分类。

微课
耐火材料的种类和性能

1.6.1.1　按耐火材料的化学成分（质量分数）分类

（1）硅质制品。

硅砖	SiO_2含量不小于 93%
石英玻璃	SiO_2大于 99%

（2）硅酸铝质制品。

半硅砖	SiO_2含量大于 65%，Al_2O_3含量小于 30%
黏土砖	SiO_2含量小于 65%，Al_2O_3含量 30%～48%
高铝砖	Al_2O_3含量大于或等于 48%

（3）镁质制品。

镁砖	MgO 含量 85%以上

镁铬砖	MgO 含量 55%~60%，Cr_2O_3含量 8%~12%
白云石制品	CaO 含量 40%以上，MgO 含量 30%以上
镁铝砖	MgO 含量不小于 80%，Al_2O_3含量 5%~10%

（4）铬质制品。

（5）碳质及碳化硅质制品。

（6）锆质制品。

（7）特种氧化物制品。

1.6.1.2 按耐火度、形状尺寸和烧制方法分类

（1）耐火度为 1580~1770 ℃时为普通耐火制品，1770~2000 ℃时为高级耐火制品，大于 2000 ℃时为特级耐火制品。

（2）按尺寸形状分为块状耐火材料和散状耐火材料。

（3）按烧制方法分为不烧砖、烧制砖和熔铸砖。

1.6.1.3 根据耐火材料的化学性质分类

（1）酸性耐火材料。

（2）碱性耐火材料。

（3）中性耐火材料。

1.6.2 耐火材料的性能

耐火材料的性能包括物理性能和工作性能两个方面。物理性能如体积密度、气孔率、热导率、真密度、线膨胀系数等往往能够反映材料制造工艺的水平，并直接影响耐火材料的工作性能。耐火材料的工作性能指材料在使用过程中表现出来的性能，主要包括耐火度、高温结构强度、高温体积稳定性、抗热震性、化学稳定性等，耐火材料的工作性能取决于耐火材料的化学矿物组成及其制造工艺。

1.6.2.1 耐火材料的物理性能

A 体积密度

耐火材料的体积密度指的是单位体积（包括全部气孔在内）的耐火材料的质量，常用单位为 g/cm^3或 kg/m^3。

B 气孔率

因制造工艺局限性，耐火材料中总存在着一些大小不同、形状各异的气孔。耐火材料中所有气孔的体积与材料总体积的比值称为耐火材料的气孔率。

耐火材料的气孔按其状态分为开口气孔、闭口气孔和贯通气孔三种。其中一端封闭，另一端与大气相通的气孔称为开口气孔；被封闭在材料内部与外界隔绝的气孔称为闭口气孔；贯穿材料内部，两端均与大气相通的气孔称为贯通气孔。开口气孔和贯通气孔合称显气孔。

设 V_1、V_2、V_3分别代表耐火材料中开口气孔、闭口气孔、贯通气孔的体积，V 代表耐火材料的总体积，显然

$$
\begin{cases}
气体的气孔率 = \dfrac{V_1 + V_2 + V_3}{V} \times 100\% \\
显气孔率 = \dfrac{V_1 + V_3}{V} \times 100\% \\
闭气孔率 = \dfrac{V_2}{V} \times 100\%
\end{cases}
\tag{1-1}
$$

除特别表明外，我国有关耐火材料文献、资料中的气孔率通常是指显气孔率。

C 真密度

耐火材料的真密度是指不包含气孔在内，单位体积耐火材料的质量，单位为 kg/m^3。

体积密度、气孔率、真密度这些指标反映了耐火材料的致密程度，是评定耐火制品质量的重要指标之一。耐火材料的这些指标直接影响着耐火制品的耐压强度、耐磨性、抗渣性、导热性等。

D 热膨胀性

耐火材料的长度和体积随温度升高而增大的性质，称为耐火材料的热膨胀性。耐火材料的热膨胀是一种可逆变化，即受热后膨胀，冷却后收缩。

耐火材料的热膨胀性一般用线膨胀百分率表示。

$$\beta = \frac{l_t - l_0}{l_0} \times 100\% \tag{1-2}$$

式中，l_t 和 l_0 分别是 t ℃和 0 ℃时的试样长度。

1.6.2.2 耐火材料的工作性能

A 耐火度

耐火材料在无荷重时抵抗高温而不熔化的性能称为耐火度。加热时，耐火材料中各种矿物组成之间会发生反应，并生成易熔的低熔点结合物而使之软化，故耐火度只是表明耐火材料软化到一定程度时的温度。

测定耐火度时，将耐火材料试样制成一个上底每边为 2 mm，下底每边为 8 mm，高30 mm，截面呈等边三角形的三角锥体。把三角锥体试样和比较用的标准锥体放在一起加热。三角锥体在高温作用下则软化而弯倒，当锥的顶点弯倒并触及底板（放置试锥用的）时，此时的温度（与标准锥比较）称为该材料的耐火度，三角锥体软倒情况如图 1-30 所示。

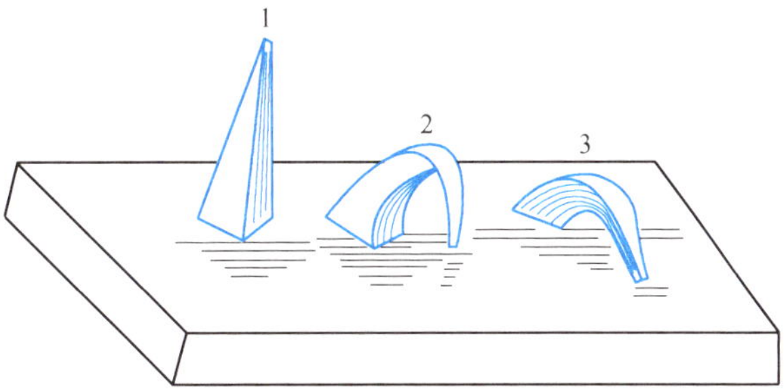

图 1-30 耐火锥软倒情况

1—软倒前；2—在耐火温度下软倒情况；
3—超过耐火度时软倒情况

耐火材料的耐火度越高，表明材料的耐高温性质越好。耐火材料实际使用温度应低于耐火度。

B 高温结构强度

加热炉中的耐火材料都是在一定的负荷下工作的，故要求其必须具有一定的抗负荷能力。耐火材料在高温下承受压力、抵抗变形的能力称为耐火材料的高温结构强度。耐火材料的高温结构强度通常用荷重软化温度作为评定的指标。所谓荷重软化温度就是耐火材料受压发生一定变形量的温度。

测定荷重软化温度的方法是：将待测耐火材料制成高为 50 mm、直径为 36 mm 的圆柱体试样，在 196 kPa 的荷重压力下，按照一定的升温速度加热，测出试样的开始变形温度和压缩 4%及 40%的温度作为试样的荷重软化温度。

耐火材料实际能够承受的温度要稍高于荷重软化温度。这是因为一方面耐火材料的实际荷重很少达到 196 kPa，另一方面耐火材料在炉子中只是单面受热。

氧化硅质耐火材料的荷重软化温度和耐火度接近，因此氧化硅质耐火材料的高温结构强度好。而黏土质耐火材料的荷重软化温度远比其耐火度低，这是黏土质耐火材料的一个缺点。氧化镁质耐火材料的耐火度虽然很高，但其高温结构强度却很差，因此实际使用温度仍然低于其耐火度很多。当然，在没有什么荷重的情况下，其使用温度可以大大提高。

C 抗热震性

耐火材料抵抗温度急剧变化而不致破裂和剥落的能力称为抗热震性，又称为耐热剥落性和耐热崩裂性。在炉子的操作过程中，如炉门开启时冷空气进入炉膛、台车式炉出炉时炉底空冷等，都会使耐火材料的温度处于波动之中，如果耐火材料没有足够的抗热震性能，就会过早地损坏。

耐火材料的抗热震性主要取决于其热膨胀性、导热性、抗张强度、弹性模量等性质，与材料的组织结构、形状尺寸等也有关系。一般而言，热膨胀系数小、导热率大、抗张强度高和弹性模量较低且在温度急变范围内无晶型转化的材料，具有较好的抗热震性。就同种材料而言，形状简单、尺寸较小的材料具有较好的抗热震性。

耐火材料抗热震性的指标可以用试验来测定。目前采用的标准方法是将耐火材料试样加热至 850 ℃，然后在流动水中冷却，如此反复加热、冷却，直至试样的脱落部分质量为原质量的 20%为止，以所经受的反复加热、冷却的次数作为该材料的抗热震性指标。

D 高温体积稳定性

耐火材料在高温及长期使用的情况下，应保持一定的体积稳定性。这种体积的变化不是指一般的热胀冷缩，而是指耐火材料在烧制时，由于其内部组织未完全转化，在使用过程中内部组织结构会继续变化而引起的不可逆的体积变化。

在工程上，耐火制品的高温体积稳定性一般用无荷重条件下材料的重烧体积变化率或重烧线变化率表示。

$$\Delta V = \frac{V_2 - V_1}{V_1} \times 100\% \qquad \Delta l = \frac{l_2 - l_1}{l_1} \times 100\% \tag{1-3}$$

式中 V_1——温度为 t_1 时耐火制品的体积；

V_2——温度为 t_2 时耐火制品的体积；

l_1——温度为 t_1 时耐火制品的长度；

l_2——温度为 t_2 时耐火制品的长度。

黏土砖和镁砖在使用过程中常产生残存收缩，硅砖常产生膨胀现象。只有碳质制品的高温体积稳定性良好。一般耐火制品允许的残余收缩或残余膨胀不超过 1%。

E 化学稳定性

耐火材料在高温下抵抗熔融金属、物料、炉渣、熔融炉尘等侵蚀作用的能力称为耐火材料的化学稳定性。这一指标通常也用抗渣性来表示。对轧钢加热炉而言，经常遇到的是熔融氧化铁皮对耐火材料的侵蚀，在某些热处理炉中还存在炉内气氛对耐火材料的侵蚀。熔渣对耐火材料的侵蚀包括可能同时发生的三种作用，即化学侵蚀、物理溶解和机械冲刷等。影响材料抗渣性的主要因素有如下几种。

（1）炉渣化学性质。炉渣主要分酸性渣和碱性渣。含酸性较多的耐火材料，对酸性炉渣的抵抗能力强，对碱性炉渣的抵抗能力差。反之，碱性耐火材料如氧化镁质和白云石质耐火材料对碱性渣的抵抗能力强，对酸性渣的抵抗能力差。

（2）工作温度。温度在 800~900 ℃时，炉渣对材料的侵蚀作用不大显著，但温度达到 1200 ℃以上时，材料的抗渣性就大大降低。

（3）耐火材料的致密程度。提高耐火材料的致密度，降低其气孔率是提高耐火材料抗渣性的主要措施，可以在制砖过程中选择合适的颗粒配比和较高的成型压力。

1.6.3 加热炉常用的块状耐火制品

加热炉及热处理炉常用的耐火砖有黏土砖、高铝砖、硅砖、镁砖和碳化硅质耐火材料等。

1.6.3.1 黏土砖

黏土砖是生产量最多、使用最广泛的耐火材料，属于硅酸铝质，以 Al_2O_3 及 SiO_2 为其基本化学组成，制作原料为耐火黏土和高岭土。

根据 Al_2O_3 及 SiO_2 含量比例的不同，黏土类耐火材料分为半硅砖（Al_2O_3 15%~30%）、黏土砖（Al_2O_3 30%~48%）和高铝砖（Al_2O_3>48%）三种。

微课
加热炉常用的耐火材料及其选用原则

黏土砖有以下特点。

（1）黏土砖的耐火度一般为 1580~1750 ℃，随着 Al_2O_3 含量的增加黏土砖的耐火度提高。

（2）黏土砖属于弱酸性耐火材料，在高温下容易被碱性炉渣所侵蚀。

（3）黏土砖的荷重软化开始点温度很低，只有 1250~1300 ℃，而且其荷重软化开始温度和终了温度（即 40%变形温度）的间隔很大，为 200~250 ℃。

（4）黏土砖有良好的抗热震性能，在 850 ℃水冷次数可达 10~25 次。其膨胀系数、导热率、热容量均小于其他耐火材料。

（5）黏土砖在高温下出现再结晶现象，使砖的体积缩小。同时产生液相，由于液相表面张力的作用，使固体颗粒相互靠近，气孔率低，使砖的体积缩小，因此黏土砖在高温下有残存收缩的性质。

（6）黏土砖表面为黄棕色（Fe_2O_3的含量越多，颜色越深），表面有黑点。

由于黏土砖化学组成的波动范围较大，生产方法不同，烧成温度的差异，各类黏土砖的性质差异较大。根据国家标准 GB/T 34188—2017，普通黏土砖按理化指标分为 PN-42、PN-40、PN-35、PN-30、PN-25 五个牌号。

我国耐火黏土资源极为丰富，质量好，价格便宜，被广泛地应用于砌筑各种加热炉和热处理炉的炉体、烟道、烟囱、余热利用装置和烧嘴等。

1.6.3.2 高铝砖

高铝砖是含 $Al_2O_3$48%以上的硅酸铝质制品。按照矿物组成的不同，高铝质制品分为刚玉质（95%以上的 Al_2O_3）、莫来石质（$3Al_2O_3 \cdot 2SiO_2$）及硅线石质（$Al_2O_3 \cdot SiO_2$）三大类，工业上大量应用的是莫来石质和硅线石质的高铝砖。

高铝砖的耐火度比黏土砖和半硅砖的耐火度都要高，达 1750～1790 ℃，属于高级耐火材料。高铝制品中 Al_2O_3高，杂质量少，形成易熔的玻璃体少，因此荷重软化温度比黏土砖高，但因莫来石结晶未形成网状组织，故荷重软化温度仍没有硅砖的高，只是抗热震性比黏土砖稍低。由于高铝砖的主要成分是 Al_2O_3，接近于中性耐火材料，对酸性、碱性炉渣和氧化铁皮的侵蚀均有一定的抵抗能力。高铝砖在高温下也会发生残存收缩。根据国家标准 GB/T 2988—2023，普通高铝砖分为 L2-80、L2-75、L2-70、L2-65、L2-55、L2-48、L2-65G 七个牌号。

高铝砖常用来砌筑均热炉的吊顶、炉顶、下部炉墙，连续加热炉的炉底、炉墙、烧嘴砖、吊顶等。另外，高铝砖也可用来砌筑蓄热室的格子砖。

1.6.3.3 硅砖

硅砖是含 SiO_2在 93%以上的硅质耐火材料。由于 SiO_2在烧成过程中发生复杂的晶型转变，体积发生变化，因此硅砖的制造技术和使用性能与 SiO_2的晶型转变有着密切的关系。在使用中通常通过测量其真密度的数值，判断烧成过程中的晶型转变的完全程度。真密度越小，表明转化越完全，在使用时的体积稳定性就越好。普通硅砖的真密度在 2.4 g/cm^3以下。

硅砖属于酸性耐火材料，对酸性渣的抵抗能力强，对碱性渣的抵抗力较差，但对氧化铁有一定的抵抗能力。硅砖的荷重软化开始温度较其他几种常用砖都高，为 1620～1660 ℃，接近于其耐火度（1690～1730 ℃），这一特点允许硅砖可用于砌筑高温炉的拱顶。硅砖的抗热震性不好，在 850 ℃的水冷次数只有 1～2 次，因此不宜用在温度有剧烈变化的地方和周期工作的炉子上。

硅砖在 200～300 ℃和 575 ℃时有晶型转变，体积会骤然膨胀，故烘炉时在 600 ℃以下升温时不能太快，否则会有破裂的危险。同样，在冷却至 600 ℃以下时也应避免剧烈的温度变化。

硅砖是酸性冶炼设备主要的砌筑材料，在加热炉上一般用来砌筑炉子的拱顶和炉墙，尤其是拱顶。此外，硅砖也用来砌筑蓄热室上层的格子砖。

1.6.3.4 镁砖

镁砖是含 MgO 在 80%～85%，以方镁石为主要矿物组成的耐火材料。

镁砖按其生产工艺的不同，分为烧结镁砖和化合镁砖两类。化合镁砖的强度较低，性能不如烧结镁砖，但价格便宜。

镁砖属于碱性耐火材料，对碱性渣有较强的抵抗作用，但不耐酸性渣的侵蚀，在 1600 ℃高温下，与硅砖、黏土砖甚至高铝砖接触都能起反应，故使用时必须注意不要和硅砖等混砌。镁砖的耐火度在 2000 ℃以上，但其荷重软化开始温度只有 1500～1550 ℃。镁砖的抗热震性较差，只能承受水冷 2～3 次，这是镁砖损坏的一个重要原因。镁砖的热膨胀系数大，故砌砖过程中，应留足够的膨胀缝。

煅烧不透的镁砖会因水化造成体积膨胀，使镁砖产生裂纹或剥落。因此，镁砖在储存过程中必须注意防潮。

镁砖在冶金工业中应用很广，加热炉和均热炉的炉底表面层及均热炉的炉墙下部都用镁砖铺筑。镁砖和硅砖一样，不能用于温度波动激烈的地方，用镁砖砌筑的炉子在操作过程中应注意保持炉温的稳定。

1.6.3.5 碳化硅质耐火制品

碳化硅质耐火制品是以碳化硅为主要原料制得的耐火材料。根据其制品结合相的性质，碳化硅质耐火制品分为氧化物结合碳化硅制品、直接结合碳化硅制品和氮化物结合碳化硅制品三类。

碳化硅耐火制品具有优异的耐酸性渣或碱性渣及氧化铁皮侵蚀的能力和耐磨性能，其高温下强度大、热膨胀系数小、导热性好、抗热冲击性强。碳化硅制品的耐氧化性较差，价格昂贵，故多被用于工作条件极为苛刻且氧化性不显著的部位。

碳化硅矿物原料在自然界极为罕见，工业上采用人工合成的方法获得。

1.6.4 不定形耐火材料

不定形耐火材料是由耐火骨料、粉料和一种或多种结合剂按一定的配比组成的不经成型和烧结而直接使用的耐火材料。这类材料无固定的形状，可制成浆状、泥膏状和松散状，用于构筑工业炉的内衬砌体和其他耐高温砌体，因而也称为散状耐火材料。用此种耐火材料可构成无接缝或少接缝的整体构筑物，故又称为整体耐火材料。

不定形耐火材料通常根据其工艺特性和使用方法分为浇注料、可塑料、捣打料、喷射料和耐火泥等。

近年来，不定形耐火材料得到快速发展。目前，在加热炉中，不仅广泛使用普通不定形耐火材料，还使用轻质不定形耐火材料，并向复合加纤维的方向发展。目前，在一些发达国家，不定形耐火材料的产量已占其耐火材料产量的 1/2 以上。

不定形耐火材料施工方便，筑炉效率高，能适应各种复杂炉体结构的要求。不定形耐火材料的使用，也可以改善炉子的热工指标。

1.6.4.1 耐火浇注料

耐火浇注料是由耐火骨料、粉料、结合剂组成的混合料，加水或其他液体后，可采用浇注的方法施工或预先制作成具有规定的形状尺寸的预制件，构筑工业炉内衬。由于浇注料的基本组成和施工、硬化过程与土建工程中常用的混凝土相同，因此也常称此材料为耐火混凝土。

耐火浇注料的骨料由各种材质的耐火材料制成，其中以硅酸铝质和刚玉质材料用得最多；粉料是与骨料相同材质的、等级更优良的耐火材料；结合剂是浇注料中不可缺少的重要组分，目前广泛使用的结合剂是铝酸钙水泥、水玻璃和磷酸盐等。为了改善耐火混凝土的理化性能和施工性能，往往还加入适量的外加剂，如增塑剂、分散剂、促凝剂或缓凝剂等，如以水玻璃作为结合剂的浇注料常采用氟硅酸钠为促凝剂。

根据结合剂的不同，耐火浇注料可分为铝酸盐水泥耐火浇注料、水玻璃耐火浇注料、磷酸盐耐火浇注料及硅酸盐耐火浇注料等。几种常用耐火浇注料的性能见表 1-1。

表 1-1　几种耐火浇注料的性能

材　　料	铝酸盐水泥耐火浇注料	磷酸盐耐火浇注料	水玻璃耐火浇注料
荷重软化开始温度/℃	1250~1280	1200~1280	1030~1090
耐火度/℃	1690~1710	1710~1750	1610~1690
抗热震性/次	>50	>50	>50
显气孔率/%	18~21	17~19	17
体积密度/$g \cdot cm^{-3}$	2. 16	2. 26~2. 30	2. 19
常温耐压强度/MPa	20~35	18~25	30~40
1250 ℃烧后强度/MPa	14~16	21~26	40~50

耐火浇注料是目前生产和使用最为广泛的一种不定形耐火材料，主要用于砌筑各种加热炉内衬等整体构筑物，如广泛用于均热炉等冶金炉的磷酸盐浇注料。

耐火浇注料可以直接浇灌在模板内，捣固以后经过一定的养护期即可烘干使用；也可以做成预制块，如拱顶、吊顶、炉墙、炉门等。

1. 6. 4. 2　耐火可塑料

耐火可塑料是以粒状的耐火骨料和粉状物料与可塑黏土等结合剂和增速剂配合，加入少量水分经充分搅拌后形成的硬泥膏状并在较长时间内保持较高可塑性的耐火材料。可塑料与耐火浇注料的骨料是相同的，只是结合剂不同，耐火可塑料的结合剂是生黏土，而耐火浇注料是用水泥等作结合剂。

根据所用骨料的不同，耐火可塑料分为黏土质、高铝质、镁质、硅石质等。目前，国内采用的都是以磷酸—硫酸铝为结合剂的黏土质耐火可塑料。

由于耐火可塑料中含有一定的黏土和水分，在干燥和加热过程中往往产生较大的收缩。如不加防缩剂的可塑料干燥收缩 4%左右，在 1100~1350 ℃内产生的总收缩可达 7%左右。故体积稳定性是耐火可塑料的一项重要技术指标。耐火可塑料的抗热震性能高于其他同材质的不定形耐火材料。

耐火可塑料的施工不需要特别的技术。制作炉衬时，将可塑料铺在吊挂砖或挂钩之间，用木锤或气锤分层（每层厚 50~70 mm）捣实即可。若用可塑料制作整体炉盖，可先在底模上施工，待干燥后再吊装。

耐火可塑料特别适用于各种加热炉、均热炉及热处理炉。耐火可塑料制成的炉子具有整体性、密封性好、热导率小、热损失少、抗热震性好、炉体不易剥落、耐高温、有良好的抗蚀性、炉子寿命较长等特点。目前，国内耐火可塑料在炉底水管的包扎、加热炉炉顶、烧嘴砖、均热炉炉口和烟道拱顶等部位的使用都取得了满意的效果。

1.6.4.3 耐火泥

耐火泥是由粉状物料和结合剂组成的供调制泥浆用的不定形耐火材料。主要用作砌筑耐火砖砌体的接缝和涂层材料，用以使耐火砖相互连接，保证炉子具有一定强度和气密性。

耐火泥一般由熟料与结合黏土组成，熟料是基本成分，结合黏土（生料）是结合剂，能在水中分散，增加耐火泥的可塑性。结合黏土适宜的数量随熟料的颗粒度而变，熟料粒度大，结合黏土含量则应多，耐火泥中熟料含量多，则耐火泥的机械强度增大；结合黏土的含量增加，耐火泥的透气性则降低。

耐火泥的耐火度取决于原料的耐火度及其配料比，一般耐火泥的耐火度应稍低于所砌筑耐火砌体的耐火度。在工业炉中，耐火泥的选择要考虑砌体的性质、使用环境和施工特点，通常所选耐火泥的化学成分、抗化学侵蚀性、热膨胀率等应该接近于被砌筑的耐火制品的相应性质。

根据耐火泥化学成分的不同，分为黏土质、硅质、高铝质、镁质等，分别用于砌筑黏土砖、硅砖、高铝砖和镁砖。由于镁质耐火材料有水化反应，故镁质耐火泥不能加水调制，只能干砌或加卤水调制。

1.6.5 隔热材料

在炉子的热支出项目中，炉壁的蓄热和通过炉壁的散热损失占有很大比例。为了减少这方面的损失，提高炉子的热效率，需选用热容量小、导热率低的筑炉材料，即保温隔热材料。炉衬的外层一般砌筑保温隔热材料。炉子保温隔热材料的种类很多，常用的有轻质耐火砖、轻质耐火混凝土、耐火纤维和其他绝热材料，如硅藻土、石棉、蛭石、矿渣棉及珍珠岩制品等。

1.6.5.1 轻质耐火砖

轻质耐火砖是在耐火砖中加入某些特殊物质后烧成的，其气孔率比普通耐火砖高1倍，体积密度是同质耐火砖的1/7~1/2。轻质耐火砖的热导率小，常用来作为炉子的隔热层或内衬。

轻质耐火砖按所用材质不同，主要有轻质黏土砖、轻质高铝砖和轻质硅砖。轻质耐火砖的耐火度与一般相同材质的耐火砖的耐火度相差不大，荷重软化温度则略低。由于多数轻质砖在高温下长期使用时，会继续烧结而不断收缩，从而造成裂纹甚至破坏，故多数轻质砖有一个最高使用温度。轻质黏土砖只有1150~1300 ℃，轻质高铝砖不超过1350 ℃，轻质硅砖高些，可达1600 ℃。

轻质耐火砖的抗热震性、高温结构强度和化学稳定性均较差，故不适合用于高速气流冲刷和振动大的部位。

综合来看，轻质耐火砖的优点是主要的。因此，国内外对轻质耐火材料的研究都十分重视，其应用越来越广泛，是一种有发展前途的材料。

轻质耐火砖宜用于炉子的侧墙和炉顶，用轻质黏土砖所砌的炉子重量轻、炉体蓄热损失少，因此炉子升温快，热效率高，这对周期性作业的炉子意义尤为重要。

与轻质耐火砖工艺相似，在耐火混凝土配料中，加入适当的起泡剂，可以制成轻质耐火混凝土，体积密度是黏土砖的 1/2，热导率是黏土砖的 1/3。如果用蛭石或陶粒一类材料作骨料，则密度及热导率更低。

1.6.5.2 耐火纤维

耐火纤维又称为陶瓷纤维，是一种纤维状的新型耐火材料，它不仅可用作绝热材料，而且可作为炉子内衬。耐火纤维的生产方法有多种，但目前工业规模采用的都是喷吹法，即将配料在电炉内熔化，熔融的液体流出小孔时，用高速高压的空气或蒸汽喷吹，使熔融液滴迅速冷却并被吹散和拉长，就可以得到松散如棉的耐火纤维。耐火纤维以松散棉状用于工业炉只是使用方法之一，更多的是制成纤维毯、纤维纸、纤维绳，或与耐火可塑料制成复合材料，可适应多种用途。耐火纤维的节能效果显著。

陶瓷纤维使用的基本原料是焦宝石，它的成分属于硅酸铝质耐火材料，但因为形态是纤维，因此性能与黏土砖不尽相同，持续使用温度为 1300 ℃，最高使用温度为 1500 ℃。在 1600 ℃以上，陶瓷纤维失去光泽并软化。其优点是重量轻、绝热性能好、抗热震性好、化学稳定性好、容易加工。

1.6.5.3 硅藻土

硅藻土是由古代藻类植物形成的一种天然沉积矿物，其主要成分是非晶型的 SiO_2，含量为 60%~94%。硅藻土制品含有大量气孔，体积密度很小（500~600 kg/m^3），是一种具有良好隔热性能的保温材料，其允许的工作温度一般不大于 900 ℃。松散的硅藻土粉可作为填料，也可制成硅藻土砖使用。

1.6.5.4 蛭石

蛭石俗称黑云母或金云母。其成分（质量分数）为 SiO_2 占 2%~40%、Fe_2O_3 占 6%~23%、Al_2O_3 占 14%~18%、MgO 占 11%~20%、CaO 占 1%~2%。蛭石内含有大量水分，受热时水分蒸发而体积膨胀，加热到 800~1000 ℃时体积胀大数倍，称为膨胀蛭石。去水后的蛭石可直接填充使用，也可用高铝水泥作结合剂制成各种保温制品。蛭石的最高工作温度为 1100 ℃。

1.6.5.5 珍珠岩

珍珠岩是一种较新型的保温材料，具有体积密度小、保温性能好、耐火度高等特点。其组成以膨胀珍珠岩为主，加磷酸铝、硫酸铝并以纸浆液为结合剂。珍珠岩的最高使用温度为 1000 ℃。

1.6.5.6 矿渣棉

煤渣、高炉渣和某些矿石，在 1250~1350 ℃熔化后，用压缩空气或蒸汽直接使其雾化，形成的线状物称为矿渣棉，可以直接使用，也可制成各种制品使用。矿渣棉的最高使用温度不超过 750 ℃。

1.6.5.7　玻璃纤维

玻璃纤维是液态玻璃通过拉线模拉制成的，可作为保温材料填充使用。其最高使用温度为 600 ℃。

1.6.5.8　石棉

石棉是纤维结构的矿物，它的主要成分是蛇纹石（$3MgO \cdot 2SiO_2 \cdot 2H_2O$）。松散的石棉密度为 50~70 kg/m^3，压紧的石棉密度为 1000~1200 kg/m^3。石棉的熔点超过 1500 ℃，但在 700 ℃时就会成为粉末，使强度降低，失去保温性能，故石棉制品的最高使用温度不得超过 500 ℃。石棉板是将石棉纤维用白黏土胶合而成的，石棉绳则是用石棉纤维和棉线编织而成的。

1.6.6 耐火材料的选用

耐火材料的正确选用对炉子工作具有极重要意义，能够延长炉子的寿命，提高炉子的生产率，降低生产成本等。相反，如果选择不好，会使炉子过早损坏而经常停炉，降低作业时间和产量，增加耐火材料的消耗和生产成本。

1.6.6.1　选择耐火材料的原则

（1）满足工作条件中的主要要求。耐火材料使用时，必须考虑炉温的高低、变化情况、炉渣的性质、炉料、炉渣、熔融金属等的机械摩擦和冲刷等。但是，任何耐火材料都不可能完全满足炉子热工过程的各种条件，这就需要抓住主要矛盾，满足主要条件。例如，砌筑炉子拱顶时，所选用的材料首先应考虑有良好的高温结构强度，而就抗渣性来说却是次要的要求。反之，在高温段炉底上层的耐火材料则必须满足抗渣性这个要求。又如，对间歇性操作的炉子来说，除了考虑抗渣性等基本条件外还应选择热稳定性好的材料。总之，就一个炉子来说，各部位的耐火材料是不相同的，应根据各部位的技术条件要求来选取合适的耐火材料。

（2）经济上的合理性。冶金生产消耗的耐火材料数量很大，在选用耐火材料时除了满足技术条件上的要求外，还必须考虑耐火材料的成本和供应问题，某些高级耐火材料虽然具备比较全面的条件，但因价格昂贵而不能采用。当两种耐火材料都能满足要求的情况下应选择其中价格低廉、来源充足的那一种，即使该材料性能稍差，但能基本符合要求也同样可以选用。对于易耗或使用时间短的耐火制品更应考虑采用价格低、来源广的耐火材料。不必要使用高级耐火材料的地方就应当不用，以节约国家的资源。此外，经济上的合理性，不仅表现在耐火材料的单位价格，还应考虑到其使用寿命。

总之，选择耐火材料，不仅技术上应该是合理的，而且经济上也必须是合算的。应本着就地取材，充分合理利用国家经济资源，能用低一级的材料，就不用高一级的，当地有能满足要求的就不用外地的。

1.6.6.2　材质比较

近年来除传统耐火砖外，还发展了不定形耐火材料和耐火纤维新品种，它们的特点比较见表 1-2。

表 1-2 传统耐火砖与不定形耐火材料和耐火纤维新品种特点比较

项目	耐火砖	不定形耐火材料	耐火纤维
炉体构造	能适应高温、高层、大型炉子，形状复杂部位易成为薄弱环节	不适于高温、高层、大炉型，中、小型炉尤其形状复杂构造部分最合适	不适于高温、高层、大炉型、转型炉衬和炉壳，质地柔软，易制成各种形状
经济性	异型砖价格贵，废砖可回收一部分	价格中等，旧材无法利用	普通型节能显著，翻本期短，高温型目前价格贵
施工技术	要求高度熟练技术	要求一般技术	要求一般技术
保存	半永久性	保存期长要变质	稳定，半永久性
在库管理	形状复杂，品种多	近年品种从简到繁	简单
筑炉工期	筑炉期长，烘炉期短	筑炉期短，干燥烘炉期长	筑炉快，烘炉升温快
耐热震性	一般，比不定形差	烘炉要注意，一般较好	甚好
补修	困难	容易，方便	容易
环保	粉尘	振动、噪声	

1.6.6.3 选用耐火材料和绝热材料

各种筑炉材料均有一定使用温度。用传热公式可以算出各段炉壁温度，有时也用经验方法确定炉壁温度：

$$t_{壁} = t_{炉} + (50 \sim 100)\ ℃ \tag{1-4}$$

其中，$t_{炉}$是热电偶指示的炉温。根据$t_{壁}$选择适宜的筑炉材料。常用筑炉材料的最高允许温度可查筑炉材料有关资料。

任务实施

1.6.7 选用筑炉材料

加热炉的使用温度一般为1300~1400 ℃，普遍用耐火黏土砖砌筑，加热段和均热段炉顶也有用高铝砖的，炉衬损毁主要是由于高温、热应力、气流冲刷和机械冲撞等作用所致，高温段炉墙下部、炉底和水冷管包扎层等部位易受熔融氧化铁皮的侵蚀作用，因此砌筑镁砖或垫镁砂作为保护层，水管包扎层则用高铝耐火材料。

随着轧钢机的大型化和高效化，对加热炉提出了更高的要求，其发展趋势是大型、低耗、无公害和操作自动化，筑炉材料也因此发生了较大的变化。从20世纪70年代起，不定形耐火材料相继应用，并逐步得到推广；到20世纪80年代后期，烧煤气的加热炉采用结晶氧化铝纤维或硅酸铝纤维制品作工作层，取得了显著的节能效果，是今后的发展方向。但铺贴方法和黏结剂质量等，尚有待完善和提高。炉子绝热层用黏土质或高铝质隔热砖、珍珠岩、硅藻土砖及耐火纤维毡砌筑，厚度为113~300 mm。

1.6.7.1 耐火砖砌筑炉体的选用

炉墙工作层用黏土质耐火砖砌筑，厚度为230~460 mm，开孔洞处可用砖砌拱、用异型砖拼砌或搭盖长条黏土质耐火砖。如炉墙较高需在适当的间距处设高铝质抗拉砖，以防炉墙倾倒。加热段炉墙底部需加厚，以增加其稳定性，受钢坯碰撞的炉墙较易损毁。烧嘴周围和侧出钢口等开孔洞部位的炉墙，受高温、急冷急热和机械等作用最易损坏。

炉底工作层厚度为 300~460 mm，预热段用黏土质耐火砖砌筑，加热段则用黏土质或高铝质耐火砖砌筑，其上铺一层冶金镁砂以抵抗氧化铁皮渣的侵蚀，可以用镁砖或镁铬砖直接砌筑一层保护层。均热段的实底均热床因受高温和钢坯冲击、移动磨损及渣的侵蚀等作用，损毁较快。该部位用高铝砖或镁砖作工作层时，使用寿命约为半年，改用电熔莫来石砖或刚玉砖，使用寿命可延长至 1 年左右。

炉顶为砖砌拱顶时，其工作层厚度为 230~300 mm，并加厚度为 120~300 mm 的隔热砖砌绝热层。采用吊挂平顶时，其工作层厚度为 230~250 mm，绝热层厚度约为 70 mm。吊挂平顶用的吊挂砖分为单钩式、单面槽式、双面槽式和夹持式等类型。一般用黏土质吊挂砖，高温区也有用高铝质吊挂砖的。炉顶压下部位常用的异型吊挂砖不需做绝热层。黏土质耐火砖炉顶的使用寿命为 1~2 年，高铝砖炉顶的寿命略高些。将烧成砖改用不烧高铝吊挂砖后，使用寿命可提高 1 倍左右。

正常操作的情况下，轧钢加热炉的使用寿命一般为 1~3 年，锻造室状炉因间歇操作，受热应力和机械碰撞等作用大，其使用寿命为 3~6 个月。

1.6.7.2 预制块吊装炉体的选用

预制块吊装炉体预制块是用铝酸盐水泥、磷酸盐低水泥、水玻璃等耐火浇注料制造。如用黏土结合耐火浇注料制作预制块需配有锚固砖。炉顶预制块分为拱形和长条形两种，如配用钢筋，必须安放在非工作层内。

1.6.7.3 耐火可塑料捣制炉体的选用

耐火可塑料捣制炉体用耐火可塑料捣打制成的安有锚固件的炉衬工作层。在锚固砖或吊挂砖的间隙部位需填充耐火可塑料料坯，并用风锤或捣固机捣打密实。包括炉底在内的耐火可塑料一般需分层、分段连续施工，并将表面刮毛、扎排气口和切出膨胀缝。耐火可塑料炉衬的优点是整体性强、烧结性好和强度高，因此炉衬一般不剥落，使用寿命约13 年。

1.6.7.4 耐火浇注料浇灌炉体的选用

耐火浇注料浇灌炉体用耐火浇注料现场倒灌炉衬工作层。炉墙和炉顶部位的构造与耐火可塑料炉体相同。锚固砖或吊挂砖安装就位后，从一侧开始布置耐火浇注料拌和料，然后用振动器（棒）振动密实，且应连续施工、及时养护。

炉体普遍用各种黏土结合或低水泥系列耐火浇注料浇灌炉衬工作层，高温区炉底有时用抗渣蚀的刚玉质、莫来石质或镁铬砖耐火浇注料，均热床则用耐磨的耐热钢纤维耐火浇注料进行浇灌。烘炉时间约需 8 天。在正常操作情况下，轧钢加热炉的使用寿命可达 4~10 年，锻造室状炉的使用寿命为 2~4 年。

1.6.7.5 烧嘴砖的选用

烧嘴砖是用于各种烧嘴部位的耐火制品，主要起组织火焰的作用。平焰烧嘴安装在炉顶上，其他烧嘴均安装在炉墙上。烧嘴砖呈喇叭口形状，由一块或若干块组成，并镶砌在炉衬内，其中心需与烧嘴中心对准，以保证燃料与空气的有效混合和预热，组织好火焰形状并稳定燃烧过程。该砖及其周围的衬体经常遭受高温、温度骤变和气流冲刷等作用，损毁较快。烧煤气用的黏土质烧嘴砖使用寿命为 1 年左右。改用高铝质或硅线石质烧嘴砖时，使用效果有所改善，在烧煤气加热炉上使用高铝砖或磷酸盐耐火浇注料制作的烧嘴砖，使用寿命是免烧砖的 2~3 倍。

问题讨论

以某厂加热炉为例，针对不同部位进行耐火材料的选用。

任务 1.7 炉子大中修后的验收

任务描述

炉子经过大中修后，要进行全面的修理质量验收工作。质量验收的主要依据来自砌筑标准及图纸要求，验收工作包括下面三方面的内容：

(1) 砌体质量的验收；

(2) 金属结构安装质量的验收；

(3) 设备检修质量的验收。

知识准备

1.7.1 砌体技术的一般要求

炉子砌体是指用筑炉材料砌成的、有一定形状尺寸的实体，它是承受热负荷的主要结构部分。砌体设计的内容包括：正确选择耐火材料和绝热材料，合理确定炉墙、炉顶、炉底结构，确定砌体的系数尺寸，按照热工要求布置烧嘴、冷却水管、窥视孔、测温孔、测压孔、排烟口的位置和尺寸，分项选择各种筑炉材料用量等。

砌体设计一般要求做到结构先进、经济节能、使用可靠。

进行砌体设计时，尽量采用标准砖，当必须采用异型砖或特异型砖时，应注明砖的型号，自行设计的砖型要绘出施工图进行定做。

砌体的易损部位，要设计得便于更换和修补。

炉体基础与其他有关附属设备的基础（如烟道接口换热器基础等）接合处需留 20 mm 左右的沉陷缝，而基础面上相结合的砌体则不留缝，但也不能咬砌。

任何轻质制品（如轻质黏土砖、硅藻土砖等），均不能与地下土壤直接接触。炉底砌体具有较大体积时，可用混凝土或红砖砌筑。

1.7.2 炉衬厚度的选择

选择炉衬厚度时需要考虑结构稳定性和使用节能性。

1.7.2.1　结构稳定性

从结构稳定性考虑，一般独立直墙耐火层厚度与墙高有如下关系。

（1）$t_{壁}$>1000 ℃，耐火层厚度与墙高关系见表 1-3。

表 1-3　耐火层厚度与墙高的关系（$t_{壁}$>1000 ℃）

墙高/m	≤1	≤2	≤3	>3
耐火层厚/mm	113	232	348	464

（2）$t_{壁}$≤1000 ℃，耐火层厚度与墙高关系见表 1-4。

表 1-4　耐火层厚度与墙高的关系（$t_{壁}$≤1000 ℃）

墙高/m	≤1.5	≤3	≤4.5	>4.5
耐火层厚/mm	113	232	348	≥464

1.7.2.2　使用节能性

从节能性考虑，炉衬厚度趋于加大或采用超轻质绝热材料。在热工制度允许情况下，不仅冷面而且热面也采用轻型耐火材料。很多炉温在 1000 ℃以下的工业窑炉采用轻质耐火材料炉衬以后，其节能效果可以达到 20%~30%。近年在连续加热炉上开始重视减少炉衬热损失问题。连续加热炉属于稳定态操作，炉衬热损失是以炉墙散热形式散失到车间，散热量的多少可以用炉衬外表面温度（冷面温度）来表示。日本新设计的加热炉冷面温度已从 120 ℃降到 80~90 ℃。各种炉壁组成的节能性见表 1-5。

表 1-5　各种炉壁组成的节能性

炉壁组成/mm	$t_{壁}$/℃	$t_{冷}$/℃	$Q_{散}$/kJ·(m^2·h)$^{-1}$
耐火可塑料 290 （A）30 （B）30	1270	118	6280
耐火纤维 50 耐火可塑料 290 （A）30 （B）30	1270	107	5234
耐火可塑料 295 绝热砖 55 （A）30 （B）30	1270	94	4145
耐火纤维 50 耐火可塑料 295 绝热砖 55 （A）30 （B）30	1270	88	3684

注：（A）为 1000 ℃用绝热板；（B）为 600 ℃用绝热板，周围环境温度为 30 ℃。

1.7.3 砌砖方法

根据砖在砌体中的位置不同，砌砖方法可分为平砌、侧砌和竖砌三种。

1.7.3.1 炉顶砌筑

炉顶可分为拱顶和吊挂炉顶两种。拱顶的优点是结构简单、施工方便、成本低。当炉子跨距小于4 m时，常用中心角为60°的拱顶；若跨距大于4 m，为了避免过大的水平推力以及过大的矢高导致炉膛断面形状不合理，常采用吊挂炉顶。目前，轧钢加热炉已很少采用拱顶，在此不再赘述。

1.7.3.2 炉底砌砖

根据炉子工作条件决定炉底材料、结构和砌筑方法。例如：加热炉炉底与氧化铁皮接触处，为避免氧化铁皮的侵蚀，需用碱性耐火材料。

砌筑受冲击负荷或氧化铁皮炉渣侵蚀的炉底时，可用侧砌或砌呈“人”字形。一般加热炉炉底多采用平砌。

连续加热炉均热段实炉底受机械摩擦和氧化铁皮的侵蚀，一般上面侧砌一层镁砖或高铝砖（116 mm），下面平砌4～5层黏土砖（4～5)×68 mm，再加上两层绝热砖（2×68 mm）。为了便于清除氧化铁皮，镁砖上面可铺40～50 mm的镁砂和氧化铁皮混合物进行烧结。其他部位炉底可用黏土砖和绝热砖砌筑，一般黏土砖厚（6～7)×68 mm，绝热砖厚（3～4)×68 mm。

1.7.3.3 炉墙砌砖

炉墙结构要从稳定性和节能性两方面考虑。炉墙由耐火层和绝热层组成。由于绝热材料一般强度差，故炉墙外层最好用钢板保护。

当加热炉炉墙不太高时，一般用232～464 mm黏土砖和116～232 mm绝热砖。当炉墙较高时，炉底水管以下的墙可加厚116 mm。采用不定形耐火材料时，炉墙厚度不受砖尺寸限制。

小型室状加热炉炉墙一般用232～348 mm黏土砖和116～232 mm绝热砖；热处理炉炉墙一般用116～348 mm黏土砖和116～232 mm绝热砖，或全部用轻质耐火材料砌筑。为了减少蓄热损失，间隙式炉尽量采用轻质耐火材料砌筑炉墙，对热处理炉甚至可采用全纤维炉墙。

砌墙时，同一砖层内的前后相邻砖列和上下相邻砖层的砖缝应交错砌筑。

炉墙开孔结构：当孔宽小于116 mm时可直接留出；当孔宽大于116 mm，炉温超过1200 ℃时，需采用拱形结构。

1.7.3.4 炉子基础

对一些重量不大的小型炉子（如锻造和热处理箱式炉）不必另砌炉基。但在新建重量较大的小型炉以及中型和大型炉子时，必须打好炉基。炉基的作用，一方面是承受整个炉子重量不致炉体下沉或倒塌；另一方面是防止炉底受潮或遭受地下水的侵袭，保证炉子正常工作。

根据炉子的大小和土质的好坏，炉基应因地制宜地采用不同材料和结构来砌筑。较小的炉子可以采用灰土基础。我国小型企业在利用灰土作连续加热炉炉基方面创造了很好的经验，它由 7 份泥土和 3 份石灰拌匀后分层夯实做成，每层厚约 150 m，按炉子大小可采用一层、二层和三层。较大一点的炉子，可用红砖或块石砌筑。用块石时有灌浆法和刮浆法两种砌法。灌浆法就是往坑下分层填置大小不一的石块，每层厚约 250 mm，各层用锤头捣紧，缝隙用细碎石填满后再灌入灰浆。刮浆法是用砍得较为平整的块石用干法砌成，缝隙也应以碎石和灰浆灌满。刮浆法比灌浆法结实。

绝大多数大中型炉子都采用混凝土或钢筋混凝土修建基础，这是因为它既结实又抗压。

1.7.3.5 灰缝、膨胀缝和砌体尺寸

A 灰缝

一般加热炉灰缝留 2~3 mm，具体视各处炉温和工作条件而定，见表 1-6。

表 1-6 炉子砌体的砖缝厚度

砖缝/mm	砌砖位置和工作条件
≤1	$t_{炉}$>1400 ℃的炉顶 $t_{炉}$>1300 ℃，跨度>4 m 的炉顶
≤2	$t_{炉}$>1250 ℃，有炉渣侵蚀的部位及大跨度的拱顶
≤3	$t_{炉}$<1200 ℃，无摩擦部位
≤4	不受摩擦侵蚀的炉底、烟道底
≤5	温度为 100~300 ℃的红砖硅藻土砖砌体
5~10	内衬耐火砖的外部红砖砌体

B 膨胀缝

经受热膨胀的砌体原则上均应分层留出膨胀缝，但以硅藻土砖或其他绝热材料作为外层绝热砌体时，此类绝热层不必留膨胀缝，加热炉与热处理炉的地下砌体仅与烟气接触的内层留膨胀缝。砌体膨胀缝的大小见表 1-7。

表 1-7 不同材质单位砌体长度的膨胀缝宽度

材质	耐火黏土砖	镁质砖	硅质砖	红砖
每米砌体长度膨胀缝宽度/mm	5~6	8	10~12	5~6

砌体膨胀缝的留法，一般应满足下列各项要求：

（1）每条膨胀缝的宽度，最小为 5 mm，最大不超过 20 mm；

（2）各条膨胀缝的间距不大于 3.5 m；

（3）留出的膨胀缝不应破坏砌体的气密性，即炉内气流不能透过膨胀缝与炉墙外层绝热砖及钢板外壳直接接触；

（4）两层同质或异质耐火层的膨胀缝应错开 232 mm 以上；

（5）炉墙和炉底的各层膨胀缝均按“弓”形留出，拱顶膨胀缝成环形留出，错砌拱顶膨胀缝留在齐缝环处；

（6）所有膨胀缝尺寸应包括在砌体总灰缝尺寸内，即砌体尺寸仍为砖计算尺寸的倍数。

C 砌体尺寸

耐火砖、绝热砖和红砖砌体的计算尺寸一般按下述规定采用：

（1）带灰缝的耐火砖、硅藻土砖砌体的水平尺寸为 116 mm 的倍数，垂直尺寸为 68 mm的倍数；

（2）带灰缝的红砖水平尺寸按公式 $250n+10$ mm 计算，其中 n 为半砖（0.5）的倍数，垂直尺寸为 60 mm 的倍数，即水平灰缝取 7 mm，垂直灰缝取 10 mm；

（3）耐火砖与红砖组成的炉墙，由于红砖与耐火砖的砖层尺寸不同，在确定红砖砌体尺寸时，应统一按耐火砖砌体尺寸计算。

习惯上称砖的大面水平放置为平砌，此时砖层高度为 68 mm，侧砌时砖层高度为 116 mm。

任务实施

1.7.4 砌体质量的验收

砌体质量检查验收包括以下内容：

（1）炉墙的砌法是否符合规定；

（2）膨胀缝的留法是否正确；

（3）炉墙的结构是否符合图纸要求；

（4）垂直度误差是否超出规定；

（5）水平度误差是否超出规定；

（6）泥缝的厚度是否超出规定；

（7）各种材质的耐火制品使用部位是否符合要求；

（8）炉顶的砌筑是否正确；

（9）沟缝部位是否全部完成；

（10）应浇灌泥浆部位是否全部完成；

（11）炉门的砌法是否正确；

（12）特殊部位的砌筑应符合图纸要求；

（13）应预留的孔洞是否全部预留；

（14）应砌筑是否已全部砌筑完毕。

砌体质量的验收工作，一般在砌筑过程中完成，待砌体完成后，如再发现不合规定，则返工需要较大的工作量。一般砌体的验收工作，由有经验的加热工在施工过程中通过盯质量的方法来完成，一旦在砌筑过程中发现问题，通过质量检验认为不合格者，则重新施工，一直到达要求为止。

1.7.5 金属结构安装质量的验收

加热炉大修金属结构部分包括有炉子立柱、横梁、炉内横纵水管的安装、工业水冷管道、水管梁、炉尾排烟罩、护炉铁板等，对这些金属结构的安装质量验收条件有着不同的要求，下面分别给予介绍。

1.7.5.1 护炉立柱的安装质量条件

（1）主柱的垂直度不超过图纸上的要求。

（2）所有的立柱都应靠拉绳定位，前后必须顺线。

（3）立柱底部的固定螺丝必须拧紧。

（4）立柱顶部的连接横梁必须水平，焊接时需按图纸要求进行。

1.7.5.2 横纵水管的安装质量条件

（1）横水管安装前，必须使用水平仪测定横水管的安装位置，与图纸核定无误后方可施工安放。

（2）炉内横水管的上面必须在同一要求水平面上，安放并检查无误后，方可固定焊接。

（3）横水管的炉外连接管的焊接需按图纸要求进行，焊条、焊缝高度均应满足图纸要求。

（4）水管固定板必须与立柱焊接在一起。

（5）所有焊口质量均应在规定压力下做强度检验，以不渗漏为合格。

（6）纵水管的间距必须符合图纸要求，纵水管的上面标高应作为安装的主要标准。

（7）纵水管接口的焊接质量以 2 倍工作压力下的强度检验不渗漏为合格。

（8）施工过程中，横纵水管内部不允许留有焊渣、杂物，必须保证水管畅通。

1.7.5.3 工业水冷管道的安装质量条件

（1）水冷管道的焊接应符合图纸要求，所有的管件均应有试压报告单。

（2）焊接部位以给水不渗漏时为合格。

（3）管道内部不应留有焊渣、异物，给水后应保证畅通无阻。

（4）管道的走向、安放位置要符合图纸要求。

问题讨论

讨论加热炉各部分砌筑过程。

综合训练

模块1 客观题

模块1 主观题

“四新”拓展——蓄热式加热炉烟气反吹技术

轧钢厂蓄热式加热炉所使用燃料通常为低热值高炉煤气，此项燃烧技术解决了以前炼铁企业高炉煤气自然放散问题，既减少排放污染又提高能源利用，此技术目前已被广泛应用于轧钢加热炉。但是，由于蓄热式燃烧技术的管道布置特点，蓄热式燃烧系统每次换向，盲区管路中煤气都随烟气直接排放到大气中。

图片
蓄热式
燃烧系统

一、 管道中残留煤气的原因及危害

蓄热式燃烧系统由蓄热烧嘴、三通换向阀、空煤烟管道系统、风机、控制系统等组成。每个三通换向阀之前，煤气、烟气管道是相互独立的，但是三通阀到烧嘴之间的管道则是煤气和烟气共同使用，如图1-31所示（图中换向阀至烧嘴灰色填充部分）。在正常生产时，燃烧侧的烧嘴将会由燃烧状态切换到排烟状态，即三通换向阀将会由进煤气状态切换到排烟气状态，换向后公共管道内的煤气将会被抽到排烟管道中，而且由于换向阀每60s左右就换向一次，加热炉的各个控制段都会周而复始不停地排放公共管道中的煤气，这将导致公共管道内大量的残余煤气随着加热炉排放的烟气直接排放至大气中，从而造成轧钢加热炉排放大量CO，导致大量煤气浪费，其中分散换向工艺占总消耗量的2%~5%，集中换向工艺占总消耗量的4%~7%，不仅污染环境而且能源浪费巨大。另外，换向时滞留在烧嘴蓄热体的煤气与炉膛高温含氧烟气混合会产生瞬间燃烧，瞬时温度可达1700 ℃以上，导致蓄热体高温烧熔、黏蚀、变形等问题，严重影响蓄热体寿命。

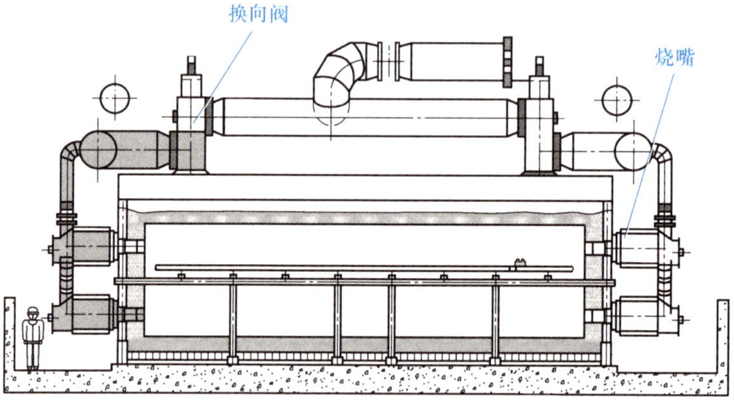

动画
蓄热式加热炉的煤气管道和空气管道

图1-31 蓄热式加热炉断面结构

二、 解决方案

（一）烟气反吹工作原理

在煤气换向阀由进气状态转换为排烟状态时，以一种安全介质，如加热炉自身产生的烟气或氮气等其他惰性气体作为反吹介质，置换系统滞留的煤气，被置换出来的煤气进入

炉膛发生二次燃烧，而滞留的安全介质在换向后随烟气正常排放，从而达到减少 CO 排放、节约煤气的目的。煤烟管道中废烟气是当前普遍应用且较为理想的反吹置换介质。其主要成分为助燃空气带入的氮气、二氧化碳、少量一氧化碳、微量氧气等，温度一般低于 180 ℃，属于安全不易爆炸气体。

（二）烟气反吹工艺流程

如图 1-32 所示，在主引风机与烟囱之间安装一引风机引出吹扫管路，利用引风机将自产煤烟送到加热炉两侧的煤气三通阀内部进气与排烟共用的空间，采用二通阀作为反吹系统管道的终端，控制反吹烟气是否进入煤气三通阀，进行吹扫。为了防止二通阀关闭时系统管道内烟气压力过高，造成反吹风机憋压、喘振现象，在反吹风机后增加一套泄压调节系统，在非吹扫期自动打开进行泄压循环。在烟囱入口处增设 CO 检测仪，CO 浓度数据可为反吹系统调控吹扫时间提供依据，同时根据炉内火焰燃烧情况调整吹扫时间，在吹扫风机出口增设两个 O_2 检测仪（相互参考校对），反吹系统运行时，O_2 体积分数不得超过 8%，此系统按要求配有氮气吹扫系统及放散系统。

考虑安全和优化控制，现有煤烟总管设置 CO 和 O_2 测点外，空烟总管设置 CO 激光式分析仪，建议各段煤烟支管同时设置 CO 和 O_2 红外式分析仪。

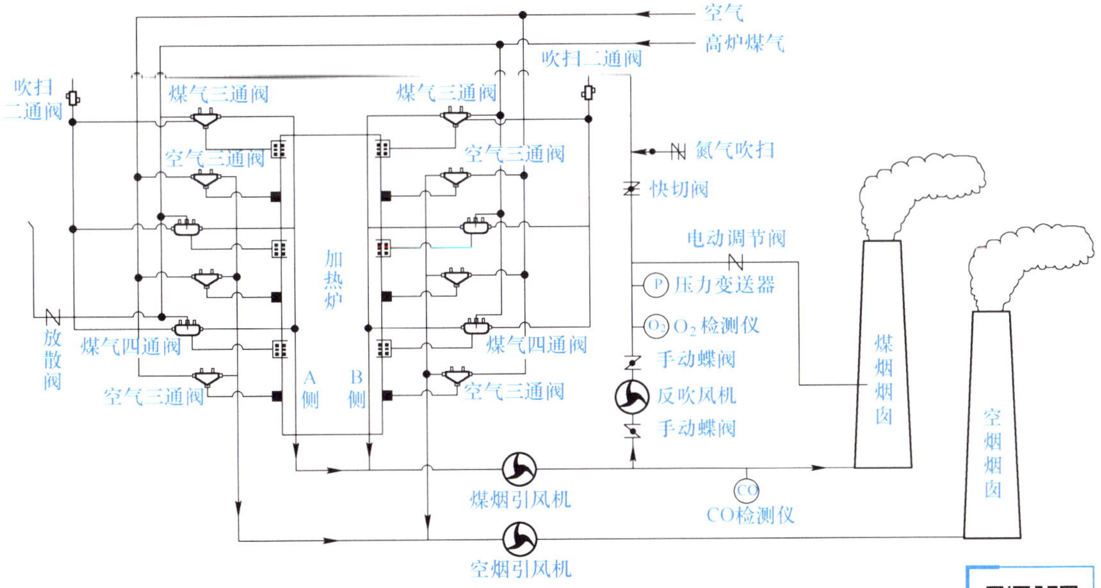

图 1-32 蓄热式加热炉烟气反吹系统工艺流程图

动画
蓄热式加热炉烟气反吹系统工艺流程

三、安全措施

（1）当各段炉温超过 750 ℃（可调）时，烟气反吹才允许投用。一旦各段炉膛温度低于 750 ℃，烟气反吹停止运行。

（2）排烟温度高于 150 ℃时或烟气中残氧量较高时，烟气反吹系统直接打开旁通，通往换向系统的切断阀直接切断，停止换向系统反吹。在烟气反吹系统盲板阀前后各设置一路氮气吹扫管路，在各支管末端阀门前增加放散管路，每路单独放散，便于在该系统启用前或者停用后，对该管路进行吹扫。

（3）烟气反吹风机前设置气动快切阀，风机出口主管设置气动快切阀或盲板阀，当系统停电、停用时保证反吹系统与原系统能有效切断。

（4）在炉区使用的电动阀门、风机电机等为防爆型，确保在煤气区域机电设备安全运行。

（5）为防止烟气吹扫风机吸取量大于煤烟引风机排出量，系统可以设定：当煤气总管流量低于某流量时，烟气反吹系统停止。

四、 经济效益

以某加热炉为例，全炉设置116个烧嘴，其中高炉煤气烧嘴 $n=60$ 个，换向阀与烧嘴之间的管径 $D=300\sim350$ mm，取最小值300 mm，管道长度 $L=3\sim5$m，取最小值3 m，加热炉燃烧系统的一个换向周期，单次煤气排放量的计算公式为：$V_0=\pi D^2Ln/4$，式中，D 为盲区支管内径；L 为盲区支管长度；n 为蓄热式燃烧盲区支管个数。计算结果为 $V_0=12.72$ m^3，换向期间每60 s换向一次，以三段集中换向控制加热炉为例，加热炉的三个控制段将会周而复始地不停地排放公共管道中的煤气。这将造成每天4320次的煤气直接排放，每年（按330 d）142万次的煤气直接排放。全年高炉煤气放散量约为：$V_n=12.72\times1420000=18062400$ m^3，按高炉煤气成本0.1元/m^3，直接节省成本为1806240元，即每年直接产生约180万元的经济效益，吨钢煤气消耗从232 m^{3}左右降低到220 m^{3}左右，节能约5%。

五、 环保效益

仍以上述炉子为例，改造前高炉煤气蓄热式加热炉煤烟排放中CO含量（体积分数）为 $15000\times10^{-6}\sim30000\times10^{-6}$ m^3/m^3，甚至更高，改造后，加热炉正常运行时煤烟排放中CO含量（体积分数）为 $2000\times10^{-6}\sim3000\times10^{-6}$ m^3/m^3。大幅降低了CO排放量，又使煤气得到有效回收，减少了环境污染，环保效益显著。

项目实战——加热炉工艺巡检

项目名称	加热炉工艺巡检
作业人员数量	
操作对象	
材料及工具	
巡检路线	
巡检内容	
巡检标准	

模块 2　加热操作

模块背景——港珠澳大桥建设用钢生产的重要环节

港珠澳大桥是中国境内一座连接香港、广东珠海和澳门的桥隧工程，位于中国广东省珠江口伶仃洋海域内，为珠江三角洲地区环线高速公路南环段。

港珠澳大桥于 2009 年 12 月 15 日动工建设，2017 年 7 月 7 日实现主体工程全线贯通，2018 年 2 月 6 日完成主体工程验收，同年 10 月 24 日上午 9 时开通运营。

港珠澳大桥设计寿命 120 年，港珠澳大桥打破了国内大桥的“百年惯例”。什么样的钢材能让港珠澳大桥在这么长的时间里防得住台风、抗得住地震、经得起海水的侵蚀？归纳起来，就是力学性能、抗震性能、抗疲劳性能和工艺连接性都要达到非常高要求的钢材。生产这样的钢材离不开加热，加热温度会对钢的性能产生巨大影响，加热操作是确保港珠澳大桥建设用钢质量的重要生产环节。

任务 2.1　原料岗位操作

任务描述

视频
原料车间

视频
原料堆放

视频
上料台架

原料岗位是加热操作的第一关，是钢坯加热的重要基础和前提，工作任务又十分烦琐，“凡事预则立，不预则废”，因此一定要一丝不苟地认真对待，做好准备。

各热轧厂原料场地、运输条件、作业环境、使用原料的种类、设备和常有的生产工具以及管理的形式都是不同的。

由于原料工段工作的对象是笨重的钢坯，重量大，规格多，只能靠天车、地跨车搬运，装卸调运的工作量是繁重的，因而原料岗位工配备要适应这方面的要求。

由于原料基本上依靠吊车卸料、吊料、翻料，工作量大，作业互相交叉，所以几乎所有的热轧厂原料车间工人都是交叉作业、混合作业，除了原料管理工和火焰清理工往往是专人设置外，其他原料工段岗位工都要成为多面手，都要经过各个岗位的培训，以适应原料处理工作的特点。否则，如按岗位单做一项工作，不但人员多，而且会造成劳动组织上的不合理。

知识准备

2.1.1 原料管理工作业标准化要求

原料管理工实际是钢坯仓库和钢坯处理场的值班钢坯管理员，全面负责当班原料作业的收车，卸车上垛，执行生产作业计划，原料质量和数量检查，按炉核对金属平衡和做好原料退料等原始记录、台账工作。

2.1.1.1　原料管理的主要任务

原料管理的主要任务如下。

（1）根据有关技术条件严格检查、验收各种类型的坯料。

（2）原料合理垛放，保证执行按炉送钢制度。热轧车间是按生产作业计划和生产合同组织生产的，而供坯厂又不可能完全按照成材厂编制的日生产作业计划要求供料。因此，热轧车间必须有原料仓库，存放一定量的坯料。为了合理组织生产，充分利用仓库场地，应将库存钢坯、列入轧钢生产计划的钢坯和刚刚验收的钢坯，合理编组上垛。坯料仓库实际上起着缓冲厂际供料紧张，使生产组织有一定回旋余地的作用。

（3）按轧钢日生产作业计划备料。需要清理的钢坯要清理钢坯表面缺陷，按轧制成品尺寸要求对钢坯合理配尺，切割成合乎装炉条件的钢坯规格。

（4）坯料原始数据的统计管理。要对入库的钢坯进行登记上账，负责对原料原始资料收集、整理、分析。建立完整的原始资料统计体系，为生产工艺服务。

（5）钢坯的全面质量管理。根据全面质量管理的要求，一般热轧厂都在原料岗位设立质量管理点，加强工序质量管理，把钢坯的质量信息及时地反馈到炼钢厂，为供料单位改进质量提供可靠的原始数据。同时把钢坯质量反馈给本厂技术检验部门，以便在生产工艺上控制整个生产过程，减少废品，提高质量。

（6）安全管理是原料仓库管理必不可少的内容。钢坯吊运和堆放，全靠吊车作业，特别需要强调安全以防止重大伤害事故的发生。

2.1.1.2　按炉送钢制度

按炉送钢制度是指坯料验收入库、供料及轧材交货都要求按炉批号进行转移、堆放、管理、生产，不得混乱。按炉送钢制度是科学管理轧钢生产，确保产品质量防止混号的必要制度；是原料岗位和整个轧制线生产管理工作的依据，原料管理人员必须严格遵守这一制度。同一炼钢炉号的钢坯，其化学成分、各类夹杂物比较接近。为了确保产品质量均匀稳定，保持产品质量的可追溯性，供需双方都应执行按炉送钢制度。

2.1.1.3　原料的主要技术要求

轧制时所用的原料种类有钢锭、轧制坯、连铸坯。以连铸坯作为生产的原料，大大简化了生产过程，具有金属收得率高、产品成本低、基建投资和生产费用少、劳动定员少、劳动条件较好等一系列特点。连铸坯已成为轧钢生产的重要原料，其技术要求有以下几点。

A 钢种与化学成分要求

钢坯的牌号和化学成分应符合有关标准规定，对不同的钢种在钢的各种元素含量及规定值的允许范围上都有相应的要求，这是保证产品质量最基本的要求。

B 坯料外形尺寸要求

对钢坯的外形尺寸要求有钢坯断面形状及允许偏差、定尺长度、短尺的最短长度及比例、弯曲、扭转等，这些要求是为了充分发挥轧机生产能力，保证轧制顺利进行，并对供坯的可能性和合理性等因素综合考虑后而确定的。现以某小型棒材厂对连铸坯外形尺寸和重量的技术要求为例介绍如下。

（1）坯料尺寸和质量。尺寸：150 mm×150 mm×12000 mm。质量：2050 kg。最小坯料长度：不小于 8000 mm。

（2）坯料公差。边长公差：±5 mm。对角线长度差：不大于 7 mm。长度公差：+80 mm。平直度：每米弯曲度不超过 20 mm/m，总弯曲度长度不超过连铸坯总长的 2%。切斜：剪切面坡度不超过 20 mm，变形宽展不超过边长的 10%。短坯比例：不能超过 10%。

C 坯料表面质量要求

（1）连铸坯表面不得有肉眼可见的裂纹、重接、翻皮、结疤、夹杂等。

（2）表面不得有深度或高度大于 3 mm 的划痕、压痕、擦伤、气孔、皱纹、冷溅、耳子、凸块、凹坑和深度不大于 2 mm 的发纹。

（3）连铸坯截面不得有缩孔、皮下气泡、夹杂。

（4）连铸坯的表面缺陷清理应符合如下要求：清除处应圆滑无棱角，所清除宽度不小于深度的 6 倍，长度不小于深度的 8 倍，表面清除的深度单面不得大于连铸坯厚度的 10%，两相对面清除深度的和不得大于厚度的 15%，清理处不得残留铁皮及毛刺。

D 坯料内部质量要求

坯料内部质量的判断主要以中心偏析、中心疏松、内部裂纹为依据。

（1）中心偏析。中心偏析是指以钢坯断面中心到边部化学成分的差异，中心的 C、S、P 等元素含量明显高于其他部位，同时伴随着中心疏松和缩孔的出现。中心偏析会降低钢的力学性能和耐腐蚀性能，尤其在线材拉拔时经常会发生断线现象，严重影响成品质量。

（2）中心疏松。在横向酸浸试样上表现为孔隙和暗点都集中分布在中心部位。轻微中心疏松对钢的力学性能影响不大，严重的中心疏松会影响钢的力学性能，甚至产生废品，因此严重的中心疏松是不允许存在的。

（3）内部裂纹。连铸坯的内部裂纹主要分为角部裂纹、边部裂纹、中间裂纹和中心裂纹。不暴露的内部裂纹只要在轧制时不与空气直接接触（裂纹处不氧化），在达到一定压缩比时可以焊合，对成品质量没有太大的影响。

连铸坯对中心偏析、中心疏松和缩孔、内部裂纹、皮下气泡及非金属夹杂物等都有一定的要求，并有专门的评级标准。

2.1.1.4 尺寸测量标准

（1）厚度：应在离开端面 200~300 mm 处避开圆角测量。

（2）宽度：应在连铸坯长度的中部测量。

（3）长度：应沿宽面的中心线测量。

2.1.2 原料工序质量事故分析

原料质量关系着成品的各项指标，是质量管理工作的“咽喉”，要想把住“病从口入”关，首先应预防原料出现质量事故。

原料质量事故，最恶劣的是熔炼号混乱事故，这种现象一旦发生，必将给生产造成很大损失。其次是漏检过多、钢质缺陷判断不明等事故。

2.1.2.1 混号事故及其预防

原料在验收、卸车、堆垛和铺料过程中，发生这种事故的可能性不大，即便有时因为工作疏漏，放错位置，由于是成吊的钢坯，又有明显的钢印或标号，有混号迹象，容易发现。实践证明，原料混号事故多半是在原料处理过程中发生的。

A 混号事故的主要原因

（1）原料工责任心不强，工作疏忽，往往误将上号与下号钢坯放在一起，造成混号。

（2）天车工翻料时，确认不够，可能扔错地点，误将上号的钢坯扔到下号的钢坯里，而原料工未及时发现。

（3）在码小料垛坯料时，误将两个相邻号钢坯吊错、放错。

（4）在处理过程中，常有因钢质缺陷已判废的钢坯，在码料时稍不注意，可能使其落入合格的钢坯中，造成多根现象。

B 避免混号事故的措施

（1）加强原料工的责任心，时刻坚持质量第一的思想。指吊作业中，无论是翻料，还是码料，都要注意防止钢号混乱。

（2）吊料铺料时，相邻两熔炼号的间隔要清楚，留有足够的间距，防止卸料时混杂。

（3）在换班、吃饭、休息、交替工作时，交接人应准确无误地交代清楚处理情况，防止翻料、码料时，误将正在处理的相邻两个号的钢坯放混。

（4）在吊料、铺料、翻料、码料结束后，原料管理工要按规定核查每炉的熔炼号、钢号、根数及重量是否准确，发现异常及时查找处理。

（5）每炉钢处理完毕后，应在每吊料侧面标上炉批号，每侧不得少于两块钢坯，原料管理工应将该炉钢的规格、根数、单重、总重，通知加热炉运料工进行点料、验收，如点料时发现异常及时追查原因。

2.1.2.2 轧后漏检过多

若轧钢板时，轧后钢板上的结疤、裂纹、夹杂、气泡等缺陷，属于钢质缺陷。除了夹杂、气泡可以根据废品记录，向炼钢厂退料外，裂纹、结疤等废品，按废品归户制度，要归到原料各作业班组及个人。这类废品，有些车间简称为原料漏检量。漏检量的高低是各作业班原料处理质量优劣的主要标志。由于钢质不好或处理时检查不细，处理质量不高，造成轧后漏检量过多时，视之为质量事故。一般情况下，每炉钢经处理轧制后有3 t以上的结疤、裂纹等钢质废品时，就要查清废品多的原因，追究班组和操作者的责任。

漏检量高的主要原因如下。

(1) 炼钢质量差。原料处理时易发现大量严重的拉裂、夹杂或裂纹等缺陷，经炼钢厂来人确认并加强清理后，轧后仍有大量结疤、裂纹、气泡等废品。除轧前办理好退料手续外，轧后钢质废品亦应退给炼钢厂。

(2) 原料处理时，检查不细，应当处理的缺陷没有画出，或者处理质量不高，处理的宽深比不符合规定或有打坑等现象，造成轧后结疤缺陷。

(3) 钢坯内部存在大量夹杂，表面检查不易发现，轧后夹杂暴露，造成大量废品。在轧钢板时，表面夹杂的钢板表面上呈直条状分布，夹杂较深或表露严重时，可使整张钢板报废。

任务实施

2.1.3 执行生产作业计划

生产作业计划是安排组织当班生产的指令，是根据产品订货合同和有关技术标准要求由生产调度室和技术室下达的生产文件。它规定了轧制产品的钢种、规格、相应的产品生产检查标准、特殊工艺要求，应准备的原料规格，以及安排了各成品生产的先后顺序。

原料管理工应当熟悉和了解生产作业计划的要点，为完成生产作业计划做好原料准备工作。

每天接班前，查看三级中当班生产作业计划编排，准备处理原料的先后顺序、钢种、规格和数量。对计划如有不清楚之处，应及时向调度员或值班主任问清。与此同时，应向调度员了解上班原料作业计划执行情况。

接班后向班长报告生产作业计划内容及原料作业要求，按作业先后顺序，写清每炉钢坯炉批号、垛号、根数，并通知吊料工按作业指示板吊料、铺料，展开作业。班中要将原料作业进度及时报调度室。

本班作业结束时，将本班实际执行作业计划情况报调度室。

2.1.4 原料的验收入库

根据原料验收标准和要求，核对原料的数量与质量，将合格钢坯入库，不合格的钢坯按有关退废制度退回原供单位或单独存放。

2.1.4.1 连铸坯常见的缺陷

(1) 拉裂。在连铸坯的表面上呈现“人”字形的裂纹，也有直线形的横向裂纹。裂纹不光滑，外形不整齐。

(2) 气泡。在连铸坯的表面上出现一种无规律分布的凸泡，有的可能暴露。

(3) 表面夹杂。在连铸坯表面上呈现点状、条状或块状分布，大小形状也无规律，颜色有暗红色、淡黄色、灰白色等。

(4) 结疤。在连铸坯上有舌状的金属薄片不规则分布，与本体粘连，有的侧面上也存在。

此外，连铸坯还有接痕、凹坑、划伤及头尾切斜等缺陷。

2.1.4.2 钢坯的表面质量检查方法

在炼钢和连铸采用了一系列提高措施后，连铸坯的内在质量和外表质量已大大提高，在许多情况下已可生产无缺陷的连铸坯。就目前水平而言，一般用途的碳素钢和低合金钢坯已不必进行任何的表面质量检查和清理，但对质量要求高的产品，此项工作仍需要进行。

原料的表面检查方法有目视检查、表面探伤和内部探伤三种。

(1) 目视检查这种方法只能检查出较明显的表面缺陷，效率低，不太可靠，但投资少。

(2) 表面探伤比内部探伤多，这是因为产生表面缺陷比产生内部缺陷的概率更大。许多合金钢和优质钢如冷墩钢、轮辋钢、轴承钢等不需要进行内部探伤，但仍需进行表面探伤，发现缺陷后根据缺陷的情况进行局部和全部清理。表面探伤的方法有荧光磁粉法、涡流法和漏磁法。涡流法和漏磁法多用于成品的质量检验，钢坯探伤则以荧光磁粉法居多。

荧光磁粉法的原理是：被检测的材料磁化后产生磁场，在与表面缺陷垂直的地方磁力线泄漏，磁粉喷洒在钢坯表面，磁力线泄漏处外泄磁力将磁粉吸住形成花纹，在荧光灯的照射下显示出缺陷。

荧光磁粉探伤装置主要包括两个磁化装置、磁粉散布装置、检查用紫外线灯及电控系统等。该装置为极间磁化线圈式，可探测深 0.5 mm、长 20 mm 以上的表面缺陷。磁粉液由磁粉、分散剂、水混合而成，通过喷嘴自动喷布在钢坯表面，收集后循环使用。上料台架运来的钢坯由辊道送进磁化装置，该装置用极间磁化线圈中产生的磁场，使运行的钢坯在穿越磁场时被感应磁化，两个磁化装置分别磁化两个面和两个角。荧光磁粉液喷淋到钢坯表面，表面缺陷处的磁力线外泄产生磁力将磁粉吸住形成花纹，再经暗室中的紫外线灯照射发出荧光，人工目视检查并且在缺陷处做出标记。

(3) 内部探伤的方法主要是超声波，在探伤过程中探头靠近坯料表面，发出超声波，为了使超声波传送良好，在探头和坯料表面之间需要耦合剂，缺陷一旦被检测到，就会被记录下来，并在钢坯表面用彩色油喷上记号，以便随后辨认。

2.1.4.3 钢坯验收作业要点

(1) 组车进厂后，主动向调度室查询组车装料情况，查找炼钢厂钢坯输送单，检查钢坯输送单上填报的化学成分是否符合。如有个别成分超差，应会同检查员及时通知炼钢查询，并做好查询记录。

(2) 携钢坯输送单到组车上逐车进行验收，验收工作要从组车的一边向另一边逐次进行，按单据检查每炉钢的钢号是否打清，规格、支数、长尺、倍尺是否相符，相邻炉号在组车上的间隔是否合乎规定。如实物与输送单据完全相符，要在验收的钢坯上逐吊标志清楚，以便卸料人员准确吊卸，防止错吊、错放事故发生。

（3）在中夜班收车时，必须持手电照明。在组车上走动时，要防止被钢坯烫伤、划伤，要站稳，防止脚失控落于车下。当发现天车作业影响收车时，应及时停下，确保安全后，再继续验收。

（4）组车全部验收后，与检查员取得联系，通知收车情况。根据存放场地条件，确定每炉钢坯应卸的行、垛号，通知卸料工卸车上垛。

（5）填写原料原始存放小卡片。卡片上必须注明钢种、规格、支数、单倍尺、长尺数量、总质量、验收时间、堆放行垛号，并应签字备查。

（6）填写原料收支台账。原料收支台账是原料工序最重要的原始记录之一。它是原料日、旬储存最重要的记录，是安排组织生产的重要依据。

（7）在收车和卸车过程中，或因某炉钢坯压了作业计划需要钢坯捣垛时，要将捣垛的钢坯根数、移放新垛号、堆放层次、吊数向卸料工交代清楚。放到新垛后，由卸料工重新画上间隔标志，并由原料管理工将该炉钢原料小卡片改写上行垛、道号。实行钢坯移动小票的单位，应重新填写钢坯移动小票。小票上填写该炉钢熔炼号、钢号、规格、支数及总质量、收料日期、所移的行垛、道号，并将原钢坯移动小票同时作废。

2.1.5 原料的堆放

钢坯堆垛是原料管理的重要一环，合理有序的堆垛方式和堆垛位置，可以高效地周转和使用仓库，防止和避免钢坯混号，便于组织生产和安全操作。钢坯的堆放主要有“一”字形堆放和“#”形堆放，钢坯的堆垛方式主要取决于原料的类型和吊车形式。钢坯堆放时应注意：同一炉号的钢坯应尽量集中放在一个料架内；不同炉号的钢坯在同料架内堆放时，应有明显的分界线和标志；坯料钢种较多时，应按钢种将原料场划分为若干区域；坯料的入库、保管、出库均要建立完整的台账，并填写好各钢种的原始记录；交接班时，要做到“交得清、接得清”。

2.1.6 原料的组批与上料

原料的组批与上料必须根据生产计划进行，岗位人员对库存的钢坯量、钢种、堆放位置等要做到台账清楚，心中有数。组批时应注意如下问题。

（1）要考虑钢种的加热要求，同类型的钢种编在一起。改变钢种时，按两种钢坯的加热制度应考虑加一定量的过渡钢坯。

（2）同一料架放有不同炉号钢坯时，先使用料架上部的坯料，再使用下部的坯料，避免天车重复翻垛。

（3）轧优质钢或新品种时，应考虑一定量试轧坯。

（4）要考虑轧机的换辊情况。

（5）有异议的钢坯，未接到已处理完毕通知前，不得编入上料计划。

（6）钢坯在上料前，必须重新按钢坯卡核对钢种、炉号、根数、质量等确认无误后才可上料。钢坯到上料台架后，要根据钢坯的外形、表面质量，对表面缺陷和弯曲、扭转等超过标准的钢坯及时挑出，并认真做好记录。

问题讨论

如果实现了热送热装，原料该如何管理？

任务 2.2　装炉推钢操作

虚拟仿真
热连轧带钢加热仿真操作教学

视频
方坯加热装出料

任务描述

连续加热炉装料与出料方式有端进端出、端进侧出和侧进侧出三种，对于推钢式加热炉主要是前两种，侧进侧出主要用于矩形坯步进炉，板坯炉多采用端进端出。

装炉是钢坯加热的第一项操作，对加热质量及产量均有重大影响，本任务主要是督查指导装炉工按操作规程及标准化作业程序进行装炉。

知识准备

2.2.1　装料方式

炉子装料分端装与侧装两种方式。端装是炉外有辊道和辊道挡板，用步进梁或步进炉底将钢坯拖入炉内，或钢坯由辊道输送到炉尾，在辊道上定位后用推钢机推入炉内，表 2-1 为各轧钢厂加热炉所采用推钢机的类型和特征。

表 2-1　推钢机的种类和特征

序号	型式	特　征	适 用 范 围
1	螺旋式	结构简单，重量轻，易于制造，但传动效率低，零件易磨损，推力、推速和行程均较小，应用受到限制	适用于小型、线材车间，推力在 20 t 以下
2	齿条式	传动效率高，工作稳定可靠，不需经常维修，推力、推速及行程较大，但结构复杂，自重大，制造困难	适用于推力在 20 t 以上大、中、小型及钢板车间，应用较广
3	杠杆式	结构复杂，重量较大，行程较小，但推速高，操作灵活	适用于线材及小型车间推长料
4	液压式	结构简单，重量轻，工作平稳，调速方便，但需设置液压站、液压元件	适用于各种轧钢车间，各种吨位均可采用

视频
炉尾坯料输送

视频
推钢机操作

推钢机的主要参数为推力、推钢速度和推钢行程，其中推力是推钢机的命名参数，推钢速度取决于坯料断面形状和尺寸、炉子的产量要求及出料方式等因素。一般各种断面坯料适宜的推速为：断面尺寸高 30~60 mm 的坯料，推钢速度为 0.05~0.08 m/s；断面尺寸高 100~300 mm 坯料，推钢速度为 0.1~0.12 m/s。为了提高推钢机的生产率，减少间隙时间，一般要求推钢机低速推钢，高速返回。通常返回速度是推钢速度的两倍。推钢机的行程一般为 2500~4000 mm。推力大者，行程也大。

也有的厂采用装钢机装钢，装钢机位于加热炉进料端，有两根装钢臂，由一套传动装置驱动。装钢臂的平移由电机驱动，升降由液压缸驱动。在托杆降至最低位时，其托坯表面低于辊道顶面约 90 mm，并且处于水平状态，以保证在低位平移或辊道输送钢坯时，不剐蹭钢坯。在托杆升至高位时，托坯表面此时处于倾斜状态，在平移回退至最后位时高度最低，在平移前进至最前位时高度最高，考虑热钢坯会有一定的悬垂量，为保证钢坯在平移时不剐蹭，托起高度距辊道顶面不小于 80 mm。每套装钢机进退由 1 台带编码器检测行程的变频电机经 1 台减速箱同时驱动两根托杆的齿轮齿条传动装置，完成装料需求，并与先行板坯保持 50~100 mm 的间隙。装钢机的工作顺序如下：首先，装料杆先推正钢坯后（对扁坯需推正，圆坯直接升起），再上升将在装炉辊道上已定位好的钢坯托起，然后变速前进将钢坯送入炉内待料位置的固定梁上方，下降放到固定梁上，装料杆继续下降并返回。装钢机其运动轨迹为：推正、升、进、降、退。装钢机主要包括装料杆、升降装置、水平传动装置及相应的检测元件。升降装置采用曲柄托杆钢板焊接结构，由轴承座、托轮、拉杆等组成。装钢机具备退坯功能，手动纠偏功能。装钢机托钢座采用不锈钢，水平传动装置由电机、制动器、减速机、传动轴和齿轮箱等组成。

棒线材加热炉的坯料往往较长，端装时装料门较宽，为了减少炉尾开口处的各项热损失，有的采用侧装，即在炉内后端设有悬臂管道、辊道挡板，钢坯由炉侧装料门进入炉内辊道。

2.2.2 装炉前的准备工作

装炉前的准备工作包括以下几个方面。

微课
装炉推钢操作

(1) 装炉工在上岗作业前，除认真进行接班检查设备状况外，要利用换辊短暂的时间为当班作业做好充分准备，如准备装炉工具钢绳、小吊钩、撬棍，准备隔号砖，检查疏通辊道下铁皮槽等。

(2) 吊具如不合格，应立即更换。对新领的吊具，特别是小吊钩也应按规定逐一仔细检查，不合格的不能使用。

(3) 如果用隔号砖作为隔开不同炉批号标记的车间，根据当班生产需要量，将废耐火砖加工成隔号砖，并放置在取用方便不影响行走的部位。

(4) 在疏通地沟时，切不可跨越辊道，更不允许站在辊面上作业，应站在辊道齿轮减速箱或地板盖上。用长形工具如木杆、钢管等，顺水流方向逐个辊缝拨动砖头及铁皮，使之顺利流入大地沟。

(5) 对于推钢式加热炉，需准备好处理翻炉及跑偏用的工具。

(6) 熟悉生产作业计划，掌握马上要进行装炉的钢坯钢种、炉批号、单重规格及其现在摆放的位置，做到心中有数。

2.2.3 装炉操作要点

装炉操作要点包括以下几个方面。

(1) 钢坯装炉必须严格执行按炉送钢制度。装炉前，装炉工必须认真按照装炉指示板或有验收合格章的流动卡片或电脑中数据库逐项核对坯料的钢种、炉批号及规格是否相符，确认无误后方可装炉。

(2) 钢坯不合格时，停止装炉，俗称吊销，在流动卡片上或者电脑中注明吊销原因，并报当班调度和上料人员，吊销钢坯并回炉。

(3) 装炉应先装定尺料，后装配尺料；配尺料的装炉顺序是单重小的先装，单重大的后装。

(4) 同一规格的各种钢正常情况下入炉顺序为“先低温钢，后高温钢；先易脱碳钢，后其他钢”。

(5) 轧机或加热炉检修后须待生产正常后才能装入易脱碳钢。

(6) 由于轧机事故或其他原因出现掉队钢锭或钢坯时，应及时装炉随该熔炼号加热轧制。不得任意加入其他熔炼号内，以免造成混号事故。

(7) 生产中换导卫、换辊、换槽时，装入两根试车料。

(8) 有严重变形，或者超长、过短、过薄、毛刺等不符合技术标准的钢坯，有严重表面缺陷的钢坯也不得装入炉内，并及时与当班班长和检查员联系，妥善处理。

(9) 装入炉内的钢坯，表面铁皮要扫净。

(10) 加热过的钢坯回炉时，要用高压水将钢坯表面的氧化铁皮除净，需要在卡片和电脑中进行信息操作，并将实物板坯放置到指定垛位，在具备标识条件后完成板坯标识作业。

(11) 对于推钢式加热炉，装入炉的钢坯必须装正，以不掉道、不刮墙、不碰头、不拱钢为原则，发现跑偏现象，要及时加垫铁进行调整，预防发生事故；对于步进式加热炉，装入炉的钢坯之间留好间隙，以不掉道、不刮墙、不碰头、不叠钢为原则。

(12) 装入连续式加热炉内的钢坯端部与炉墙及两排坯料之间的距离，一般应在250 mm左右。钢坯的端部距炉墙的距离不应小于150 mm。双排装料时，两排坯料中间端头的距离不应小于200 mm。坯料端头距炉底纵水管中心线的距离不应小于200 mm。

(13) 对轻微瓢曲的钢坯，禁止装炉。

(14) 当轧制品种多、原料厚度差很大时，相邻坯料的厚度差，一般不能大于50 mm。最厚的坯料与最薄的相差很大时，这两种坯料不能相邻装入，而应逐渐过渡，这一方面是为了推钢稳定，防止拱钢；另一方面有利于炉子热工操作，这是因为相邻坯料的厚度差太大时，无法确定一个兼顾厚、薄两种坯料的热负荷，往往顾此失彼。

（15）步进式加热炉装钢时尽量按中心线对称布料。

（16）侧装料时在炉内采取一端对齐或依中心线对齐的布料方式。

（17）要经常观察炉内钢坯运行情况，发现异常，及时调整解决。

2.2.4 推钢操作

2.2.4.1 作业前的准备

推钢工在上岗前应按要求进行对口交接班，重点了解炉内滑道情况，炉内钢坯规格、数量、分布情况，核对交班料与平衡卡及记号板上的记录是否一致，有无混钢迹象，检查推钢机、出炉辊道、炉门及控制器、电锁、信号灯等是否灵活可靠。如有问题应设法解决，对较大问题要立即向有关领导汇报，并同上班人员一起查明原因，妥善处理。

2.2.4.2 推钢操作要点

推钢操作要点包括以下几个方面。

（1）接到出钢工出钢信号，推钢工应立即开动推钢机推动钢坯缓缓向前（炉头方向）运行，动作要准确、迅速，待要钢信号消失后，迅速将控制器拉杆搬至零位。若是步进式加热炉，则由液压站操作台控制步进梁的正循环、逆循环、踏步等。

（2）推钢出炉时要特别注意坯料运行情况，观察有无拱钢、推不动等现象，发现异常立即停车并出外观察，查明无问题或问题处理完毕后，方可继续进行操作。

（3）如果炉外发生拱钢，马上停止推钢，打倒车，以便装炉工撬钢加垫铁，或调换钢坯方向、顺序；炉内发生拱钢时，推钢工一定要听从装炉工的指挥，密切配合，或从炉尾拽出钢坯，或把钢坯推倒，推钢动作都要轻缓，幅度要小。

（4）推钢工必须掌握要出炉坯料的宽度，熟悉生产计划，掌握装出炉坯料情况。如果一次推钢行程已达到出炉钢坯宽度的1.5倍，要钢信号尚未消失，要立即停止推钢，并向出钢工反送一个信号，以示询问；如果对方依然坚持要钢，说明钢坯还未出炉，要马上查实是否发生掉钢或炉内拱钢、卡钢等事故，待排除事故或否定其存在的可能性后，方可继续推钢。

（5）如果出钢工指令有误或对要钢信号有疑问时，推钢工要了解清楚出钢本意后，再行操作。如出钢工大幅度跳越多种规格连续从一条道要钢或隔号要钢时，在未查明是否出钢工误操作而发错指令前，不应继续进行推钢操作。

（6）当某道正在进行装坯时，出钢工发来要钢信号，而此道又来不及出钢，应立即给出钢工发一信号，以示当前此道无法出钢。如对方改要另一条道的钢坯，推钢工即可进行相应的操作。如出钢工连续闪动这条道的要钢信号，或推钢工确认这块料是正在出炉的这批钢坯最后一块时，应立即暂停装炉，迅速将这块钢坯推出炉外，以免耽误生产。

（7）推钢时要注意推杆的有效行程，以免一时疏忽推杆伸出过远，使推杆下的齿条与齿轮脱离啮合状态。

（8）推钢至一定位置后，要将控制器拉杆拉向身体一侧，使推杆向后运行，以便装炉；推杆后退行程视装料规格、块数而定，一般比一次装入坯料总宽度大100 mm即可。

后退行程过小，装炉操作不便，过大则造成对能源和时间的浪费。

（9）装完坯料后，要使推杆与钢坯靠紧，动作要轻缓，最好是开动推钢机后，在推杆尚未接触坯料前的一段距离处，将控制器置于零位，让推杆靠惯性靠紧钢坯。这一点对于钢坯留有缝隙或坯料变形的情况特别重要，因为如果快速地将推杆推向钢坯，很可能使坯料受推力不均造成整排料向一侧偏移。

（10）对于有两排炉料的炉子来说，一般装料都是两条道交替进行。这时推钢工必须准确判断出钢工的下一块出钢目标，并迅速将下次不出钢的这台推钢机推杆退回。这不仅需要推钢工准确掌握炉中坯料情况，还要了解出钢工的要钢习惯，以便相互默契配合。但正常情况下，要钢都是两道交替进行的。如果新学推钢，一时难以掌握炉头钢坯情况，应在刚刚出过料的道上装钢。

（11）在装料的同时，推钢工要记录好入炉坯料规格及块数，指挥装炉工正确设置隔号砖。

任务实施

2.2.5 板坯装炉操作

2.2.5.1 加热炉推钢操作

虚拟仿真
手动装钢

加热炉推钢操作主要控制上料辊道、称量辊道、炉前运输辊道、入炉辊道、入口推钢机、冷装推钢机。

辊道、冷装推钢机及入口推钢机安全开关：控制相关设备的电控回路，以切断该设备的电源，当推到 ON 时，电路接通，推到 OFF 时，电路断电。操作时，应把被操作设备的开关置于 ON（开）。

2.2.5.2 自动控制

（1）冷装推钢定位启动：操作工按下此钮，冷装定位辊道启动，定位完成后，定位辊道停止运动，红灯亮，冷装推钢机开始向前推钢，推钢完成且推钢机退回原位后，红灯灭。

（2）称量定位启动：操作工按下此按钮，上料辊道、称量辊道联转，当辊道定位完成，称量辊道停止运转，红灯亮，此时进行钢坯称重校核，称重校核完成后，如果钢坯满足运输条件，钢坯从称量辊道运输到入炉辊道，钢坯离开称量辊道，红灯灭。

（3）入炉辊道定位启动：操作工按下此按钮，炉前运输辊道、入炉辊道联转，当辊道定位完成，入炉辊道停止运转，红灯亮，当推钢条件得到满足并且推钢机把钢坯推离入炉辊道后，红灯灭。

（4）自动推钢启动：操作工按下此按钮，炉门打开，入口推钢机进行推钢操作，当达到设定行程后，推钢机自动退回零位，此时，炉门关闭，红灯灭。

2.2.5.3 事故操作

（1）当发生故障时，应按急停按钮，控制加热炉入炉区辊道及推钢机的快速停车。

（2）当入炉区执行紧急停车后，待故障消失，急停复位条件具备后，白灯亮，待操作工旋起急停按钮，然后按下急停复位按钮，将急停复位，白灯灭。

（3）当入炉区发生故障，蜂鸣器发出报警信号，橙色灯亮。按下故障报警按钮，蜂鸣器停止报警，指示灯保持。待故障消除后，橙色灯灭。

2.2.5.4 操作注意事项

（1）板坯装炉前，必须严格执行按炉送钢制度。

（2）严格按板坯的装炉顺序、装入条件装炉。

（3）必须按轧制节奏装钢，以减小待轧时间。

（4）当发现板坯跑偏时，应密切注意观察并采取措施进行必要的调整。

（5）每一炉号最后一块坯压隔号砖头，特殊钢种特殊标记。

（6）空炉装钢时，以板坯前沿到达均热床前沿压到滑轨砖处第一块砖的 1/5 即可。

（7）炉内的板坯必须装正且摆放合理，保证炉内板坯整齐、不掉道、不刮墙、不翻钢，对易翻钢的板坯要注意。

（8）装炉工应将装入炉内板坯的炉号、钢种及块数记录清楚，避免混号。

（9）装炉工在装炉过程中应将漏查的板坯挑出，详细记清炉号、块数、摆放位置，在生产通知单上写明甩坯原因，修改装炉块数，并写清班次、姓名以备查看。

问题讨论

钢坯入炉及在炉内运行过程中有可能出现哪些故障？

任务 2.3 开炉操作

任务描述

为了保证安全生产，新建、检修后或长期停用后的加热炉重新开炉需要一定的步骤，主要步骤包括：（1）确认鼓风机、引风机已开启；（2）送煤气操作；（3）点火操作。

微课
开炉操作

知识准备

2.3.1 燃料的一般性质

各种燃料的性质是比较复杂，重点了解那些和炉子热工过程有关的性质，即气体燃料的化学组成和燃料的发热量，也称为燃料的热值。

微课
燃料的一般性质

2.3.1.1 气体燃料的化学组成及成分表示方法

气体燃料由 CO、H_2、CH_4、C_2H_4、C_mH_n、H_2S、CO_2、N_2、O_2、H_2O 等简单的化合物和单质混合组成，其中主要的可燃成分是 CO、H_2、CH_4、

C_2H_4、C_mH_n等，它们在燃烧时能放出热量。CO_2、N_2、O_2、H_2O 等是不可燃成分，它们在燃烧时不能放出热量，故其希望含量不要过高。H_2S 的燃烧产物 SO_2有毒性，对人身和设备都有害，因此应视为煤气中的有害成分，此外煤气中还含有少量灰尘。

由于气体燃料是由一些简单的气体成分混合组成的，可采用吸收法进行化学成分分析，分析的结果能够确切地说明燃料的化学组成和性质。因为在做煤气成分分析时，总是先把煤气中的水分吸收掉以后才进行成分分析，所以吸收法分析所得到的结果是不包括水分在内的“干成分”，但在实际生产中的煤气成分都含有一定的水分在内。因此，做燃烧计算时应以“湿成分”为基准。气体燃料中的水分含量是单独测量的，通常以 1 m^3 干煤气中吸收进去水分的质量，并用符号 $g_{H_2O}^{干}$（g/m^3）来表示。

煤气成分就是用上述各单一气体在煤气中所占的体积分数来表示的。由于煤气的分析成分是干成分，而实际生产中煤气燃烧时又是以湿成分作为基准，所以要求掌握干成分和湿成分之间的换算方法。

（1）湿成分。指包括水分在内的煤气成分，其表示方法为：

$$\varphi(CO)_{湿} + \varphi(H_2)_{湿} + \varphi(CH_4)_{湿} + \cdots + \varphi(N_2)_{湿} + \varphi(CO_2)_{湿} + \varphi(H_2O)_{湿} = 100\% \tag{2-1}$$

式中，$\varphi(CO)_{湿}$，$\varphi(H_2)_{湿}$，…，$\varphi(H_2O)_{湿}$ 分别表示 CO、H_2、…、H_2O 等成分在湿煤气中所占的体积分数。

（2）干成分。指不包括水分在内的煤气成分，其表示方法为：

$$\varphi(CO)_{干} + \varphi(H_2)_{干} + \varphi(CH_4)_{干} + \cdots + \varphi(N_2)_{干} + \varphi(CO_2)_{干} = 100\% \tag{2-2}$$

式中，$\varphi(CO)_{干}$，$\varphi(H_2)_{干}$，…，$\varphi(CO_2)_{干}$分别表示 CO、H_2、…、CO_2等成分在干煤气中所占的体积分数。

（3）干、湿成分间的换算。从定义知干、湿成分之间的差别仅在于 $\varphi(H_2O)_{湿}$ 的含量是否计算到 100%之中的问题。水的含量可以实测，在计算煤气中水分含量时一般都采用煤气在某温度下的饱和水蒸气含量，当温度变化时，饱和水蒸气含量也发生变化。因此，$\varphi(H_2O)_{湿}$ 是煤气在一定温度下的水分含量，应在分析结果中注明温度。但湿成分又是实际应用时的成分，在计算时常常需要进行干湿成分的换算：

$$\varphi(CO)_{湿} = \varphi(CO)_{干} \times [1 - \varphi(H_2O)_{湿}] \tag{2-3}$$

式中 $\varphi(CO)_{湿}$——气体燃料中 CO 气体的湿成分的体积分数；

$\varphi(CO)_{干}$——气体燃料中 CO 气体的干成分的体积分数；

$\varphi(H_2O)_{湿}$——气体燃料中 H_2O 的体积分数。

其余成分均照此类推。

用式（2-3）换算时需要知道某温度下的水分含量 $\varphi(H_2O)_{湿}$，附表 6 能查到的是 1 m^3 干气体在某温度下所能吸收的饱和水蒸气的质量，即 $g_{H_2O}^{干}$。在标准状态下，1 kmol 水蒸气的体积为 22.4 m^3，质量为 18 kg，所以 1 kg 水蒸气体积为 22.4/18 = 1.24 m^3/ kg，因此 1 m^3 干煤气变为湿煤气时的总体积将是：$1+0.00124g_{H_2O}^{干}(m^3)$。

$$\varphi(H_2O)_{湿}=\frac{0.00124g_{H_2O}^{干}}{1+0.00124g_{H_2O}^{干}}\times100\% \tag{2-4}$$

例 2-1 某天然气的干成分为 $\varphi(CH_4)_{干}=90.50\%$，$\varphi(C_2H_6)_{干}=5.78\%$，$\varphi(C_2H_4)_{干}=2.30\%$，$\varphi(CO_2)_{干}=0.30\%$，$\varphi(N_2)_{干}=1.12\%$，求 30 ℃时湿成分的体积分数。

解 由附表 6 查出 30 ℃时的饱和水蒸气量 $g_{H_2O}^{干}=35.1\ g/m^3$。根据式（2-4）得：

$$\varphi(H_2O)_{湿}=\frac{0.00124\times35.1}{1+0.00124\times35.1}\times100\%=4.17\%$$

$$\varphi(CH_4)_{湿}=\varphi(CH_4)_{干}\times[1-\varphi(H_2O)_{湿}]=90.50\%\times\left(1-\frac{4.17}{100}\right)=90.50\%\times0.9583=86.73\%$$

$$\varphi(C_2H_6)_{湿}=5.78\%\times0.9583=5.54\%$$

$$\varphi(C_2H_4)_{湿}=2.30\%\times0.9583=2.20\%$$

$$\varphi(CO_2)_{湿}=0.30\%\times0.9583=0.29\%$$

$$\varphi(N_2)_{湿}=1.12\%\times0.9583=1.07\%$$

$$\varphi(CH_4)_{湿}+\varphi(C_2H_6)_{湿}+\varphi(C_2H_4)_{湿}+\varphi(CO_2)_{湿}+\varphi(N_2)_{湿}+\varphi(H_2O)_{湿}$$
$$=86.73\%+5.54\%+2.20\%+0.29\%+1.07\%+4.17\%=100\%$$

2.3.1.2 燃料发热量

燃料发热量的高低是衡量燃料质量和热能价值高低的重要指标，也是燃料的一个重要特性。在实际生产中，知道燃料的发热量将有助于正确地评价燃料质量的好坏，以此指导现场操作。

A 燃料发热量的概念

单位质量或体积的燃料完全燃烧后所放出的热量称为燃料的发热量。气体燃料发热量的单位是 kJ/m^3。燃料完全燃烧后放出的热量还与燃烧产物中水的状态有关，基于燃烧产物中水的状态不同，可以把燃料的发热量分为高发热量和低发热量。当燃烧产物的温度冷却到参加燃烧反应物质的原始温度 20 ℃，同时产物中的水蒸气冷凝成为 0 ℃的水时，所放出的热量称为燃料的高发热量，用 $Q_{高}$ 表示。当燃烧产物中的水分不是呈液态，而是呈 20 ℃的水蒸气存在时，由于水分的汽化热没有放出而使发热量降低，这时得到的热量称为燃料的低发热量，用 $Q_{低}$ 表示。

在实验室条件下测定发热量时，燃烧产物中的水被冷却成液态水，故可得到高发热量。而在实际的加热炉上，燃烧产物出炉时不可能使水冷凝成为液态水，因此实际生产上用的都是低发热量。

B 气体燃料发热量的计算

气体燃料通常由若干单一的可燃成分组成，每种可燃成分的发热量可以精确测定。因此，只需把各可燃成分的发热量加起来即可，其计算公式为：

$$Q_{低}=12770\varphi(CO)_{湿}+10760\varphi(H_2)_{湿}+35880\varphi(CH_4)_{湿}+$$
$$59960\varphi(C_2H_4)_{湿}+23110\varphi(H_2S)_{湿}+71200\varphi(C_mH_n)_{湿} \tag{2-5}$$

式中，$\varphi(CO)_{湿}$，$\varphi(H_2)_{湿}$，$\varphi(CH_4)_{湿}$，$\varphi(C_2H_4)_{湿}$，$\varphi(H_2S)_{湿}$，$\varphi(C_mH_n)_{湿}$ 分别为气体燃

料中 CO、H_2、CH_4、C_2H_4、H_2S、C_mH_n 的体积分数；12770，10760，35880，59960，23110，71200 分别为 CO、H_2、CH_4、C_2H_4、H_2S、C_mH_n 的发热量，kJ/m^3。

各种燃料的发热量差别很大，为了便于比较使用不同燃料的炉子热耗，人为地规定了一个"标准燃料（标准煤）"的概念，每 1 kg 标准燃料（标准煤）的发热量定为29302 kJ/kg（7000 kcal/kg），这样就可以把各种燃料折算为标准燃料（标准煤）进行对比分析。

2.3.2 加热炉常用的气体燃料

加热炉常用的气体燃料有天然气、高炉煤气、焦炉煤气、高炉和焦炉混合煤气、转炉煤气、发生炉煤气等。

微课
加热炉常用的燃料

2.3.2.1 天然气

天然气是直接由地下开采出来的可燃气体，它的主要可燃成分是 CH_4，含量一般在 80%~98%，此外，还有其他少量的碳氢化合物及 H_2 等可燃气体，不可燃气体很少，故发热量很高，大多都在 33500~46000 kJ/m^3，天然气的理论燃烧温度高达 2020 ℃。

天然气是一种无色、稍带腐臭味的气体，比空气轻（密度为 0.73~0.80 kg/m^3），而且极易着火，与空气混合到一定比例（容积比为 5%~15%），遇到明火会立即着火或爆炸，现场操作时应注意这一特征。天然气燃烧时所需的空气量很大，每 1 m^3 天然气需 9~14 m^3 空气，而且燃烧时甲烷及其碳氢化合物分解析出大量固体碳粒，燃烧火焰明亮，辐射能力强。

2.3.2.2 高炉煤气

高炉煤气是高炉炼铁的副产品，它主要由可燃成分 CO、H_2、CH_4 和不可燃成分 N_2、CO_2 组成，其中 CO 占 30%左右，H_2 和 CH_4 的数量很少。高炉煤气含有大量的 N_2 和 CO_2，占 60%~70%，因此发热量比较低，通常只有 3350~4200 kJ/m^3。高炉煤气由于发热量低，燃烧温度也较低，约为 1470 ℃，在加热炉上单独使用困难，往往是与焦炉煤气混合使用，或在燃烧前将煤气与空气预热。应当注意 CO 对人是有害的，如果大气中 CO 浓度超过 30 mg/m^3，人就会有中毒的危险。因此，在使用 CO 成分较多的煤气，如高炉煤气时，需特别注意防止煤气中毒事故发生。此外，高炉煤气着火温度较高，通常为 740~810 ℃。现代高炉往往采用富氧鼓风和高压炉顶等技术，这些技术往往对高炉煤气的热值有一定的影响。采用富氧鼓风时，高炉煤气的 CO 和 H_2 升高，而 N_2 含量降低，因而煤气的发热量相应提高。采用高压炉顶技术时，随着炉顶压力的升高，煤气 CO 略有降低，而 CO_2 相应升高，故煤气的发热量稍有下降。

2.3.2.3 焦炉煤气

焦炉煤气是炼焦生产的副产品。它的燃料成分（体积分数）组成是：H_2 含量一般超过 50%，CH_4 含量一般超过 25%，其余是少量的 CO、N_2、CO_2、H_2S 等。由于焦炉煤气内的主要可燃成分是高发热量的 H_2 和 CH_4，所以焦炉煤气的发热量较高，为 16000~18800 kJ/m^3。如果炼焦用煤的挥发分高，焦炉煤气中 CH_4 等成分的含量将增高，煤气的发热量也将增高。焦炉煤气的理论燃烧温度约为 2090 ℃。焦炉煤气由于含 H_2 量多，所以火焰黑度小，较难预热。同时密度只有0.4~0.5 kg/m^3，比其他煤气轻，火焰的刚性差，容易往上飘。

2.3.2.4 高炉-焦炉混合煤气

在现代的钢铁联合企业里，可以同时得到大量高炉煤气和焦炉煤气，高炉煤气和焦炉煤气的产量比值大约为10：1，针对高炉煤气产量大、发热量低和焦炉煤气产量低、发热量较高的特点，为了发挥其各自的优点，充分利用这些副产燃气资源，可以利用不同比例的高炉煤气和焦炉煤气配成各种发热量的混合煤气。

如果高炉煤气与焦炉煤气的发热量分别为$Q_{高}$和$Q_{焦}$，要配成发热量为$Q_{混}$的混合煤气，可用下式计算，设焦炉煤气在混合煤气中的体积分数为x，则高炉煤气的分数为（$1-x$）。

那么 $$Q_{混}=xQ_{焦}+(1-x)Q_{高}$$

整理上式，得：

$$x=\frac{Q_{混}-Q_{高}}{Q_{焦}-Q_{高}} \tag{2-6}$$

采用高炉、焦炉混合煤气不仅合理利用了燃料，而且改善了火焰的性能，它既克服了焦炉煤气火焰上飘的缺点，同时也可以利用焦炉煤气中碳氢化合物分解产生的碳粒，在燃烧时可以增强火焰的辐射能力。

2.3.2.5 转炉煤气

转炉煤气CO含量高达50%~70%，转炉煤气极易造成人身中毒，爆炸范围更广。转炉煤气主要成分是CO，冶炼1 t钢一般可以回收含CO为50%~70%的煤气60 m^3左右，是良好的燃料和化工原料。发热量为6280~10467 kJ/m^3，为高炉煤气的两三倍，理论燃烧温度1650~1850 ℃。

2.3.2.6 发生炉煤气

发生炉煤气是以固体燃料为原料，在煤气发生炉中制得的煤气，这个热化学过程称为固体燃料的气化。根据气化介质的不同，发生炉煤气分为空气煤气、空气-蒸汽煤气等。作为加热炉燃料使用的主要是空气-蒸汽煤气，通常所说的发生炉煤气就是指这一种。它由可燃成分CO、H_2、CH_4和不可燃成分N_2、CO_2及少量的其他化学成分组成。这种煤气燃烧时发热量较低，仅为5020~5230 kJ/m^3。

各种常见气体燃料成分及热值见表2-2。

表2-2 各种煤气的成分

煤气名称	干成分（体积分数）/%							$Q_{低}/(kJ\cdot m^{-3})$
	CO	H_2	CH_4	C_mH_n	CO_2	O_2	N_2	
天然气	—	0~2	85~97	0.1~4	0.1~2	—	0.2~4	33500~46000
高炉煤气	22~31	2~3	0.3~0.5	—	10~19	—	55~58	3350~4200
焦炉煤气	6~8	55~60	24~28	2~4	2~4	0.4~0.8	4~7	16000~18800
发生炉煤气	24~30	12~15	0.5~3	0.2~0.4	5~7	0.1~0.3	46~55	5020~5230
转炉煤气	50~70	0.5~2.0	—	—	15~20	0.3~0.8	10~20.5	6280~10467

2.3.3 煤气管道的严密性检查

为了保证煤气管道和煤气设备区域的空气符合国家规定卫生标准，防止煤气中毒，应使煤气管道和煤气设备完全严密。因此，凡是大修、改建和新建的煤气管道和设备在投产前都要进行严密性试验，合格后才准交付使用。

严密性试验的标准是：室内或厂房内部的管道和设备的试验压力，比煤气的计算压力高出 14715 Pa，但不少于 29430 Pa，试验时间持续 2 h，压力降不大于 2%；室外或厂房外部的管道和设备的试验压力，比煤气的计算压力高出 4905 Pa，但不少于 19620 Pa，试验时间持续为 2 h，压力降不大于 4%。

煤气管道虽经严密性试验合格，但并非一劳永逸，不能保证在长期运行过程中不产生新的泄漏点。如果新的泄漏点没有及时发现，泄漏在室内的煤气不易扩散出去，极易造成严重的煤气中毒事故。因此，必须定期用肥皂水试漏，如果发现煤气泄漏，应立即采取措施，进行处理。保持煤气管道始终处于完好、严密状态，保证安全生产。

2.3.4 放散吹扫和爆发试验

氮气吹扫工艺在生产实践中被证明是一个非常有效的防止煤气爆炸的措施。氮气是一种无毒无害的不可燃气体，是制氧过程中的副产品，来源广泛，成本低，因此是很理想的吹扫介质。吹扫的过程，实际上就是气体置换的过程。在进行检修前或在事故状态下，必须把管道中煤气全部赶走。相对于抽真空来说，用氮气置换煤气的方法既安全又经济，也便于操作。相对于蒸汽置换来说，氮气置换效率高，安全可靠，不损坏设备。

众所周知，炉膛是与烧嘴及煤气管道连通的，凡进入炉内进行检修作业，必须用盲板或水封可靠地切断来源，并将盲板或水封后边管道的所有放散管全部打开放散，这样才能保证炉内检修作业的安全。

用点火爆炸法检验煤气管道或煤气设备内煤气纯洁性的试验称为爆发试验。通过爆发试验来检验煤气管道或煤气设备在通入煤气后是否还残留空气。爆发试验是防止煤气爆炸的重要措施，爆发试验筒如图 2-1 所示。

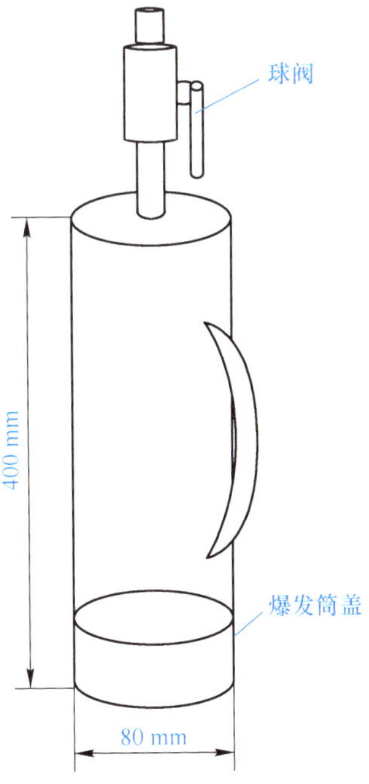

图 2-1 爆发试验筒

照片
爆发试验筒

爆发试验在直径 70~100 mm、长 400 mm 左右的圆筒内进行，如图 2-1 所示。离煤气现场稍远的安全地点处点着一小火团置于地上，将充有试样的圆筒筒口移向火团，打开筒盖试样，当着火和燃烧都缓慢而无声地一直烧到筒底时，则认为合格。如点着后燃烧较快，说明还有若干空气；如点着后迅速燃烧或产生爆鸣，说明试样正在爆炸范围内。后两种情况都应继续进行放散，并再次做爆发试验。

必须注意，用爆发试验筒取煤气试样时，一定要把筒的放散口打开，以便将筒内原有的空气全部排净，否则试验就不真实，就会得出错误的判断。

任务实施

2.3.5 管道系统的试压试漏

2.3.5.1 空气管道的试漏

在工作压力下（鼓风机启动并保证正常运转状态），空气管道系统不应有明显的漏损。

2.3.5.2 煤气管道系统的试压、试漏

炉前煤气管道系统的试压范围：从煤气总管阀门之后起，至蓄热室密闭蝶阀之前止。管道试压、试漏可分段进行，在试验管段的首、尾端部可设置临时盲板，30 min 内压降不超过 1%为合格。

2.3.6 汽化冷却装置的调试

2.3.6.1 调试前的各种准备及检查工作

（1）供电、自动控制、仪表检测完毕。

（2）加热炉达到点炉条件。

（3）外部供软水，供净环水已准备就绪。

（4）汽化冷却系统的操作人员，岗位配置已完成。

（5）汽包上的安全阀是否已标定好，起跳是否正常。

（6）检查所有的阀门是否开闭灵活。

（7）检查净环水、软水供应是否已投入。

（8）空转水泵，观察能否启动；有无异常声音。

（9）检查汽包就地水位表是否完好。

2.3.6.2 系统供软水

首先启动补给水泵站软水箱进水管的阀门，当软水箱的水位达到高水位时关闭进口软水管的电动阀。

给水和循环系统供水按以下要求操作：

（1）开启给水泵进口阀，开启给水管道上调节阀的旁通阀；

（2）开启汽包上的电动排汽阀、关闭主汽阀；

（3）开启系统上所有的排水、排污、排汽阀；

（4）当完成以上工作后，启动给水泵，渐开给水泵的出口阀向系统供水；

（5）当系统中所有的排水、排污、排汽阀有水排出后再关闭；

（6）经过一段时间的灌水，当汽包水位稳定在正常水位后停止供水；

（7）系统灌满水 24 h 后，观察汽包水位的变化情况，如果水位下降了，说明系统存在泄漏，整改后重新灌满水，再观察 24 h，直至确认系统无泄漏为止；

（8）关闭给水管上调节阀的旁通阀，开启调节阀前后的阀门。

2.3.7 点炉时汽化冷却系统的启动

2.3.7.1 自然循环汽化冷却系统启动

（1）开动蒸汽上水泵或电泵，使本系统水量达中水位。

（2）当加热工通知温度达到一定数值时，要打开蒸汽辅助循环的管道阀门，使蒸汽通入上升管内，提高上升管内的水温。

（3）判断循环是否开始。循环是否处于稳定状态，一般可用倾听上升管中汽水混合物的流动声是否连续不断来加以辨别。当下降管设有流量计时，可观察流量达到一定数值后，用流量波动幅度的大小来判断循环的稳定性，波动幅度越小越稳定。一般加热炉加热段炉温达到 800~1000 ℃，循环即趋于稳定。在引射过程中，装置的启动性能与外部蒸汽压力有关。对启动性能差的装置，要求外部蒸汽压力较高，反之，蒸汽压力可以较低。当外部蒸汽压力一定时，对于启动性能较差的装置，为了减弱其振动和响声，在引射停止前，汽包压力应控制在略低于外部蒸汽压力。根据生产经验，在启动上，一般汽包压力升至 0.3~0.4 MPa 时，振动和响声均可消除，表示循环已趋稳定，即可停止引射。对于启动性能较好的装置，为了达到较好的引射效果，在整个启动过程中，汽包压力可以控制得低一些。

（4）如循环开始，关闭辅助循环蒸汽阀门。

（5）系统产生的压力是多少，系统蒸汽压力是否提高了。

（6）保持中水位。

2.3.7.2 强制循环汽化冷却系统操作

一般步进式加热炉汽化冷却需采用强制循环系统。系统组成为由汽包引出两条下降管，接至循环水泵进口母管，经循环水泵加压后，由出口母管分两路：一路接至固定梁入口联箱，经固定梁各冷却回路至出口联箱，由一根集中上升管送入汽包；另一路接至步进梁入口联箱，经步进梁各冷却回路至出口联箱，由一根集中上升管送入汽包。返回汽包的汽水混合物经汽水分离后，汽送入蒸汽管网，水重新循环。启动步骤如下：

（1）强制循环汽化冷却装置，在启动前应向汽包给水至正常水位，启动循环泵后，密切注意汽包水位，汽包水位下降到下限时，停止循环泵，给汽包继续上水，正常水位后，再启动循环泵，直到汽包水位保持正常水位不再下降为止；

（2）强制循环的汽化冷却装置是采用循环泵抽取汽包水加压后送至炉底水梁，再通过水梁返回汽包的循环方式。在汽化冷却循环泵启动后，炉子开始点火。

2.3.8 送煤气操作

新建、检修后或长期停用后的炉前煤气管道在通煤气前必须将管道内的空气全部清除。将管道及其附件内的空气驱赶到车间外大气中的操作称为吹扫，即先用氮气或蒸汽驱赶空气，再用煤气驱赶氮气或蒸汽。

送煤气是指从炉子煤气总开关把煤气送到烧嘴前为止。对新建或改建的加热炉必须管道验收合格后才能送煤气。以某厂加热炉为例介绍其送煤气操作步骤。

2.3.8.1 送煤气前的准备

（1）电话通知主管领导、生产技术室、能源部能源调度、气体防护站。

（2）确认步进机械、装钢机、出钢机都已经正常，水封槽无剐蹭且上满水。

（3）确认鼓风机已经启动风压正常。

（4）确认排烟风机完好可以随时启动。

（5）确认水冷系统流量、压力正常。

（6）巡查确认炉内无人员停留，炉区附近没有与启炉无关人员，无动火作业。

（7）确认汽化系统压力流量正常。

（8）确认仪表系统全部能够正常工作。

2.3.8.2 吹扫置换煤气管道的空气

加热炉点火前，炉前煤气管道都必须进行吹扫，以防煤气与管道内的空气混合产生爆炸性混合气体。吹扫步骤如下：

（1）检查确认各段空气段流量调节阀打开 25%以上、煤气手动蝶阀和快切阀关闭、烟气快切阀和各段流量调节阀都已经关闭；

（2）检查并打开烧嘴前和总管的放散阀；

（3）检查并打开各段煤气调节阀，阀门开度 80%；

（4）检查并关闭煤气管道上的取压点和排水阀；

（5）检查并调节炉压为负压，烟闸全开，出料炉门全开；

（6）通知操作室监视煤气管道压力，安装氮气软连接，缓慢打开氮气吹扫阀门，调整压力到 6~10 kPa；

（7）吹扫 30 min 后，检测煤气管道的氧含量小于 0.6%时，由气体防护站确认置换合格后开始送煤气操作。

2.3.8.3 打开盲板阀

（1）打开盲板阀前按规程确认平台没有电焊及裸露的电线，附近 10 m、下风 40 m 没有明火，现场无关人等已撤离。

（2）打开加热炉外盲板阀现场操作箱，先将急停解除，再将电源及控制电源指针分别打到合，转换开关打到电控箱操作，点顶开，出现顶开到位信号后，点开阀，全开到位信号亮后，点夹紧，夹紧到位信号亮后将转换开关打到零位，电源和控制电源打到分。

（3）当盲板阀故障无法自动时，需手动操作开关阀。手动操作步骤如下。

1）盲板松开：一人在盲板阀旁将机构切换手动模式，并确认阀门开关方向（如标识不清，按照逆时针打开；顺时针关闭控制），通知其余人在平台下方拉动链条转动手阀，直至松开到位，并确认现场松开状态，确保盲板能够顺利转动。

2）开阀：一人在盲板阀旁将机构切换手动模式，并确认阀门开关方向（如标识不清，按照逆时针打开；顺时针关闭控制），通知其余人在平台下方拉动链条转动手阀，直至打开到位，并确认现场盲板阀状态；确保盲板阀与夹紧装置对齐。

3）盲板加紧：一人在盲板阀旁将机构切换手动模式，并确认阀门开关方向（如标识不清，按照逆时针打开；顺时针关闭控制），通知其余人在平台下方拉动链条转动手阀，直至加紧到位，并确认现场盲板夹紧位置，确保盲板夹紧。

（4）手动操作盲板过程中，现场所有人员均需佩戴空气呼吸器。如手阀通过链条难以转动，可增加 1~2 人在平台上方使用“F”形扳手协助转动手阀，注意金属接触部位需涂抹黄油防止打火引起火灾。

2.3.8.4 打开煤气总管电动蝶阀

（1）打开加热炉外 1400 mm 平台蝶阀现场操作箱，先将控制电源及总电源指针打到合，再转换开关打到电控箱操作，点开阀直至开阀到位，点停止，把控制电源及总电源指针指向分，转换开关指向中位。

（2）当电动蝶阀故障无法自动时，需手动操作开关阀。手动操作步骤为：将手柄转至手动模式，转动手阀，直至指针达到全开位或全关位。

2.3.8.5 打开煤气总管气动快切阀

（1）远程打开气动快切阀送煤气，确认全开到位。

（2）当气动快切阀故障无法自动时，需手动操作开关阀。手动操作步骤为：切换至手动模式，根据指示转动手阀，直至指针达到全开位，如无法转动，停压缩空气，对气缸进行放气，然后再次切换手动模式，转动手阀直至达到全开位。

2.3.8.6 确认煤气

（1）确认煤气无泄漏。完成手动开阀后，佩戴呼吸器上平台检查三阀组周边无煤气泄漏，如有泄漏立即通知相关专业，并检查漏点位置进行处理，直至煤气无泄漏。

（2）确认煤气进入炉区管道后，关闭氮气吹扫阀，断开氮气软连接。

2.3.8.7 送煤气检测

（1）送煤气后 30 min 左右，由气体防护站专业人员做爆发试验，作业区负责配合工作。

（2）爆发试验合格后关闭所有烧嘴放散阀、总管放散阀。送煤气成功，进行点火烧嘴的准备。

2.3.8.8 送煤气安全注意事项

（1）严格按照上述操作要求进行操作，相关确认项当班安排专人进行检查，保证无遗漏，涉及交接班时应详细告知下一班组已确认项目。

（2）两人互保，佩戴煤气报警器，做好联系确认，注意高处坠落、煤气中毒。

（3）打开蝶阀前佩戴呼吸器检测现场 CO 浓度，确定无泄漏后进行操作。

（4）打开盲板阀时，注意确认风向，除操作控制箱人员外，其余人员站在上风口，盲板打开后现场检测盲板周围是否泄漏煤气。操作过程中出现异常情况立即停止作业，恢复原状态并消除风险，联系工艺及安全相关专业确认后续操作步骤。

（5）停炉过程中至少一人全程佩戴空气呼吸器，涉及煤气阀组平台上的操作，必须佩戴呼吸器，手动操作盲板时，必须全员佩戴空气呼吸器。

（6）涉及氮气吹扫作业须全程佩戴氧气报警器，防止氮气窒息。

2.3.9 烧嘴点火操作

2.3.9.1 烧嘴点火准备

A 确认点火顺序

按均下→加下→预下→均上→加上→预上顺序依次点火。

虚拟仿真点火

B 点火方法

（1）低温状态下，烧嘴采用火把点火，点火时只需把点着的火把从烧嘴点火孔伸到烧嘴前即可。

（2）炉内温度升高到一定程度后，烧嘴可靠炉内高温直接点燃（不低于 800 ℃）。

C 点火火把的准备

在铁丝上绑一团浸过机油的棉纱（铁丝的长度及棉纱团的大小根据点火孔的大小及其长度确定）。

2.3.9.2 烧嘴点火程序

（1）通知调度室点烧嘴的准确时间。

（2）确认煤气管道 N_2 置换合格，送煤气工作完毕，且符合安全要求。

（3）确认加热炉助燃空气系统运行正常，热风压力自动控制正常。

（4）确认加热炉冷却水系统运行正常。

（5）确认加热炉仪表系统正常投用。

（6）全开均上、均下空气总管调节切断阀及全部烧嘴前空气管道手动阀门，对炉内吹扫约 10 min 后再关闭全部阀门（吹扫时烟道闸板应全开，水封槽上满水，保持炉压为负值）。

（7）手动全开各段空气、煤气总管上的流量调节切断阀，装、出料炉门及烟闸处于开启状态。

（8）将点着的火把从点火孔伸到烧嘴前，再缓慢打开烧嘴前煤气管道上的手动蝶阀，听到轻微轰鸣声并观察烧嘴着火情况。

（9）调节空煤气量，使烧嘴达到最佳工作状态（蝶阀开度为 0~30%）。

（10）点燃炉内所有烧嘴后，再关闭所有炉门并将炉压投入自动控制。

注意，炉子点火时，炉内燃烧系统应具有一定的负压；凡强制送风的炉子，点火时应先开鼓风机但不送风，待点火送煤气燃着后，再逐步增大供风量和煤气量；空气、煤气流量调节时切忌一次到位，应先开一点煤气、再开一点空气，直到烧嘴处于最佳燃烧状态，流量处于额定状态的开度。

2.3.9.3 点炉后的升温管理

（1）所有烧嘴点燃且火焰特性调好后，将炉温自动控制系统投入运行。

（2）炉温低于 800 ℃以前，炉子的升温速度控制在 100～150 ℃/h 范围内；此间通过烧嘴前的手动蝶阀进行流量调节（避免急剧升温，影响炉子寿命；炉温高于 800 ℃以后可以不控制升温速度）。

（3）当炉温升到 500 ℃左右，启动步进梁，使其空负荷运转。

（4）温度稳定到工作温度后，开始进行装钢（避免升温过程装钢，以减少上下表面温差及板坯氧化烧损；在装钢过程中，由于冷钢坯在炉内大量吸热，故炉温会较大幅度下降，此时仪表自动控制系统已投入运行，它将根据各段炉温的变化情况自动调节各段空气、煤气流量）。

问题讨论

在送煤气、点火过程中可能出现哪些安全事故？

任务 2.4 烘炉操作

任务描述

微课
烘炉操作

加热炉炉体的绝大部分由耐火砖或耐火混凝土砌筑而成，一般均在低温下砌筑，在高温下工作，因此，新建成或经大修、中修、小修的炉子竣工后其耐火砌体内含有大量的水分和潮气，不能直接进入高温状态下工作。必须仔细地进行干燥和烘炉，以便砌体内的水分和潮气逐渐逸出，否则，砌体就会因剧烈膨胀而受到损毁。

知识准备

2.4.1 炉子的干燥及养护

视频
轧钢加热炉
烘炉

烘炉前必须对炉子进行风干，风干时应将所有炉门及烟道闸门打开，使空气能更好地在炉内流通，加快干燥速度。炉子的干燥时间依修炉季节、炉子的大小、砌体的干燥情况而定，一般为 24～48 h 或更长一些时间。

当炉子从修砌竣工到开始烘炉之间的时间较长时，砌体的干燥情况已较好，这段时间实际上就是炉子的干燥期。

在炉子进行大修时，往往由于炉内温度较高，砌体内的潮气在修炉过程中就很快蒸发掉了，所以在这种情况下也就不需要专门的干燥过程了。

对于用耐火混凝土构筑的炉子，当现场捣固成型后，必须按养护制度进行养护，耐火混凝土的养护制度见表 2-3。

表 2-3 耐火混凝土的养护制度

种 类	养护制度	养护温度/℃	最短养护时间/d
磷酸耐火混凝土	自然养护	720	3~7
矾土水泥耐火混凝土	水中或潮湿养护	15~25	3
水玻璃耐火混凝土	自然养护	15~25	7~14
硅酸盐水泥	水中或潮湿养护	15~25	7

2.4.2 烘炉制度

为了在烘烤时排除砌体中的附着水分、耐火材料中的结晶水和完成耐火材料的某些组织转变，增加砌体的强度而不剥落和破坏，制定出烘烤升温速度、加热温度和在各种温度的保温时间，即温度-时间曲线，称为烘炉曲线。当然在烘炉过程中想使炉温控制完全符合于理想的烘炉曲线是很困难的，实际炉温控制总会有波动，但不应偏离烘炉曲线太远，否则可能产生烘炉事故。

制定烘炉曲线必须根据炉子砌体自然干燥情况、炉子大小、炉墙厚度与结构、耐火材料的性质等具体条件来定。

连续式加热炉在热修或凉炉 2 d 之内时，可按照热修烘炉制度烘炉，热修烘炉可直接用上烧嘴烘炉，在炉温低于 300 ℃时，每小时温升不得大于 100 ℃，而低于 700 ℃或 800 ℃时不得大于 200 ℃、700 ℃或 800 ℃以上不受限制。凉炉 2 d 以上至 5 d 者，按小修烘炉，长期停炉后按中修或大修烘炉。一般大修炉子需要烘炉 5~6 d（大炉子可达 10 d 甚至更长），中修需烘炉 3~4 d，小修烘炉 1~2 d。

制定烘炉曲线必须根据具体情况，列举几种烘炉方案，供参考。

2.4.2.1 耐火黏土砖砌筑加热炉的烘炉制度

原则是在 150 ℃时保温一个阶段以排除泥浆中的水分，在 350~400 ℃缓慢升温以使结晶水析出，在 600~650 ℃时要保温一段时间，以保持黏土砖的游离 SiO_2 结晶变态，在 1100~1200 ℃时要注意黏土砖的残存收缩。一般加热炉，砌体又不甚潮湿时可简化烘炉曲线，只有一个保温阶段，其余阶段控制升温速度。

2.4.2.2 耐火混凝土砌筑炉子的烘炉制度

耐火混凝土中含大量的游离水和结晶水，前者在 100~150 ℃的温度下大量排出，后者在 300~400 ℃的温度下析出，一般在 150 ℃和 350 ℃保温，考虑到厚度方向传热的阻力，在 600 ℃再次保温，以利于水分充分排出。

耐火混凝土在烘烤过程中很容易发生爆裂，烘烤时必须注意以下事项：

（1）常温至 350 ℃阶段，最易引起局部爆裂，要特别注意缓慢升温，如在 350 ℃保温后仍有大量蒸汽冒出，应继续减缓升温速度；

（2）在通风不良、水汽不易排出的情况下，要适当延长保温时间；

（3）用木柴烘烤时，直接接触火焰处往往局部温度过高，应加以防护；

(4) 用重油烘烤时，要防止重油喷在砌体表面，以免局部爆裂；

(5) 新浇捣的耐火混凝土，至少要 3 d 后才可进行烘烤。

2.4.2.3 耐火可塑料捣制炉体的烘炉制度

耐火可塑料捣制炉体的烘炉过程中有 140 ℃、600 ℃、800 ℃三个保温阶段。耐火可塑料和其他材料相比，含有更多的水分，设置三个保温阶段，主要是为了排出附着水分和结晶水分，同时可塑料炉子的烘烤升温速度要比其他砌体慢得多。

为了在烘炉过程中有利于大量水分排出，在可塑料打结后，要在砌体表面位于锚固砖之间每隔 150 mm 的距离锥成 ϕ4~6 mm 的孔，孔深为可塑料砌体的 2/3。同时，打结时由于模板作用而形成的光滑表面要刮毛。这样在烘炉过程中砌体表面层虽然硬化，但内部水分仍可通过小孔和粗糙的表面顺利排出。如果打结后不进行锥孔和表面刮毛，烘炉过程中首先表面层干燥硬化，而砌体内部尚含有大量水分，当继续烘烤时，内部水分无法逸出，到一定程度时水汽就会将已经硬化的表面鼓开，使耐火可塑料砌体一块块剥落，剥落块的厚度一般为 50~100 mm，使砌体遭受严重地破坏。

在烘炉前如果发现由于某些原因锥好的孔洞闭合，在补锥之后才可烘炉。

2.4.2.4 黏土结合耐火浇注浇捣炉体的烘炉制度

黏土结合耐火浇注浇捣炉体在烘炉过程中有 150 ℃、350 ℃、600 ℃、800 ℃四个保温阶段，主要是为了排出炉体中游离水和结晶水。

黏土结合耐火浇注料是一种较新的不定型耐火材料。它是由颗粒不大于 12 mm 的矾土熟料为骨料和矾土熟料细粉以及耐火生黏土细粉混合的一种散状材料。在使用时，将按一定比例配制的混合料加入定量的外加剂，用强制搅拌机搅拌，再加定量的水，再搅拌，然后像浇灌混凝土那样浇捣炉体。

配料时必须保证料的配合比准确，加入的水水质必须清洁，水量不能超过规定。在满足正常施工的前提下，浇注料的用水量和促凝剂量要尽量少，以保证浇注料的质量，延长炉体使用寿命。浇捣完成后至拆模前要有一段养护时间，养护时间长短视季节和气温而定，当常温耐压强度达到 0.98 MPa 以上时，方可拆模。拆模后到烘炉前应该有一段自然干燥期，尤其在深秋和冬季施工，充分干燥是相当必要的。在烘炉过程中烘烤温度必须均匀，严禁局部温度过高和升温过快，必须使整个炉体温度均衡地沿烘炉曲线上升，以免产生炉体破裂剥落。

用耐火可塑料或黏土结合浇注料炉体预制块，按炉体各部位尺寸设计预制块的结构、形状和大小，事先由耐火材料厂捣打预制块并进行烘烤。这样现场吊装砌筑方便，可以缩短筑炉时间；由于预制块经过了烘烤，烘炉时间可以缩短。用预制块砌筑，在炉体损坏、局部更换和拆炉时比浇捣的炉体容易，但预制块炉体的气密性和整体性没有浇捣炉体的好。

2.4.3 烘炉燃料

在准备工作完成后，即可进行烘炉工作。烘炉燃料可用木柴、煤、焦油、重油或煤气，如果用木柴烘炉时，在炉底适当的位置放置木柴火堆，关闭所有炉门，逐渐提高炉温。若用重油或煤气烘炉，则必须设有特殊设备。如煤气烘时可采用直径为 50~60 mm 的管子，管子一端堵死，在管子上开一排小孔，小孔上面加一排挡火板，煤气从小孔喷出后燃烧。不论用哪种燃料和采用哪种方法烘炉，都应力求使炉内各部分的温度得到均匀分配。否则砌体将会因局部升温过快造成膨胀不均匀而使局部损坏。升温按烘炉曲线进行，当炉温提高到可直接燃烧加热炉所用燃料时，则使用加热炉的燃烧装置继续烘炉，直至达到加热炉的工作温度。

2.4.4 烘炉时应注意的事项

（1）烘炉曲线中一般在 150 ℃、350 ℃、600 ℃都需要保温，这三个温度有时掌握烘炉操作不当就会使砌体遭受破坏。

（2）烘炉的温度上升情况，应基本符合烘炉曲线表的规定。温度的上升不应有显著的波动，也不应太快，否则将产生不均匀膨胀，导致砌体的破坏。连续式加热炉要特别注意炉顶的膨胀情况，对用硅砖砌筑的炉顶应倍加注意，因为硅砖在 200~300 ℃和 573 ℃时，高低型晶型转变，体积骤然膨胀，因此烘炉时在 600 ℃以下，升温不宜太快（在高低型晶型转变温度保温一个阶段），做法是在炉顶的中心线上，做几块标志砖，以便观察炉顶的情况，如果膨胀不均匀，应调整该部位的火焰。另外应密切注意热工仪表是否准确，以免发生事故。

（3）新建或大修后烘炉，连续式加热炉应关上炉门，并使炉内呈微小的负压，炉温达 700 ℃以上转为微正压，并且在烘炉时不要长时间打开炉门。

（4）在使用煤气的时候，应经常检查煤气管道上是否有漏气现象，在低温时，应随时观察炉内火苗，防止熄火和不完全燃烧，炉温逐步提高后，根据炉内燃烧情况给予适当的空气，严禁不完全燃烧，以避免在换热器或烟道内积存，造成爆炸条件和浪费燃料。

（5）烘炉的开始，使用的热工仪表应采用手动操作，当炉温达 900 ℃以后，才能转入自动。

（6）在烘炉过程中，应经常检查烟囱的吸力情况，如果烟囱吸力不足，影响烘炉速度时，应在烟囱底部点火，以增加烟囱抽力。

（7）砌体如有漏火现象要及时灌泥浆。

（8）炉内膨胀及金属结构的变形情况都要做记录。

任务实施

2.4.5 烘炉前的准备工作

在烘炉之前必须对炉子各部分进行仔细检查，并纠正建筑缺陷，在确认合格并经验收，清扫干净后才能点火。因此，在烘炉点火前必须做好下面的准备工作。

视频
煤气排水器

（1）清除碎砖，拆去建筑材料及所有拱架。

（2）检查砌体的正确程度、砌缝的大小及泥浆的填满情况。这些工作应在砌砖过程中进行；检查炉子砌体各部分的膨胀缝是否符合要求，在烘炉过程中往往会因膨胀缝不合适而使炉子遭到严重破坏；检查砖缝的布置，不允许有直通缝，应特别注意砌砖的错缝和砖缝厚度，检查每层的水平度及炉墙的垂直度。

（3）应做机械设备的试车和试验，确保运转无误。鼓风机正常运转，水、电、蒸汽均要接通。仪表正常运转以及烘炉的检测仪器、工具、记录齐全。

（4）检查煤气管道、空气管道，冷却水管道、蒸汽管道是否畅通及严密，所有管道必须在 2~3 倍使用压力下进行试压，确保安全生产。在开始烘炉前通知汽化冷却系统（包括余热锅炉）放水，使炉筋管和水冷部件全部通入冷却水。煤气空气管路开闭器、盲板、切断阀、调节器、烧嘴放散管、水封、蒸汽管等要齐备，符合要求。

（5）检查所有炉门是否开闭灵活，关闭是否严密，各人孔、窥视孔均有盖板并严密覆盖。

（6）检查烧嘴是否与烧嘴砖正确相对，烧嘴头要在适当的位置上，烧嘴调整机构要灵活。

（7）检查炉子计量仪表是否齐全、仪表空运转是否正常，烘炉工具、记录齐备。

（8）检查炉底滑道焊接是否牢固，膨胀间隙是否符合要求，沿推钢方向有无卡钢可能，滑道之间是否水平，装出料口是否平整，炉底水管绝热包扎是否完整和符合要求。

（9）为了防止炉筋管及滑轨在烘炉过程中的翘曲或变形，在炉温还不超过 100 ℃时就应装入废钢坯压炉，并根据具体情况将坯料沿整个炉膛的炉筋管长度装满。

（10）检查炉门和烟道闸门的灵活性，闸板与框架之间空隙要符合规定。烟道内应无严重渗水现象。当烟囱和烟道是新的或冷的时，产生不了抽力，在烘炉之前要先烘烟囱。在烟道和烟囱根部的入孔处堆放干木柴点火烘烤，将烟囱的温度烘到 200~300 ℃，使之具有抽力。在烘烟囱和烘炉的全过程，都应随时检查烟囱表面，发现裂纹时应及时调整升温速度，烘干后出现裂纹应及时补修。已经烘干的砖烟囱，冷却后应再次紧钢箍。

（11）安全防护设备措施要齐全，确保安全生产。

2.4.6 鼓风机的操作

2.4.6.1 鼓风机启动前应进行的准备工作

（1）将进风阀门关闭，出风阀门稍开。

（2）检查鼓风机各部的间隙尺寸，转动部分与固定部分有无碰撞现象及摩擦现象。

2.4.6.2 鼓风机启动

达到正常转速时，应在运转过程中经常检查轴承温度是否正常，当轴承温度没有特殊要求时，轴承温度不得超过环境温度 40 ℃。如发现鼓风机有剧烈的振动、撞击、轴承温度迅速上升等现象必须紧急停车。

2.4.7 引风机的操作

2.4.7.1 引风机的试运转

全部安装完毕，在总检查合格后，才能进行试运转。为了防止电机因过载烧坏，引风机在每次启动和试运转时，必须在无负荷（关闭进风口阀门）的情况下进行。如情况良好，然后逐步打开阀门做满载荷的正常工作（规定全压和流量）的连续运转试验（应在额定的温度下），新安装的试转不小于 2 h，修理后安装调试运转时间不小于 0.5 h，如无异常现象发生，方可投入使用。

2.4.7.2 引风机的操作

引风机启动前应做下列准备工作。

（1）关闭调节阀门。

（2）检查引风机冷却各部件的间隙尺寸，转动部分与固定部分有无碰撞和摩擦现象。

（3）检查轴承油箱油位是否在最低与最高之间。

（4）检查冷却部分是否正常。

（5）检查电气线路及仪表是否正常。

（6）当引风机启动后，达到正常转速时，逐渐开大调节阀门直至规定的负荷作业。运转过程中轴承的温升不得大于 40 ℃，表温不高于 70 ℃。

（7）如发现引风机不剧烈振动、撞击、轴承升温剧烈等现象，必须紧急停车。

2.4.8 加热炉的烘炉操作

以某厂蓄热式加热炉的烘炉操作为例，阐述烘炉操作要点。

2.4.8.1 烘炉必备的条件

（1）鼓风机、引风机试车合格，即连续运行 2 h 以上，设备运行平稳，无异常噪声和异常振动，轴承温升不大于 40 ℃，最高温度不大于 70 ℃。

（2）换向装置自动连续运行 24 h 以上，无机械故障。

（3）所有阀门的开、关操作灵活，位置指示正确。

（4）管道、炉底水管试压、试漏合格。

（5）汽化冷却系统试车合格。

（6）必要的仪表指示（温度、压力）调试合格。

2.4.8.2 烘炉

烘炉前空气、煤气管道及排烟管道上的所有阀门必须处于关闭状态。烘炉应按烘炉曲线要求进行升温、保温，并做好记录。若采取人工记录，则记录间隔时间应不大于 30 min，烘炉应按以下两个阶段进行，烘炉曲线如图 2-2 所示。

A 第一阶段：室温~800 ℃

该阶段最好采用大气烧嘴或者点火烧嘴烘炉，操作程序如下。

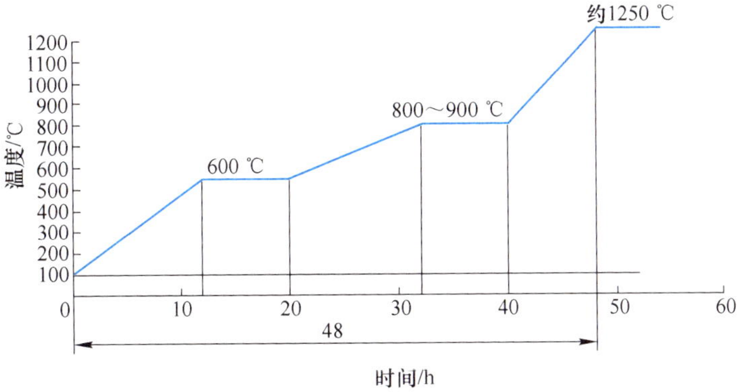

图 2-2 烘炉曲线

(1) 打开转炉煤气管路上所有放散阀。

(2) 缓慢打开氮气阀，对转炉煤气管路进行氮气吹扫。

(3) 氮气吹扫 15 min 后，逐个打开煤气支管取样阀，检测 O_2 含量（体积分数）小于 0.5%时氮气吹扫完毕，关闭氮气阀。如果不合格，继续吹扫、取样、检验，直至合格，关闭取样阀。

(4) 打开转炉煤气点火烧嘴和高炉煤气蓄热烧嘴前手动空气阀门。

(5) 启动助燃风机和空烟引风机，打开各段空气调节阀，调整空气/空烟换向阀处于自动换向状态。

(6) 打开转炉煤气总管电动盲板阀、电动蝶阀，对转炉煤气管路内的氮气进行煤气置换。

(7) 15 min 后，逐个打开转炉煤气管路取样阀，分别取样做爆发试验。如果试验不合格，继续煤气置换、取样、试验，直至合格，关闭放散阀。

(8) 通知调度加热炉准备点火，调度与总调联系，得到允许后通知现场指挥。

(9) 检测炉膛内 CO 含量（体积分数）小于 50×10^{-6} m^3/m^3（50 ppm①）时方可点火。如果 CO 含量（体积分数）大于 50×10^{-6} m^3/m^3（60 ppm），继续抽引炉内气氛，直至合格。

(10) 启动点火烘炉系统：适当调小点火烧嘴前空气手动阀，点燃点火棒后放于点火孔内，缓慢打开点火烧嘴前煤气手动阀，点燃烧嘴，点燃后调整空气、煤气配比，使之达到正常燃烧。

(11) 根据炉温需要，依次增加点火烧嘴投入数量，按升温曲线进行升温。

(12) 当炉温达到 800 ℃以上时，已经具备点高炉煤气蓄热烧嘴的条件。

B 第二阶段：800 ℃以上

该阶段用高炉煤气烘炉，操作程序如下。

(1) 按加热炉点火前煤气管道吹扫程序的第一步骤吹扫炉前管道。

① 1 ppm = 10^{-6}。

（2）开启煤气总管阀门（包括切断阀、眼镜阀等），煤气通入炉前分管道，并确认煤气压力。

（3）在炉前两侧分管取样点取样做爆发试验，若不合格，则打开炉前吹扫管道的排气阀，继续通煤气 10 min 后，再做爆发试验，直至合格为止。

（4）按加热炉点火前煤气管道吹扫程序的第二步骤吹扫蓄热室及炉墙通道。

（5）煤气点火：本加热炉为五段式分段分侧换向控制。切换成高炉煤气烘炉时，均热段点火成功后再点另两段。三段点火步骤完全相同。

1）手动控制并操作换向装置，使空气、煤气均送往欲点火一侧。

2）按次序、逐个打开欲点火侧蓄热室前的空气、煤气支管蝶阀（开启顺序为：先开空气阀，后开煤气阀，开度要小），此时，空气、煤气进入炉内混合并燃烧。

3）若点火不成功，应立即关闭蓄热室前支管阀门（关闭顺序：先关煤气阀，后关空气阀），查找原因后，进行下一次点火。再次点火时，若距上次点火时间间隔超过 20 min，需对支管煤气管道重新进行吹扫。

4）一侧点火成功后，手动控制并操作换向装置，使空气、煤气均送往另一侧，按上述步骤的第 2）和第 3）步进行一侧点火。

5）对第二段实施点火，重复上述第 1）~第 4）步骤。

（6）启动煤气蓄热室排烟引风机，微开引风机前蝶阀。

（7）投入自动换向控制。

（8）关闭柴油点火烧嘴。

2.4.9 烘炉点检

2.4.9.1 点检记录

（1）随时监视各种能源介质的流量、压力、温度，并按每小时一次做记录。

（2）炉压按每小时一次做点检记录。

（3）每班 8 次以上检查确认烧嘴燃烧状态，确认无熄火现象。

2.4.9.2 冷却水通水检查

（1）净环水总管排水和各支管排水温度每小时确认一次，并按每班三次做现场确认无断水。

（2）过滤水各支管排水温度每小时确认一次，并按每班三次做现场确认无断水。

（3）每班至少八次到现场确认水封槽水位。

2.4.9.3 炉体、烟道及设备检查

（1）每班至少三次检查确认无废气泄漏、无局部外表面温度过高。

（2）检查各处有无热膨胀引起的变形情况。

（3）炉温达到 1300 ℃时，检查确认锚固件是否有松动。

2.4.9.4 对砌体耐火材料的检查

每班两次对砌体耐火材料进行检查和确认。

2.4.10 烘炉过程中的事故处理

2.4.10.1 烘炉中的熄火处理

熄火处理按如下四种情况处理（凡是有熄火事故的，应立即向有关方面联系）。

A 炉温在 200 ℃以下熄火

炉温在 200 ℃以下绝对不允许熄火，若万一熄火原则上停止升温，终止烘炉（打开烟道闸板并进行通风吹扫 0.5 h 后再重新点炉）。

B 炉温在 200~400 ℃时熄火

（1）若是单个烧嘴，应立即停止对该烧嘴停止送煤气，并对熄火烧嘴进行 20~25 min 空气吹扫后，重新点燃该烧嘴。

（2）若是全炉熄火，应用空气吹扫 20~25 min 后，再从均热段重新点火，再点加热段，并适当延长烘炉时间 10~20 h（应及时寻找原因，解决问题后再考虑重新点炉）。

C 炉温在 400~800 ℃时熄火（应与有关方面联系，考虑是否修改烘炉制度）

（1）若是单个烧嘴，应立即停止对该烧嘴停止送煤气，并对熄火烧嘴进行 20~25 min 空气吹扫后，重新点燃该烧嘴。

（2）若是全炉熄火，应用空气吹扫 20~25 min 后，再从均热段重新点火，再点加热段，并适当延长烘炉时间 10~20 h。

D 炉温在 800~1300 ℃时熄火

（1）确认事故原因，解决问题。

（2）逐一送煤气，直接点燃烧嘴。

2.4.10.2 烘炉过程中抽力不够的处理

在烘炉过程中，有时由于烟囱逐渐冷却而产生不了抽力，这种情况多发生在下排烟、烟道较长的炉子上。烟囱没有吸力会影响烘炉的正常进行，同时使炉子周围的劳动环境变差。

烟囱抽力的判断：当炉子烘到一定温度时，打开侧炉门感到有强烈的热气喷出，说明炉膛压力过大，烟气不能排出，打开烟道闸板也不能排除，这就说明烟囱没有吸力。也可以用火把置于炉尾烟道口，观察火焰动向以进一步证实。

烟囱没有吸力的处置方法是：在烟道和烟囱根部的人孔处堆放干柴草，浇上燃料油或火油并点火，尽量使火焰旺盛，直至把炉膛废气吸引出为止。

问题讨论

烘炉时有可能发生哪些危险？

任务 2.5 加热操作

任务描述

加热操作的核心任务是为了控制钢的加热温度，钢温是通过调节炉温来保证，因此，对炉温的控制至关重要；要保证炉温还需要控制好炉子的热负荷、空燃比和炉压，因此，在正常的加热生产中，需要控制好各个参数，达到优质、高产、低消耗。

微课
正常生产时的加热操作

知识准备

2.5.1 合理控制钢温

2.5.1.1 钢温的控制原则

钢加热的目的是正确控制钢的加热温度，同时还要保证钢坯沿长度和断面上温差小，温度均匀。过高的钢温，增加单位热耗，造成能源浪费，氧化烧损增加，容易造成加热缺陷和粘钢，但钢温过低，会增加轧制电力消耗，容易造成轧制设备事故，因此应合理控制钢温。

虚拟仿真
中厚板生产虚拟仿真实训软件操作教学——加热操作仿真

在加热段末端与均热段，钢温与炉温一般来说相差 50~100 ℃，怎样正确地控制钢温以满足轧制的需要呢？

对于不同的钢种，加热有其自身的特点，对于普碳钢来讲，轧制时钢温的要求不太严格，由于普碳钢的热塑性较好，轧制温度的范围较宽，生产中即使遇到了钢温不均或钢温较低的情况，也可继续轧制。但对于合金钢来说，有的合金钢轧制温度范围很窄，就需要有较好的钢温来保障，不同种类的钢应掌握不同的温度，正确地确定钢的加热温度，对于保证质量和产量有着密切的关系。

2.5.1.2 加热过程中钢坯温度的判断

准确地判断钢坯加热温度，对于及时调节炉子加热制度提高烧钢质量，是十分重要的，一般可以通过仪表测量出炉钢温及炉温，但仪表所指示的温度一般是炉内几个检测点的炉气温度，它有一定的局限性，因此，加热工如果想正确地控制钢温，必须学会用肉眼观察钢的加热温度，以便结合仪表的测量，更正确地调节炉温。作为一名优秀的加热工应该练就过硬的目测钢温的本领，目测钢温主要是观察并区别开钢的火色，钢坯在高温下温度与火色关系见表 2-4。在有其他光源照射的情况下，目测钢温时，应该注意遮挡，最好是在黑暗处进行目测，这样目测的误差会相对小些。

表 2-4 钢坯在高温下火色与温度的关系

钢坯火色	温度/℃	钢坯火色	温度/℃
暗棕色	530~580	暗红色	650~730
棕红色	580~650	暗樱桃色	730~770

续表 2-4

钢坯火色	温度/℃	钢坯火色	温度/℃
亮红色	830~880	暗黄色	1050~1150
橘黄色	880~1050	亮黄色	1150~1250
樱桃色	770~800	白色	1250~1320
亮樱桃色	800~830		

通过观察钢的颜色，就能够知道钢温，但被加热的钢料在断面上温度差的判断又是一个问题，因此，看火工在判断出钢温以后，第二要做的就是要观察钢料是否烧透。一般钢料中间段的温度与钢料两端的温度相同时，说明钢料本身的温度已比较均匀；若端部温度高于中间部分温度，说明钢料尚未烧透，需继续加热；若中间段的温度高于端部的温度，则说明炉温有所降低，此时便要警惕发生粘钢现象。钢温与炉子的状况有着直接的联系，如有时料的端头温度过高，多是因为炉子两边温度过高，坯料短尺交错排料时，两头受热面大，加热速度快或炉子下加热负荷过大，下部热量上流，冲刷端头引起的。钢长度方向温度不均，轧制延伸不一致、轧制不好调整，也影响产品质量。端头温度低，轧制进头率低，容易产生设备事故，影响生产，增加燃料和电力消耗。

钢加热下表面温度低或严重的水管黑印，轧制时上下延伸不同容易造成钢的弯曲，同时也影响产品质量。下加热温度低的原因是下加热供热不足，炉筋水管热损失太大，水管绝热不良，下加热炉门吸入冷风太多或均热时间不够。此时就应采取如下措施：提高下加热的供热量；检查下加热炉门密封情况；观察炉内水管的绝热情况，如有脱落现象发生，在停炉时段进行绝热保护施工，以保证炉筋管的绝热效果。有些加热操作烧“急火”，钢在出炉以前的均热段加热过于集中，炉子是二段制的操作方法，均热段变成了加热段，加热段变成了预热段或热负荷较低的加热。这样，容易造成均热段炉温过高，损坏炉墙炉顶，烧损增加，均热时间短，黑印严重或外软里硬的“硬心”。烧“急火”的原因，是产量过高或待轧降温、升温操作不合理，轧机要求高产时，由于加热制度操作不合理没有提前加热，为了满足出钢温度要求或加热因滑道水管造成的黑印，在均热段集中供热，或者因待轧时温度调整过低，开车时为赶快出钢，在出钢前集中供热，使局部温度过高，钢坯透热时间不够，钢坯表面温度高，内部温度偏低，影响轧机生产，使各种消耗增加。

2.5.2 合理控制炉温

2.5.2.1　三段式温度制度

在加热炉的操作中，合理地控制加热炉的温度，并且随生产的变化及时地进行调整是加热工必须掌握的一种技巧。一般加热炉的炉温制度是根据坯料的参数、坯料的材质来制定的，目前常用的炉温制度是三段式温度制度，三段式温度制度分为预热段、加热段和均热段。坯料由炉尾推入后，先进入预热段缓慢升温，出炉废气温度一般保持在850~950 ℃，然后坯料被推入加热段强化加热，表面迅速升温到出炉所要求的温度，并允许坯料内外有较大的温差，最后，坯料进入温度较低的均热段进行均热，其表面温度不再升高，而是使断面上的温度逐渐趋于均匀。均热段的温度一般比坯料的出炉温度约高 50 ℃。

这种加热制度的钢料首先在低温区域利用废气余热进行预热，这时加热速度比较慢，温度应力小，防止出现内部裂纹。当钢温度超过 500 ℃以后，进入塑性范围，这时就可以快速加热提高产量，减少钢在高温区的停留时间，减少氧化与脱碳，直到表面温度迅速升高到出炉所要求的温度。加热期结束时，钢坯断面上还有较大的温度差，需要进入均热期进行均热，此时钢的表面温度不再升高，而使中心温度逐渐上升，缩小断面上的温度差，保证加热质量。这种加热制度兼顾了产量、质量和燃料消耗，所以对许多钢坯的加热来说，这种加热制度是比较科学与合理的。

这种加热制度适用于大断面坯料、高合金钢、高碳钢和中碳钢冷坯加热。

在正常生产时，预热段、加热段和均热段的温度分布，又是根据钢的加热特性来制定的；加热时间是根据坯料的规格、炉膛温度的分布情况来确定的。一般对于含碳量较低、加热性能较好的钢种，加热温度就比较高，但随着钢的含碳量的增加，钢对温度的敏感性也增强，钢的加热温度也就越来越低。如何合理对钢料进行加热，怎样组织火焰，并且能使燃料的消耗降低，就是一个技术问题。

炉温过高，供给炉子的燃料过多，炉体的散热损失增加，同时废气的温度也会增加，出炉烟气的热损失增大、热效率降低、单位热耗增高。炉温过高炉子的寿命受到影响，同时也容易造成钢烧损的增加和钢的过热、过烧、脱碳等加热缺陷，还容易把钢烧化，侵蚀炉体，增加清渣的困难引起粘钢事故。

对于一个三段连续式加热炉来说，经验的温度控制一般遵循如下的规定：预热段温度不高于 780 ℃；加热段最高温度不高于 1350 ℃；均热段温度不高于 1200 ℃。

炉温控制与燃料燃烧操作最为密切，也就是说炉温控制是以增减燃料供应量来达到的，当炉温偏高时应减少燃料的供应量，而炉温偏低时又应加大燃料供应量，多数加热炉虽然安装有热工仪表，但测温计所指示的温度只是炉内几个点的情况。因此，用肉眼观察炉温仍是非常重要的。

同时，要掌握轧机轧制节奏来调节炉温以适应加热速度。轧机高产时，必须提高炉子的温度，而轧机产量低时，必须降低炉子的温度。这样可以避免炉温过高产生过烧、熔化及粘钢，而炉温过低出现低温钢等现象。

连续式加热炉同时加热不同钢种的钢坯时，炉温应按加热温度低的炉温制度来控制，在加热温度低的钢坯出完后，再按加热温度高的炉温制度来控制。当然在装炉原则上，应该尽量避免这种混装现象。

2.5.2.2 三段式加热炉炉型特点

所谓“炉型”主要是指炉膛空间形状、尺寸，燃烧器的布置及排烟口的布置等。如果炉型结构不合理，则对炉子的产量、质量和消耗都会造成不利影响。随着轧机设备的大型化和自动化，加热炉的发展是很快的。现代炉子的特点是高产、低耗、优质、长寿和操作自动化。

推钢式三段连续加热炉的炉型曲线如图 2-3 所示，从图中可以明显看出，均热段和加热段炉顶均有一个平直段及一个倾斜段，而且两端的末尾炉顶均下压，而预热段炉顶到钢料之距离，即炉高很矮，但预热段炉尾上翘。这样的炉型曲线是符合炉子热工特点的。

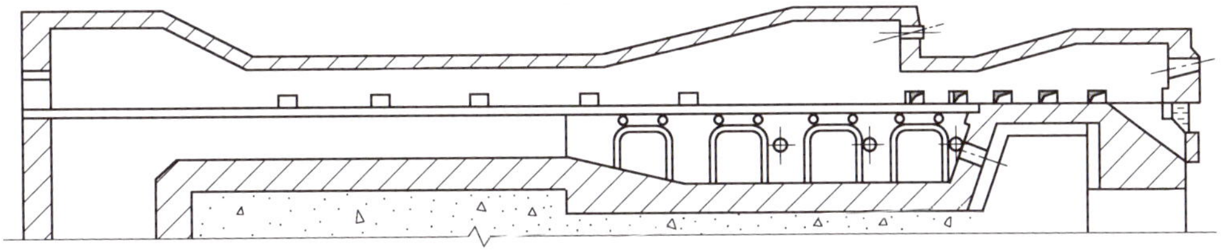

图 2-3 推钢式三段连续加热炉

均热段与预热段炉温比较低，炉顶下压可以减少加热段高温气体向均热段及预热段的辐射热流，从而使炉子高温区集中以达到强化加热的目的。

加热段和均热段直线段的作用是使燃料在此区段基本燃烧完毕，以免高温气流冲刷下压炉顶的倾斜部分而使炉顶过早烧损。特别是均热段，由于它比加热段矮加之烧嘴角度较大，火焰经钢料反射到炉顶加快了炉顶的破损，故均热段的直线段应适当长些。

预热段温度较低，炉子高度矮，气流速度大，有利于对流换热。炉尾翘起的目的是减少热气体从炉尾逸出，改善劳动条件。通常情况下由炉尾逸出并不是由于炉尾压力过大所致，而是由于气流惯性而造成气体逸出。炉尾翘起后，降低了气流速度，减少了惯性，使之顺利地被吸入烟道。

在加热高合金钢和易脱碳钢时，预热段温度不允许太高，加热段不能太长，而预热段比一般情况下要长一些，才不致在钢内产生危险的温度应力。为了降低预热段的温度并延长预热段的长度，采用了在炉子中间加中间烟道的办法，如图 2-4 所示，以便从加热段后面引出一部分高温炉气。有的炉子还采用加中间扼流隔墙的措施，也是为了达到同样的目的。

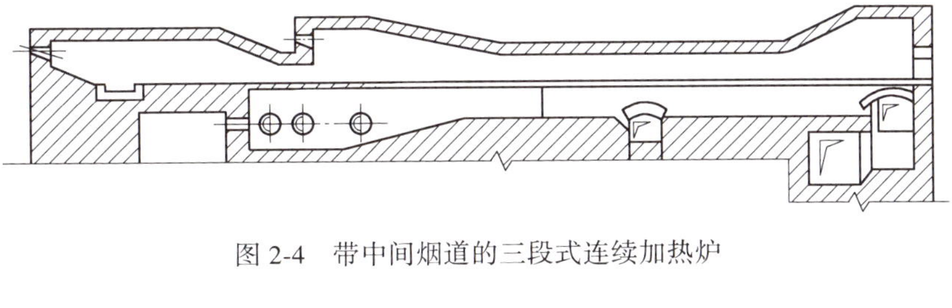

图 2-4 带中间烟道的三段式连续加热炉

另外，从结构上讲，在炉子的均热段和加热段之间将炉顶下压是为了使端墙具有一定高度，以便于加热段烧嘴的安装。因此如果全部采用炉顶烧嘴及侧烧嘴，也可以使炉子结构更加简化，即炉顶完全是平的，上下加热都用安装在平顶和侧墙上的平焰烧嘴。炉温制度可以调节烧嘴的供热来实现，根据供热的多少可以相当严格地控制各段的温度分布。例如产量低时，可以关闭部分烧嘴，缩短加热段的长度。平顶式连续加热炉如图 2-5 所示。

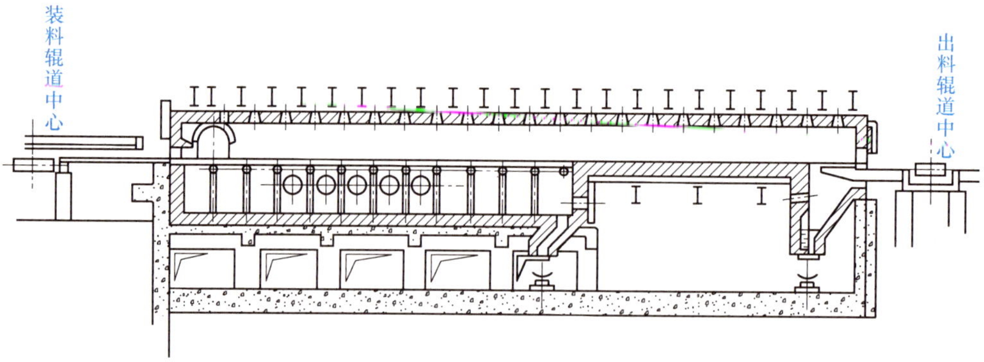

图 2-5 平顶式连续加热炉

多数推钢式连续加热炉炉尾烟道是垂直向下的，这是为了让烟气在预热段能紧贴钢坯的表面流过，有利于对流给热。由于烟气的惯性作用，经常会从装料门喷出炉外，出现冒黑烟或冒火现象，造成炉尾操作环境恶劣，污染车间环境，并容易使炉后设备受热变形。为了改变这种状况，采取炉尾部的炉顶上翘并展宽该处炉墙的办法，其目的是使气流速度降低，部分动压头转变为静压头，也使垂直烟道的截面加大，便于烟气向下流动，从而减少了烟气的外逸。

步进梁式炉和步进梁底组合式炉既可由炉顶排烟，又可在炉子下部的后端墙排烟。步进底式炉由于受结构限制，多采用炉顶排烟。炉顶排烟的结构如图 2-6 所示，装料端上升烟道处、预热段炉顶压下部分的一段（由圆弧连接的一段）由耐火黏土浇注料和高铝锚固砖构成。图 2-6 中还有装料悬臂辊道、炉底的水封刀和水封槽以及炉底升降用液压缸与平移用的液压缸。加热段和均热段衔接部位的炉顶压下段，其结构与上升烟道处的压下段相同。

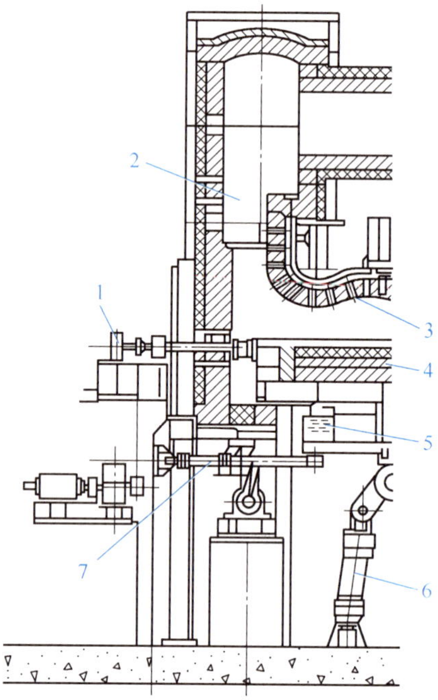

图 2-6 装料端及炉顶排烟结构

1—装料悬臂辊道；2—装料端上升烟道；3—预热段炉顶压下段；4—步进底；5—水封刀和水封槽；6—炉底升降用液压缸；7—炉底平移用液压缸

2.5.3 合理控制热负荷

在加热操作时，应根据炉子生产变化情况调节热负荷，使其控制在最佳的单耗水平，这样对加热质量、炉体寿命、能源消耗均有利。

《钢铁企业轧钢加热炉节能设计技术规范》（GB/T 32972—2016）中指出：加热炉应根据燃料类型（如高炉煤气、天然气、混合煤气等）和炉型结构（步进式、推钢式、环形炉等），合理确定供热段长度和温度分区。通过优化燃烧器布置、热负荷分配及炉温梯度控制，减少无效热负荷。

在连续式加热炉上一般设上、下烧嘴加热，有利于提高生产率，这是因为坯料受两面加热，其受热面积约增加一倍，这相当于减薄了近一半的坯料厚度，这样就缩短了对坯料的加热时间。另外两面加热还可消除坯料沿厚度方向的温度差，这对提高产品的质量无疑是有利的，一般情况下，下加热烧嘴布置的数量应多于上加热烧嘴。这是因为：(1) 燃料燃烧后的高温气体会自动上浮，这样可以使上、下加热温度均匀；(2) 炉子下部有冷却水管，它要吸收一部分热量，这部分热量主要来自下加热；(3) 坯料放在冷却水管上容易造成其断面的温度差即平时看到的黑印，这样会影响产品的质量；(4) 如果上加热炉温高，会使熔化的氧化铁皮从钢料缝隙向下流，发生通常所说的“粘钢”，若下部温度高，即使氧化铁皮熔化也不致“粘钢”。

目前，加热炉的热耗比较高，主要是在低产或不正常生产时没有严格控制好往炉内供入的燃料所造成的。在低产或不正常生产时，还必须充分注意调节好炉子各段的燃料分配。理想的温度制度是三段式温度制度（即预热、加热、均热），均热段比加热段炉温低，能使钢坯断面温差缩小到允许范围之内，使钢坯具有良好的加热质量；适当提高加热段的温度，实行快速加热，允许钢坯有较大的温差，提高炉子生产率；预热段不供热，温度较低，充分利用炉气预热钢坯，降低出炉烟气温度，提高炉子热效率。三段式加热制度对产量的波动有较大的适应性和灵活性。当炉子在设计产量下工作时，炉子可按三段制度进行操作，随着炉子产量的降低，可逐渐减少加热段的供热，从炉尾向炉头逐渐关闭喷嘴，当炉子产量低于设计产量很多时，可完全停止加热段的供热，均热段变成了加热段，加热段变成了预热段，预热段等于延长，出炉烟气温度也降低，炉子变成了二段制操作。随着炉子产量的波动，不向炉内供入多余燃料，出炉烟气带走的热量可以保持在一个最佳数值上，炉子单耗就可以降低。

在生产过程中，炉子待轧时间是不可避免的，研究制定待轧时的保温、降温和开轧前的升温制度，千方百计地降低待轧时的燃料消耗是个极其重要的课题，必须发挥热工操作人员的积极性才能收到较好的效果。

炉子在待轧时必须按待轧热工制度减少燃料和助燃空气的供给量，适当调节燃料和空气的配比，使炉子具有弱还原性气氛；调节炉膛压力要比正常生产时稍高些；还要关闭装出料口的炉门及所有侧炉门；要主动与轧钢工段联系，了解故障情况，分析预测需要停车时间的长短，决定炉子保温和降温制度。掌握准确的开轧时间，适时增加热负荷，以便在开轧时把炉温恢复到正常生产的温度。表 2-5 的待轧保温制度可作为参考。

表 2-5 待轧降温表

待轧时间	降温温度/℃	注 意 事 项
≤30 min	基本不变	(1) 待轧期间减少燃料，同时要适当减少风量； (2) 关闭所有炉门及观察孔； (3) 关闭烟道闸门，保持炉内呈正压，避免吸入冷风； (4) 待轧 4 h 以上，炉温降至 700~800 ℃
≤1 h	50~100	
≤2 h	100~200	
≤3 h	200~250	
≤4 h	250~350	

2.5.4 合理控制空燃比

2.5.4.1 有关燃烧的几个基本概念

微课
有关燃烧的基本概念

A 完全燃烧

燃料中的可燃物质和氧进行了充分的燃烧反应，燃烧产物中已不存在可燃物质，称为完全燃烧。如燃料中的碳全部氧化生成 CO_2，而不存在 CO。

B 不完全燃烧

不完全燃烧是指燃料经过燃烧后在燃烧产物中存在着可燃成分，如 CO 等，不完全燃烧又分两种情况。

a 化学不完全燃烧

燃料中的可燃成分由于空气不足或燃料与空气混合不好，而没有得到充分反应的燃烧，称为化学不完全燃烧。例如，燃烧产物中尚有 CO 存在的情况。在生产实际中，燃料燃烧时如果火焰过长而呈黄色，则是煤气不完全燃烧现象，应及时增加空气量或适当减少煤气量；如果火焰过短、发亮而有刺耳噪声，则是空气量过多现象，应及时增加燃料量或减少空气量。

b 机械不完全燃烧

燃料中的部分可燃成分没有参加燃烧反应就排出炉外的燃烧过程，称为机械不完全燃烧。例如，灰渣裹走的煤，炉栅漏下的煤，管道漏掉的重油或煤气。

可燃成分发生不完全燃烧时的发热量远远低于完全燃烧的发热量。例如，碳在完全燃烧时的发热量要比不完全燃烧时的发热量高约 3.25 倍，因此，除了工艺上需要 CO 作为保护气氛外，应尽量避免碳的不完全燃烧。

C 空气过剩系数 n

燃料燃烧时所需的氧气通常是由空气供给的。根据化学反应方程式计算的 1 kg 或1 m^3 燃料完全燃烧时所需的空气量，称为理论空气需要量。由于空气供给不足或燃料与空气的混合不好，都会造成化学不完全燃烧。因此，在生产实际中，为了保证燃料的完全燃烧，所供给的空气量一般都大于理论的空气需要量。L_n代表实际供给空气量，L_0代表理论空气需要量，则二者的比值称为空气过剩系数，用 n 表示，即 $n=L_n/L_0$。

实际上，n 的大小与燃料的种类、燃烧方法、燃烧装置结构及设备工况的好坏等都有直接关系。因此，对于各种燃料，n 的确定将直接关系到燃料能否实现完全燃烧，原则上，应当是保证燃料完全燃烧的基础上，使 n 越接近 1 越好。在 $n>1$ 的条件下，当燃料燃烧结束后势必要多出一部分空气量，而这部分空气量的存在将带来以下几点不利因素：(1) 燃烧后进入燃烧产物，增加了燃烧产物的体积，使废气带走的热损失增加，而且还需要增大排烟设备的容量；(2) 由于这部分空气要吸收一部分燃料燃烧所放出的热量，从而降低了炉温；(3) 这些多余的空气进入燃烧产物后将使炉膛内的氧化性增强，从而造成钢坯的大量氧化和脱碳，这严重影响产品的产量和质量。各种燃料的空气过剩系数经验数据如下：

固体燃料：$n = 1.20 \sim 1.50$

液体燃料：$n = 1.15 \sim 1.25$

气体燃料：$n = 1.05 \sim 1.15$

微课
气体燃料的燃烧过程

2.5.4.2 气体燃料的燃烧过程

A 气体燃料的燃烧特点

加热炉采用气体燃料与采用固体燃料、液体燃料相比较，有如下优点：(1) 煤气与空气易于混合，用最小的空气过剩系数即可以实现完全燃烧；(2) 煤气可以预热，故可以提高燃烧温度；(3) 点火、熄火及其燃烧操作过程简单，容易控制，炉内温度、压力、气氛等都比较容易调节；(4) 输送方便，劳动强度小，燃烧时干净，有利于减轻体力劳动和改善生产环境，较易实现自动化。气体燃料的缺点：(1) 管路施工及维护等费用高；(2) 燃料价格贵；(3) 贮存困难；(4) 煤气有发生爆炸和使人中毒的危险。

B 气体燃料的燃烧过程

a 燃烧过程

气体燃料的燃烧是一个复杂的物理与化学综合过程。整个燃烧过程可以视为混合、着火、反应三个彼此不同又有密切联系的阶段，它们是在极短时间内连续完成的。

(1) 空气的混合。要实现煤气中可燃成分的氧化反应，必须使可燃物质的分子能和空气中氧分子接触，即使煤气与空气均匀混合。煤气与空气的混合是一种物理扩散现象，它的完成需一定的时间，这个过程比燃烧反应过程本身慢得多。因此，混合速度的快慢，混合的均匀程度都将会直接影响煤气的燃烧速度及火焰的长短。研究煤气烧嘴时，必须了解煤气与空气两个射流混合的规律和影响因素。煤气及空气自烧嘴口喷出以后，在运动过程中相互扩散，它们的体积膨胀，而速度随之降低，混合的均匀程度基本上取决于煤气与空气相互扩散的速度。要强化燃烧过程必须改善混合的条件，提高混合的速度。

改善混合的途径有如下几种。1) 使煤气与空气流形成一定的交角，这是改善混合最有效的方法之一，由于二者相交，机械掺混作用占了主导地位。一般说来，两股气流的交角越大，混合越快。显然，在煤气与空气流动速度很慢，并成为平行的层流流动时，其相互的扩散很慢，混合所经历的路径很长，火焰也拉得很长。这时在烧嘴上安设旋流导向装置，造成气流强烈的旋转运动，有利于混合。涡流式烧嘴、平焰烧嘴就充分发挥了旋流的加强混合之优势，取得了较优越的燃烧效果。2) 改变气流的速度。在层流情况下，混合完全靠扩散作用，与绝对速度的大小无关。在紊流状态下，气流的扩散大大加强，混合速度也增大。实验证明，在流量不变的情况下，采用较大的流速比采用较小的流速，可以使混合改善。此外，改变两股气流的相对速度，使两气流的比值增大，也有利于混合的改善。3）缩小气流的直径，气体流股的直径越大，混合越困难。如果把气流分成许多细股，可以增大煤气与空气的接触面积，周围质点容易达到流股中心，有利于加快混合速度。许多烧嘴的结构都是基于这一点，把气流分割成若干细股，或采用扁平流股，使煤气与空气的混合条件改善。

（2）空气混合物的着火。煤气与空气混合物达到一定浓度时，在低温条件下还不能着火，只有加热到一定温度时才能着火燃烧。反应物质开始正常燃烧所需要的最低温度称为着火温度。

在开始点火时，需要一火源把可燃气体与空气的混合物点燃。这一局部燃烧反应所放出的热，把周围可燃物又加热到着火温度。从而使火焰传播开来。这样一经点火，燃烧反应便可以继续进行下去。

当可燃混合物中燃料浓度太大或太小时，即使达到了正常的着火温度，也不能着火或不能保持稳定的燃烧。燃料浓度太小时，着火以后发出的热量不足以把邻近的可燃混合物加热到着火温度；燃料浓度太大时，相对空气的比例不足，也不能达到稳定的燃烧。要保持稳定地燃烧，必须使煤气处于一定的浓度极限范围。在点火时如果出现点不着或不稳定燃烧的情况，就要调节煤气与空气的比例。

因此，煤气与空气混合物的着火需要两个条件：一是煤气与空气混合物达到一定浓度范围；二是煤气与空气混合物还必须加热到一定温度，即着火温度，才能着火燃烧。各种煤气与空气混合物的着火温度及着火极限值见表 2-6。

表 2-6 常温常压下煤气、空气混合物的着火温度及着火浓度极限

气体名称	着火温度/℃		着火浓度极限/%	
	最低	最高	下限	上限
天然气	750	850	5.1~5.8	12.1~13.9
高炉煤气	700	800	35.0~40.0	56.0~73.5
焦炉煤气	550	650	5.6~5.8	28.0~30.8
发生炉煤气	700	800	—	—

注：着火温度下限是有可能着火的，但不一定着火；上限是一定着火的。

着火浓度极限与煤气的成分有关，也和气体的预热温度有关，如果煤气与空气预热到较高温度，则浓度极限范围将加宽，即可燃混合物容易着火。在正常燃烧时，炉膛内温度很高，可以保证燃烧稳定进行。掌握煤气的着火温度和着火浓度极限不仅对正常生产的炉子在操作和管理上有实际意义，而且在煤气的防火、防爆炸等安全技术方面都有重要意义。例如，在煤气储存和运输管路附近不允许有引火物，或存在任何使煤气温度达到着火点的高温热源。

(3) 空气中的氧与煤气中的可燃物完成化学反应。空气与煤气的混合物加热到着火温度以后，就产生激烈的氧化反应，这就是燃烧。燃烧反应本身是一个化学过程，化学反应的速度和反应物质的温度有关，温度越高，反应的速度越快，燃烧反应本身的速度是很快的，实际上是在一瞬间完成的。

在燃烧过程中，火焰好像一层一层地向前推移，火焰锋面连续向前移动，该现象称为火焰的传播，火焰前沿向前推移的速度称为火焰传播速度。各种可燃气体的火焰传播速度是靠实验方法测定的，而且随着条件的变化测定数据各异。在各种可燃气体中，氢的火焰传播速度最大，一氧化碳、乙烯次之，甲烷最小。影响火焰传播速度大小的主要因素有燃料的种类和成分、空气过剩系数的大小、烧嘴的结构型式、煤气和空气的预热温度、向外散热情况等。火焰传播速度的概念对燃烧装置的设计与使用是很重要的，要保持火焰的稳定性，必须使煤气与空气喷出的速度与该条件下的火焰传播速度相适应。否则，如果喷出速度超过火焰传播速度，火焰就会发生断火（或脱火）而熄灭；反之，如果喷出速度小于火焰传播速度，火焰会回窜到烧嘴内，出现回火现象，因此，煤气空气的流速实际上与火焰传播速度相互平衡，才能保持稳定的火焰。显然，火焰传播速度大的煤气（如含 H_2 多的煤气）不易脱火而易回火，火焰传播速度小的煤气（如含 CH_4 多的煤气）易脱火而不易回火。

动画
煤气燃烧火焰

生产中，脱火和回火都是不允许的。脱火时必然引起不完全燃烧，由于未燃气体连续不断流入炉内，易引起操作人员的窒息、中毒，并且极易发生爆炸事故。回火时，空气吸入量减少，导致不完全燃烧，同时，因燃烧在燃烧器内进行，不仅可能烧坏燃烧器，也可能发生爆炸等事故。

在上述三个阶段中，对整个燃烧过程起最直接影响的是煤气与空气的混合过程。要提高燃烧强度，必须很好地控制混合过程。因此，煤气与空气的混合是最关键的环节。

b 燃烧方法

根据煤气与空气在燃烧时混合情况的不同，气体燃料的燃烧方法（包括燃烧装置）分为两大类，即有焰燃烧和无焰燃烧。

(1) 有焰燃烧。有焰燃烧的主要特点是煤气与空气预先不混合，各以单独的流股进入炉膛，边混合边燃烧，混合和燃烧两个过程在炉内同时进行。如果燃料中含有碳氢化合物，容易热分解产生固体碳粒，从而可以看到明显的火焰，因此，火焰实际表示了可燃质点燃烧后燃烧产物的轨迹，碳粒的存在能提高火焰的辐射能力，对炉气的辐射传热有利。能否看到“可见”的火焰，不仅与混合条件有关，也要看煤气中是否含有大量可分解的碳氢化合物，如果没有这些碳氢化合物，采用有焰燃烧时，实际上火焰轮廓也是不明显的。

有焰燃烧的主要矛盾在于煤气与空气的混合，混合得越完善，则火焰越短，燃烧过程在较小的火焰区域内进行，火焰的温度比较高。当煤气与空气混合不好时，则火焰拉长，火焰温度较低。可以通过火焰来控制炉内的温度分布。在实践中，改变火焰长度的方法主要是从改变混合条件着手，即喷出的速度、喷口的直径、气流的交角及机械搅动等。这些影响因素就是设计和调节烧嘴的依据。

由于煤气与空气是分别进入烧嘴和炉膛的，因此可以把煤气与空气预热到较高的温度，而不受着火温度的限制，预热温度越高，着火越容易。但是，由于是边混合边燃烧，混合条件不好时容易造成化学不完全燃烧。因此，有焰燃烧的空气过剩系数必须高于无焰燃烧。随着空气过剩系数的增大，氧的浓度增大，会使燃烧完全，火焰长度缩短。但是空气过剩系数达到一定值以后，火焰长度基本保持不变，而形成较多的氮氧化合物。

（2）无焰燃烧。如果将煤气与空气在进行燃烧之前预先混合再进入炉内，燃烧过程要快得多。由于较快地进行燃烧，碳氢化合物来不及分解，火焰中没有或很少有游离的碳粒，看不到明亮的火焰，或者火焰很短，这种燃烧方法称为无焰燃烧。

无焰燃烧的主要特点是：

1）空气过剩系数小；

2）由于过剩空气量少，燃烧温度比有焰燃烧高，高温区集中；

3）没有“可见的火焰”，火焰辐射能力不及同温度下有焰燃烧；

4）由于煤气与空气要预先混合，所以不能预热到过高的温度，否则要发生回火现象，一般限制在混合后温度不超过 450 ℃；

5）煤气与空气的混合需要消耗动力，喷射式无焰烧嘴的空气是靠煤气的喷射作用吸入的，煤气则要较高的压力，必须有煤气加压设备；

6）为了防止发生回火爆炸，单个烧嘴燃烧能力不能过大（过大时烧嘴的结构、安装、维修都很困难），但是因为它可以自动按比例地吸入燃烧需要的空气，所以省去了庞大的供风系统，从而使整个炉子结构变得十分紧凑、简单，特别是对多烧嘴的热处理炉这一优点更加明显。

2.5.4.3 控制燃料燃烧

正确地组织燃料燃烧就是保持炉内燃料完全燃烧。燃料入炉后如能立即完全燃烧，将有效地提高炉温，并能增加炉子生产率，降低燃料单耗，这对满足增产节能两方面的要求，有非常重要的意义。

从操作上来讲，正确地组织燃料的燃烧，有很多工作要做，如以前所述对燃料使用性能的了解；对风温、风压的控制都是十分重要的问题；燃烧器的安装、使用、维护保养对燃料燃烧情况的好坏都有很大的影响。在以上因素合理控制的基础上，燃料与空气的配比是影响燃烧和燃料节约的主要问题。

从节约燃料的观点出发，在保证燃料完全燃烧的条件下，在炉子操作中应尽可能地降低空气过剩系数。以前，用给定空气过剩系数来维持空、燃比例，但往往由于燃料热值的波动破坏正常的空燃比例，实现低氧燃烧是困难的。近年来发展用氧化锆测氧仪连续测定烟气中的氧含量作为自动控制燃烧的信号，来控制燃料与空气的供给量。而且还可以进行分段控制，以每段各自分别测定烟气中的氧含量为信号，来控制各段的空燃比。如果在操作中对空气过剩系数的大小，心中无数，完全靠观察，靠经验进行调节，会出现不完全燃烧。在操作中也常常出现只调燃料不调空气，或只调空气而不调燃料的错误操作。这些都是造成燃料浪费的原因，应该及时改进。

2.5.4.4 煤气燃烧情况的判断

煤气燃烧状况可以用以下方法判断：从炉尾或侧炉门观察火焰，如果火焰长度短而明亮，或看不到明显的火焰，炉内能见度很好，说明空燃比适中，燃料燃烧正常；如火焰暗红无力，火焰拉向炉尾，炉内气氛混浊，甚至冒黑烟，火焰在烟道中还在燃烧，说明严重缺乏空气，燃料处于不完全燃烧状态；如果火焰相当明亮，噪声过大，可能是空气量过大，但对喷射式烧嘴不能以此判断。

煤气燃烧情况也可以通过目测烟气进行判断：如果炉外或烟囱仍有较长火焰，并有异味，说明煤气燃烧情况不好，空气量不足。

煤气燃烧正常与否还可以通过观察仪表进行分析判断。当燃烧较充分完全时，空气与煤气流量比例大致稳定在一数值，这一数值因燃料发热量不同而不同。

有一些加热炉上已安装了氧化锆装置以检测烟气含氧量，这就使燃烧情况的判断变得更简单了。当烟气中含氧量（体积分数）在 1%~3%时，燃烧正常；含氧量超过 3%为过氧燃烧，即供入空气量过多；含氧量小于 1%为氧化锆“中毒”反应时，说明空气量不足，是欠氧燃烧。当然，氧化锆安装位置不当，取样点不具有代表性，所测得的数据不能作为判断依据。

2.5.5 炉压控制

2.5.5.1 炉压控制原则

加热炉炉压的控制十分重要。炉压大小及分布对炉内火焰形状、温度分布及炉内气氛等均有影响。因此，炉压制度也是影响钢坯加热速度、加热质量及燃料利用好坏的重要因素。例如，某些炉子加热时由于炉压过高造成烧嘴回火，而不能正常使用。

炉压沿炉长方向上的分布，随炉型、燃料方式及操作制度不同而异。一般连续式加热炉炉压沿炉长的分布是由前向后递增，总压差一般为 20~40 Pa。其原因是烧嘴射入炉膛内流股的动压头转变为静压头所致。由于热气体的位差作用，炉内还存在着垂直方向的压差。

当炉内为正压时，炉气充满炉膛，对传热有利，但炉气将由装料门和出料口等处逸出，这样不仅恶化了劳动环境，使操作困难，而且缩短了炉子寿命，并造成了燃料的大量浪费。

当炉内为负压时，会从炉门及各种孔洞吸入大量的冷空气，这部分冷空气相当于增加了空气过剩系数，导致烟气量的增加，更为严重的是由于冷空气紧贴在钢坯表面严重恶化了炉气、炉壁对钢的传热条件，降低了钢温和炉温，延长加热时间，同时也大大增加了燃料消耗。

加热炉是个不严密的设备，吸风、逸气很难避免，但正确的操作可以把这些损失降低到最低程度。一般连续加热炉吸冷风严重的地方是出料门处，特别是端出料的炉子。端出料的炉子炉门位置低，炉门大，加上端部烧嘴的射流作用，大量冷风从此处吸入炉内。

在操作中应以出料端钢坯表面为基准面，并确保此处获得 0~10 Pa 的压力，这样就可以使钢坯处于炉气包围之中，保证加热质量，减少烧损和节约燃料。此时炉膛压力为10~30 Pa，这就是所谓的微正压操作。在保证炉头正压的前提下，应尽量不使炉尾吸冷风或冒火。

2.5.5.2 炉膛压力的判断和调节

为了准确及时掌握和正确控制炉压，现在加热炉上都安装了测压装置，加热工在仪表室内可以随时观察炉压。同时，还可以用经验法判断炉压：通过观察，均热段第一个侧炉门下缘微微有些冒火时，炉膛压力为正合适。如果从炉头、炉尾或侧炉门、扒渣门及孔洞都往外冒火，则说明炉膛压力过大。当看不见火焰时，可点燃一小纸片放在炉门下缘，观察火焰的飘向，即可判断炉压的概况，合适的炉压应使火苗不吸入炉内或微向外飘。

炉压的调节手段，一是靠烧嘴的射流，射流的动量越大，炉压越大。炉顶烧嘴轴向的动量很小，向下递增的压力分布又恰好抵消了热气体造成的垂直方向的压差，这种炉子沿炉长的压力分布很均匀。炉压调节的另一手段是依靠烟道闸板，降低闸板时增加烟气在烟道内的阻力，炉内压力将升高；提起闸板时烟道阻力减小，抽力增大，炉内负压增加。由于炉子热负荷在不断变动，废气量也在相应地变化。要保持炉内压力稳定，就要及时调整烟道闸板。增大热负荷时炉压升高，应适当开启烟道闸门；减少热负荷时，废气量减少，炉压下降，则应关闭烟道闸门。但在没有实现炉膛压力自动调节的炉子上，不能及时以炉压为控制参数调整烟道闸门，因此会产生炉压的波动，从而影响火焰的组织，抽力增大时，火焰被拉向炉尾，无异于使加热段增长；反之，炉尾温度则较低。因此，炉压的波动造成炉内温度分布的波动，不能保证炉温制度的稳定。

如果是蓄热式加热炉，炉膛压力主要通过设于高温排烟管道上引风机的变频控制来调节，从而保证炉子在正常压力下工作。

当炉子待轧熄火时，烟道闸门应完全关闭，以保证炉温不会很快降低。

在正确控制炉膛压力的同时，还应特别重视炉体的严密性，特别是下加热炉门。由于炉子的下加热侧炉门及扒渣门是炉膛的最低点，负压最大，吸风量也最多。因此，当下加热炉门不严密或敞开时，会破坏下加热的燃烧。在实际生产中，有些加热炉把所有的侧炉门都假砌死，这对减少吸冷风起到了积极作用。

在生产中往往有一些炉子炉膛压力无法控制，致使整个炉子呈正压或负压。究其原因，前者是由于烟道积水或积渣，换热器堵塞严重，有较大的漏风点，造成烟温低，烟道流通面积过小，吸力下降；而后者则是由于烟囱抽力太大之故。对于炉压过大的情况要查明原因，及时清除铁皮、钢渣和排出积水，并采取措施，密封漏风点，而对于炉压过小的情况，可设法缩小烟道截面积，增加烟道阻力。

2.5.6 采用正确的操作方法

正确的操作是实现加热炉高产、优质、低耗的重要条件。在多年生产实践中，人们总结出了不少好的操作经验。其中包括“三勤”操作法、定点烧钢法和“三定”操作法。

2.5.6.1 “三勤”操作法

“三勤”操作法就是比较成熟的操作方法，一个优秀的加热工应该十分认真地执行“三勤”操作法。所谓“三勤”就是勤检查、勤联系、勤调整。

勤检查就是要经常检查炉内钢坯运行情况，注意观察燃料发热量波动情况、燃烧状况及各段炉温和炉膛压力变化；正确判断炉内供热量及其分配是否合理；判断钢坯在各段内的加热程度；经常检查冷却水的水压、水量、水温及水质变化，掌握生产情况，并及早发现未来可能影响生产的一切征兆，以便对症采取措施。

勤联系就是经常与有关方面联系，搞好与其他各生产工序或岗位的配合衔接。

要经常与轧钢岗位工或调度室联系，了解轧制钢材的规格、速度、待轧时间及换辊、处理事故时间等，做到心中有数。

当煤气发热量及压力发生较明显的波动时，应立即通过调度室与煤气加压混合站取得联系，问明情况，以便做出相应的调整。

要经常与质量检查人员取得联系，掌握加热质量情况。

当检查发现入炉冷却水水质污浊，有明显的杂质，如木块、破布等物，以及水压低于 0.2 MPa 或水温过高（入炉水温超过 35 ℃）时，应及时通过调度向给水部门反映，要求立即给予调整。

当检查发现重大设备隐患及安全隐患时，应及时向主管部门汇报，以便及早决策，制定和采取措施，消除隐患。

勤调整就是根据检查和了解到的情况，勤调节炉况，使之适应不断变化着的生产要求。

当轧机轧制节奏、加热钢种、规格发生变化时，要掌握适当的时机改变热负荷，在保证合适的加热温度前提下，尽可能降低炉温，以低限热负荷满足生产。当加热断面尺寸小的钢坯时，可不开或少开加热段烧嘴，当加热较大钢坯时，轧制速度快，加热时间短，则应加大加热段的供热量，以强化加热，增加炉子加热能力。在调整热负荷的同时切记还要调整好空燃比和炉膛压力，否则，仅仅采用调热负荷的做法很可能达不到预期的调节效果和目的。

在一些较先进的炉子上一般都有燃烧的自动比例调节装置，如模拟量调节器，单、多回路调节器等，特别是形成闭环控制的单回路调节系统，自动化程度很高，操作很容易，只要改变设定值就行了。在这种情况下，人们往往产生依赖思想。应该强调指出，即使在这种情况下，“三勤”操作法还是非常重要而且是必不可少的，这是因为只有根据轧制情况经常改变设定值才能烧好钢。

2.5.6.2 定点烧钢法

定点烧钢法操作要点是选定炉子的某一部位，一般以均热段和加热段之间的炉顶下部位或加热段第一侧炉门处作为测定坯料温度的固定点。

正常生产时，某一规格坯料，在不同小时产量和规定的各段热负荷情况下，坯料运行到固定的测温点时应达到某一规定温度，使坯料继续以正常速度运行到出料口，此时坯料恰好达到规定的加热温度，即可出炉轧制，这就是定点烧钢的模式。以规定的固定测温点应当达到的温度作为检查实际坯料加热速度是否合适的标准。如果运行到固定测温点时坯料温度超过规定值，说明坯料加热速度快了，供给的热负荷过大应当减少加热段的热负荷；相反，坯料温度没有达到规定值，说明加热速度慢了，应当增加加热段热负荷。按照定点烧钢方法操作的好处就是不往炉内供入多余的燃料。

搞好定点烧钢必须通过生产实际测定和实验的方法来确定热工控制参数，并载入热工制度之中。定点烧钢既可以用人工操作控制，又可以实现自动控制。

2.5.6.3 “三定”操作法

加热炉烧钢时，按不同的钢种和规格，定小时产量、定炉温制度、定热负荷，严格按规定进行操作，达到均衡稳定地生产，这样的操作方法称为“三定”操作法。“三定”操作法是从“三勤”操作法发展而来的，“三勤”操作法没有量的概念，而“三定”操作法就有严格的量的规定。严格地按规定的小时产量、炉温制度和与之相适应的热负荷进行操作，因此也称为定量烧钢法。

实现“三定”操作法的关键是组织好均衡稳定的生产速度。即使在事故后也不允许用拼命提高小时产量的方法来弥补亏欠的产量。实践证明，实行“三定”操作法后，不仅均衡完成了生产任务，而且节约了大量燃料，是行之有效的科学的操作方法。

实现“三定”操作的另一个重要条件是，炉子要有良好的密封性和绝热性，并且炉底水管的绝热包扎要完好，使炉子经常处于良好状态。

任务实施

2.5.7 蓄热式加热炉的加热操作

下面以某厂蓄热式加热炉为例，介绍其正常生产时的加热操作要领。

（1）生产中需按炉温的高低（与要求值相比）及时调整各段煤气量，并用各段煤气量调节各段空气量。

（2）炉膛压力通过引风机入口处调节阀进行控制。

（3）尽可能保持各引风机的排烟量均衡，即保持各引风机的排烟温度相近，关小排烟温度高的引风机的进口调节阀，或开大温度低的引风机的进口调节阀。

（4）换向装置阀位指示报警并由指示灯确认阀板停在非正常位置（中间位置）而不能动作，若无法在短时间内排除故障，应立即手动切断煤气管上的切断阀，鼓风机和引风机停车。

（5）生产中如出现煤气低压、空气低压、压缩空气（或压缩氮气）低压、排烟温度高温报警、安全自动系统失灵等现象，导致系统不能正常工作时，经确认后可采用手动方式关闭煤气总管切断阀，鼓风机和引风机停车。

（6）在生产中无论何种原因造成煤气系统停止工作 20 min 以上，当重新启动煤气燃烧系统时，必须按以上加热炉点火时炉前煤气系统吹扫程序要求，对蓄热室及其通道进行吹扫。

2.5.8 换热式加热炉的加热操作

某厂换热式加热炉正常生产时的加热操作规范，见表 2-7。

表 2-7　换热式加热炉正常生产时的加热操作规范

<table>
<tr><th>序号</th><th>作业名称</th><th>作业内容与方法</th><th>相 关 要 求</th></tr>
<tr><td>1</td><td>初始条件确认</td><td>从加热炉一级与二级控制系统确认以下操作系统正常：
（1）加热炉汽化冷却系统运转正常；
（2）加热炉燃烧系统运转正常；
（3）加热炉步进系统运行正常；
（4）加热炉跟踪系统正常；
（5）加热炉模型运行正常；
（6）炉内检测设备正常；
（7）装出料炉门正常；
（8）鼓风机正常（单炉生产时最多允许开启两台鼓风机）；
（9）烟道闸板正常；
（10）气源压力正常</td><td></td></tr>
<tr><td>2</td><td>了解当班作业计划</td><td>（1）掌握当班的生产品种、规格、轧制速度；
（2）确认两炉板坯出炉顺序；
（3）确认热料装炉情况</td><td></td></tr>
<tr><td>3</td><td>按技术标准要求加热板坯</td><td>（1）确认煤气压力、煤气流量、煤气热值符合工艺点检卡要求；
（2）按照《工艺技术规程》加热钢坯</td><td>（1）Ⅰ组钢与Ⅱ组钢或Ⅱ组钢与Ⅲ组钢相邻装炉，必须保证高组钢加热。
（2）炉内必须至少有不小于 20 块连续的热装坯的时候才可执行热装加热制度，否则执行冷装加热制度。
（3）出炉温度要求为：
<table>
<tr><th>钢种组别</th><th>出炉温度/℃</th></tr>
<tr><td>A、B、Q235B、SS400</td><td>1150～1185</td></tr>
<tr><td>AH32、AH36、DH32、DH36、EH32、EH36 等高船系列</td><td>1150～1195</td></tr>
<tr><td>Q345 系列、Q420 系列</td><td>1150～1215</td></tr>
</table>
出炉温度为模型计算温度，厚度 10 mm 及以下薄规格除外。
（4）135 mm 及以下薄规格坯料加热时（9Ni 钢单炉装钢，尽量 3 h 内出钢），需要在坯料进入到三加热段后进行匀速提火，既保证钢坯不严重翘曲又加热均匀。
<table>
<tr><th>品种</th><th>出炉温度/℃</th></tr>
<tr><td>Q235 级别(A 板)</td><td>高于 1220</td></tr>
<tr><td>Q345 级别
(Q345QE)</td><td>高于 1240</td></tr>
<tr><td>9Ni</td><td>高于 1230</td></tr>
</table></td></tr>
</table>

续表 2-7

序号	作业名称	作业内容与方法	相关要求
4	加热质量检查	检查钢坯在步进过程中不发生跑偏，不出现过热、过烧等情况；按照要求检查钢坯经过除鳞箱高压水后表面质量，除鳞次数达到 3 次后依然除不净执行回炉作业	按照标准周期要求检查钢坯表面除鳞情况，重点产品按照《重点产品表面质量检查规范》要求执行；7 mm 及以下规格 9Ni 钢板检查周期为每 10 块检查 1 块
5	手动调整、干预	在调试或者紧急情况时，手动干预	（1）根据煤气热值、炉内钢板的规格、钢质、轧制节奏，按照炉内钢板的工艺要求手动设定各加热段的温度设定值； （2）调整空气过剩系数为 1.02~1.05； （3）保持炉内为微正压，最高不超过 10 Pa
6	热值出现波动	热值超过 9211 kJ 时，岗位人员需要手动增加炉内空燃比；热值低于 7536 kJ 时，岗位人员需要手动降低炉内空燃比	（1）通过调度室与环境能源部联系，确定焦炉煤气热值数值； （2）根据煤气热值变化，调整至合适的空燃比，加热工勤观察炉内火焰燃烧情况； （3）避免出现煤气燃烧不充分，烟囱冒黑烟的现象

注：安全方面，执行《安全技术规程》可避免出现烫伤、滑跌、机械伤害、起重伤害、CO 中毒、火灾爆炸、眼部灼伤等安全事故。

2.5.9 汽化冷却系统的正常运行

主要任务是保证汽化冷却装置和加热炉的安全运行，并保证蒸汽的参数、品质满足生产的要求。运行的基本操作如下。

（1）保持均衡给水，使汽包保持中水位，不允许超过最高和最低水位。当采用手动给水时，要经常密切注意汽包水位变化，随时调节给水阀的开度，力求给水量变化平稳，避免猛加猛减。

（2）汽包的水位计应定期冲洗（一般每班冲洗 1~2 次），经常保持完好状态。远方指示或记录式水位计，时常与汽包水位计进行核对。装有高低水位报警仪时每周试验一次，并同时检查所有水位计的指示是否一致和可靠。

（3）应维持适合于装置的正常给水压力，如发现给水压力过低或过高时，应及时进行检查和调整。

（4）经常注意汽化系统中泵的运行，倾听运转声响是否正常。工作与备用的泵经常调换工作，一般每周调换一次。柴油泵应每周试启一次，防止事故时无法正常使用。

（5）对于装有除氧器的系统，应经常注意给水温度（100~104 ℃），以保证除氧效果。

（6）应维持汽包压力稳定，压力维持在 0.8~1.27 MPa，以保证汽化冷却装置稳定和用户的需要。当压力过高，超过运行压力时，汽包上的安全阀应能自动开启向外排汽。安全阀的动作灵敏性及可靠性试验，一般每周进行 1~2 次。

（7）为了保证汽包、上升管、下降管等设备内部的清洁，避免炉水发生泡沫和炉水品质变坏，必须进行排污，定期排污次数通常每两小时 1 次，连续排污装置，应调节连续排污阀排污，以保证炉水品质在规定范围内。排污量应根据炉水化验结果按公式计算确定。为了不影响循环系统的正常工作，定期排污时，排污阀全开的时间应保持在 10~15 s。

（8）经常检查确认汽化冷却系统所有阀门、水泵、压力表、水位计和各种仪表及其他附属设备正常。

2.5.10 应急预案

2.5.10.1 停电预案

虚拟仿真
异常停电熄火

制定停电预案是为了防止突然停电对加热炉区造成不必要的损失，保证事故发生时，能在最短时间内排除险情。

发生突然停电事故后，当班班长要立即向上级汇报、组织人员进行有序操作。操作应该遵循的大原则：先关煤气，再看水冷。

A 低压停电

操作步骤如下。

a 消除煤气安全威胁

（1）低压停电后，UPS 电源启动，画面报警低压停电，此时，监控 HMI 画面，关闭煤气系统烧嘴快切阀，UPS 电源支持服务器和 HMI 画面约 30 min，所有通过画面的操作和状态确认应在此时间内完成。UPS 电源耗尽后，烧嘴煤气快切阀也将全部自动关闭，监控画面无法显示，所有温度、压力数据无法监控，此时禁止氮气吹扫或保压。

（2）联系调度室及低压专业人员，如果 30 min 内确认可以恢复供电，煤气管道保持正压，关闭烧嘴前快切阀，保证煤气管道正压力维持稳定，防止回火。恢复供电后，确认助燃风机、引风机运转稳定、确认炉温 800 ℃以上，打开均热段或二加段烧嘴直接点炉。如果停电超过 30 min，继续关闭煤气各段流量调节阀、总管快切阀、关闭烧嘴前煤气手阀，最后关闭总管电动蝶阀，恢复正常后，煤气管道吹扫合格后点炉。

（3）根据停电时长，如确认 3 h 以上无法恢复，现场手动关闭盲板阀。

b 确认汽化、水系统正常

（1）现场确认柴油机循环泵已经启动，防止水梁变形。

（2）确认净环水是否停送，派专人到现场打开事故水阀，确认事故水已经接入净环水管路并有流量，关小净环水回水总阀，保持流量在 100 t/h。关闭装、出钢辊道净环水阀门，延长事故水使用时间。

（3）在 HMI 画面确认除盐水是否停，若除盐水停，派专人手动控制上水量，经常到现场查看汽包水位，根据液位情况控制柴油机给水泵上水。

（4）派专人关汽化系统排污的手阀，暂时停止排污。

（5）汽包放散阀缓慢打开，降低汽包压力，保持阀门开度不变。

（6）联系水处理，随时了解事故水余量。

（7）若事故水量很少，考虑关闭炉门、炉门柱、液压站等的冷却水。

（8）保持炉膛负压，烟闸处于全开状态，防止煤气炉内积聚。

B 高压停电

操作步骤如下。

（1）高压停电后，助燃风机停机，空气总管压力降低，执行自动停炉程序。

（2）自动连锁会同时切断所有烧嘴的煤气换向阀、各段煤气流量调节阀、煤气总管快切阀。燃烧控制人员首先关闭所有烧嘴空气、烟气快切阀，关闭各段空气、烟气流量调节阀，然后关闭助燃风机出口阀、排烟风机入口阀、煤气总管电动蝶阀。

（3）打开各段煤气流量调节阀，煤气管道的充氮气保压，控制煤气总管压力在6000~8000 Pa范围内。

（4）根据停电时长，如确认2 h以上无法恢复，现场关闭盲板阀。

（5）风机正常启动后，确认煤气管道吹扫合格，炉温800 ℃以上直接点火，否则需用火把点火。

C 高低压同时停电

（1）加热炉一级程序自动执行停炉，关闭助燃风机出口插板阀、排烟风机入口阀，在UPS电源耗尽前，空气、煤气、烟气所有相关阀门确认关闭，包括煤气主管快切阀。

（2）关闭烧嘴前煤气手阀、电动蝶阀。

（3）按照低压停电步骤执行汽化及冷却水系统相关操作。

（4）根据停电时长，如确认3 h以上无法恢复，现场手动关闭盲板阀。

（5）恢复送电风机正常启动后，对煤气管道进行氮气吹扫，按照启炉步骤进行点火。

2.5.10.2 助燃风机风压降低预案

制定此预案是为防止助燃风机突然跳闸或者其他故障导致风压降低，煤气倒流进入助燃空气系统引起爆炸。

助燃风机突然停风后，禁止在炉本体、风机等区域动明火。当班班长或带班人员要立即组织当班人员进行有序操作，并及时通知相关领导。

A 助燃风机跳闸（高压跳电）处理预案

（1）启动自动停炉。自动连锁会同时切断所有烧嘴的煤气换向阀、各段煤气流量调节阀、煤气总管快切阀。

（2）燃烧控制人员首先关闭助燃风机出口插板阀、排烟风机入口阀，然后关闭各段空气流量调节阀、烟气段流量调节阀、关闭助燃风机入口阀。

（3）出料炉门、烟道闸门尽量开到最大，注意换热器前后温度，防止超工艺要求，如果温度超过工艺要求，立即调节炉门、烟道闸门开度。

（4）空气、煤气管道通氮气保主管道压力。

（5）打开空气放散对换热器及各段空气调节阀前空气管道进行吹扫，然后依次打开各段空气调节阀，向炉内吹扫，直至检测合格。

（6）煤气系统吹扫按规程执行。

（7）启动风机前用报警器在消声器、风机箱、检修人孔、炉体窥视孔处进行测量，空气、煤气系统检测合格、风机正常后，立即启动风机、送煤气、点火。带班人员要立即组织当班人员进行有序操作。

B 助燃风机其他故障导致停炉处理预案

（1）助燃风机由于其他故障，例如，入口、出口阀异常关闭，风机入口、出口堵塞等原因造成的助燃风压力低于最小要求值，导致加热炉自动停炉，按照助燃风机跳闸预案进行恢复操作，禁止私自强制停炉。

（2）当风机出现以上异常情况时，为了防止空气系统内发生爆燃，一定将空气系统彻底吹扫干净，并用报警器检测各点煤气浓度，然后通知维检对风机、管道、防爆阀进行检查、处理，一切正常后才能送煤气。

涉及氮气吹扫及现场确认作业，需全程佩戴氧气报警器，防止氮气泄漏引起窒息。

2.5.10.3 停水预案

加热炉的冷却水是净环水和除盐水（软水），前者的作用是为炉体冷却水管提供水源，防止冷却水管变形损害炉体；后者的作用是保证水梁和立柱在高温下具有足够的强度。

A 净环水停水后紧急操作

虚拟仿真
净环水缺水异常熄火

（1）发现净环水压力低，报警后，操作人员联系水处理和自动化排查原因。当压力低于 0.2 MPa，执行紧急停炉操作，同时汇报作业长。

（2）查找净环水压力降低原因，加热炉降温。

（3）水处理若无法及时恢复供水，开始引事故水塔内事故水至炉区。关闭净环水给水阀门，关小净环水回水总阀，保持回水流量 150 t/h，延长事故水使用时间。

（4）联系水处理，了解事故水余量。

（5）若事故水水量少，关闭炉门、炉门柱冷却水，减缓水量消耗。

（6）净环水恢复后，加热炉开始升温。

B 除盐水停水后紧急操作安排

（1）发现除盐水压力降低 0.3 MPa 时，及时联系水处理和自动化排查原因，同时汇报作业长。

（2）确认除盐水停水后，加热炉执行停炉操作。

（3）联系水处理，确定除盐水压力、流量恢复后，加热炉重新开炉。

问题讨论

讨论其他轧钢加热炉的加热操作要点。

任务 2.6 出钢操作

微课
出钢操作

虚拟仿真
手动出钢

任务描述

加热炉的出钢方式有轧制节奏控制方式、定时抽钢方式和强制抽钢方式三种。轧制节奏控制方式指的是当坯料从加热炉抽出时，由轧线计算机进行计算下一块坯料的抽出时间；定时抽钢方式则是以除鳞箱为准，由操作工设定时间，该时间为本块坯料到达除鳞箱与下一块坯料到达除鳞箱的时间差，根据此时间差来计算下一块坯料的抽出时间；强制抽钢方式是指操作人员向加热炉指示出料，若按轧制节奏方式，通常用加热炉自动指示出料炉和出料时间，但操作人员以强制出料优先。

知识准备

2.6.1 出钢方式和出钢设备

加热炉的出料有端出料和侧出料两种。

端出料时受料辊道在炉外并和粗轧机的中心线一致，加热好的坯料沿着倾斜的滑道滑下，如图 2-7 所示，前一个步进周期中已放到固定炉底上的钢坯，在步进炉底 1 前进时，其头部就将钢坯顶到斜坡上，钢坯自行下滑到炉外出料辊道 6 上。图 2-7 中用推钢机 5 将钢坯从装料辊道 4 推入炉内。对着出料炉门在辊道旁边装着挡头，防止滑下的坯料越出辊道。长钢坯下滑时易于歪斜而卡住，因此，这种设备一般用于 5 m 以下的短坯料。端出料的优点是机械设备简单，配两座加热炉时，炉子能交替进行定期检修而不致影响生产；缺点是出料炉门的辐射热损失大，易于吸入冷空气。

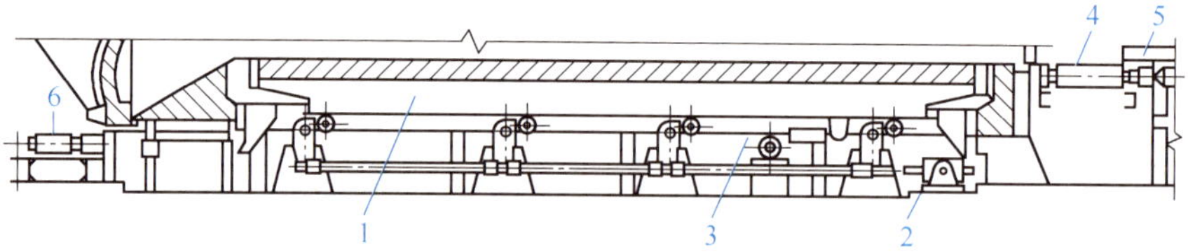

图 2-7 端出料示意图

1—步进炉底；2—升降用液压缸；3—平移用液压缸；
4—装料辊道；5—推钢机；6—出料辊道

目前随着板坯质量的增加，板坯加热炉已采用出钢机来取出板坯。图 2-8 为国产板坯加热炉出钢机的侧视图。出钢机由 4 根出钢杆的移动机构和出钢杆的抬升机构组成。炉内加热好的板坯，靠炉前推钢机或步进式移钢机构，移至板坯终点控制装置的位置后，出钢杆 1 在电动机驱动下，通过减速机和齿条齿轮机构进入炉膛，停在板坯下面。然后开动旋转偏心轮的电动机 2，通过涡轮减速机，带动偏心为 50 mm 的偏心轮 4，抬起出钢杆 1，使热板坯被抬起而脱离炉内滑轨。此时出钢杆电动机启动，使出钢杆抬着板坯退出炉膛，移至辊道上面。然后再次开动电动机 2，使出钢杆下降到低于辊道面约 70 mm 处，从而将板坯放在辊道上。

当板坯宽度变化时，可调整行程控制器，改变出钢杆的行程位置，以适应不同宽度板坯的需要。若炉内加热双排短板坯时，用气动离合器把两组出钢杆传动装置分开，每组出钢杆可以单独工作。

侧出料的出料炉门正对着粗轧机的中心线，用于连续式轧机时，轧机和炉子尽可能靠近，钢坯往往是一头刚进入轧机，另一头还能在炉内保温，因而适用于长钢坯。这种设备的优点是出料炉门的辐射热损失小，冷空气吸入量少；缺点是机械设备较多，还经常消耗电能。侧出料加热炉的出料设备有出钢机和炉内悬臂辊道两类。采用出钢机时，钢坯到达出钢位置后，出钢机的推杆伸入炉内，将钢坯推出。有些出钢机的推杆既能沿炉宽方向移

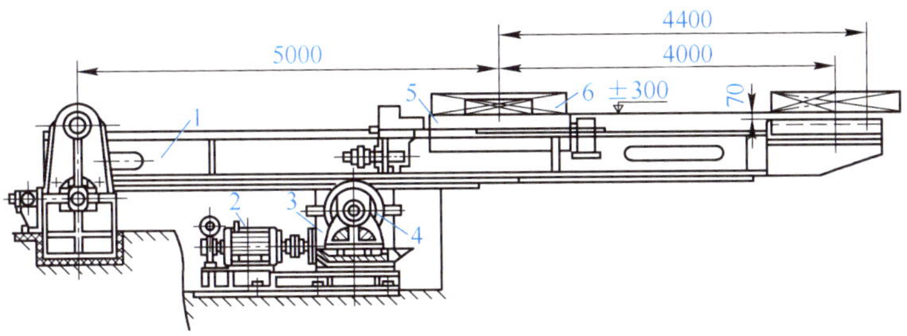

图 2-8 国产板坯加热炉出钢机的侧视图

1- 出钢杆；2—电动机；3—蜗杆涡轮减速机；4—偏心轮；5—辊道；6—板坯

动，又能沿出料炉门宽度方向移动，轧机侧的出料炉门处还装着带夹送辊的拖出机构，钢坯头部被推杆推出炉门进入夹送辊后推杆便迅速返回。炉内悬臂辊道和出钢机相比，其优点是只占了出料侧端墙附近的面积，在轧机出故障时便于坯料退回炉内，可以防止坯料表面被划伤；缺点是炉头出钢位置需要用耐热钢。

步进炉底和悬臂辊的配合情况如图 2-9 所示。炉子接到轧机要钢信号后，步进梁将固定梁上最后一个放钢位置上的钢坯托起来，向前步进到悬臂辊上方；步进梁下降将钢坯放置在悬臂辊道上出料。辊道通常由若干个辊子组成，各悬臂辊子由交流变频电动机单独传动，辊身与水冷轴用键连接。以前将辊子中心线与炉子中心线做成 3°左右的夹角，辊子呈圆柱形，让钢坯在辊子旋转时产生向端墙一侧的分力，避免钢坯横移出辊道时碰撞步进梁或固定梁。近年来，将辊子中心线与炉子中心线做成平行，辊子呈倒锥形（或呈 V 形），钢坯在辊道上靠近端墙运行，辊道靠近端墙一侧带辊盘，避免钢坯碰撞炉墙。为了使出料辊面保持较低温度，防止坯料底面的氧化铁皮粘在辊面上，出料辊辊身也可采用水冷。此时为了减少辊子在高温下的热损失，出料辊为可移动式，即在不输送钢坯时缩回炉墙内。

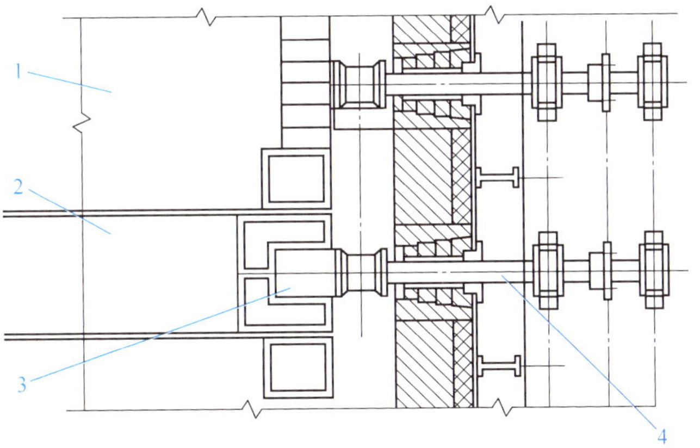

图 2-9 步进炉底和悬臂辊的配合情况

1—固定炉底；2—步进炉底；3—步进炉底上的缺口；4—侧出料用悬臂辊

侧出料方式广泛用于棒线材等比较小型的钢坯且作业线上只有一座炉子的情况，以往多采用出钢机出料，近来采用出料辊道的炉子多些。为了便于观察炉内坯料的情况，有的加热炉在进料侧和出料侧分别装有高温摄像机，工作人员通过工业电视屏幕进行监视。

2.6.2 出钢操作要点

（1）要贯彻按炉送钢制度，本着均匀出钢的原则，各炉各排料交替出钢。一般应按照装炉单重的顺序，各排料同一规格的都出完后，才可要下一个规格的料。当遇炉子出现事故等特殊情况，绝不允许切断正在轧制钢种尾号而直接出下一炉炉号的钢。如遇特殊情况，也要及时征得检查人员的同意方可断号。

（2）当轧机正常出钢信号灯亮时，应及时出钢。出钢应视轧机节奏和钢温状况均衡出钢，尽量避免轧机待钢现象。

（3）当用托出机出钢时，当炉头钢坯到达出钢位置及推钢机的允许出钢信号灯亮时，才能操作主令控制器，提升炉门，当炉门下底面超过炉内钢坯下表面时，启动托出机托杆，水平进入炉内，当托头超过炉头钢坯2/3后，方可抬起托杆，平衡托起钢坯后，后退将钢坯平稳放置在出钢辊道中间位置，托杆降至最低位，然后启动辊道送走钢坯。最后降下炉门，各主令控制器打回零位停止出钢。

（4）如果是侧出料炉子，用出钢机出钢时，炮杆与坯料要对准，严禁倾斜出料；炮杆将坯料推出炉后，应立即将炮杆退回炉外，以免烧坏或发生变形，退回时要到位，将主令控制器打回零位，不允许将炮杆留在炉门内烘烤；出钢时要密切观察钢坯在炉内的运行情况，发现异常或有粘钢、卡钢等现象时，应立即通知推钢工停止推钢，并及时报告班长和有关人员处理，不准用推杆顶撞或横移拨料。

（5）坯料出炉必须严格执行生产计划单，按出炉顺序出炉，做好坯料出炉记录，出炉记录应与实际情况及装钢记录相符，如有不符立即检查，未弄清前不得出钢，当一个批号出完后，应通知轧机操作人员下批钢种、规格等信息，以避免出现钢号、炉号混号现象。

（6）当推钢机、托出机或出钢机、出钢辊道、炉门、端墙、端墙水梁等出现故障后，应首先将主令控制器打回零位，关闭电锁，通知有关人员处理。

（7）若为板坯，出炉后，开动相应的辊道将钢坯送去除鳞，同时准确无误地填写好出炉记录。

（8）为了尽量减少辊道运输中钢坯的散热损失，保证轧机要求的开轧温度，出钢时应在满足轧机生产速度的前提下，相对晚些出钢，以免钢坯在辊道上停留过久；对那些因操作不当致温度过高而且容易出现再生氧化铁皮的钢坯，不宜推迟出钢，以防温度继续升高而产生大量的再生氧化铁皮。

（9）要钢后，应随时注意观察出炉钢坯上有无隔号标记，特别是当两炉批号不同的钢种相连接处，尤其要注意。

（10）如果通过观察发现两座加热炉的实际加热能力各不相同，钢温有高有低，而坯料又都是均等装炉的，应及时通知看火工进行调整。如果这时轧制规格单一，为了避免因一个炉子炉温过低而待热，可根据情况先要高温炉的钢，以便给低温炉一个调整提温的时机，使之满足轧制的要求。但这种情况不能维持太久，它有可能打乱每次出钢规格、从小到大的次序，应特别注意提醒轧钢工当前所送坯料的规格。

（11）若为板坯加热炉，出炉板坯因故未轧，符合逆装条件时，允许趁热逆装回炉。回炉坯料及时装炉，如未能装炉，应用高温蜡笔写上炉罐号、钢种、规格、块数，重新组批装炉。逆装条件为：1）炉内有空位，足以放下钢坯；2）钢坯未经轧制，或即使轧过但尺寸合格；3）钢坯温降不是太大，在事故处理好时能保证钢温。

（12）出钢时，步进梁和辊道应停止运转。同时，步进梁或辊道运转时，出钢机应停止工作。

作为一名合格的出钢工，要经常与前后工序联系了解炉内的布料情况及炉内钢坯的大致温度，出钢节奏的控制主要就是靠对炉子和对轧线生产情况的了解，这样才能做到心中有数。

2.6.3 辊道操作

运转辊道是通过操纵控制器来实现的，一般向前推控制把手为正转，向后拉是反转，中间是停止。

在运送钢坯时，出钢工可根据需要开动一组或几组辊道使之向要求方向转动。

为了节约电能，出炉辊道应在钢坯即将下落时开动，钢坯离开辊道后立刻停止，整个输送钢坯的作业要像接力赛一样，一个接一个地启动和停止，不允许空转。

在操作中，由正转变为反转时，要有停转的过渡期，不允许立即由正转变为反转，以防辊道电机负荷过大而烧毁或损坏机械。

在钢坯输送过程中，如发现隔号砖还留在钢坯上面，要在运行中把砖头打掉。

2.6.4 其他操作

换炉出钢和待轧保温时，出钢工应及时关闭加热炉出料炉门，以减少炉子辐射热损失，防止炉头钢坯温度下降。出钢前则应切记打开出料炉门，否则钢坯卡在坡道里难以处理。

由于轧机事故出现回炉品时，出钢工要将回炉钢坯运送至吊车司机能够看见，视野较宽阔的位置，以便挂吊。

在辊道上有人撬钢或吊挂回炉品时，出钢工一定要注意瞭望，听从上述作业人员的指挥，做好配合，停止一切设备转动。

任务实施

2.6.5 上岗作业前的准备

出钢工在上岗作业前，除认真进行交接班、检查设备状况、了解一般生产情况外，要侧重了解炉内钢种、规格及其分布和钢温等情况，熟悉当班作业计划，掌握加热炉的状况，准备好撬棍等工具。

2.6.6 板坯出钢机出钢操作

下面以某厂板坯出钢操作为例介绍其操作步骤。

加热炉出钢主要控制出炉辊道、出钢机、除鳞装置、出炉炉门。出炉辊道、出钢机横移、出钢机升降；安全开关分别控制相关设备的电控回路，以切断该设备电源，当推到ON 时，电路接通，推到 OFF 时，电路断电。

出钢条件满足后，操作工按出钢启动按钮，出钢机进行出钢操作，红灯亮，当出钢机退回零位后红灯灭。

2.6.6.1 自动出钢操作

（1）核对一级、二级板坯数据是否一致：二级每座炉子的第一块板坯与一级每座炉子的第一块板坯对照是否一致。

（2）选定出钢模式：点击“更换出钢方式”弹出对话框，即可选择相应的出钢模式。

（3）出钢：监护板坯到达出钢位时是否顺直；监护出钢臂插入板坯下部时是否撞下弯的板坯；监护托起板坯的部位正常；监护出炉过程及放辊道是否对中；监护模型是否与板坯位置一致；监控板坯在辊道上运行状态是否正常。

（4）异常出钢操作：当加热炉操作人员发现加热炉二级模型丢失、主轧线二级模型未丢失，要出无加热炉信息的板坯时，需要事前将此情况告知粗轧操作人员，将出钢模式从自动模式切换为手动模式，并进行强制出钢。当板坯完成出钢后，通知粗轧操作进行跟踪移动操作。

2.6.6.2 手动出钢操作

（1）操作台核对板坯数据：操作台确认即将出炉的板坯数据正确并通知台下的操作人员。

（2）地面站出钢：选择按钮选到本地状态；操作前要知道如何停止设备；出钢过程现场指挥人员要注意观察出钢臂伸进板坯下面时是否剐蹭板坯，出钢臂托板坯的位置是否超过板坯中心线，观察抬起板坯时板坯有无下弯出炉困难的现象，板坯出炉后是否放在辊道正中。

（3）操作台手动操作出钢：在操作台把选择按钮选到手动状态，在操作盘面操作出钢机，听从台下指挥人员的指挥。

（4）板坯出炉核对数据、板坯放行：操作台仔细核对出炉的板坯信息与轧机所要的板坯相符；确认板坯放在辊道中间位；板坯数据出炉并注意核对；板坯放行后注意板坯在辊道的运行状态。

（5）由于轧线故障，板坯出炉后需要回退板坯库的，作业区根据辊道空间，采取辊道摆钢等方式对热坯降温。

（6）出钢时出现异常必须现场确认处理，防止板坯对炉门和炉衬刮碰，以不对炉体产生损坏为前提进行处理。

（7）加热炉必须对回退板坯进行除鳞操作，再退回板坯库。

（8）出现板坯打滑无法正常前进，采用备坯将打滑板坯顶走；如后一炉次已出钢且无法返装，可用后一炉次板坯将打滑板坯顶走，然后将后一块板坯退回至炉间辊道，关注两块板坯实物与一级、二级模型是否一致，若不一致及时修正模型，确保两块板坯模型与实物保持一致，再放行。注意第一块板坯挡光检后，禁止停止辊道，需将该板坯完全放行，防止模型丢失。

2.6.6.3 板坯返装入炉操作

虚拟仿真
板坯返装入炉

（1）轧线通知出炉板坯返装入炉：确认出炉未轧制的板坯轧机没做吊销操作可以返装入炉；确定返装入炉的炉座号，即该炉子有空位可以返装。

（2）返装入炉：现场指挥人员确认板坯位置可以返装；观察出钢臂托起板坯的位置正确；指挥板坯返装，观察两块板坯间距，不要撞前一块板坯；相应的板坯模型入炉，观察一级、二级模型是否一致；模型既可由一级操作，也可由二级操作。

2.6.7 事故操作

（1）当发生故障时，按急停按钮，控制加热炉出炉区辊道及出钢机的快速停车。

（2）当出炉区执行紧急停车后，待故障消失，急停复位条件具备后，白灯亮。待操作工旋起急停按钮，然后按下急停复位按钮，将急停复位，白灯灭。

（3）当出炉区发生故障，蜂鸣器发出报警信号，橙色灯亮，按下故障报警按钮，蜂鸣器停止报警，指示灯保持。待故障消除后，橙色灯灭。

问题讨论

出钢操作有哪些注意事项？

任务 2.7 停炉操作

微课
停炉操作

虚拟仿真
停炉

任务描述

停炉操作就是安全停止加热工作，主要包括停煤气操作和汽化冷却装置停机操作。停炉操作分为正常停炉或事故停炉。正常停炉是按计划进行的；事故停炉是当出现加热炉事故不能保证正常生产时需迅速停炉，否则将会造成人身与设备危险。

知识准备

2.7.1 正常状态下停煤气注意事项

（1）停煤气时，先关闭烧嘴的煤气阀门后关闭煤气总阀门，严禁先关闭煤气总阀门，后关闭烧嘴阀门。

（2）停煤气后，必须按规定程序扫线。

（3）若停炉检修或停炉时间较长（10 d以上），煤气总管处必须堵盲板，以切断煤气来源。

（4）900~600 ℃降温期间，不得打开炉头炉门；600~200 ℃降温期间，打开炉门，自然降温，禁止用风机强制冷却；200 ℃以下，自由降温。

（5）整个凉炉过程中，严禁向炉内浇水，严禁用风机向炉内大量鼓冷风。

2.7.2 紧急状态下停煤气注意事项

（1）若发现风机停电或风机故障或压力过小时应立即停煤气，停煤气时按照先关烧嘴阀门，后关总阀门，严禁操作程序错误，并立即查清原因，若不能及时处理的，煤气管道按规定程序扫线；待故障消除，系统恢复正常后，按规定程序重新点炉。

（2）若发现煤气压力突降时，应立即打开紧急扫线阀门，然后关闭烧嘴煤气阀门，关闭煤气总阀门，打开放散阀门。当管内煤气压力下降到一定程度后，空气容易进入煤气管道而引起爆炸。

2.7.3 汽化冷却装置停炉

汽化冷却装置的停炉，有正常停炉和事故停炉两种，现分述如下。

2.7.3.1 正常停炉

加热炉熄火后，汽化冷却装置应停止向外供汽。随热负荷逐渐降低，汽包压力随之下降。为了保证装置的水循环正常，应维持缓慢降压，同时应逐渐减少汽包的进水量，以维持汽包内水位正常。对使用给水自动调节器的装置，也必须注意水位变化，当在低负荷调节器不灵时，可切换为手动调节。对于自然循环的汽化冷却系统，随炉温继续降低，汽包压力继续下降，若水循环出现异常现象时（如响声、管系振动等），可启动辅助循环设施（打开蒸汽引射或启动循环泵），直至炉温降至400 ℃以下时，方可停止辅助循环设施运行。对于强制循环的汽化冷却系统，加热炉停炉后，炉温降至300 ℃时，汽包压力降至0.1 MPa左右，可将汽包手动放散阀打开，与大气进行连通，避免汽包内出现负压。

对加热炉停炉时间不长，汽化冷却装置本体又不需要检修时，可在停炉后仍保持汽包压力在0.1 MPa左右，以便使汽包内炉水有一定温度，以利于再次启动。

长期停炉，有冻结可能时，应考虑采取防冻措施。

2.7.3.2 事故停炉

一般事故停炉可分为两种：一种是由于突然停电而电源在短期内又不能恢复所引起的；另一种是由于其他事故经处理无效所致。现分述如下。

（1）突然停电时，首先切除电动给水泵或电动循环泵，然后紧急启动柴油给水泵或柴油循环泵，由专人监视水位，将全部自动调节改为手动操作。当电源不能恢复时，为了尽可能减少给水消耗，充分利用给水箱和汽包内的存水，使水循环能维持装置在原工作压力下运行，或使压降尽可能缓慢，直至炉温低于 300 ℃，方可安全停炉。

（2）突然停水时，应马上打开事故水源，如事故水源也无水的情况下，应马上通知调度及有关人员，进行紧急处理。所以，为了减小此事故的不良后果，软水箱应时常保持满水状况，不应低于 2/3 的水位。

（3）当其他事故经处理无效，装置必须迅速停运时，应在加热炉熄火降温过程中控制汽包降压速度不宜过快。为了保证炉底管的安全，对于自然循环的汽化冷却系统，应在加热段炉温降至 800~1000 ℃，汽包压力降至 0.4 MPa 以下时，启动辅助循环设施，直至炉温降至 300 ℃以下，方可停炉。在整个停炉过程中，应对装置进行全面检查，并做好记录。

任务实施

2.7.4 正常状态下停煤气操作

（1）停煤气前，应与煤气调度联系，说明停煤气原因及时间，并通知汽化工。另外，由生产调度提前协调好吹扫煤气用的氮气，氮气压力不得低于 0.2 MPa。

（2）当班工长、看火工及有关人员必须到达现场，从指挥到操作分配好各自职责。专职或兼职安全员应携带煤气报警器做好现场监督；操作人员应备好空气呼吸器。

（3）按照先关烧嘴前煤气阀门，后关空气阀门的顺序逐个关闭全部烧嘴，但风阀不得关死，应保持少量空气送入，防止烧坏烧嘴。

（4）自装钢端向炉前顺序关闭或关小烧嘴，炉温下降速度 100 ℃/h，当炉温降到 900 ℃时，关闭全部烧嘴，然后停炉扫线。

（5）关闭厂房外煤气主管道上的总阀门，关闭煤气环管隔断蝶阀，打开所有煤气放散阀，打开烟道闸板，关闭煤气疏水器下降阀。

（6）使用氮气吹扫煤气管道。

（7）如果停炉时间较长，或者需要有人进入炉内，或者需处理煤气管道、设备，则应关闭电动盲板阀。

2.7.5 紧急状态下停煤气操作

（1）由于煤气发生站、加压站设备故障或其他原因，造成煤气压力骤降，发出报警，应立即关闭全部嘴前煤气阀门，并打开氮气或蒸汽吹扫，使煤气管道内保持必要压力，严防回火现象发生，同时与调度联系，确认需停煤气时，再按停煤气操作进行。

（2）如遇有停电或风机故障供风停止时，也应立即关闭全部嘴前煤气阀门，待恢复点火时，必须按点火操作规程进行。

（3）如加热炉发生塌炉顶事故，危及煤气系统安全时，必须立即通知调度和加压站，同时关闭全部烧嘴，切断主煤气管道，打开吹扫氮气或蒸汽，按吹扫的程序紧急停煤气。

2.7.6 汽化冷却装置停机操作

（1）检查各设备情况：加热炉已停炉，汽化冷却系统计划停机；确认汽化冷却系统设备状态，不具备投入自动控制的阀门、水泵，需切换为手动状态。

（2）停止除氧器补水：停止软水泵，随着炉温降低，汽包补水量会降低，在确认除氧器水量满足补水需求时，可停止软水泵，并根据除氧器液位情况间歇式开启除氧器补水。

（3）停止余热回收系统：关闭余热蒸发器进、回水阀门，炉温降至 150 ℃以下，汽包压力降至 0.05 MPa 以下，循环水温度 60 ℃以下，停止余热回收系统。

（4）停止向管网供汽：逐步关小汽包出口压力调节阀，直至关闭；关闭汽包出口电动阀；开启汽包蒸汽放散阀；关闭至管网蒸汽手动阀门；根据要求决定是否关闭至除氧器的阀门。

随着炉温降低，汽包压力逐渐降低，当分汽缸压力接近公司蒸汽管网压力时，通知加热炉专业工程师及调度，计划停止向管网供汽；按步骤关闭各部位阀门，同时检查汽包压力变化情况；停止汽包向外网供汽后，汽包压力会有一定攀升，此时应逐步开启汽包蒸汽放散阀，避免压力高于工艺要求。

（5）停止系统循环：关闭热水循环泵；关闭给水泵；炉温降至 100 ℃时，可停止系统循环。

（6）系统排水：开启各部位排污阀；开启泄水阀。根据加热炉专业工程师要求决定是否进行除氧器泄水。若需要则在系统停止循环前，提前降低除氧器液位至下限。根据要求开启排污阀和泄水阀；汽包液位降至仪表检测下限。

2.7.7 清理汽包污垢操作

清污垢操作是对水质化验情况判断分析正确与否的检验，水垢太多，说明对化验分析方法掌握得不够准确，应加强分析与化验的准确性。汽化冷却器内的水垢越多，说明炉内受热部分管道的水垢越厚，水垢太厚是十分危险的，它直接影响生产。水垢太多，水管受热不均，易造成水管弯曲，致使生产受到影响。清污垢操作一般采用机械清理的方法，操作步骤如下：

（1）将汽包内的存水用下排污排净；

（2）打开汽包人孔；

（3）清理污垢；

（4）职能人员验收；

（5）合格后关闭人孔。

2.7.8 汽包的停炉保养

2.7.8.1 干保养法

对已安装好并进行了水压试验而又不能及时投入运行的或需停止运行一个较长时

间（一个月以上）的汽化冷却装置，为了防止管道和汽包内部金属表面腐蚀，可采用干保养法，其步骤如下：首先将汽包和管道内的全部积水放尽，并将汽包内的污垢彻底清除、冲洗干净后，用微火烘烤或用其他方法将系统内湿气除净，再用 10～30 mm 的块状石灰分盘装好，放入汽包内（一般按汽包每 1 m^3 空间放 8 kg 计算用量）；也可用硅胶作干燥剂分袋装好，或分装于容器中（要求容器大于硅胶体积，以便在硅胶吸湿后膨胀成散状时，仍不致溢出容器）放入汽包内，然后将所有的人孔、手孔、管道阀门等关闭严密。每三个月检查一次，若生石灰碎成粉状或硅胶吸湿成散状，应更换新的石灰或硅胶。

2.7.8.2 湿保养法

当装置停运时间较短（小于一个月）时，可采用湿保养法，其步骤如下：在装置停止运行后，将全部积水放尽，并彻底清除内部污垢、冲洗干净，重新注入给水至全满，并将炉水加热到 100 ℃，使水中气体排出，然后关闭所有阀门。当气候寒冷易结冰上冻时，不宜采用湿保养法。

问题讨论

停炉操作有哪些安全注意事项？

综合训练

模块2 客观题

模块2 主观题

"四新"拓展——零烘烤浇注料

一、诺尔曼零烘烤浇注料

诺尔曼零烘烤浇注料是指在施工结束后，不需要任何时间和条件限制，甚至不需要凝固就可以直接将温度上升到正常的使用温度，且不会出现任何不良现象，也不会影响质量的一种浇注料。

二、耐火浇注料的三大天敌

浇注料天生就有三大天敌：一是原材料符合要求，但在制作过程中由于人为原因或设备原因所造成的配比不精确或搅拌偏析；二是产品合格，但在施工过程中，由于人为原因或设备原因所造成的加水量不准确或搅拌、振动不均匀；三是前两者都合格，但在烘烤过程中，由于人为原因或设备原因所造成的温度变化太大。这三大因素，往往都是不以人们的意志为转移的，故称它们为浇注料的天敌一点都不为过。

三、零烘烤浇注料的研发

以克服浇注料三大天敌为目标，从实际应用出发，秉承技基相依托采用精尖设备做配合，以现场使用见结果，成功研发出了这种切合实际广泛而又高效的浇注料——零烘烤浇注料。目前，零烘烤浇注料已经在国内外多个行业推广、应用了多年，并得到了客户很好的评价。

四、 零烘烤浇注料的意义

零烘烤浇注料能够省去或缩短因窑炉维修或大修所需要的烘烤时间（7~15 d），提高生产效率并增加相应经济效益。减少因烘烤而产生的人力、物力、财力的投入，实现相应经济效益和社会环境效益的双赢、双收获。

五、 零烘烤浇注料的性能

零烘烤浇注料的主要性能与其他同等材质的浇注料相比基本相同。所不同的是，其体积密度略有下降，下降幅度为 5~15 kg/m^3。但是它的抗热震性能则相应提高，950 ℃风冷能够提高 5~8 次。

六、 零烘烤浇注料的应用范围

零烘烤浇注料的应用范围和任何同类的浇注料产品一样，完全能够满足、适用同类浇注料的使用环境和要求，而且已经被广泛地应用在各种炉窑的维修、大修或基础建设。

七、 零烘烤浇注料的关键

浇注料有三大质量关，即材料、施工和烘烤。这三大关键是失去任何一种都将无质量可谈。而且它们都具有双重形象，即表形和隐形。比如烘烤过程中，它的表形则为表面爆裂，能够看得到，容易判断，甚至可以准确判断。而隐形则属于中、底层爆裂，根本无法看到，更谈不上判断准确。这种隐形分裂会在短期的生产中呈现出来，当然这是最麻烦的。经过长期的努力，零烘烤浇注料将永远、彻底地解决这一难题。

八、 零烘烤浇注料的趋势

就像其他任何种类的产品一样，零烘烤浇注料的问世，将逐步替代原始的同类浇注料产品。同时，非零烘烤浇注料将全部退出市场，且从此销声匿迹。

项目实战——使用虚拟仿真软件控制加热炉对坯料进行加热

项目名称	控制加热炉对坯料进行加热
作业人员数量	
操作对象	
材料及工具	
装钢操作	
坯料加热操作	
汽化冷却系统操作	
出钢操作	

虚拟仿真
汽化冷却系统
异常熄火

虚拟仿真
压缩空气
异常熄火

虚拟仿真
抽钢歪斜

虚拟仿真
炉门口掉钢

虚拟仿真
板坯下弯严重

虚拟仿真
板坯翘头

虚拟仿真
装钢信息异常

虚拟仿真
抽钢信息异常

虚拟仿真
辊道信息异常

模块 3　完善安全管理制度和安全技术操作规程

模块背景——安全生产无小事

加热炉烘炉事故案例

违规烘炉赶进度，心存侥幸；炉毁人亡酿祸端，后悔莫及。

——青岛特殊钢铁有限公司城市钢厂环保搬迁工程“5·16”加热炉爆炸事故

一、事故概述

2015 年 5 月 16 日 14 时 30 分许，青岛市黄岛区董家口青岛特殊钢铁有限公司城市钢厂环保搬迁工程建设现场 3 号高线步进式加热炉发生爆炸，造成 1 人死亡，6 人受伤，直接经济损失 480 余万元。

2014 年 1 月，青岛特殊钢铁有限公司（以下简称青岛特钢公司）将 3 号高线步进式加热炉工程发包给中冶东方工程技术有限公司（以下简称中冶东方公司），同时聘请武汉威仕工程监理有限公司（以下简称武汉威仕公司）对该项目进行监理。施工过程中，中冶东方公司又将部分分项工程分包给江苏江安集团有限公司（以下简称江苏江安集团公司）、包头市博通仪表有限责任公司（以下简称包头博通公司）、山东福源设备安装有限公司。

该项目于 2014 年 8 月 6 日开工，至 2015 年 5 月项目主体施工完毕。5 月 16 日，中冶东方公司开始组织加热炉烘炉及热调试工作，9 时 30 分，现场人员对加热炉天然气管道及阀门等设施进行了检查并确认。13 时 40 分，对烘炉用临时天然气主管、支管采用氮气进行了吹扫置换作业，并经过确认合格；14 时 20 分，天然气主管阀门开启，准备进行爆发试验后点火烘炉；14 时 30 分，当现场人群还在等待进一步指令，准备试验时，加热炉炉膛突然爆炸，造成 1 人死亡，6 人受伤。

二、直接原因

经事故调查组调查，该加热炉个别烧嘴阀门未按规程要求完全关闭，当天然气主管阀门开启后，天然气经未完全关闭的烧嘴阀门泄漏到炉膛，与炉膛内的空气混合，形成爆炸混合物，遇火源发生了爆炸。

三、间接原因

（1）作业现场组织混乱，扩大了事故后果。在中冶东方公司组织点火烘炉的同时，包头博通公司仍在现场进行电气仪表安装和设备接线，交叉作业，现场极为混乱；现场警戒区为临时划定，没有进行论证和评估，且中冶东方公司、青岛特钢公司、武汉威仕公司、江苏江安集团公司人员均在警戒区内，人员众多，在事故发生时，致使多人受伤。

（2）违规组织试生产。中冶东方公司在分项工程仍在施工、仪表仍在安装的情况下，就提前组织烘炉调试；建设方、监理方在明知提前烘炉不符合规定的情况下，仍然一同参与组织烘炉调试；事发当天，烘炉总指挥因事外出，便临时指定其他人员担任烘炉指挥，而实际指挥人员在职责不清、任务不明的情况下即上岗指挥烘炉作业；现场作业单位均未对现场作业人员进行安全技术交底，对烘炉前的各项安全条件落实不到位，最终导致了事故的发生。

四、事故处理

对事故责任单位中冶东方公司、青岛特钢公司分别处以 28 万元的罚款，对武汉威仕公司处以 20 万元罚款，对中冶东方公司项目经理李某处以上一年度年收入 30% 的罚款。责令中冶东方公司对项目经理邬某某等有关人员，武汉威仕公司总监理工程师曹某、总监理工程师代表邢某某等人员，青岛特钢公司对二号、三号高线作业部副部长兼书记姜某某等人进行处理，并按施工合同对中冶东方公司进行处罚。

五、事故启示

（1）思想隐患是安全生产工作中最大的隐患。思想决定行为，行为决定习惯。人的思想意识如果存在不安全趋向，就会导致不安全行为的出现，干起来马虎、忙起来凑合，发现隐患不重视，为事故的发生埋下祸根。

（2）忽视安全抓生产如火中取栗，脱离安全求效益如水中捞月。本起事故暴露出事故发生单位为了抢进度，不按程序办事，作业前不进行隐患排除，又不进行风险分析；作业中图方便、图省事，违章蛮干，不进行安全确认，又不进行安全警戒，最终导致这起事故的发生，用宝贵的生命再次验证了这血的教训。

微课
煤气的安全使用

任务 3.1　指导加热工安全使用煤气

任务描述

微课
安全色与安全标志

煤气是大型钢铁联合企业轧钢厂加热炉中最常用的燃料，它一方面有燃烧效率高，燃烧装置简单，易于控制，输送、操作方便等许多优点；另一方面还有极易产生煤气中毒和煤气爆炸的缺点，有时甚至可能造成厂毁人亡的严重后果。为了避免煤气事故的发生，每个加热工都应具有一定的安全使用煤气的知识，在日常操作上必须严格遵守煤气安全技术规程。

为了便于区分各种管道，动力管网一般实行颜色和标识管理。通常标色为：氧气——天蓝色；蒸汽——红色；煤气——黑色；氮气——黄色。煤气区应有明显的警示标志，禁止停留，禁止随意动用煤气设备设施，禁止一些明火和火源。

微课
安全用电常识

知识准备

3.1.1 煤气中毒事故的原因及预防

3.1.1.1 发生煤气中毒的原因

煤气中使人中毒的成分有 CO、C_2H_4 和一些重碳氢化合物、苯酚等，其中以 CO 的毒性最大，这是因为 CO 易与血液中的血红蛋白结合，结合能力是氧气的 200 多倍，且一旦结合就难以分离，使血红蛋白失去与氧气结合的机会，造成血液携氧能力降低，使人体缺氧中毒甚至死亡。煤气中毒的特征是头痛、头晕等。

CO 是一种无色无味的气体，人的感官很难发现，它的密度同空气相近，一旦扩散就能在空气中长时间不升不降，随空气流动。往往使人在不知不觉中中毒。

3.1.1.2 煤气中毒事故的预防

新建、改建、大修后的加热炉煤气系统，在投产前必须经过煤气防护部门的检查验收。煤气操作注意事项如下。

（1）对煤气设备要定期检查，如管道、阀门、放散管、排水器等。

（2）凡在煤气区作业必须到防护站办理作业票，防护站到现场检查发现问题及时处理。

（3）利用风向，如在上风头工作不允许时，可根据现场 CO 浓度决定工作的时间长短。国家标准规定 CO 浓度及工作时间见表 3-1，CO 浓度、工作时间及人体反应见表 3-2。

表 3-1 CO 浓度及工作时间

CO 浓度/($mg \cdot m^{-3}$)	允许工作时间	CO 浓度/($mg \cdot m^{-3}$)	允许工作时间
30（即 24 ppm）	可以长期工作	100（即 80 ppm）	可以工作 0.5 h
50（即 40 ppm）	可以工作 1 h	200（即 160 ppm）	可以工作 15~20 min，但间隔时间 2 h

表 3-2 CO 浓度、工作时间及人体反应

CO 浓度/($mg \cdot m^{-3}$)	作业时间	人体反应
30（即 24 ppm）	8 h	无反应
50（即 40 ppm）	2 h	无明显后果
100（即 80 ppm）	1 h	头痛恶心
200（即 160 ppm）	30 min	头痛晕眩
500（即 400 ppm）	20 min	中毒严重或致死
1000（即 800 ppm）	1~2 min	中毒死亡

（4）上炉子工作时至少 2 人以上，两人间隔 5 m 以上，点火时至少 3 人以上操作，并且必须配备煤气报警器。

（5）严禁在煤气区休息、打盹等。

（6）所有报警器每班使用前检查一次。

（7）新建或改建大修后的煤气设备要进行严密性试验，符合标准才能使用。

（8）凡进行煤气放散前，要通知调度室，并由调度室通知汽化人员，严禁自行放散。

（9）煤气设备检修时应有可靠的切断煤气源装置。

（10）扫线时胶管与阀门连接处捆绑铁丝不得少于两圈，开阀门时应侧身缓慢进行。

（11）扫线完毕拆胶管时应缓慢进行，把管内残汽排净，方可拆掉，以免蒸汽烫伤。

（12）带氧气呼吸器工作时，应检查其是否正常，是否有足够氧气。

（13）煤气作业区应常通风，CO 含量应合格。

3.1.2 煤气着火事故的预防

在冶金企业中，煤气着火事故时有发生，经济损失也比较严重，这方面的教训十分深刻。

发生煤气着火事故必须具备一定的条件，一是要有氧气或空气；二是有明火、电火或达到煤气燃点以上的高温热源。大多数的煤气着火事故都是由于煤气泄漏或带煤气作业时，附近有火源或高温热源而产生的。因此，防止煤气着火事故的根本办法就是严防煤气泄漏和带煤气作业时杜绝一切火源，严格执行煤气安全技术规程。

（1）在带煤气作业中要使用铜质工具，无铜质工具时，应在工具上涂抹黄油而且使用时必须十分小心慎重。抽、堵盲板作业前，要在盲板作业处法兰两侧管道上各刷石灰液 1~2 m，并用导线将法兰两侧连接起来，使其电阻为零，以防止作业产生火花。

（2）在煤气设备上不准架设非煤气设备专用电线。

（3）带煤气作业处附近的裸露高温管道应进行保温，必须防止天车、蒸汽机车及运输炽热钢坯的其他车辆通过煤气作业区域。

（4）在煤气设备上及其附近动火，必须按规定办理动火手续，并可靠地切断煤气来源，处理净残余煤气，取样化验合格并做好防火灭火的准备。

动画
常用灭火器的使用方法

3.1.3 煤气爆炸事故的原因及预防

空气内混入煤气或煤气内混入了空气，达到了爆炸范围，遇到明火、电火花或煤气着火点以上的高温物体，就会发生爆炸。煤气爆炸可使煤气设施、炉窑、厂房遭破坏，人员伤亡，因此必须采取一切积极措施，严防煤气爆炸事故的发生。各种煤气的爆炸浓度及爆炸温度见表 3-3。

3.1.3.1 产生煤气爆炸事故的主要原因

（1）送煤气时违章点火，即先送煤气后点火，或一次点火失败接着进行第二次点火，不做爆发试验冒险点火，造成爆炸。

表 3-3 部分煤气的爆炸浓度和爆炸温度

气体名称	气体在混合物中的体积分数/%		爆炸温度/℃
	下限	上限	
高炉煤气	30.84	89.49	530
焦炉煤气	4.72	37.59	300
无烟煤发生炉煤气	15.45	84.4	530
烟煤发生炉煤气	14.64	76.83	530
天然气	4.96	15.7	530

（2）烧嘴未关或关闭不严，煤气在点火前进入炉内，点火时发生爆炸。

（3）强制通风的炉子，发生突然停电事故，煤气倒灌入空气管道中造成爆炸。

（4）煤气管道及设备动火，未切断或未处理净煤气，动火时造成爆炸。

（5）煤气设备检修时无统一指挥，盲目操作，造成爆炸。

（6）长期闲置的煤气设备，未经处理与检测冒险动火，造成事故等。应当指出：煤气爆炸的地点是煤气易于淤积的角落，如空煤气管道、炉膛及烟道和通风不良的炉底操作空间等，其中点火时发生爆炸的可能性最大。

3.1.3.2 煤气爆炸事故的预防

既然加热炉点火时最易发生爆炸事故，那么预防爆炸事故首先就要做好点火操作的安全防护工作。

点火作业前应打开炉门，打开烟道闸门，通风排净炉内残气；强制排烟的加热炉，需要启动排烟风机，确认风机抽力正常；并仔细检查烧嘴前煤气开闭器是否严密，炉内有无煤气泄漏，如炉内有煤气必须找到泄漏点，处理完毕并排净炉内残气，确认炉内、烟道内无爆炸性气体后，方可进行点火作业。

点火作业应先点火，后给煤气；第一次点火失败，应在放散净炉内气体后重新点火，点火时所有炉门都应打开，门口不得站人。

在加热炉内或煤气管道上动火，必须处理净煤气，并在动火处取样做含氧量分析；含氧量（体积分数）达到20.5%以上时，才允许进行动火作业，管道动火应通蒸汽动火，作业中始终不准断汽。

在带煤气作业时，作业区域禁止无关人员行走和进行其他作业，周围30 m内（下风侧40 m）严禁一切火源和热碴罐、机车头、红坯等高温热源及天车通过，要设专人进行监护。

在煤气压力低或待轧、烧嘴热负荷过低以及烘炉煤气压力过大时，要特别注意防止回火和脱火，酿成爆炸事故。切不可因非生产状态而产生麻痹思想。

如果遇有风机突然停运及煤气低压或中断时，应立即同时关闭空气、煤气快速切断阀及烧嘴前煤气、空气开闭器，要特别注意首先要关闭煤气开闭器，切断煤气来源，止火完成后，通知有关部门，查明原因，消除隐患后，才可点火生产。

3.1.4 产生回火的原因

生产时，还应注意燃烧器的回火现象，回火就是煤气和空气的可燃混合物回到燃烧器内燃烧的现象。

回火的产生是由于煤气与空气的混合物从喷嘴喷头喷出的速度小于火焰传播速度。根据理论分析和现场操作实践总结出以下情况容易发生回火：

（1）煤气的压力突然大幅度降低；

（2）烧嘴的热负荷太小，混合可燃气体的喷出速度过低；

（3）烧嘴混合管内壁不光洁，混合可燃气体产生较大的涡流；

（4）关闭煤气的操作不当，例如在关闭煤气时没有及时关闭风阀，空气就将窜入煤气管道中造成回火；

（5）混合气体喷出速度分布不均匀（在喷出口断面上）；

（6）焦油及灰尘的沉析。

任务实施

3.1.5 煤气中毒事故的处理

发生煤气中毒事故时应立即用电话报告煤气防护站到现场急救，并指派专人接救护车。同时将中毒者迅速救出煤气危险区域，安置在上风侧空气新鲜处，并立即通知附近卫生所医生到现场急救。检查中毒者的呼吸、心脏跳动及瞳孔等情况，确定煤气中毒者的中毒程度，采取相应救护措施。

必须注意，当中毒者处于煤气严重污染区域时，必须戴好防毒面具才能进行抢救，不可冒险从事，扩大事故。

对轻微中毒者，如只是头晕、头痛、恶心、呕吐等，可直接送附近卫生所或医院治疗。

对较重中毒者，如有意识模糊、呼吸微弱、大小便失禁、口吐白沫等症状，应立即在现场补给氧气，待中毒者恢复知觉，呼吸正常后，送医院治疗。

对意识完全丧失、呼吸停止的严重中毒者，应立即在现场施行人工呼吸，中毒者未恢复知觉前，不准用车送往医院治疗。未经医务人员允许，不得中断对中毒者的一切急救措施。

为了便于抢救，应解开中毒者的领扣、衣扣、腰带，同时注意冬季的保暖，防止患者着凉。

发生煤气中毒事故后，必须查明原因，并立即处理和消除，避免重复发生同类事故。

3.1.6 煤气着火事故的处理

凡发生煤气着火事故应立即用电话报告煤气防护站和消防队到现场急救。

当直径为 100 mm 以下的煤气管道着火时，可直接关闭闸阀止火。

当直径在 100 mm 以上的煤气管道着火时，应停止所有单位煤气的使用，并逐渐关闭阀门 2/3，使火势减小后再向管内通入大量蒸汽或氮气，严禁关死阀门，以防回火爆炸，待火自然熄火后，再关死阀门。煤气压力最低不得小于 100 Pa，严禁完全关闭煤气或封水封，以防回火爆炸。

如果煤气管道内部着火应封闭人孔，关闭所有放散管，向管道内通入蒸汽灭火。

当煤气设备烧红时，不得用水骤然冷却，以防管道变形或断裂。

3.1.7 煤气爆炸事故的处理

发生煤气爆炸事故时，一般都伴随着设备损坏而发生煤气中毒和着火事故，或者产生第二次爆炸。因此，在发生煤气爆炸事故时，必须立即报告煤气防护站及消防保卫部门；切断煤气来源，迅速处理净煤气，组织人力，抢救伤员。煤气爆炸后引起的煤气中毒或煤气着火事故，应按相应的事故处理方法进行妥善处理。

3.1.8 出现回火时的处理

当烧嘴回火时，要关闭烧嘴，检查处理。如果烧嘴回火时间较长，已将烧嘴混合管烧红，应冷却混合管后再点燃。在实际操作中，要坚持煤气压力过低时不能送煤气这一原则。

在实际操作中只要保证混合气体的喷出速度在 30~50 m/s 就可以，过大的喷出速度会使燃烧不稳定，火焰断续喘气，甚至熄火。这就是说在一定条件下，除考虑防止回火问题外，还必须注意灭火问题。

问题讨论

如何提高安全意识？

任务 3.2 完善加热作业区安全技术规程

任务描述

安全生产是企业管理的一项重要任务。安全的含义有两个方面：一是人身安全；二是设备安全。安全生产就是岗位工在从事劳动生产过程中，保护好自身的安全和健康，采取各种办法消除危害安全、健康和影响生产正常进行的各种因素，使操作者有一个既安全又卫生的工作环境，使机器设备等经常保持正常运行，以促使劳动生产率的不断提高。

知识准备

3.2.1 安全技术操作规程

为预防生产事故，每个岗位工必须严格遵守安全技术操作规程。安全技术操作规程反映了客观规律，是根据不同的生产性质、不同的机械设备性能，规定出的合乎安全技术要求的操作程序。因此，每一个操作工都要认真学习，严格执行各种安全技术规程，如生产工艺的安全要求、人的操作和设备安全上的要求等。

3.2.2 加热工安全职责

（1）熟悉所用设备的结构、性能和安全操作方法，经考核合格后，方可独立操作。

（2）工作前必须穿戴好规定的防护用具。

（3）工作前应检查炉门升降机构及配重是否牢靠；检查炉子各烧嘴、风阀及烟道闸门是否灵活、可靠。

（4）新砌的炉子应按烘炉工艺技术要求进行烘炉后方可使用。

（5）操作人员必须随时按要求对设备进行维护和检查。

（6）在使用火钩、夹钳、撬棍等工具时，应观察身后是否有人，不得随手乱扔工具。

（7）炉中加热坯料应做好记录，交接班必须清楚，经常保持炉子周围的清洁卫生。

（8）在煤气区应挂上“煤气危险区”等标志牌。

（9）进入危险区作业应有人监护；特别检查高炉煤气管道时，应事先做好事故预测和安全措施，佩戴便携式 CO 报警器，CO 浓度大于 200 mg/m^3（160 ppm）时，佩戴空气呼吸器或氧气呼吸器。

（10）要用肥皂水等方法试漏，不得采用鼻子嗅的方法检查管道泄漏。对查出煤气管道泄漏要马上处理，不准延误。

任务实施

3.2.3 加热工安全操作规程

（1）加热工必须身体健康，经过专门培训且考试合格方可上岗。

（2）按要求进行煤气安全知识培训学习并取得煤气操作证且确保证件在有效期内。

（3）正确穿戴使用个人劳动保护用品，在工作中执行互保制度，严禁单人单岗作业；班前 4 h 及班中严禁饮酒。

（4）接班时检查呼吸器压力必须满足要求，且各部位正常有效无泄漏，报警笛正常报警，处于备用状态，做好记录；便携式 CO 报警器处于有效期内且反应灵敏，数据显示正常。

（5）加热工必须严格遵守《工业企业煤气安全操作规程》，遵守公司、厂部有关的安全生产规定，集中精力进行操作，实时监控各种安全及工艺数据。

（6）班中定期对加热炉进行巡检，巡检时必须两人同行前后相距 5 m，CO 报警仪悬挂在工作服上衣口袋位置。煤气快速切断阀门、所有检测仪表各种开闭器及机械阀门都必须灵活好使，若发现不灵活或漏气时应通知维修工及时修理，保证灵活好用无泄漏并做好记录。

（7）加热工经常检查装出料炉门、门框等，必须与汽化人员密切协作，要随时清楚地了解加热炉汽化系统运行情况，杜绝设备和人身事故的发生。

（8）班中操作过程中发现煤气压力波动较大时，立即向调度室及班组长报告，了解相关情况，密切观察视煤气压力变化采取关闭所有煤气阀门或放散等措施。

（9）在点火、烘炉或生产过程中由于任何原因造成加热炉不能正常工作，或空气、煤气压力降低，或其他联锁报警达到条件报警时，采取应急措施关闭炉顶换向阀及煤气总管快切阀，确保安全，并向调度室及班组长报告，待联锁条件恢复正常后再按规程重新点燃烧嘴恢复生产。

（10）在煤气危险区域进行检查、作业时，必须两人以上进行，携带 CO 报警仪；在区域煤气浓度超过 200 mg/m^3（160 ppm）时必须佩戴空气呼吸器进行作业；不准赤手动用加热炉旁工具，以防烫伤。

（11）在抽堵盲板作业时，必须办理盲板抽堵作业票，经相关人员审核批准后按盲板抽堵标准化作业程序进行。

（12）炉体及管道检修时，按正常规定停炉，可靠切断煤气来源，使用不低于 0.35 MPa的氮气进行吹扫置换 1.5 h 以上，联系煤气防护站进行检测，检测合格后联系电气对盲板阀断电并挂牌，方可进行检修作业，每隔 2 h 确认盲板有效性。

（13）若发生突然停电、停风、停水、停煤气等异常情况时，应立即通知有关人员，要按《突发事故应急预案》，切断煤气，紧急停炉，确保安全。

（14）煤气设备严禁用铁器敲打，以保证设备完好，并防止产生火花引起煤气泄漏或爆炸。

3.2.4 汽化工安全操作规程

（1）汽化工必须身体健康，经过专门培训且考试合格方可上岗。按要求进行压力容器安全知识培训学习并取得相应证件且证件在有效期内。

（2）正确穿戴使用个人劳动保护用品，在工作中执行互保制度，严禁单人单岗作业；班前 4 h 及班中严禁饮酒。

（3）班中每隔 2 h 对汽包进行巡检，巡检时与汽包及汽化管道保持距离，以防烫伤；禁止赤手碰触管道、阀门，上下平台时抓紧扶手，当心滑跌；注意检查汽化冷却设备运转情况是否正常，安全阀有无泄漏，对比压力表指示是否一致、液位计指示误差在要求范围内，液位计进行冲表，冲表时身体各部位不得正对阀门出口；发现问题及时通知调度并联系相关人员处理，并做好记录。

（4）汽化运行人员必须与加热工密切协作，要随时清楚地了解加热炉汽化系统运行压力，汽包水位情况，杜绝设备和人身事故的发生。

（5）班中对汽化系统应急柴油机进行检查，保证油位及水位正常，严禁用手试液位。如需要加水时控制面板打至手动，防止联锁启动，并设专人监护；每周定期及停炉检修后对应急柴油机进行试车，试车时距离柴油机联轴器、换热器等高温及转动部位保持 1 m 以上距离，记录试车结果，发现问题及时向调度、作业区报告，并联系相关人员处理，保证应急设备的有效性。

（6）当日白班汽化工到汽化间取水样，穿戴好个人防护用品、戴好手套，与接水点保持安全距离，身体各部位不得正对阀门出口，不准赤手接触盛水容器，防止烫伤。

（7）调整汽化系统阀门时要两人以上作业，不准赤手接触汽化系统的阀门，防止烫伤，涉及活动梁联箱部位阀门需停止步进梁运行并对步进梁执行摘挂牌制度。

（8）汽化系统发生停电、停水、汽包缺水等事故时，要立即启动应急预案，并向调度室及当班领导报告。

（9）汽化系统运行过程中出现焊口或法兰连接处漏气应及时向作业长、调度和加热炉技术人员汇报。不得靠近漏气部位。如果漏气严重汽包压力无法保证应作紧急停炉降温处理。

（10）为保持汽包、上升、下降管内部的清洁，避免炉水发生泡沫和炉水质变坏，必须进行排污：定期排污次数通常每班 3～4 次；连续排污装置应根据炉水化验结果按公式计算确定。为了不破坏水循环，定期排污阀与连续排污阀不能同时打开，排污时，排污阀全开的时间不宜超过 30 s。

3.2.5 装钢工安全操作规程

（1）装钢工必须身体健康，经过专门培训且考试合格后方可独立上岗。

（2）正确穿戴使用个人劳动保护用品，在工作中执行互保制度，严禁单人单岗作业；班前 4 h 及班中严禁饮酒。

（3）操作前确认设备有无悬挂工作牌，设备周围有无障碍，设备运行是否良好。炉门、装钢机等设备限位装置齐全、灵敏；装钢机停位准确，手动作业时不准依靠极限进行操作。

（4）掌握装钢机及步进梁的运转情况，在生产过程中发现问题及时处理，不准带隐患作业。

（5）室内电控柜、操作台、闸把等操控设施上，不准放置、吊挂任何物品，要保持工作场地清洁，周围无杂物。

（6）加强相关岗位的联系，发现在装钢过程中有异常情况，要到装钢现场进行确认，防止因操作失误造成人员伤亡和设备受损。

（7）装钢时，辊道必须停止工作，设备上及设备周围严禁有人，在确认现场无人逗留、设备周围无障碍时方可启动装钢机进行装钢。

（8）装钢机、辊道、步进梁在未挂牌时严禁跨越攀登，在生产过程中发现有人靠近设备时立即停止操作，查明原因后方可恢复生产。

（9）在处理掉钢、卡钢等事故时，要对相关设备挂检修牌，选用好处理工具，听从专人指挥，在处理事故时不要站在转动、移动部位，需要设备动作时，装钢工与现场指挥人员取得联系，确认设备动作范围内无人时方可操作。

（10）停机检查、维修时，严格执行工作牌使用管理制度；未经检修人员同意，严禁启动设备。

（11）在检修后试车前必须确认检修牌已摘除，并到现场确认装钢辊道、装钢机及步进梁周围有无人员杂物，在确认现场无人逗留、设备周围无障碍时鸣笛示警3 min方可启动试车。

3.2.6 出钢工安全操作规程

（1）出钢工必须身体健康，经过专门培训且考试合格后方可独立上岗。

（2）正确穿戴使用个人劳动保护用品，在工作中执行互保制度，严禁单人单岗作业；班前4 h及班中严禁饮酒。

（3）操作前确认设备有无悬挂工作牌，作业时注意观察，要求设备周围无障碍，并且设备运行良好。炉门、出钢机等设备限位装置齐全、灵敏；出钢杆停位准确，手动作业时不准依靠极限进行操作。

（4）掌握出钢机及步进梁的运转情况，在生产过程中发现问题及时处理，不准带隐患作业。

（5）室内电控柜、操作台、闸把等操控设施上，不准放置、吊挂任何物品，要保持工作场地清洁，周围无杂物。

（6）加强岗位的联系，防止因操作失误造成人员伤亡和设备受损。

（7）出钢时，辊道必须停止工作，设备上及设备周围严禁有人，在确认现场无人逗留、设备周围无障碍时方可启动出钢机进行出钢。

（8）出钢机、辊道、除鳞机、步进梁在未挂牌时严禁跨越攀登，在生产过程中发现有人靠近设备时立即停止操作，查明原因后方可恢复生产。

（9）在处理掉钢、卡钢等事故时，要对炉门、装出钢机、辊道等设备挂检修牌，断开检修开关，选用好处理工具，听从专人指挥，在处理事故时不要站在转动、移动部位；需要设备动作时，出钢工与现场指挥人员取得联系确认设备动作范围内无人时方可操作。

（10）停机检查、维修时，严格执行工作牌使用管理制度。

（11）在检修后试车前必须确认检修牌已摘除，并到现场确认出钢辊道、出钢机、除鳞机及步进梁周围有无人员杂物，在确认现场无人逗留、设备周围无障碍时鸣笛示警3 min，方可启动试车。

3.2.7 板坯管理安全操作规程

（1）坯库管理工必须身体健康，经过专门培训且考试合格方可上岗。

（2）正确穿戴使用个人劳动保护用品，严禁单人单岗作业；在工作中执行互保制度；班前4 h及班中严禁饮酒。

（3）堆垛前垛底面必须平坦，垛形要平整不得有歪斜。

（4）板坯堆垛应符合堆垛要求（例如某厂堆垛要求是：板坯垛高不得超过 17 块；垛间距离不小于 1 m；通道不小于 2 m；板坯垛位要距辊道中心或设备基础 2.5 m 以上）。

（5）操作前确认设备有无悬挂工作牌，作业时注意观察，要求设备周围无障碍，并且设备运行良好，天车上料时辊道必须停止工作。

（6）室内电控柜、操作台、闸把等操控设施上，不准放置、吊挂任何物品，要保持工作场地清洁，周围无杂物。

（7）加强岗位的联系，发现在板坯运输过程中有异常情况，要到现场进行确认，防止因操作失误造成人员伤亡和设备受损。

（8）严禁在吊物下方穿过和行走，要注意观察，并要躲开板坯及吊物。

（9）严禁在板坯垛附近或垛位间长期停留、睡觉或乘凉，禁止在热板上取暖或烧水、热饭，严禁在板坯库焚烧垃圾、杂物。

（10）严禁跨越辊道或从运坯车与辊道接口处通过，必须走安全过桥。

（11）天车吊起物件时，不准用手扶吊具和吊物；检查板坯时，不准跨越各种板垛，以防发生意外。

3.2.8　上料工安全操作规程

（1）上料工必须身体健康，经过专门培训且考试合格方可上岗。

（2）正确穿戴使用个人劳动保护用品；严禁单人单岗作业；班前 4 h 及班中严禁饮酒；在工作中执行互保制度。

（3）接班前对所使用的板坯夹钳、钢丝绳、链环等专用工具进行检查确认，符合安全使用标准方可使用。

（4）操作辊道及冷装推钢机前确认设备有无悬挂工作牌，作业时注意观察，要求设备周围无障碍，并且设备运行良好，天车上料时辊道必须停止工作。

（5）室内电控柜、操作台、闸把等操控设施上，不准放置、吊挂任何物品，要保持工作场地清洁，周围无杂物。

（6）加强岗位的联系，发现在板坯运输过程中有异常情况，要到现场进行确认，防止因操作失误造成人员伤亡和设备受损。

（7）需要现场指挥上料时，按天车指挥手势和信号指挥天车，手势和信号要明确，禁止站在吊物下方和板坯垛上指挥天车，指挥时必须距离板坯夹钳和热坯 3 m 以上，不准直接用手扶吊具和吊物。

（8）检查和测量板坯时，必须戴好手套且在板坯的端部进行，测量板坯长度时，垛高超过 6 块以上或相邻垛位超过 12 块时，必须指挥天车吊出后放到垛底上进行测量。

（9）严禁跨越辊道或从运坯车与辊道接口处通过，必须走安全过桥。

（10）严禁在吊物下方穿过和行走，要注意观察、并要躲开板坯及吊物。

（11）严禁在板坯垛附近或垛位间长期停留、睡觉或乘凉，禁止在热板上取暖或烧水、热饭，严禁在板坯库焚烧垃圾、杂物。

3.2.9 原料工安全操作规程

（1）原料工必须身体健康，经过专门培训且考试合格方可上岗。

（2）正确穿戴个人劳动保护用品，班前 4 h 及班中严禁饮酒；严禁单人单岗作业；在工作中执行互保制度。

（3）接班前认真了解上一班生产情况和所在区域设备运转情况。

（4）填写各种记录、表格必须字迹工整、清楚，需要签字必须确认好内容，必须本人签字严禁他人代签。

（5）在加热炉区域行走时，应注意加热炉区域安装的固定式煤气报警仪报警状态。看到或者听到煤气报警仪报警时应到安全区域躲避。

（6）在厂房内行走应走安全通道和安全过桥；不得在正在作业的起吊物下行走。

（7）原料工种密切协作，及时根据炉内的板坯开票，送往精整及各操作台。

（8）根据炉内板坯出炉情况及时报需更换的规格。

（9）在确认设备周围无障碍，设备上无人检修或逗留时鸣笛示警方可启动；生产过程中，任何人严禁跨越辊道及其他运转设备。

（10）非本岗位操作人员严禁私自开动各种开关、阀门和操作手柄等。

（11）加强岗位联系协作，防止因误操作而造成的人身和设备事故。

（12）对不符合要求的钢坯，严禁装炉。

3.2.10 识别简单作业安全风险

针对现场简单作业，在严格安全操作规程的前提下，识别安全风险，做好防护措施，确保不发生安全事故。简单作业安全风险见表 3-4。

表 3-4 简单作业安全风险

序号	作业项目	安 全 风 险	管 控 措 施
1	测量板坯尺寸	煤气中毒、高处坠落、机械伤害	佩戴煤气报警器，做好联系确认，辊道解除自动控制
2	清理板坯表面异物	煤气中毒、高处坠落、机械伤害、高温烫伤	佩戴煤气报警器，做好联系确认，辊道解除自动控制，停电，注意热坯禁止踩踏，防止烫伤
3	巡检	煤气中毒、高处坠落、机械伤害	两人互保，佩戴煤气报警器，注意脚下平台是否平坦，防止滑倒，上下楼梯握紧扶手，照明不足位置需携带手电
4	开关煤气系统相关手阀	煤气中毒	两人互保，佩戴煤气报警器，佩戴帆布手套，防止烫伤
5	检查炉内板坯状态	煤气中毒	两人互保，佩戴煤气报警器，打开炉门时，注意避让，防止高温灼伤

续表 3-4

序号	作业项目	安全风险	管控措施
6	倒运板坯及码放	煤气中毒、机械伤害、物体打击、高空坠落	两人互保，佩戴煤气报警器，指吊工选好安全站位，必须持证上岗，注意避让天车、过跨车行进路线，现场所有操作必须由具备相关资质的人员进行，板坯选择合理、安全位置堆垛，按照短压长（差值大于 1 m）、窄压宽（差值大于 0.3 m）原则码放，防止倾塌或压毁地基
7	装钢机试车	煤气中毒、机械伤害	两人互保，佩戴煤气报警器，设备动作前做好联系确认，保证设备动作时人员避开动作范围
8	出钢机试车	煤气中毒、机械伤害	两人互保，佩戴煤气报警器，设备动作前做好联系确认，保证设备动作时人员避开动作范围
9	步进梁试车	煤气中毒、机械伤害	两人互保，佩戴煤气报警器，设备动作前做好联系确认，保证设备动作时人员避开动作范围
10	装钢机对中测试	煤气中毒、机械伤害	佩戴煤气报警器，装钢机及装钢辊道下电，测量时做好联系确认
11	出钢机对中测试	煤气中毒、机械伤害	佩戴煤气报警器，装钢机及装钢辊道下电，测量时做好联系确认
12	启停冲渣水	煤气中毒、窒息	与维检单位、精轧主控和点检人员做好联系确认
13	停炉期间检查炉内水梁及耐材	煤气中毒、窒息	两人互保，佩戴煤气报警器和氧气报警器
14	柴油机泵试车	煤气中毒、机械伤害	两人互保，佩戴煤气报警器，做好联系确认
15	检修刮渣	煤气中毒	两人互保，佩戴煤气报警器，做好联系确认，打开炉门时注意避让，防止高温灼伤
16	汽化系统排污	煤气中毒、烫伤	两人互保，佩戴煤气报警器，做好联系确认，注意躲避排污口，缓慢开启排污阀，防止烫伤
17	启停助燃风机和排烟风机	煤气中毒、机械伤害	两人互保，佩戴煤气报警器，做好联系确认
18	回退板坯	煤气中毒、机械伤害	两人互保，佩戴煤气报警器，做好联系确认
19	现场汽化系统、水系统、压缩空气系统等操作工负责热的手阀开关	煤气中毒、机械伤害、高温烫伤、高处坠落	两人互保，佩戴煤气报警器，做好联系确认后方可操作阀门，注意操作时佩戴帆布手套，躲避可能泄漏位置，防止蒸汽、热水喷溅
20	现场监控、检查类项目	煤气中毒、机械伤害、高温烫伤、高处坠落	两人互保，佩戴煤气报警器，注意站位，与主控室及现场作业人员保持信息沟通，躲避高温区域

续表 3-4

序号	作业项目	安全风险	管控措施
21	现场就地操作箱操作	煤气中毒、触电、机械伤害	两人互保，佩戴煤气报警器，操作时注意防止触电，确认开关绝缘良好方可触摸，运动设备启动前，注意站位，并确认周边人员撤离，防止设备动作伤人、伤己
22	装钢侧抽出板坯	煤气中毒、触电、高温烫伤、机械伤害	两人互保，佩戴煤气报警器，注意站位，防止摔倒，开炉门后注意避让，防止高温灼伤

3.2.11 识别异常作业安全风险

异常作业安全风险见表 3-5。

表 3-5 异常作业安全风险

序号	异常作业项目	作业流程	安全风险	安全措施
1	板坯走斜调整	（1）停止出钢并机切手动，对板坯进行调整，现场安排一人监控板坯状态，并与主控室保持对讲联系； （2）板坯摆正后放行或回退	烫伤、机械伤害	（1）设备动作前做好联系确认，保证设备动作时人员避开动作范围； （2）现场人员注意佩戴煤气报警器
2	板坯在炉内断裂	（1）停止出钢并降温； （2）采用出钢机和步进梁配合将板坯局部托出； （3）焊接吊点或采用钢丝绳将板坯摆正，通过辊道回退； （4）如板坯断裂后较短，可直接用天车吊走	烫伤、机械伤害、CO 中毒	（1）设备动作前做好联系确认，保证设备动作时人员避开动作范围； （2）出钢机和步进梁动作时人员禁止靠近，避免机械伤害； （3）焊接吊点时，动火人持证上岗，防护面罩和手套穿戴整齐，看火人、消防器材准备到位，注意测量 CO 浓度； （4）天车吊运时，避让天车行进路线，严禁吊物下站人； （5）现场施工人员佩戴煤气报警器； （6）炉膛负压控制，防止煤气外泄或高温烫伤
3	板坯塌头塌尾导致无法正常出钢	（1）现场开炉门确认板坯状态； （2）出钢机上部垫耐火砖或铁块，重新手动出钢	机械伤害、CO 中毒、高温烫伤	（1）设备动作前做好联系确认，保证设备动作时人员避开动作范围； （2）现场人员佩戴煤气报警器； （3）出钢机头部高温，禁止触摸，防止烫伤

续表 3-5

序号	异常作业项目	作业流程	安全风险	安全措施
4	煤气管道着火	（1）确认现场着火位置，现场清场，无关人员禁止靠近； （2）如管道直径小于 100 mm，可直接关闭管道阀门； （3）直径不小于 100 mm 时，通入氮气吹扫保压，待火熄灭后，执行停炉操作	CO 中毒、烫伤	（1）拉好警戒带，防止无关人员靠近； （2）现场作业人员佩戴煤气报警器、氧气报警器、空气呼吸器； （3）操作人员佩戴手套，防止烫伤
5	出钢侧板坯重叠	（1）将两块板坯正常出钢； （2）如板坯倾斜，通过在出钢臂上增加垫铁，将上部板坯调平； （3）将上部板坯使用夹钳吊走	烫伤、机械伤害、CO 中毒	（1）设备动作前做好联系确认，保证设备动作时人员避开动作范围； （2）现场人员佩戴煤气报警器； （3）出钢机锤头高温，禁止触摸，防止烫伤； （4）天车吊运时，避让天车行进路线，严禁吊物下站人
6	出钢机撞炉内板坯	（1）发现出钢机撞歪板坯后及时停止出钢机； （2）将步进梁打高位，确认板坯下弯不会撞击出钢臂，如果可能撞击出钢臂，将步进梁打到上位保温 10 min 后再次确认板坯位置； （3）现场专人监护，手动在炉内把板坯调正后再出钢	机械伤害、CO 中毒、高温烫伤	（1）设备动作前做好联系确认，保证设备动作时人员避开动作范围； （2）现场人员佩戴煤气报警器； （3）出钢机头部高温，禁止触摸，防止烫伤

问题讨论

讨论各岗位安全操作规程的要点。

综合训练

模块3
客观题

模块3
主观题

“四新”拓展——“钢八条”解读

所谓钢八条，是指钢铁企业应重点整治八条事故隐患、违法行为，其来源为应急管理部办公厅关于印发《工贸行业安全生产专项整治“百日清零行动”工作方案》（应急厅函〔2022〕127号），具体内容如下：

（1）炼钢厂在吊运铁水、钢水或液渣时，未使用固定式龙门钩的铸造起重机；炼铁厂铸铁车间吊运铁水、液渣起重机不符合冶金起重机的相关要求。

若未使用固定式龙门钩的铸造起重机，易导致钢包脱落，造成物体打击事故。

（2）吊运铁水、钢水与液渣起重机龙门钩横梁焊缝、耳轴销和吊钩、钢丝绳及其端头固定零件，未进行定期检查，发现问题未及时整改。

若未定期检查钢铁企业设备设施，易造成物体打击事故。

（3）操作室、会议室、交接班室、活动室、休息室、更衣室等场所设置在铁水、钢水与液渣吊运影响的范围内。

若钢水罐发生坠罐倾翻时，易对附近大范围人员造成物体打击、灼烫事故。

（4）钢水铸造（连铸、模铸）流程未规范设置钢水罐、溢流槽等高温熔融金属紧急排放和应急储存设施。

若未规范设置钢水罐、溢流槽等高温熔融金属紧急排放和应急储存设施，易导致铁水外泄造成爆炸事故。

（5）氧枪等水冷元件未配置出水温度与进出水流量差检测、报警装置，未与炉体倾动、氧气开闭等联锁。

若氧枪等水冷元件未配备相应的安全联锁装置，易导致冷却水入炉，造成爆炸事故。

（6）高炉、转炉、连铸、加热炉和煤气柜等煤气区域的有人值守的主控室、操作室和人员休息室等人员较集中的地方及在可能发生煤气泄漏、聚集的场所，未设置固定式一氧化碳监测报警装置。

1）主要风险点。若人员密集场所未设置固定式一氧化碳监测报警装置或失效，不能有效监测煤气泄漏，易造成爆炸和中毒事故。

2）法律法规依据。《冶金企业和有色金属企业安全生产规定》（国家安全监管总局令第91号）第三十二条第一款规定：生产、储存、使用煤气的企业应当严格执行《工业企业煤气安全规程》（GB 6222—2005），在可能发生煤气泄漏、聚集的场所，设置固定式煤气检测报警仪和安全警示标志。《工业企业煤气安全规程》（GB 6222—2005）的4.10中规定：煤气危险区（如地下室、加压站、热风炉及各种煤气发生设施附近）的一氧化碳浓度应定期测定，在关键部位应设置一氧化碳监测装置。作业环境一氧化碳最高允许浓度为30 mg/m^3（24 ppm）。

8.2.4 中规定：站房内应设有一氧化碳监测装置，并把检测信号传送到管理室内。说明：本条指煤气加压机房、风机房和混合装置区域。

9.2.2.3 中规定：活塞上部应备有一氧化碳检测报警装置及空气呼吸器。

3）典型案例。2008 年河北某钢铁公司"12·24"重大煤气泄漏事故，导致 17 人死亡、27 人受伤。

4）检查方法：

① 高炉、转炉、连铸、加热炉、煤气柜、加压机、抽风机、混合站等煤气区域的主控室、操作室、会议室、休息室等人员集中的地方是否安装固定式 CO 检测报警仪；

② 易发生煤气泄漏、聚集的设施部位（高炉风口及以上平台、转炉炉口及以上平台、加压站房和其他煤气设施等区域）是否安装固定式 CO 检测报警仪；

③ 固定式 CO 报警仪是否在有效期内或校准周期内；

④ 固定式 CO 检测报警仪是否处于正常使用状态（电源、显示等）。

（7）高炉、转炉、加热炉、煤气柜、除尘器等设施的煤气管道未设置隔断装置和吹扫设施。

1）主要风险点。若煤气管道未设置隔断装置和吹扫设施，易导致煤气泄漏，造成爆炸和中毒事故。

2）法律法规依据。《工业企业煤气安全规程》（GB 6222—2005）。

7.5.2 中规定：为防止煤气串入蒸汽或氮气管内，只有在通蒸汽或氮气时，才能把蒸汽或氮气管与煤气管道连通，停用时应断开或堵盲板。

10.2.1 中规定：煤气设施停煤气检修时，应可靠地切断煤气来源并将内部煤气吹净。长期检修或停用的煤气设施，应打开上、下人孔和放散管等，保持设施内部的自然通风。

3）典型案例。2008 年河北遵化某钢铁有限公司"12·24"重大煤气泄漏事故，17 人死亡，27 人受伤。2010 年河北武安某钢铁公司"1·4"重大煤气中毒事故，死亡 21 人，9 人受伤。2014 年南京某钢铁股份有限公司炼钢厂连铸车间"5·24"煤气中毒事故，造成 1 人死亡。

4）检查方法：

① 煤气设施检修作业审批材料；

② 审批材料中的安全措施，是否涵盖隔断煤气来源和规范吹扫置换要求；

③ 煤气设施进、出口处是否规范设置隔断装置和吹扫设施；

④ 煤气设施停煤气检修时，是否规范隔断煤气；

⑤ 煤气设施吹扫置换结束后，吹扫介质管道是否与煤气管道物理断开或规范堵盲板。

（8）使用国家明令禁止使用的设备、材料和工艺。若使用国家明令禁止使用的设备、材料和工艺，易导致物体打击、灼烫、中毒、爆炸等各类安全事故。

项目实战——识别安全风险，做好安全防护

项目名称	安全风险	防护措施
测量板坯尺寸		
清理板坯表面异物		
巡检		
开关煤气系统相关手阀		
检查炉内板坯状态		
倒运板坯及码放		
装钢机试车		
出钢机试车		
步进梁试车		
装钢机对中测试		
出钢机对中测试		
启停冲渣水		

续表

项目名称	安全风险	防护措施
停炉期间检查炉内水梁及耐材		
柴油机泵试车		
检修刮渣		
汽化系统排污		
启停助燃风机和排烟风机		
回退板坯		
现场汽化系统、水系统、压缩空气系统等操作工负责热的手阀开关		
现场监控、检查类项目		
现场就地操作箱操作		
装钢侧抽出板坯		
板坯走斜调整		

续表

项目名称	安全风险	防护措施
板坯在炉内断裂		
板坯塌头塌尾导致无法正常出钢		
煤气管道着火		
出钢侧板坯重叠		
出钢机撞炉内板坯		

模块 4 加热工艺制度的制定与检查

模块背景——“手撕钢”生产不可缺少的环节

2018 年初，山西太钢不锈钢股份有限公司 0.02 mm 超薄“手撕钢”（见图 4-1）研发成功，该技术填补了国内空白，打破了国外企业的技术垄断。

从专业角度讲，“手撕钢”是一种不锈钢箔，即厚度在 0.1 mm 以下的不锈钢精密带钢，是不锈钢板带领域中较为高端的产品。其用途非常广泛，国防科技、医疗器械、精密仪器、石油化工、航空航天、储能电池、传感器、太阳能、折叠显示屏等领域中都能看到“手撕钢”的身影。但实际应用时，对“手撕钢”的韧性、力学性能、表面平整度、光亮度、硬度等都有极高要求，因此“手撕钢”的生产工艺非常复杂，研制难度极大。

太钢于 2016 年组建了“手撕钢”攻关团队，专注研发“手撕钢”。团队攻克轧制、退火、高等级表面控制和性能控制等多项难题，其中最难突破的是抽带断带问题（轧制过程中的张力过小，带钢易发生褶皱打卷，即抽带；张力过大，则易拉断带钢，即断带）。在进行退火试验时，抽带断带问题出现的频率非常高，有时候一周就会出现十几次，每次都要花费十几个小时来维修、恢复设备，不仅浪费时间，而且还会造成巨大的物力、财力损失。此外，在轧制薄带时，必须严格控制设备功能精准度和操作控制精准度，稍有差池就会出现断带现象，钢带就会被碾成粉末，为了解决这一技术难题，科研人员付出了极大的努力。

“手撕钢”攻关团队历经 711 次失败，攻克了 172 个设备难题和 452 个工艺难题后，终于成功研发出厚度 0.02 mm、宽度 600 mm 的“手撕钢”。

目前，中国研发“手撕钢”的工艺水平已经达到了国际领先水平，并在控制水平、纯净度、产线工艺、产品性能和高等级表面精度等方面实现了技术突破。

在过去，这种工艺只掌握在德国和日本手中，而我国对“手撕钢”的需求量又很大，一度占到全球市场的 80%。由于国外实行技术垄断，不但价格极高，而且只允许对我国出口厚度超过 0.03 mm 的“手撕钢”。

0.02 mm 超薄“手撕钢”研发成功后，太钢再接再厉，2020 年 8 月 16 日，宽 600 mm、厚 0.015 mm 的不锈钢精密箔材轧制成功，我国成为全球唯一一个能量产 0.015 mm手撕钢的国家。

在追求更薄更宽的道路上，太钢不会止步。在追求更高更强的道路上，中国钢铁行业不会止步。钢的加热是生产“手撕钢”不可缺少的环节，为保证钢的加热质量，必须制定合理的加热工艺制度。

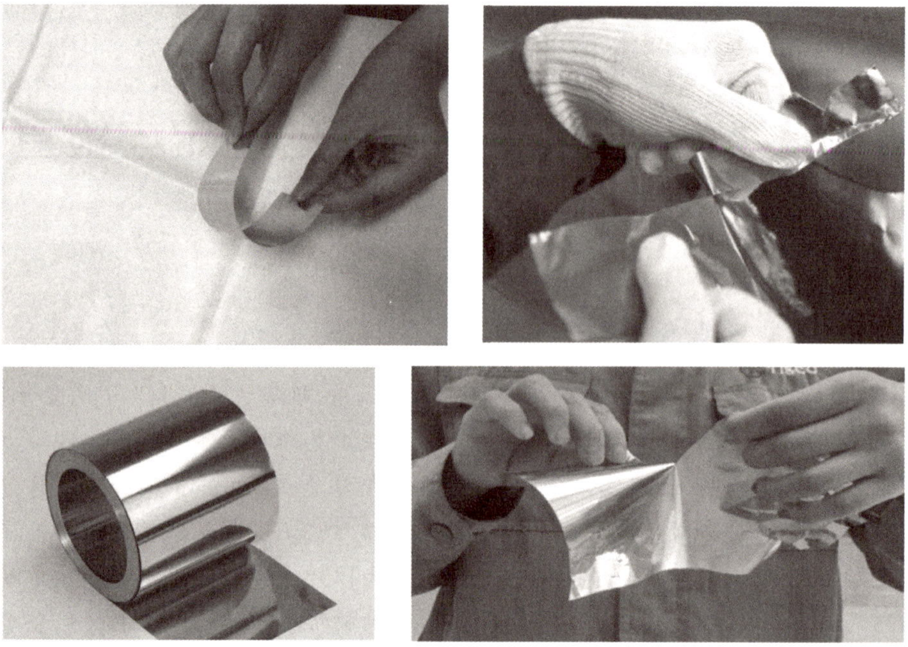

图 4-1 手撕钢

任务 4.1 加热工艺参数的确定

任务描述

钢的加热温度、加热速度和加热时间是钢加热工艺制度的主要指标。合理确定钢的加热温度、加热速度和加热时间是保证获得优质钢坯的基础。因此，确定这三个参数是加热炉技术人员必备的技能。

微课
加热工艺
参数的确定

知识准备

4.1.1 钢加热温度的确定方法

钢的加热温度是指钢料在炉内加热完毕出炉时的表面温度。确定钢的加热温度不仅要根据钢种的性质，而且还要考虑加工的要求，以获得最佳的塑性，最小的变形抗力，从而有利于提高轧制的产量、质量，降低能耗和设备磨损。实际生产中加热温度主要由以下几方面来确定。

4.1.1.1 加热温度的上限和下限

碳钢和低合金钢加热温度的选择主要是借助于铁碳平衡相图，如图 4-2 所示。当钢处于奥氏体区其塑性最好，加热温度的理论上限应当是固相线 *AE*（1400～1530 ℃），实际上由于钢中偏析及非金属夹杂物的存在，加热还没到固相线温度就可能在晶界出现熔化而后氧化，晶粒间失去塑性，形成过烧。因此，钢的加热温度上限一般低于固相线温度 100~150 ℃。碳钢的最高加热温度和理论过烧温度见表 4-1。加热温度的下限应高于 A_{c3}线 30~50 ℃。根据终轧温度再考虑到钢在出炉和加工过程中的热损失，便可确定钢的最低加热温度。终轧温度对钢的组织和性能影响很大，终轧温度越高，晶粒集聚长大的倾向越大，奥氏体的晶粒越粗大，钢的力学性能越差。因此，终轧温度也不能太高，最好在 850 ℃左右，不要超过 900 ℃，也不要低于 700 ℃。

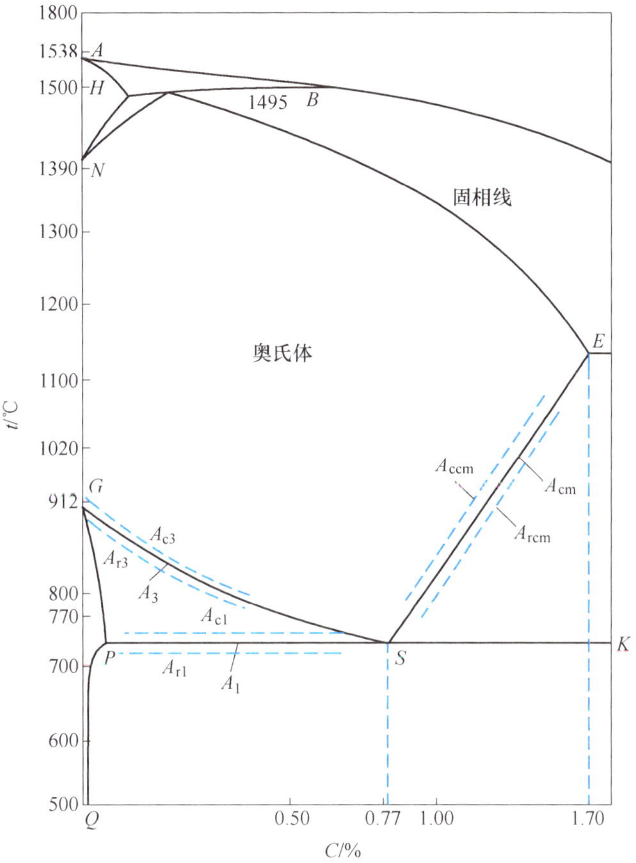

图 4-2 Fe-C 合金状态图

表 4-1 碳钢的最高加热温度和理论过烧温度

含碳量(质量分数)/%	最高加热温度/℃	理论过烧温度/℃
0.1	1350	1490
0.2	1320	1470
0.5	1250	1350
0.7	1180	1280
0.9	1120	1220
1.1	1080	1180
1.5	1050	1140

含碳低于0.77%的亚共析钢，其终轧温度不能低于A_{r3}线，因为低于这个温度奥氏体中析出铁素体，轧制时会被拉长为纤维状组织，使钢的力学性能和物理性能出现方向性。含碳高于0.77%的过共析钢（如高碳工具钢），其终轧温度不要高于A_{rcm}线，在轧后的缓慢冷却过程中，沿奥氏体晶界析出二次渗碳体，二次渗碳体的针状或网状组织塑性很差，降低了钢的力学性能，这种钢材必须进行热处理才能使用。但温度也不能太低，否则钢的塑性太差。同时，如低于A_{r1}线时，会有较多石墨析出，影响钢的硬度。因此，过共析钢的终轧温度在A_{rcm}与A_{r1}线之间。

合金元素的加入对钢的加热温度也有一定影响，一是合金元素对奥氏体区域的影响，二是生成碳化物的影响。某些合金元素（如镍、铜、钴、锰）具有与奥氏体相同的面心立方晶格，都可无限量溶于奥氏体中，使奥氏体区域扩大，钢的终轧温度可以相应低一些，同时因为提高了固相线，开轧的温度（即最高加热温度）可以适当高一点。另外一些合金元素，如钨、钼、铬、钒、钛、硅等，它们的晶格与铁素体相同，可以无限溶于铁素体中，它们的加入缩小了奥氏体区域。要保证终轧温度还在奥氏体单相区内，就要提高钢的最低加热温度。

另外，一些高熔点合金元素的加入（如钨、钼、铬、钒等）与钢中的碳生成碳化物，碳化物的熔点很高，可以适当提高这类钢的加热温度。

低合金钢的加热温度依据含碳量的高低来确定。高合金钢的加热温度不仅要参照相图，还要根据塑性图、变形抗力曲线和金相组织来确定。

4.1.1.2 加热温度与轧制工艺的关系

上面讨论的仅是确定加热温度的一般原则。实际生产中，钢的加热温度还需结合压力加工工艺的要求。如轧制薄钢带时为满足产品厚度均匀的要求，比轧制厚钢带时的加热温度要高一些；坯料大加工道次多要求加热温度高些，反之小坯料加工道次少则要求加热温度低些等。这些都是压力加工工艺特点决定的。例如，叠轧薄板加热温度不能太高，否则，在轧制过程中容易出现粘连，多数薄板虽然是低碳钢，但加热温度一般不能超过950 ℃，厚板坯可适当高一点。又如硅钢片板坯，因为要求板坯在加热过程中脱碳，以增加钢的韧性，所以适当提高其加热温度，可达1100 ℃左右。无缝管坯在穿孔时，因为温度会有所提高，所以钢的加热温度要低一些，否则穿孔时容易出现破裂。

目前国内外有一种意见，认为应该在低温下轧制，这是因为低温轧制所消耗的电能，比提高加热温度所消耗的热能要少，在经济上更合理。

4.1.2 钢加热速度的确定原则

钢的加热速度通常是指钢在加热时，单位时间内其表面温度升高的度数，单位为℃/h。有时也用加热单位厚度钢坯所需的时间（min/cm）；或单位时间内加热钢坯的厚度（cm/min）来表示。钢的加热速度和加热温度同样重要，在操作中常常由于加热速度控制不当，造成钢的内外温差过大，钢的内部产生较大的热应力，从而使钢出现裂纹或断裂。加热速度越大，炉子的单位生产率越高，钢坯的氧化、脱碳越少，单位燃料消耗量也越低。因此，快速加热是提高炉子各项指标的重要措施。但是，提高加热速度受到一些因素的限制，对厚料来说，不仅受炉子给热能力的限制，而且还受到工艺上钢坯本身所允许的加热速度的限制，这种限制可归纳为在加热初期断面上温差的限制，在加热末期断面上烧透程度的限制和因炉温过高造成加热缺陷的限制。下面分述它们对加热速度的影响。

4.1.2.1 加热初期断面上温差的限制

在加热初期，钢坯表面与中心产生温度差。表面的温度高，热膨胀较大，中心的温度低，热膨胀较小。而表面与中心是一块不可分割的金属整体，因此，膨胀较小的中心部分将限制表面的膨胀，使钢坯表面部分受到压应力。同时，膨胀较大的表面部分将强迫中心部分和它一起膨胀，使中心受到拉应力。这种应力称为温度应力或热应力。显然，从断面上的应力分布来看，表面与中心处的温度应力都是最大的，而在表面与中心之间的某层金属则既不受到压应力也不受到拉应力。可以证明，钢坯加热时的温度应力曲线与温度曲线一样，也呈抛物线分布。

加热速度越大，内外温差越大，产生的温度应力也越大。当温度应力在钢的弹性极限以内时，对钢的质量没有影响，因为随着温度差的减小和消除，应力会自然消失。当温度应力超过钢的弹性极限时，则钢坯将发生塑性变形，在温度差消除后所产生的应力将不能完全消失，即生成所谓残存应力。如果温度应力再大，超过了钢的强度极限时，则在加热过程中就会破裂。这时温度应力对于钢坯中心的危害性更大，因为中心受的是拉应力，一般钢的抗拉强度远低于其抗压强度，所以中心的温度应力易造成内裂。

如果钢的塑性很好，即使在加热过程中形成很大的内外温差，也只能引起塑性变形，以任意速度加热，都不会因温度应力而引起钢坯断裂。如果钢的导热性好（或热导率），则在加热过程中形成的内外温差就小，因而加热时温度应力所引起的塑性变形或断裂的可能性较小。低碳钢的热导率大，高碳钢和合金钢的热导率小，因而高碳钢和合金钢在加热时容易形成较大的内外温差，而且这些钢在低温时塑性差、硬而脆，所以它们在刚入炉加热时，容易发生因温度应力而引起的断裂。

如果被加热坯料的断面尺寸较小，则加热时形成的内外温差也较小；断面尺寸大的钢坯，因加热时形成较大的内外温差，容易因温度应力而导致钢坯变形或断裂。

根据上述分析，可概括下列结论。

（1）在加热初期，限制加热速度的实质是减少温度应力。加热速度越快，表面与中心的温度差越大，温度应力越大，这种应力可能超过钢的强度极限，而造成钢坯的破裂。

（2）对于塑性好的金属，温度应力只能引起塑性变形，危害不大。因此，对于低碳钢温度在 500 ℃以上时可以不考虑温度应力的影响。

（3）允许的加热速度还与金属的物理性质（特别是导热性）、几何形状和尺寸有关。因此，对大的高碳钢和合金钢加热要特别小心，而对薄材则可以任意速度加热而不致发生断裂的危险。

4.1.2.2 加热末期断面上烧透程度的限制

在加热末期，钢坯断面同样具有温度差。加热速度越大，则形成的内外温度差越大。

这种温度差增大，可能超过所要求的烧透程度，而造成压力加工上的困难。因此，要求的烧透程度往往限制了钢坯加热末期的加热速度。

但是，实际和理论都说明，为了保证所要求的最终温度差而降低整个加热过程的加热速度是不合算的。因此，往往是在比较快的速度加热以后，为了减少这一温差而降低它的加热速度或执行均热，以求得内外温度均匀，这个过程称为均热过程。

4.1.2.3 因炉温过高造成加热缺陷的限制

钢坯表面的温度是和炉温相联系的，炉温过高会给准确地控制钢坯表面温度带来困难。特别是当发生待轧时，将因炉温过高而造成严重氧化、脱碳、粘钢、过烧等，这在连续加热炉上常是限制快速加热的主要因素。

上述的两个温度差（加热初期为避免裂纹和断裂所允许的内外温差和加热末期因烧透程度的要求内外温差）都对加热速度有所限制，以及准确地控制钢坯达到要求的加热温度所需要的加热时间，这三个要素构成了制定加热制度的主要基础。

一般低碳钢大都可以进行快速加热而不会给产品质量带来什么影响。但是，加热高碳钢和合金钢时，其加热速度就要受到一些限制，高碳钢和合金钢坯在 500 ℃以下时易产生裂纹，因此加热速度的限制是很重要的。

4.1.3 钢加热时间的确定方法

钢的加热时间是指钢坯自装炉到出炉在炉内加热到轧制要求的温度时所必需的最少时间。通常，总的加热时间为预热时间、加热时间、均热时间的总和，即：

$$\tau_{总} = \tau_{预} + \tau_{加} + \tau_{均} \tag{4-1}$$

影响加热时间的因素很多，要精确确定钢的加热时间是比较困难的。一般而言，钢坯断面尺寸越小、导热性越好、在炉内加热时的受热面越多、允许的加热速度越高、要求的加热温度越低，则加热时间越短；反之亦然。同时钢料的装炉温度越高，加热时间越短；对料坯采取热装，不仅可以缩短加热时间，减少氧化烧损，提高炉子产量，还能大幅度降低燃料消耗量降低加热成本，因此在具备热装条件的情况下应尽量进行热装。

另外，炉子的结构及其温度水平对加热时间也有较大的影响。不同的炉型结构，钢坯在炉内的放置方式不一样，运动方式不一样，钢坯的受热面也就不一样。对于均热炉而言，一般要求钢坯竖直放在炉底上，钢坯与钢坯之间保持一定的间距，以便于接近于四面受热；但不同的均热炉炉型、炉温水平不同，特别是炉内温度分布的均匀性不同，导致加热时间差异，显然炉温越高，温度分布越均匀，加热时间越短。对于连续加热炉而言，这一影响就更大。架空炉底的推钢式炉，钢坯可以双面受热。而机械化炉底加热炉，如步进炉、环形炉、辊底炉等，可灵活调整料坯间距，实现双面、三面及四面加热，显然钢坯的受热面越多，加热时间就越短。

要精确地确定钢的加热时间比较困难，生产实际中往往用经验公式进行计算。在连续加热炉内，计算加热时间的经验公式如下：

$$\tau = KD \tag{4-2}$$

式中 τ——加热时间，h；

D——钢坯厚度，cm；

K——系数，依钢种而定。其中，低碳钢：$K=0.01\sim0.15$；中碳钢及合金钢：$K=0.15\sim0.20$；高碳钢：$K=0.20\sim0.30$；高级工具钢：$K=0.30\sim0.415$。

除了上述经验公式外，还有其他一些经验公式适用于不同炉型和钢种的加热时间计算，在此不一一赘述。

钢料的实际加热时间，有时与钢加热所需要的加热时间不相符合。如炉子的生产率小于轧机的产量时，常常为了赶上轧机的产量而提前出钢，导致加热或均热不足，有时甚至拼命提高炉温而将钢表面烧化，但钢料中间温度还很低，造成加热温度不均。另一种情况则是炉子的生产率大于轧机的产量，钢在炉内的停留时间大于所需的加热时间，造成较大的氧化烧损，这些情况均不符合加热要求。如碰到上述情况，应及时对炉子结构及操作方式进行合理的改造。

4.1.4 碳素钢的加热工艺制度

碳素钢分为亚共析碳素钢和过共析碳素钢两大类。

4.1.4.1 亚共析碳素钢的加热工艺

含碳量在0.77%以下的碳素钢称为亚共析碳素钢，其加热温度的选择按铁碳相图固相线以下100~150 ℃进行加热，这个温度范围就能保证轧制始终在奥氏体单相区内进行。

对于含碳量（质量分数）低于0.3%的碳素钢，其开轧温度在1100~1240 ℃；含碳量（质量分数）为0.35%~0.6%的碳素钢，其开轧温度在1100~1200 ℃；大于0.6%的高碳钢开轧温度在1100~1180 ℃。开轧温度在一定的范围里，温度的上下限取值，一般取决于钢锭或钢坯的断面，如果断面较大则取上限温度，小断面钢坯可取下限温度，另外还取决于加工过程的温降损失及终轧温度的要求等。亚共析碳素钢的终轧温度一般控制在 A_{c3} 以上20~30 ℃。

亚共析碳素钢的加热速度，含碳量（质量分数）在0.6%以下的亚共析钢，大断面的钢坯装炉温度不受限制，升温速度控制在不大于300 ℃/h。含碳量（质量分数）在0.6%~0.8%的大断面钢坯装炉温度小于800 ℃，升温速度控制在不大于180 ℃/h。

4.1.4.2 过共析碳素钢的加热工艺

含碳量（质量分数）在0.77%~2.11%碳素钢称为过共析碳素钢，如碳素工具钢T8~T12就是过共析碳素钢。由于含碳量高，对过热、过烧非常敏感，加之它的导热性差，易脱碳，因此加热温度和升温速度要加以适当限制。一般冷钢锭或冷钢坯装炉温度控制在450~500 ℃，钢温在800 ℃以下的升温速度一般在80 ℃/h左右，其加热温度为1220~1240 ℃，开轧温度为1120~1180 ℃。对已经加工过的钢坯，装炉温度控制在700~800 ℃，对钢坯温度在800 ℃以下的升温速度适当加以控制，加热温度视断面尺寸和形状的不同控制在1100~1160 ℃，由于过共析钢易脱碳，因此加热时应采取控制炉温和气氛的措施来加以避免。

终轧温度对过共析钢的质量影响很大，当终轧温度较高时（850~900 ℃），可能形成针状组织的网状渗碳体；终轧温度中等（800~850 ℃）时，则可能形成不带针状的网状渗碳体；当终轧温度低于 750 ℃，形成少量的网状渗碳体。网状渗碳体是有害的，它将严重损害钢的力学性能，降低热处理后的韧性和恶化钢的冷加工（如冷拔）性能。因此，从减少网状渗碳体的角度看，希望终轧温度低些为好，也就是说，加热温度应选得低些。一般加热温度在 A_{ccm} 以上 30~50 ℃的范围，终轧温度控制在 A_{rcm} 与 A_{r1} 之间，使钢在冷却过程中形成少量的网状渗碳体。

4.1.5 合金钢的加热工艺制度

合金钢的钢种很多，成分也十分复杂，下面介绍几类合金钢的加热特点。

4.1.5.1 15Cr~50Cr 合金结构钢

这类合金钢按其含碳量属于亚共析钢，Cr 含量（质量分数）在 0.7%~1.1%，主要用在一些机械零件上，如齿轮、凸轮和轴等。

这种钢材对过热不敏感，与 10~50 号碳素钢的加热工艺性能差不多。一般在合金钢厂把它与中碳钢合并为同一组，采用同一加热制度。这种钢的加热温度为 1280~1300 ℃（对钢锭），钢坯则视断面尺寸不同，采用 1160~1250 ℃（断面尺寸小的采用下限），这种钢的装炉温度和升温速度可以不限制，其终轧温度控制在 850 ℃。

但是必须注意含 Cr 钢的氧化铁皮塑性很大，生成氧化铁皮较致密，并且紧紧贴在金属基体上，轧制时不易脱落。因此，对这种钢的加热应采取控制气氛，加热温度宜偏低取下限，以尽量减少氧化铁皮。

4.1.5.2 锰结构钢

对于 15Mn~60Mn 及 10Mn2~50Mn2 钢，从含碳量看也属于亚共析钢，其含 Mn 量一般在 1.8%以下。它主要用在机械零件上，如螺帽、铆钉、电焊条、齿轮等。

亚共析碳素钢加锰量 1%~1.5%时，可以增加钢的强度和耐磨性，而塑性降低很少，除 40Mn~50Mn2 的钢锭装炉温度需控制在 800 ℃左右外，其余各号的锰结构钢的装炉温度、升温速度均不受限制。这类钢的加热温度对钢锭来说在 1260~1300 ℃；对钢坯来说视断面不同波动在 1140~1220 ℃。对过共析碳素钢来说，加入锰量很高就会使钢增加过热过烧的敏感性，并降低钢的塑性，因此对过共析锰钢的加热必须十分注意。例如，9Mn2 合金工具钢的钢锭，装炉温度一般就控制在 500 ℃，钢温在 800 ℃以下的升温速度为不大于 80 ℃/h，加热温度为 1250 ℃，终轧温度为 800~850 ℃；对加工过的钢坯视断面不同加热温度为 1140~1180 ℃，装炉温度为 700~850 ℃。

4.1.5.3 滚动轴承钢

滚动轴承钢主要是制造滚动轴承的专用钢。常用的钢号有 GCr6、GCr9、GCr15、GCr15SiMn、GCr9SiMn 等，它们实际上是含碳量（质量分数）在 0.95%~1.05%，含铬量（质量分数）为 0.5%~1.65%的高碳铬钢。它们的使用性能要求有高硬度、高耐磨性、高的弹性极性限与接触疲劳强度，并且要有一定的韧性和淬透性。这就要求加热时尽量避免脱碳和氧化。因此，这类钢加热制度的选择必须仔细。

由于滚动轴承钢的含碳量和加入的合金元素 Cr 形成 Cr 的碳化物，并使钢的导热性降低，而 Si 的加入又能促使碳化物分解，在加热时最易脱碳，因而加热温度不能太高，在开坯或成材的轧前加热时速度不宜过快，钢坯入炉时的炉尾温度不宜过高，应低于 700 ℃。高碳钢的加热温度区间比较窄，通常在 1150～1200 ℃。温度过低时变形抗力较大，而温度过高则会出现过热和过烧缺陷。

轴承钢铸态坯料中存在碳化物偏析现象，它将严重影响轴承钢产品的质量，会造成硬度不均匀或裂纹。因此坯料轧制前加热时，要求在 1160～1200 ℃进行高温扩散，以使碳化物团块扩散以及消除碳化物偏析，并能促使钢中氢气的析出，减少白点缺陷。进行高温扩散的时间一般为 0.3～5 h，依坯料尺寸大小而定。

因为滚动轴承钢在高温轧制时在奥氏体相区内，当终轧温度过高，冷却速度过慢时，就会在晶粒边界处析出碳化物的网状组织，而使耐磨性和机械强度降低，所以终轧温度一般控制在 800～850 ℃，然后空冷，但是终轧温度过低时，又将产生条带状的碳化物，使得轧制时易出现裂纹。

4.1.5.4　弹簧钢

弹簧钢的主要性能要求是高的强度和屈服极限、疲劳极限，因此弹簧钢采用高的含碳量，含碳量（质量分数）一般为 0.50%～0.75%，主要的合金元素是硅和锰、常见的钢号有 60Mn、60Si2Mn、50CrVA、70Si3MnA 等，由于 Si 的存在能促使碳化物分解，有产生石墨化的倾向，所以这种钢易脱碳，特别是在 900～1050 ℃时反应剧烈，超过此温度后，坯料表面的氧化层阻止进一步脱碳。脱碳严重的就会降低钢的疲劳强度的抗拉强度。这种钢的导热性很差，故装炉温度要低，在 800 ℃以前适当缓慢加热，到 800 ℃以上时快速加热，特别是缩短在高温区停留时间。加热温度为 1100～1150 ℃，开轧温度为 1080 ℃，另外加热温度要求均匀，由于温差的原因，将对成品材的力学性能有很大的影响，终轧的温度要求在 A_{r3} 以上。

4.1.5.5　不锈钢

不锈钢有三种类型：第一种是马氏体不锈钢，如 20Cr13～40Cr13；第二种是奥氏体不锈钢，如旧标准 06Cr18Ni11Ti；第三种是铁素体不锈钢，如 10Cr17、10Cr25、10Cr28 等。由于不锈钢的变形抗力都很大，故加热温度都比较高，从低温塑性来看，虽然不锈钢的低温塑性较好，但导热性很差，线膨胀系数大，所以加热速度也要适当控制。

对奥氏体不锈钢来说，加热温度还不能过高，否则将产生铁素体相（α 相），当加热温度超过 1250 ℃，α 相迅速增加，晶粒长大且呈菱形，轧制时很容易出现龟裂，因此在此温度下保温是很不利的，经过保温后能使析出的铁素体球化。对于钢坯加热温度的选择，从铁素体析出物的角度看，以低于 1250 ℃为好。但若考虑到生产实践中的轧制负荷很大，可先加热到 1200～1250 ℃保温 2.5～3 h，以减少 α 相并使之球化，而后升温到 1270～1290 ℃，短时保温 1 h 左右，这样出炉轧制会取得较好的效果，充分发挥轧机的能力；装炉温度控制在 700～800 ℃，此温度下的升温速度为 100 ℃/h，对于加工过的钢坯来说，装炉温度一般控制在 900 ℃，升温速度不限，加热温度则随断面的不同控制在 1200~1240 ℃，终轧温度是考虑到其变形抗力在 800~900 ℃时要比碳素钢高好几倍，故终轧温度对钢锭或钢坯来说都保持在 900 ℃以上。

对铁素体不锈钢来说，在高温长时间保温，晶粒会急剧长大，使塑性变差，原因是铁素体不锈钢在加热时没有相变，不能用退火的方法使晶粒细化，因此对铁素体不锈钢的加热温度应低些，一般控制在 1050~1090 ℃。

对马氏体不锈钢来说，它们的共性是均含有 13%Cr，由于大量 Cr 的加入，使其相图共析点位置大大左移而成为共析钢和过共析钢，所以其加热特点类似过共析碳素钢的加热，加热温度钢锭为 1240 ℃，钢坯为 1150~1180 ℃，终轧温度为 900 ℃以上，为了防止发生裂纹，轧后必须立即送入保温坑，进行缓冷。

4.1.5.6 高速工具钢

高速工具钢是用来制造各种刀具的主要材料，典型的钢种有 W18Cr4V、W12Cr4VMo、W9Cr4V、W6Mo5Cr4V2 等，这类钢经热处理后，在 600 ℃以下具有高硬度、强度和耐磨性。高速钢的铸态组织是骨骼状的莱氏体，经过锻压加工，才能将粗大共晶碳化物打碎，并使其均匀分布。这种钢的加热特点是：由于它的合金含量很高，故其导热性很差，它的升温速度必须缓慢；另外它是莱氏体共晶组织，它的理论过烧温度降低，在 1380 ℃左右，在加热中要避免过烧；它的热加工温度范围较狭窄，随着温度降低，其变形抗力成倍地增加，终轧温度要求在 950 ℃以上。一般钢锭的装炉温度为 700 ℃，升温速度小于 80 ℃/h，加热温度为 1180~1220 ℃。钢坯的加热温度为 1160~1180 ℃，终轧温度大于 950 ℃，轧后必须立即送入保温坑，以及及时退火。

任务实施

4.1.6 确定钢的加热温度

各类钢的参考加热温度见表 4-2~表 4-4。

表 4-2 各类钢的参考加热温度以及加热时的注意事项

钢种	加热温度/℃	注意事项
普通低碳钢	1000~1150	
普通高碳钢	1000~1150	高温下容易脱碳，必须注意避免
奥氏体不锈钢 (包括耐热钢)	1100~1250	(1) 镍、铬含量高的钢，热导率差，加热时间要比碳素钢延长 0.5~1.0 倍； (2) 燃烧产物中的硫与钢中的镍生成低熔点的 NiS，加工时易出现裂纹，应使用低硫燃料； (3) 变形抗力大，需高温加热； (4) 高温下生成一部分铁素体，加工温度范围变窄，应均匀加热； (5) 高温下长时间加热则晶粒长大，加工时易裂

续表 4-2

钢种	加热温度/℃	注意事项
铁素体和马氏体不锈钢（包括耐热钢）	1100~1250	（1）变形抗力比奥氏体不锈钢小，加热温度和碳素钢差不多； （2）低碳高铬钢温度在 1050 ℃以上易过热，影响正常轧钢
高速钢	1050~1150	（1）含钨高速钢加工温度范围窄，应充分均匀加热； （2）高温下很容易过热和脱碳，必须注意避免； （3）热导率差，加热时间比碳素钢延长 2 倍以上
轴承钢、弹簧钢	950~1050	（1）必须严格避免脱碳，高温段快速加热； （2）温度过低则轧辊孔型磨损快
高磷高硫易切削钢	1100~1200	轧件端部温度偏低则易于出现裂纹，因而要求均匀加热
复合易切削钢	1150~1250	

表 4-3　低合金钢的加热温度

钢　种	加热温度/℃	钢　种	加热温度/℃
20Mn	1220~1250	20SiMnVB	1190~1220
30Mn	1180~1210	40MnSiNb	1170~1190
20Cr	1220~1250	40Mn2MoV	1160~1190
20Cr	1160~1190	30CrMnSiA	1170~1200
40SiMnCrMoV	1170~1200	12CrMo	1200~1240
35CrMn	1180~1210	12CrMoV	1200~1230

表 4-4　高碳钢和中高合金钢的加热温度

钢　种	加热温度/℃	钢　种	加热温度/℃
T7~T10，T8Mn	1130~1180	20~40Cr13，40Cr10Si2Mo	1180~1220
T11~T13	1130~1170	D31，D41	1000~1050
60Si2Mn	1170~1190	70Si3Mn	1130~1180
GCr15，GCr15Mn	1180~1220	70~80Cr2，40~60CrW2Si	1130~1180
12Cr13，20Cr18Ni9，0~20Cr18Ni9Ti	1180~1220	W9Cr4V，W12CrV4Mo	1130~1180
42Cr9Si2，12Cr11MoV，12Cr5Mo，12Cr13	1180~1220		

4.1.7 制定炉温制度

在实际生产中，由于加热炉型不同、加热的钢种不同，采用的炉温制度各不相同。通过分析两个真实案例，学习如何制定炉温制度。

4.1.7.1 炉温制度案例一

A 参考炉温设定

参考炉温设定见表 4-5。

表 4-5 参考炉温设定表

分段名称	温 度/℃
预热段上	板坯出炉目标温度+0~20
预热段下	板坯出炉目标温度+10~30
第一加热段上	板坯出炉目标温度+10~30
第一加热段下	板坯出炉目标温度+20~40
第二加热段上	板坯出炉目标温度+10~30
第二加热段下	板坯出炉目标温度+20~40
均热段上	板坯出炉目标温度+10~30
均热段下	板坯出炉目标温度+20~40

B 出钢温度控制

根据整个轧线的温降情况，计算出加热板坯的出炉温度，以此推算出板坯的出炉温度和加热炉内的各段控制温度，参考加热温度见表 4-6。

表 4-6 参考加热温度表

时间段	预热段	第一加热段	第二加热段	均热段
加热炉炉膛（炉气）温度/℃	1000~1100	1100~1180	1220~1280	1200~1250

C 炉温控制制度（降温制度）

当轧线出现事故停轧时，加热炉提前降温，提前升温时间、下降温度与停轧时间关系见表 4-7。

表 4-7 加热炉待轧时炉温控制表（参考值）

停轧时间/min	均热段			加热段		
	提前降温时间/min	提前升温时间/min	下降温度/℃	提前降温时间/min	提前升温间/min	下降温度/℃
20~30	5	10	10	20	10	40
30~60	5	20	30	20	20	70
60~90	5	30	50	30	30	90
90~120	5	35	70	30	35	130
120~180	5	40	90	30	40	150
180 以上	5	40	110	30	40	170

D 加热质量要求

板坯加热时，要强化下加热、尽量减少上下表面温差，水印温差小于 20 ℃，同一批量板坯炉间温差小于 20 ℃，远离轧机的板坯出炉温度要略高于近轧机板坯出炉的温度 10 ℃左右。

加热质量：不扣、不翘、不化钢、不过烧、不过热、不脱碳、不断裂、少氧化。

4.1.7.2　炉温制度案例二

全部 SPHC 热钢装炉时，各段温度制度，见表 4-8。

表 4-8　全部 SPHC 热钢装炉时各段温度制度

板坯宽度/mm	成品厚度/mm	炉号	加一段/℃	加二段/℃	加三段/℃	均热段/℃
930	3.1~4.0	1 号炉	1050~1070	1130±20	1240±10	1240±10
		2 号炉	1050~1070	1130±20	1250±10	1250±10
	2.75	1 号炉	1050~1070	1130±20	1240±10	1240±10
		2 号炉	1050~1070	1140±20	1250±10	1250±10
	2.2~2.5	1 号炉	1050~1070	1160±20	1260±10	1250±10
		2 号炉	1050~1070	1170±20	1270±10	1260±10
	2.0	1 号炉	1060~1080	1170±20	1280±10	1270±10
		2 号炉	1060~1080	1180±20	1290±10	1280±10
1010	3.5~4.0	1 号炉	1050~1070	1130±20	1240±10	1240±10
		2 号炉	1050~1070	1130±20	1250±10	1250±10
	2.75~3.1	1 号炉	1050~1070	1130±20	1250±10	1250±10
		2 号炉	1050~1070	1140±20	1260±10	1250±10
	2.2~2.5	1 号炉	1050~1070	1160±20	1260±10	1250±10
		2 号炉	1050~1070	1170±20	1270±10	1260±10
	2.0	1 号炉	1060~1080	1180±20	1280±10	1270±10
		2 号炉	1060~1080	1190±20	1290±10	1280±10
1210~1260	3.1~4.0	1 号炉	1050~1070	1160±20	1270±10	1260±10
		2 号炉	1050~1070	1170±20	1280±10	1270±10
	2.75~3.1	1 号炉	1060~1080	1160±20	1280±10	1270±10
		2 号炉	1060~1080	1170±20	1290±10	1280±10
	2.2~2.5	1 号炉	1060~1080	1160±20	1290±10	1280±10
		2 号炉	1060~1080	1170±20	1300±10	1290±10
	2.0	1 号炉	1060~1080	1170±20	1300±10	1290±10
		2 号炉	1060~1080	1180±20	1300±10	1290±10

全部 Q195L/Q195 热钢装炉时，各段温度制度，见表 4-9。

表 4-9 全部 Q195L/Q195 热钢装炉时各段温度制度

板坯宽度/mm	成品厚度/mm	炉号	加一段/℃	加二段/℃	加三段/℃	均热段/℃
1010	3.5	1 号炉	1050~1070	1130±20	1240±10	1240±10
		2 号炉	1050~1070	1130±20	1250±10	1250±10
	3.1	1 号炉	1050~1070	1130±20	1250±10	1250±10
		2 号炉	1050~1070	1140±20	1260±10	1260±10
1210~1250	3.1~3.5	1 号炉	1050~1070	1160±20	1270±10	1260±10
		2 号炉	1050~1070	1170±20	1280±10	1270±10

待轧保温制度，见表 4-10。

表 4-10 待轧保温制度

停轧时间	第一加热段	第二加热段	第三加热段	开始升温时间
10~30 min	1030 ℃±20 ℃	1120 ℃±20 ℃	-20~30 ℃	出钢时
30~60 min	1000 ℃±20 ℃	1100 ℃±20 ℃	-30~50 ℃	开轧前 10~20 min
60~90 min	1000 ℃±20 ℃	切断	-50~80 ℃	开轧前 30 min
3~8 h	950 ℃以上	切断	1200 ℃以下	开轧前 2 h
8~12 h	800 ℃以上	800 ℃以上	800 ℃以上	开轧前 4 h

说明：

(1) 停轧 30~60 min 时，开轧前 10~20 min 加热三段和均热段再提温至 1270 ℃；

(2) 停轧 60~90 min 时，开轧前 30 min 加三段和均热段提温至 1270 ℃，加一段开轧后提温；

(3) 超过 1 h 以上的长时间停轧，出料端第一块板坯应退后三块板坯位置；装料端预留三块板坯的空位，以满足板坯逆循环；

(4) 保证最低炉温 800 ℃以上。

4.1.8 确定钢的加热时间

4.1.8.1 方坯的加热时间

方坯是棒线材、型钢生产中常用的坯料，某厂方坯的加热时间见表 4-11。

表 4-11 某厂三段式连续加热炉的加热工艺

钢种	钢坯规格/mm×mm	加热时间	加热温度/℃	炉尾温度/℃	终轧温度/℃
碳素结构钢	160×160	≥1 h 20 min	1100~1240	750~900	>850
合金结构钢	160×160	≥1 h 40 min	1140~1220	700~800	>850
碳素工具钢	160×160	≥1 h 40 min	1120~1160	700~800	>850
合金工具钢	160×160	1 h 45 min	1140~1180	700~850	≥950

续表 4-11

钢种	钢坯规格/mm×mm	加热时间	加热温度/℃	炉尾温度/℃	终轧温度/℃
弹簧钢	160×160	≥1 h 50 min	1120~1160	700~800	≥850
不锈钢	160×160	≥2 h	1140~1180	700~850	≥900
滚动轴承钢	160×160	≥2 h	1160~1180	700~850	≥950

4.1.8.2　板坯的加热时间

板坯是中厚板、热带钢生产中常用的坯料，某厂板坯的加热时间见表 4-12。

表 4-12　标准坯加热时间　（min）

生产状态	入炉板坯状态	加一段	加二段	加三段	均热段	总计
两炉生产	热钢	21~39	25~36	22~30	25~36	101~141
	冷钢	21~39	68~71	59~61	62~68	210~239
单炉生产	热钢	21~36	25~33	22~28	25~33	101~130
	冷钢	21~39	68~71	59~61	62~68	210~239

问题讨论

讨论合金钢的加热工艺制度。

任务 4.2　空燃比的确定

任务描述

微课
空燃比的确定

燃料的燃烧是一种激烈的氧化反应，是燃料中的可燃成分与空气中的氧气所进行的氧化反应。要使燃料达到完全燃烧并充分利用其放出的热量，首先要对燃烧反应过程做物料平衡计算，算出 1 m^3 燃料燃烧时需要的空气量（空燃比）、产生的燃烧产物量、燃烧产物成分、密度及燃烧后能够达到的温度等。只有在此基础上才能有根据地去改进燃烧设备，控制燃烧过程，达到满意的燃烧效果。

知识准备

燃烧过程是很复杂的，为了使计算简化，在燃烧计算中作如下几项假定：

（1）气体的体积都按标准状态（0 ℃和 101326 Pa）计算，每 1 kmol 任何气体的体积都是 22.4 m^3；

（2）在计算中不考虑热分解效应；

（3）空气的组成只考虑 O_2 和 N_2，认为干空气由体积含量为 21%的氧气和体积含量为 79%的氮气组成；

（4）在计算理论空气量和理论燃烧产物量时，均考虑在完全燃烧条件下进行。

目前，轧钢加热炉主要用气体燃料作为燃烧介质，因此，这里主要介绍气体燃料的燃烧计算。

已知气体燃料的湿成分：

$$\varphi(CO)_{湿}+\varphi(H_2)_{湿}+\varphi(CH_4)_{湿}+\varphi(C_mH_n)_{湿}+\varphi(H_2S)_{湿}+\varphi(CO_2)_{湿}+\varphi(SO_2)_{湿}+\varphi(O_2)_{湿}+\varphi(N_2)_{湿}+\varphi(H_2O)_{湿}=100\%$$

因为 1 kmol 任何气体在标准状态下的体积均为 22.4 m^3，所以参加燃烧反应的各气体与生成物之间的摩尔数之比，就是其体积比，例如：

$$H_2+\frac{1}{2}O_2 = H_2O$$

$$1\ mol : 0.5\ mol : 1\ mol$$

$$1\ m^3 : 0.5\ m^3 : 1\ m^3$$

因此，气体燃料的燃烧计算可以直接根据体积比进行计算。其计算步骤见表 4-13。

表 4-13　每 100 m^3 气体燃料的燃烧反应

湿成分体积 /m^3	反应方程式（体积比例）	需 O_2 体积 /m^3	燃烧产物体积/m^3				
			CO_2	H_2O	SO_2	N_2	O_2
$V_{CO,湿}$	$CO+\frac{1}{2}O_2=CO_2$ $1:\frac{1}{2}:1$	$\frac{1}{2}V_{CO,湿}$	$V_{CO,湿}$				
$V_{H_2,湿}$	$H_2+\frac{1}{2}O_2=H_2O$ $1:\frac{1}{2}:1$	$\frac{1}{2}V_{H_2,湿}$		$V_{H_2,湿}$			
$V_{CH_4,湿}$	$CH_4+2O_2=CO_2+2H_2O$ $1:2:1:2$	$2V_{CH_4,湿}$	$V_{CH_4,湿}$	$2V_{CH_4,湿}$			
$V_{C_mH_n,湿}$	$C_mH_n+\left(m+\frac{n}{4}\right)O_2=mCO_2+\frac{n}{2}H_2O$ $1:\left(m+\frac{n}{4}\right):m:\frac{n}{2}$	$\left(m+\frac{n}{4}\right)V_{C_mH_n,湿}$	$mV_{C_mH_n,湿}$	$\frac{n}{2}V_{C_mH_n,湿}$			
$V_{H_2S,湿}$	$H_2S_{湿}+\frac{3}{2}O_2=SO_2+H_2O$ $1:\frac{3}{2}:1:1$	$\frac{3}{2}V_{H_2S,湿}$		$V_{H_2S,湿}$	$V_{H_2S,湿}$		
$V_{CO_2,湿}$	不燃烧，到烟气中		$V_{CO_2,湿}$				
$V_{SO_2,湿}$	不燃烧，到烟气中				$V_{SO_2,湿}$		
$V_{O_2,湿}$	助燃，消耗掉	$-V_{O_2,湿}$					

续表 4-13

<table>
<tr><th rowspan="2">湿成分体积 /m³</th><th rowspan="2">反应方程式（体积比例）</th><th rowspan="2">需 O_2 体积 /m³</th><th colspan="5">燃烧产物体积/m³</th></tr>
<tr><th>CO_2</th><th>H_2O</th><th>SO_2</th><th>N_2</th><th>O_2</th></tr>
<tr><td>$V_{N_2,湿}$</td><td>不燃烧，到烟气中</td><td></td><td></td><td></td><td></td><td>$V_{N_2,湿}$</td><td></td></tr>
<tr><td>$V_{H_2O,湿}$</td><td>不燃烧，到烟气中</td><td></td><td></td><td>$V_{H_2O,湿}$</td><td></td><td></td><td></td></tr>
<tr><td colspan="6">100 m³ 气体燃料燃烧所需 O_2 的体积数：
$\left[\frac{1}{2}V_{CO,湿}+\frac{1}{2}V_{H_2,湿}+2V_{CH_4,湿}+\left(m+\frac{n}{4}\right)V_{C_mH_n,湿}+\frac{3}{2}V_{H_2S,湿}-V_{O_2,湿}\right]$ （m³）</td><td></td><td></td></tr>
<tr><td colspan="4">1 m³ 气体燃料燃烧理论空气需要量：
$L_0=\frac{4.76}{100}\left[\frac{1}{2}V_{CO,湿}+\frac{1}{2}V_{H_2,湿}+2V_{CH_4,湿}+\left(m+\frac{n}{4}\right)V_{C_mH_n,湿}+\frac{3}{2}V_{H_2S,湿}-V_{O_2,湿}\right]$ （m³/m³）</td><td colspan="2">$0.79L_0$</td><td colspan="2"></td></tr>
<tr><td colspan="4">实际空气需要量：$L_n=nL_0$</td><td colspan="2"></td><td colspan="2"></td></tr>
<tr><td colspan="4">过剩空气量：$\Delta L=L_n-L_0=(n-1)L_0$</td><td colspan="2">$0.79(n-1)L_0$</td><td colspan="2">$0.21(n-1)L_0$</td></tr>
</table>

4.2.1 空气需要量的计算

$$L_0=\frac{4.76}{100}\left[\frac{1}{2}V_{CO,湿}+\frac{1}{2}V_{H_2,湿}+2V_{CH_4,湿}+\left(m+\frac{n}{4}\right)V_{C_mH_n,湿}+\frac{3}{2}V_{H_2S,湿}-V_{O_2,湿}\right] \tag{4-3}$$

$$L_n=nL_0 \tag{4-4}$$

式中 L_0——理论空气需要量，m³/m³；

L_n——实际空气需要量，m³/m³；

n——空气消耗系数；

$V_{CO,湿}, V_{H_2,湿}, \cdots$——100 m³ 气体燃料中各成分的体积，m³。

4.2.2 燃烧产物量的计算

$$V_0=\frac{1}{100}\left[V_{CO,湿}+V_{H_2,湿}+3V_{CH_4,湿}+\left(m+\frac{n}{2}\right)V_{C_mH_n,湿}+2V_{H_2S,湿}+V_{CO_2,湿}+V_{N_2,湿}+V_{SO_2,湿}+V_{H_2O,湿}\right]+0.79L_0 \tag{4-5}$$

$$V_n=V_0+(n-1)L_0 \tag{4-6}$$

式中 V_0——理论燃烧产物量，m³/m³；

$V_{CO,湿}, V_{H_2,湿}, \cdots$——100 m³ 气体燃料中各成分的体积，m³/m³；

V_n——实际燃烧产物量，m³/m³。

4.2.3 燃烧产物成分的计算

各成分的体积分数为：

$$
\left.\begin{aligned}
\varphi(CO_2') &= \frac{V_{CO,湿}+V_{CH_4,湿}+mV_{C_mH_n,湿}+V_{CO_2,湿}}{V_n}\% \\
\varphi(H_2O') &= \frac{V_{H_2,湿}+2V_{CH_4,湿}+\frac{n}{2}V_{C_mH_n,湿}+V_{H_2S,湿}+V_{H_2O,湿}}{V_n}\% \\
\varphi(SO_2') &= \frac{V_{H_2S,湿}+V_{SO_2,湿}}{V_n}\% \\
\varphi(N_2') &= \frac{V_{N_2,湿}+79L_n}{V_n}\% \\
\varphi(O_2') &= \frac{21(n-1)L_0}{V_n}\%
\end{aligned}\right\} \tag{4-7}
$$

4.2.4 燃烧产物密度的计算

$$
\rho_0 = \frac{44V_{CO_2'}+18V_{H_2O'}+64V_{SO_2'}+28V_{N_2'}+32V_{O_2'}}{22.4\times100} \tag{4-8}
$$

式中 $V_{CO_2'}$，$V_{H_2O'}$，…——100 m^3 燃烧产物中各成分的体积，m^3。

还应指出：以上求出的 L_0、L_n 均为忽略了空气中水分的干空气量。实际上，即使常温下空气中也含有一定的水蒸气量，故在精确计算时应把空气中水蒸气量估算进去。当估算空气中的水分后，则实际湿空气消耗量 $L_n^{湿}$ 和实际湿燃烧产物量 $V_n^{湿}$ 为：

$$
L_n^{湿} = (1+0.00124g_{H_2O}^{干})L_n \tag{4-9}
$$

$$
V_n^{湿} = V_n + 0.00124g_{H_2O}^{干}L_n \tag{4-10}
$$

此外，若已知燃料的发热量 $Q_{低}$，也可按下列近似式计算理论空气量。

空气量（L_0）的计算：

高炉煤气和发生炉煤气 $L_0 = \frac{0.85}{1000}Q_{低}$ m^3/m^3 (4-11)

焦炉煤气 $L_0 = \frac{1.075}{1000}Q_{低} - 0.25$ 或 $L_0 = \frac{1.105}{1000}Q_{低} - 0.05$ m^3/m^3 (4-12)

4.2.5 燃烧温度

4.2.5.1 燃烧温度的概念

燃料燃烧放出的热量包含在气态燃烧产物中，燃烧产物所能达到的温度称为燃料的燃烧温度，又称为火焰温度。

燃烧温度既与燃料的化学成分有关，又受外部燃烧条件的影响。化学成分相同的燃料，燃烧条件不同，燃烧产物的数量也不同，单位燃烧产物中所含的热量也就不同。因此，燃烧温度的高低，取决于燃烧产物中所含热量的多少；燃烧产物中所含热量的多少，取决于燃烧过程中热量的收入和支出。

根据能量守恒和转化定律，燃料燃烧时燃烧产物的热量收入和热量支出必然相等，由热量收支关系可以建立热平衡方程式，根据热平衡方程式即可求出燃烧温度。现以 1 m^3 燃料为依据来计算燃烧过程的热平衡，热量的单位均为 kJ/m^3。

热收入各项如下。

（1）燃料燃烧的化学热，即燃料的低发热量 $Q_{低}$。

（2）燃料带入的物理热

$$Q_{燃} = c_{燃} t_{燃}$$

式中 $c_{燃}$——$t_{燃}$温度下燃料的平均比热容，$kJ/(m^3 \cdot ℃)$，可由附表 5 查得；

$t_{燃}$——燃料的实际温度，℃。

（3）空气带入的物理热

$$Q_{空} = L_n c_{空} t_{空}$$

式中 $c_{空}$——温度为 $t_{空}$ 时空气的平均热容，$kJ/(m^3 \cdot ℃)$，可由附表 5 查得；

$t_{空}$——空气的预热温度，℃；

L_n——实际空气需要量，m^3/m^3。

热支出各项如下。

（1）燃烧产物所含的热量

$$Q_{产} = V_n c_{产} t_{产}$$

式中 $c_{产}$——燃烧产物在 $t_{产}$ 温度下的平均比热容，$kJ/(m^3 \cdot ℃)$，可由附表 5 查得；

$t_{产}$——燃烧产物的温度，℃；

V_n——实际燃烧产物量，m^3/m^3。

（2）由燃烧产物向周围介质的散热损失以 $Q_{介}$ 表示，它包括炉墙的全部热损失、加热金属和炉子构件等的散热损失。

（3）燃料不完全燃烧损失的热量以 $Q_{不}$ 表示，它包括化学不完全燃烧损失和机械不完全燃烧损失两项。

（4）高温下燃烧产物热分解损失的热量以 $Q_{解}$ 表示，因为热分解是吸热反应，所以要损失部分热量。

因此，可以建立热平衡方程式如下：

$$Q_{低} + Q_{燃} + Q_{空} = V_n c_{产} t_{产} + Q_{介} + Q_{不} + Q_{解} \tag{4-13}$$

由式（4-13）所确定的燃烧产物温度 $t_{产}$ 就是实际燃烧温度。由于影响 $t_{产}$ 的因素很多，特别是 $Q_{介}$ 在实际条件下很难确定，不完全燃烧的热损失从理论上计算也很困难，所以不可能进行实际燃烧温度的理论计算。把燃料能完全燃烧，而没有其他热损失时，燃烧产物所能达到的最高温度称为理论燃烧温度。在实际的燃烧条件下，由于向周围介质散失的热量和燃料不完全燃烧造成的损失，实际燃烧温度比理论燃烧温度低得多。通过对各类炉子长期实践，总结出炉子的理论燃烧温度与实际燃烧温度的比值大体波动在一个范围内，即

$$t_{实} = \eta t_{理} \tag{4-14}$$

式中 η——炉温系数。加热炉和热处理炉的炉温系数经验数据见表 4-14。

表 4-14 η 的经验数据

炉型		炉温系数 η
室状加热炉		0.75~0.80
连续加热炉	炉底强度 200~300 kg/(m^2·h)	0.75~0.80
	炉底强度 500~600 kg/(m^2·h)	0.70~0.75
均热炉		0.68~0.73
热处理炉		0.65~0.70

4.2.5.2 提高燃烧温度的途径

在生产实际中提高燃烧温度是强化加热炉生产的重要手段之一，提高加热炉的燃烧温度可采取以下几条途径。

（1）提高燃料的发热量。燃料的发热量越高，则燃烧温度越高。但燃料发热量的增大和实际燃烧温度是不完全成正比的，当发热量增大到一定值后再增大发热量其对应的理论燃烧温度几乎不再增高。这主要是因为此时相应的燃烧产物量也随燃料发热量的增大而增大。

（2）实现燃料的完全燃烧。采用合理的燃烧技术，实现燃料的完全燃烧，加快燃烧速度，是提高燃烧温度的基本措施。

（3）降低炉体热损失。若采用轻质耐火材料、绝热材料、耐火纤维等，可以大大降低此项热损失，对于间歇操作的炉子，采用轻质材料还可以减少炉体蓄热的损失。

（4）预热空气和燃料。这对提高燃烧温度的效果最为明显，目前全国各地加热炉都纷纷安装了空气换热器、煤气换热器或把炉子改造成蓄热式加热炉来提高空气和煤气的预热温度，从而达到提高燃烧温度的目的。

（5）尽量减少烟气量。在保证燃料完全燃烧的基础上，尽量减少实际燃烧产物量 V_n 是提高理论燃烧温度的有效措施。具体来说就是：选择空气过剩系数 n 小的无焰烧嘴或改进烧嘴结构，加强热工测试，安装检测仪表对炉温、炉压和燃烧过程进行自动调节等，都能使 V_n 降低而提高 $t_{实}$，从而达到提高燃烧温度降低燃料消耗的目的。此外采用富氧空气助燃也可以降低从空气中带入的 N_2 而使 V_n 值大幅度降低。富氧空气助燃对于强化炉子热工过程的效果是很突出的，但富氧太多，燃烧产物的热分解将会增加，这反而对提高燃烧温度不利，一般富氧到 28%~30%时为最佳。

任务实施

4.2.6 炉内气氛控制操作

（1）选择空燃比控制方式：

1）手动设定空燃比时直接输入相应的数值；

2）热值仪参与空燃比控制时用鼠标选择选项口即可。

（2）设定空气过剩系数：

1）手动设定空气过剩系数直接输入相关的数值；

2）残氧参与过剩系数控制用鼠标选择选项口即可。

（3）选择手动控制空燃比。

（4）选择自动设定空燃比。选中“热值仪参与空燃比控制”后，空燃比根据煤气热值自动生成。

（5）控制标准：

1）一般钢种空气过剩系数见表 4-15，炉尾残氧值控制在 1%～4%，目标值 2%，根据残氧及热回收段飘火状态进行调整；

表 4-15 一般钢种空气过剩系数

加热炉形式	加一段、预热段	加二段	均热段
蓄热炉	0.90～1.4	0.90～1.15	0.90～1.05
常规炉	0.90～1.25	0.85～1.1	0.85～1.1

2）易出现“铜脆”缺陷钢种，如 SPA-H、SQ345FRW、Q315NS 等含铜 2%以上的钢种，空气过剩系数见表 4-16，炉尾残氧控制 3%以下，目标值 2%，根据残氧及热回收段飘火状态进行调整。

表 4-16 易出现“铜脆”缺陷钢种空气过剩系数

加热炉形式	加一段、预热段	加二段	均热段
蓄热炉	0.9～1.35	0.9～1.05	0.85～1.0
常规炉	0.9～1.25	0.85～1.05	0.85～1.0

问题讨论

（1）简述残氧率、空气过剩系数、空燃比之间的关系。

（2）什么是“铜脆”钢种？讨论“铜脆”成因及防治措施。

（3）均热段和加热段空燃比不同对钢加热的影响。

任务 4.3 炉压的确定

任务描述

炉压是加热炉的重要参数，直接影响燃料的消耗和加热的质量。炉压过大，会造成炉气的逸出，降低加热炉的热效率；炉压过小，会吸入冷空气，不仅使炉温降低，还会增加坯料的氧化。可见炉压过大过小都不利于生产，并且也不符合目前我国的“双碳”政策，合理确定炉压可以把炉压的不利影响降低到最低限度。

知识准备

4.3.1 气体的主要物理性质

研究气体的平衡和运动规律，首先应对气体的主要物理性质有所了解。

微课
气体的主要物理性质

物质有固体、液体和气体三种状态。气体和液体都是分子内聚力很小，容易产生变形和流动的流体，它们平衡和运动的规律都是彼此相同或相似的，气体和液体之间有共同点，但也有一些差异：一般情况下可把液体视为其体积不受温度和压力的影响，即液体被视为不可压缩的，而气体是可以压缩的。在加热炉内，由于相对压力很小，为了使问题简化，可以近似认为炉气是不可压缩的。此外，气体体积与温度成正比，而液体体积几乎不随温度变化。液体在容器中有一个自由表面，而气体则充满所在的整个容器。尽管气体与液体的性质有这些相异之点，在研究气体力学的基本规律时，仍可从水力学得到不少启发。

4.3.1.1 气体的密度

单位体积气体所具有的质量称为密度，用符号 ρ 表示，即

$$\rho = \frac{m}{V} \tag{4-15}$$

式中 ρ——气体的密度，kg/m^3；
m——气体的质量，kg；
V——气体的体积，m^3。

密度的倒数称为比容，用符号 v 表示，即

$$v = \frac{1}{\rho} \tag{4-16}$$

式中 v——气体的比容，m^3/kg。

在标准状态（$t=0$ ℃，$p_0=1.013\times10^5$ Pa）下，空气的密度 $\rho_0=1.293\ kg/m^3$，比容 $v=0.773\ m^3/kg$。

4.3.1.2 气体的压力

气体在单位面积上所受的作用力称为压强。在气体力学中习惯上把压强简称为压力。气体压力的法定计量单位为帕（Pa），非法定计量单位有大气压、mmHg、mmH_2O 等。大气压力还有物理大气压和工程大气压之分，其换算关系如下：

1 物理大气压 = 760 mmHg = 10332 mmH_2O = 101326 Pa

1 工程大气压 = 98066.5 Pa = 0.968 物理大气压

1 mmH_2O = 9.81 Pa

1 mmHg = 133.32 Pa

压力根据所取基准不同，分绝对压力和相对压力。以绝对真空为基准算起的压力称为

绝对压力（p）。以当地大气压力为基准算起的压力称为相对压力（p_g）。一般压力表上的读数都是相对压力，指容器或管道内的绝对压力与周围大气压力之差，所以又称为表压力。相对压力和绝对压力的关系可以用式（4-17）表达：

$$p_g = p - p_a \tag{4-17}$$

式中 p_a——当地大气压力。

当流体中某处的绝对压力小于大气压力时，则该处视为处于真空状态。此时大气压力与绝对压力的差值称为真空度，即

$$p_v = p_a - p \tag{4-18}$$

式中 p_v——真空度。

4.3.1.3 气体状态方程

气体压力和温度的改变对其密度和体积的影响，可以用气体状态方程来描述。在工程计算中，可以近似地用理想气体状态方程来计算，即一定质量的理想气体在平衡状态下，比容、压力和温度三者间的关系为：

$$pv = RT \tag{4-19}$$

式中 p——气体的绝对压力，N/m^2 或 Pa；

v——比容，m^3/kg；

R——气体常数，N·m/(kg·K)，对空气 $R=287$ N·m/(kg·K)；

T——绝对温度，K。

各种常见气体常数 R 值见表 4-17。

设同一气体在标准状态时的状态方程为：

$$p_0 v_0 = RT_0 \tag{4-20}$$

联立式（4-19）、式（4-20）及式（4-16），可以求得气体在 t ℃时密度 ρ_t 与标准状态密度 ρ_0 之间的关系：

$$\rho_t = \rho_0 \frac{1}{1 + \beta t} \frac{p}{p_0} \tag{4-21}$$

式中 β——气体的体积膨胀系数，$\beta = \frac{1}{273}$（1/℃）。

表 4-17 常用气体的气体常数 *R* 值

气体名称	分子式	气体常数	
		国际单位：N·m/(kg·K)	工程单位：m/K
氢	H_2	412.9	420.90
氧	O_2	259.9	26.52
氮	N_2	295.6	30.13
一氧化碳	CO	294.3	30.00
二氧化碳	CO_2	189.0	19.27
水蒸气	H_2O	462.1	47.10
甲烷	CH_4	519.9	53.00
空气	—	287.1	29.27

同理，可以求得气体在温度 t ℃时，体积 V_t 与标准状态体积 V_0 之间的关系为：

$$V_t = V_0(1 + \beta t)\frac{p_0}{p} \tag{4-22}$$

式（4-21）和式（4-22）常用于高海拔地区低压气体参数的计算，对于低海拔地区，因 $p \approx p_0$，上面两式可简化为：

$$\rho_t = \frac{\rho_0}{1 + \beta t} \tag{4-23}$$

$$V_t = V_0(1 + \beta t) \tag{4-24}$$

4.3.1.4 气体的黏性

当气体沿着平板做平行流动时，远离平板表面的气流几乎不受平板的影响，但在紧靠平板表面的地方，由于气体分子与板壁的附着力大于气体分子间的内聚力，气体黏附在表面上，该处的流速为零。可见与平板距离不同的地方气体流速是不相同的，越接近于平板，流速就越小。在这里，可以把速度不同平行流动的气体看作一层层气体的平行移动，当一层气体对另一层气体做相对移动时，较快的气流层显示出一种拉力带动着较慢的气流层向前移动，而较慢的气流层则显示出一种大小相等方向相反的阻力，阻止着较快的一层气流前进。这种相互作用力称为气体的内摩擦力或黏性力，内摩擦力的大小体现了气体黏性的大小。牛顿在1686年提出了内摩擦力定律，即黏性力与垂直于黏性力方向的速度梯度与接触面积成正比，牛顿内摩擦定律的数学表达式可写为：

$$F = \mu\frac{\mathrm{d}W}{\mathrm{d}n}A \tag{4-25}$$

式中 F——黏性力（内摩擦力），N；

$\frac{\mathrm{d}W}{\mathrm{d}n}$——速度梯度，当速度梯度为零时，气体静止无黏性力，1/s；

W——速度，m/s；

n——垂直于流动方向的坐标尺寸，m；

A——接触面积，m^2；

μ——黏性系数，或称黏度，Pa·s或N·s/m^2。

工程计算中还可采用运动黏度 ν 和内摩擦系数 η 来表示黏度的大小，它们与动力黏度 μ 的关系如下：

$$\nu = \frac{\mu}{\rho} = \frac{\mu g}{\gamma} = \frac{\eta}{\gamma} \tag{4-26}$$

而

$$\eta = \mu g \tag{4-27}$$

式中 ν——运动黏度，m^2/s；

η——内摩擦系数，N/(m·s)。

从机理上看，液体因其分子间距离比气体小而引力较大，故液体流动时的黏性力主要是由液体分子间的吸引力引起的，当液体温度升高时，分子间引力减小，因而液体的黏度随温度的升高而降低；而气体的黏性力则主要是气体分子热运动造成的，当气体温度升高时，分子热运动加强了，因而气体的黏度随温度上升而增大。气体黏度随温度变化的关系可用经验公式（4-28）表示：

$$\mu_t = \mu_0\left(\frac{273 + C}{T + C}\right)\left(\frac{T}{273}\right)^{\frac{3}{2}} \tag{4-28}$$

式中　T——气体的绝对温度，K；

C——常数，决定于气体的性质，见表 4-18；

μ_0——气体在标准状态下的黏性系数，见表 4-18。

自然界中存在的气体和液体都是有黏性的，称为实际流体。但因为黏性的问题很复杂，影响因素较多，给研究气体运动的规律带来困难。为了使问题简化，引进了理想流体的概念。所谓理想流体，即黏性系数为零的流体（$\mu=0$）。在一定条件下把实际流体当作理想流体来处理，找出规律后再考虑黏性的因素加以修正，实践证明是一种有效的方法。

表 4-18　各种常见气体的 μ_0 和 C 值

气　体	μ_0/Pa·s	C	气　体	μ_0/Pa·s	C
空气	1.72×10^5	122	一氧化碳	1.65×10^5	102
氧	1.92×10^5	138	二氧化碳	1.38×10^5	250
氮	1.67×10^5	107	水蒸气	0.85×10^5	673
氢	0.85×10^5	75	燃烧产物		约 170

4.3.2 炉压沿高度方向上的变化规律

实际上自然界中并不存在处于绝对静止状态的气体，但可以认为某些情况下的气体（如气罐中的煤气、加热炉内非流动方向上的烟气等）是处于相对静止状态。现就这种相对静止状态气体的压力变化规律加以讨论如下。

微课
炉压沿高度方向上的变化规律

4.3.2.1　气体绝对压力的变化规律

如图 4-3 所示，在静止的大气中截取一底面积为 $f(\mathrm{m}^2)$，高为 $H(\mathrm{m})$ 的长方体气柱。如果气柱处于静止状态，则此气柱在 x、y、z 轴方向的作用力将保持平衡状态，作用在 x、y、z 轴上各作用力投影的代数和必为零。

即　$$\Sigma P_x = \Sigma P_y = \Sigma P_z = 0$$

由于气柱在水平方向上只受到外部大气的压力作用，则气柱在同一水平面前后（z 轴方向）和左右（x 轴方向）所受到的外部压力是大小相等方向相反的，正是这些互相抵消的压力才使得气柱能够在水平方向上保持力平衡。而在垂直方向上（即 y 轴方向）气柱受到三个力的作用，即：

（1）向上的 1 面处大气的总压力为 $p_1 f(\mathrm{N})$；

（2）向下的 2 面处大气的总压力为 $p_2 f(\mathrm{N})$；

（3）向下的气柱本身的总重量为 $G=\rho g H f(\mathrm{N})$。

当气柱处于平衡状态时，由 $\sum P_y = 0$ 可得到：

$$p_2 f + G - p_1 f = 0$$

即 $p_1 f = p_2 f + \rho g H f$，考虑单位作用面积，则有：

$$p_1 = p_2 + \rho g H$$

或

$$p_1 - p_2 = \Delta p = \rho g H \tag{4-29}$$

式中 p_1——气柱下部的绝对压力，Pa；

p_2——气柱上部的绝对压力，Pa；

ρ——气柱的密度，kg/m³；

H——p_1 面和 p_2 面间的高度差，m。

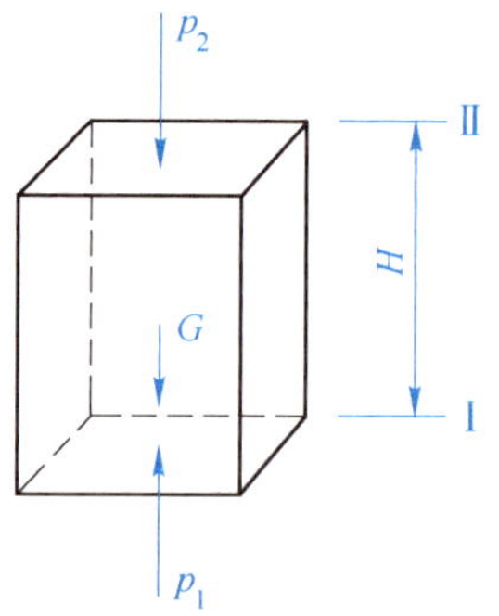

图 4-3 气体绝对压力分布

式（4-29）就是气体绝对压力沿高度变化规律的平衡方程式。它说明静止气体沿高度方向上绝对压力变化的规律是：下部气体的绝对压力始终大于上部气体的绝对压力，上下两水平面间的绝对压力之差将恒等于此气体在实际状态下的平均密度 ρ 和重力加速度 g 与此两平面间的距离 H 的乘积。式（4-29）适用于任何静止状态下的气体和液体。但要注意：应用静力平衡方程，除了必须是相对静止状态外，同时密度（重度）要不随高度而变化。所以当两水平面间的高度很大时，必须考虑由于气压和温度变化而引起气体密度变化而加以修正。这可由状态方程导出式（4-21）来加以计算。

例 4-1 某地平面为标准大气压，当该处的平均温度为 20 ℃，大气密度均匀一致时，求距该地平面 100 m 的空中的实际大气压力？

解 大气一般可视为理想气体。则在 20 ℃时大气的密度为：

$$\rho' = \frac{\rho_0}{1 + \beta t} = \frac{1.293}{1 + \frac{20}{273}} = 1.205\ (\text{kg/m}^3)$$

根据式（4-29）可求出 100 m 高处的实际大气压力 p_2，即

$$p_2 = p_1 - \rho g H = 101326 - 1.205 \times 9.81 \times 100 = 100144(\text{Pa})$$

此例说明高空中的大气压力低于地平面的大气压力，并且是海拔越高的山顶上其大气压力越低。

实际上，对于静止气体和液体，式（4-29）均可适用。现进一步分析绝对压力的分布规律。如图 4-4 所示，在密闭容器内盛有密度为 ρ 的静止液体，自由液面之上是绝对压力为 p_f 的气体。由式（4-29）可得自由液面下深度为 h 的任意一点处的绝对压力为：

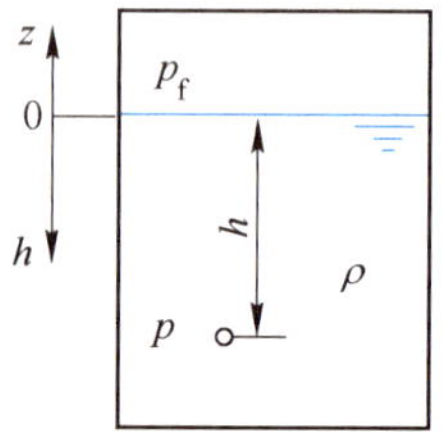

图 4-4 密闭容器中的静止液体

$$p = p_f + \rho g H \tag{4-30}$$

式（4-30）表明，静止流体内任一点的绝对压力由两部分组成：一部分是自由液面上的绝对压力 p_f；另一部分是深度为 h 密度为 ρ 的流体柱所产生的压力 $\rho g H$；或者说，静止均质流体的绝对压力随深度增加呈直线增大。显然，深度（或高度）相同的各点，其绝对压力相同。

例 4-2 设两容器 A 和 B 位于同一高度（见图 4-5），内部充满不同压力、密度为 ρ 的

同一流体，且与U形管相连，管内液体密度为ρ_1，液面高差为h，试求A、B两容器的压力差。

解　设A、B容器内流体的绝对压力分别为p_A、p_B，等压面C、D上的绝对压力为p^*。

对C、A两点之间有：　　$p^* = p_A + \rho g(l + h)$

对D、B两点之间有：　　$p^* = p_B + \rho gl + \rho_1 gh$

两式相减，即得A、B的压力差

$$p_A - p_B = (\rho_1 - \rho)gh$$

若A、B内为密度较小的气体时，因$\rho_1 \gg \rho$，$\rho_1 - \rho \approx \rho_1$，则$p_A - p_B = \rho_1 gh$。

当U形管右端直接与大气相通时（见图4-6），U形管内气体绝对压力p与p_a之差为：

$$p - p_a = \rho_1 gh$$

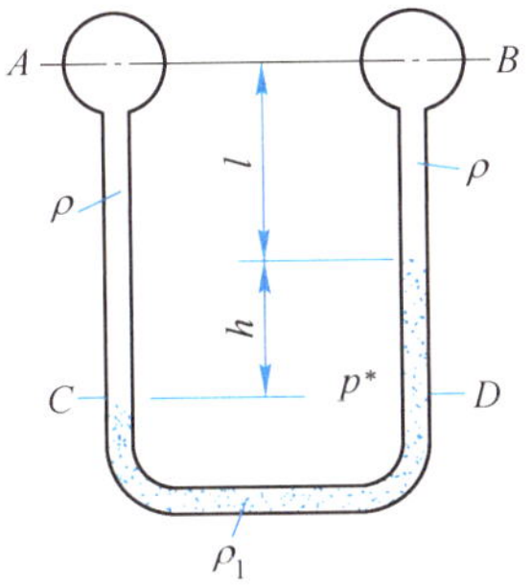

图4-5　两容器A和B

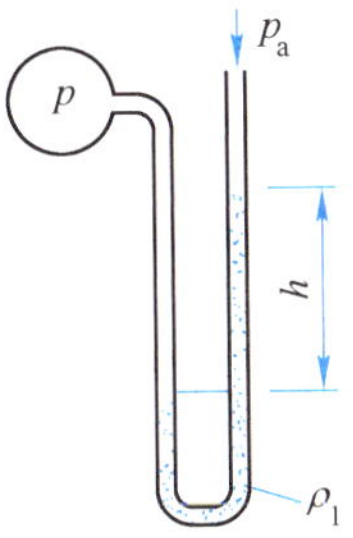

图4-6　U形管

此压差即为容器内气体的相对压力p_g，其数值等于U形管内的液柱重量$\rho_1 gh$，以上便是U形管测压计的测量原理。

4.3.2.2　气体相对压力的变化规律

在工业炉内或烟道、烟囱中多是密度较小的热气体，外面则是密度较大的冷空气，研究冷热气体同时并存的静力平衡规律，分析其表压力的变化规律，既方便又能较好地说明问题的实质。如图4-7所示，炉膛内为实际密度ρ的热气体，炉外为实际密度ρ'的大气，炉气在各截面的绝对压力分别为p_1、p_2和p_0，相应的表压力分别为p_{g1}、p_{g2}和p_{g0}，现分析炉气表压力沿炉膛高度上的变化情况。

由表压力式的定义可知，炉气在Ⅰ面和Ⅱ面处的表压力将分别为：

$$p_{g1} = p_1 - p_1' \tag{4-31}$$

$$p_{g2} = p_2 - p_2' \tag{4-32}$$

式中　p_1'，p_2'——Ⅰ面和Ⅱ面处的大气压力；

p_1，p_2——Ⅰ面和Ⅱ面处炉气的绝对压力。

则Ⅰ面与Ⅱ面的表压力差为：式（4-32）-式（4-31）

即

$$p_{g2} - p_{g1} = (p_2 - p_1) + (p_1' - p_2') \tag{4-33}$$

再由绝对压力平衡式（4-29）即可分别对炉气和大气按Ⅰ面和Ⅱ面写出它们的静力平衡方程为：

对炉气 $$p_2 - p_1 = -\rho g H \tag{4-34}$$

对大气 $$p_1' - p_2' = \rho' g H \tag{4-35}$$

将式（4-34）、式（4-35）代入式（4-33）中即得：

$$p_{g2} - p_{g1} = -\rho g H + \rho' g H - (\rho' - \rho) g H$$

或

$$p_{g2} = p_{g1} + (\rho' - \rho) g H \tag{4-36}$$

式中 p_{g2}——上部炉气的表压力，Pa；

p_{g1}——下部炉气的表压力，Pa；

ρ，ρ'——炉气和大气的密度，kg/m^3；

H——Ⅰ面和Ⅱ面间的高度差，m。

式（4-36）为气体静力平衡方程的另一表现形式，它适用于任何与大气同时存在的静止气体沿高度方向上表压力变化情况，其规律是：上部气体的表压力大于下部气体的表压力，上下两面间的表压力差等于$(\rho' - \rho) g H$。

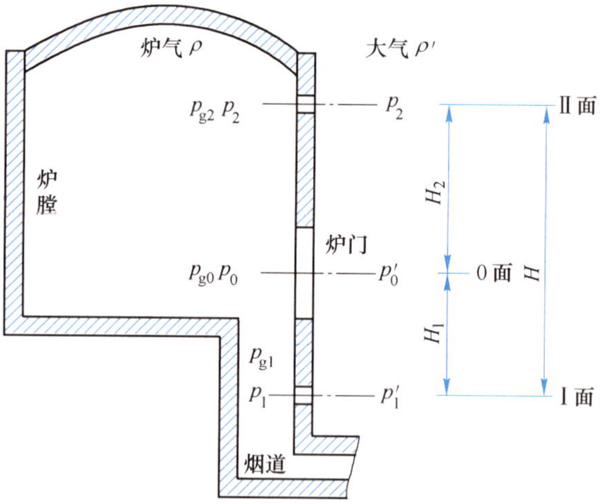

图4-7 炉膛高度上炉气表压力分布

另外由图4-7还可看出，当把炉门中心线处的炉气表压力控制为零压时，则由式（4-36）的关系中可以得到Ⅰ面和Ⅱ面的表压力将分别为：

$$p_{g2} = p_{g0} + (\rho' - \rho) g H_2 = (\rho' - \rho) g H_2 \tag{4-37}$$

$$p_{g1} = p_{g0} - (\rho' - \rho) g H_1 = -(\rho' - \rho) g H_1 \tag{4-38}$$

将式（4-37）-式(4-38）则得到：

$$p_{g2} - p_{g1} = (\rho' - \rho) g H_2 + (\rho' - \rho) g H_1 = (\rho' - \rho) g H$$

这一结果与式（4-36）完全相同。由于炉膛内是高温的炉气，其实际密度ρ总是小于大气的实际密度ρ'，这样从式（4-37）和式（4-38）中不难看出以下两点。

（1）零压面以上各点的表压力为正，当该点处有孔洞时炉气就会向大气逸出，即炉气的火焰将向炉外喷出，从而造成燃料的浪费和对操作与设备的危害。

（2）零压面以下各点的表压力为负压，当该处有孔洞时就会把大气（冷空气）吸入炉内，这同样也会造成炉温的下降而使得燃耗增高。同时被吸入的冷空气还将增加坯料氧化。因此，加热炉必须按照炉内表压力的这一分布规律来正确地控制炉压。

例 4-3　设炉膛内的炉气温度为 1300 ℃，炉气在标准状态下的密度为 1.3 kg/m³，炉外大气温度为 20 ℃。问当炉底表压力为零时，距炉底 2 m 高处炉顶下面的表压力为多少？

解　当炉气温度为 1300 ℃时，炉气的密度为 $\rho = \dfrac{1.3}{1+\dfrac{1300}{273}} = 0.225\ (\mathrm{kg/m^3})$

20 ℃的空气密度为 $\rho' = \dfrac{1.293}{1+\dfrac{20}{273}} = 1.205\ (\mathrm{kg/m^3})$

由式（4-31）得 $p_{g顶} = p_{g底} + (\rho' - \rho)gH$

由题意知 $p_{g底} = 0$，所以 $p_{g顶} = (1.205 - 0.225) \times 9.81 \times 2 = 19.23\ \mathrm{Pa}$

4.3.3 炉压的影响因素

炉压主要反映燃料和助燃空气输入与废气排出之间的关系。燃料由烧嘴和空气由喷嘴喷入，而废气由烟囱排出，若排出少于输入时炉压就要增加，反之炉压就要减小。因此，分析影响炉压的因素，需要运用气体动力学基础进行分析。

微课
气体动力学基本概念和连续性方程

4.3.3.1　气体动力学基本概念

A　流体

自然界中能够流动的物质，如液体和气体。

B　气体温度

目前国际上常用的温标有摄氏温标和绝对温标，摄氏温标用 t 表示，单位是 ℃。绝对温标用 T 表示，单位是 K。

$$T = t + 273 \tag{4-39}$$

C　稳定流与不稳定流

气体的运动过程涉及许多物理参数，如流速 W、流量 q、压力 p、密度 ρ 等，在空间的各点上，如果这些物理量不随时间而改变（尽管不同的坐标点上这些量是不同的），这种流动称为稳定流；如果这些物理量随时间而改变，则这种流动称为不稳定流。在实际工作中绝大多数流动属于不稳定流，而提出稳定流这一概念，主要是应用上的方便，多数不稳定流在一段时间内各物理量的平均值相对波动不大，可以视为是稳定的。只是在工作条件突然改变时，例如，刚刚调节了闸阀以后，气流的许多物理参数都要发生变化，但这种不稳定也只是暂时的，很快便会趋于相对的稳定。不稳定流的规律十分复杂，这里只讨论稳定流的问题。

D　流速

单位时间内气体流过的距离称为气体的流速，并以符号 W 表示，单位为 m/s，由于气体在管道中沿径向的流速是变化的，故流速一般均指截面平均流速。流速表征着气体流动的快慢。气体在标准状态下的流速用 W_0 表示。各种气体在不同的设备中都有其适合的 W_0（经验值）。

流速也随着气体的压力和温度的变化而变化。当压力变化不大时，流速随温度的变化关系为：

$$W_t = W_0(1 + \beta t) \tag{4-40}$$

式中 W_t——1 物理大气压下，t ℃时气体的流速，m/s；

W_0——标准状态下气体的流速，m/s；

t——气体的温度，℃；

β——气体的体积膨胀系数，其值为 1/273。

式（4-40）适用于压力变化不大的常压气体的流动。由于 W_t 随温度而变化，不便于比较，所以生产中有关气体流速的各种资料中都按标准状态下的流速 W_0 给出。对于温度不同时则可按式（4-40）根据实际温度 t 进行换算。

对于高压下气体的流动则多属于可压缩气体的流动问题，但在金属压力加工加热炉范围内较少涉及，故本书不予介绍。

E 流量

单位时间内气体流过某截面的数量称为气体的流量。对于流过的气体数量若以重量计则称为重量流量，用符号 G 表示，单位为 N/s；若以质量计则称为质量流量以 q_m 表示，单位为 kg/s。若以体积计则称为体积流量以 q_V 表示，单位为 m^3/s。这里主要介绍体积流量（因实际应用最多）。当气体的流过截面积为 F，在标准状态下的流速为 W_0 时，则气体在标准状态下的体积流量 q_{V_0} 为：

$$q_{V_0} = W_0 F \tag{4-41}$$

式（4-41）适用于稳定流动时的任何气体。

同样在气体的压力变化不大时，气体的体积流量随温度的变化关系为：

$$q_{V_t} = q_{V_0}(1 + \beta t) \tag{4-42}$$

或

$$q_{V_t} = W_0 F(1 + \beta t) \tag{4-43}$$

或

$$q_{V_t} = W_t F \tag{4-44}$$

式中，q_{V_t} 为一个物理大气压下 t ℃时气体的体积流量。式（4-42）~式（4-44）适用于 1 标准大气压、t ℃时流动的任何可以视为理想气体的气体，在压力变化不大时亦可近似采用。高压时不能采用，在压力变化较大时必须对压力的变化而引起气体体积的变化加以修正。

F 流动的两种形态

英国科学家雷诺（O. Reynolds）1883 年通过一个著名的实验，发现了流体流动的两种不同形态，其装置原理如图 4-8 所示。水箱 1 中的水经由圆玻璃管 2 流出，速度可由阀 3 调节。在玻璃管的进口处有一股由墨水瓶 5 引出经细管 4 流出的墨水。开始，当水的流量不大时，圆玻璃管 2 中水的流速较小，墨水在水中呈一直线，管中的水流都是沿轴向流动，这种流动称为层流。如果继续加大水的流量，由于管径截面不变，则玻璃管内水的流速增大。当达到某一流速时，墨水不能再保持直线运动，开始发生脉动。流速继续增大，墨水将在前进的过程中很快与水混在一起，不再有明显的界限，显示流动的性质已发生改变，流体的质点已不是平行的运动，而是不规则紊乱的运动，这种流动形态称为紊流或湍流。

动画
雷诺实验

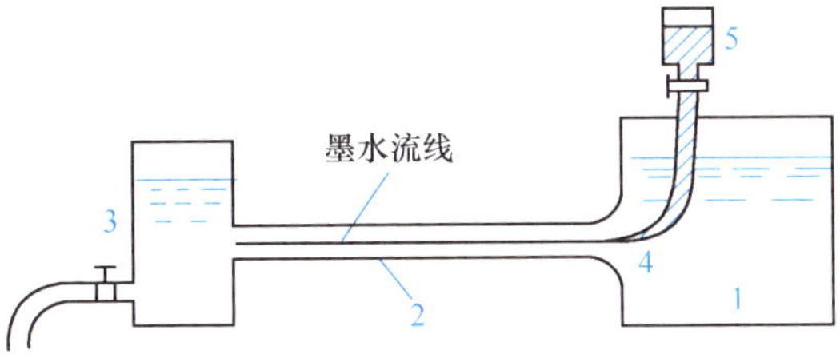

图 4-8 层流紊流实验

1—水箱；2—圆玻璃管；3—调节阀；4—细管；5—墨水瓶

虚拟仿真
雷诺实验

根据以不同的流体和不同的管径所获得的实验结果，证明支配流体流动形态的因素，除流体的流速 W 外，还有流体流过的管径 d、流体的密度 ρ 和流体的黏度 μ。并且提出以上述 4 个因素所组成的无因次复合数群 $Wd\rho/\mu$ 作为判定流动形态的依据，这个数群称为雷诺数，用符号 Re 表示，即

$$Re = \frac{Wd\rho}{\mu} = \frac{Wd}{\nu} = \frac{Wd\gamma}{\eta} \tag{4-45}$$

如果流体流过的管道截面不是圆形，则上述雷诺数中的 d 需要用当量直径 $d_{当}$ 来代替，即把任意形状截面的管道换算为圆形管道。当量直径的计算公式如下：

$$d_{当} = \frac{4F}{S} \tag{4-46}$$

式中 $d_{当}$——管道的当量直径，m；

F——管道的流通截面积，m^2；

S——管道截面上与流体接触部分的周长，m。

例如对于截面为矩形的充满流体的管道，其边长分别为 a 和 b，则当量直径为

$$d_{当} = \frac{4ab}{2(a+b)} = \frac{2ab}{a+b} \tag{4-46a}$$

又如在套管的环隙中流动的气体，若 d_1 为内管外径，d_2 为外管内径，则当量直径为

$$d_{当} = \frac{4(F_{外} - F_{内})}{S_{外} + S_{内}} = d_2 - d_1 \tag{4-46b}$$

当量直径的概念应用很广，不仅在决定雷诺数时，在其他热工计算中也常用到。

根据雷诺和许多研究工作者的实验，在截面为圆形表面光滑的管道中，$Re<2100$ 时，流动是层流，而 $Re>2300$ 时，流动是紊流。用人工的方法也可以使 $Re>2300$ 的情况下保持层流流动，但是这种层流不稳定，只要某处发生扰动，便立刻变成紊流。由层流转变为紊流往往经过一个过渡阶段，其转变点称为临界状态，通常认为 $Re=2300$ 为雷诺数的临界值。但这个临界值并不是固定不变的，而是与许多条件有关，特别是流体的入口情况和管

壁的粗糙度等。例如当入口处是光滑的圆形入口时，*Re* 的临界值大约为 4000。

由于流动形态的不同，管内流体速度的分布情况也随之而异，如图 4-9 所示。

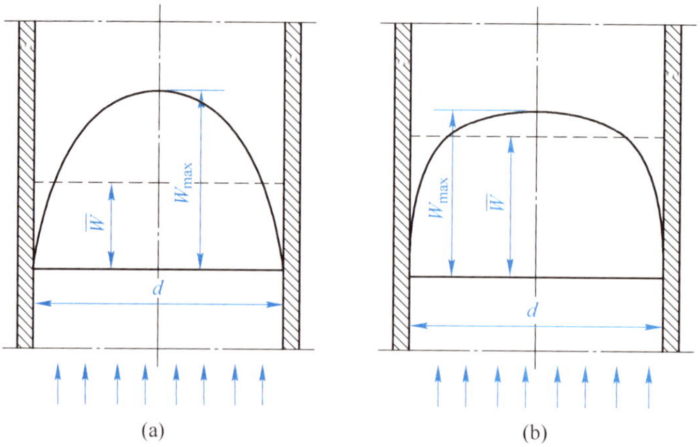

图 4-9 管内速度的分布

（a）层流；（b）紊流

研究表明，层流时流体的速度沿管的截面是按抛物面的规律分布，管中心的速度最大，沿抛物面渐近管壁，则速度逐渐减少以至于零，其平均速度为管中心最大速度的一半，即：

$$\overline{W} = 0.5W_{max} \tag{4-47}$$

圆管中紊流的速度分布亦为一曲面，与抛物面相似，但顶端稍宽。由于在紊流中流体质点无规律的脉动，其速度在大小和方向上时时变化，只能取一定时间间隔的速度统计平均值作为平均流速。在较为稳定的紊流流动中，其平均速度与中心最大速度的关系为：

$$\overline{W} = (0.82 \sim 0.86)W_{max} \tag{4-48}$$

实际流体由于具有黏性，当流体流过固体壁面时，紧贴表面的速度为零，在接近壁面处有一层速度急剧降低的薄层，层内流动保持层流状态，称为层流边界层。层内速度梯度很大，且接近于常数。层流边界层的厚度与流股核心的紊乱程度有关，流股核心紊动越激烈，边界层越薄，即边界层厚度与 *Re* 成反比。流体继续沿壁面向前流动，边界层逐渐加厚，边界层内流体流动的性质开始转变为紊流，在此区域紊流程度不断增强，发展到完全的紊流流动，这时的边界层称为紊流边界层。但即使在紊流边界层中，在紧靠壁表面那一薄层中，流动仍然保持层流，称为层流底层。在层流底层和紊流区之间又有一过渡层，如图 4-10 所示。边界层的存在，对传热过程有重大的影响。

上述速度分布情况是指流体的流动情况已趋稳定而言。流体在进入管道后经过一定距离才能达到稳定。对于紊流，这一段流经的直管距离约为管道直径的 40 倍。同时上述速度分布规律，只是在等温状态下才是正确的，而且稳定不变。

例 4-4 温度 1100 ℃的热空气通过断面为 1.5 m×1.0 m 的矩形管道，设空气标准状态

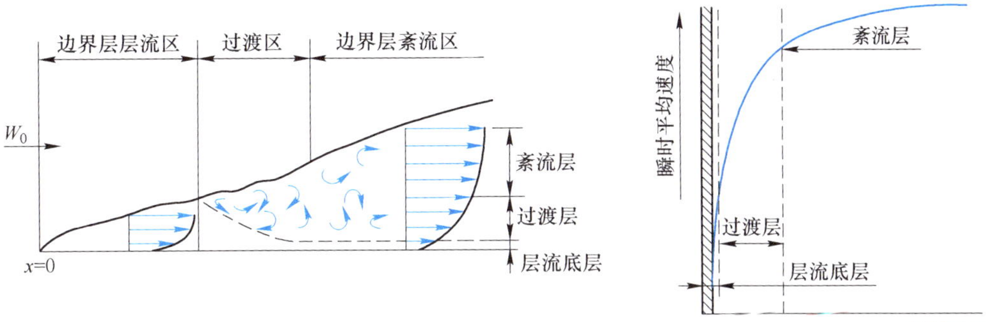

(a) (b)

图 4-10 靠近管壁区域内紊流的速度分布

(a) 边界层流动形态变化图；(b) 边界层紊流区流动形态分布图

动画
边界层

的流速为 10 m/s，试判断管道内的流动属于层流还是紊流。

解 判断流动属于何种形态，需先计算 Re 值，对于高温气体：

$$Re=\frac{W_t d\rho_t}{\mu_t}=\frac{W_0 d\rho_0}{\mu_t}$$

根据式 (4-28) 和表 4-18，先求 1100 ℃时空气的黏度 μ_t：

$$\mu_t=\mu_0\left(\frac{273+C}{T+C}\right)\left(\frac{T}{273}\right)^{\frac{3}{2}}=0.0000172\times\frac{273+122}{1373+122}\times\left(\frac{1373}{273}\right)^{\frac{3}{2}}$$

$$=0.00005125\ (\mathrm{N\cdot s/m^2})$$

由于管道断面不是圆形，根据式 (4-46a) 折算为当量直径 (m)：

$$d_{当}=\frac{2ab}{a+b}=\frac{2\times1.5\times1}{1.5+1}=1.2(\mathrm{m})$$

$$Re=\frac{10\times1.2\times1.293}{5.125\times10^{-5}}=3.03\times10^5$$

Re 值远大于 2300，所以管内流动属于紊流。

4.3.3.2 连续性方程式

气体运动的连续性方程式是质量守恒定律在气体力学上具体应用的一种形式。当气体在变径管道中作连续稳定流动时，气体流过管道各个截面积的质量流量 q_m 必相等。如图 4-11所示，气体在流管内由任意截面 Ⅰ—Ⅰ 向 Ⅱ—Ⅱ 截面作连续稳定流动时，则必有两个截面上的质量流量相等。

即 $$q_{m_1}=q_{m_2}$$

于是便有 $$\rho_1 q_{V_1}=\rho_2 q_{V_2}$$

或 $$W_1\rho_1 F_1=W_2\rho_2 F_2 \tag{4-49}$$

式 (4-49) 为气体稳定连续流动时的连续性方程，它适用于作连续稳定流动的任意状态下的一切流体。

对于不可压缩气体，式（4-49）变为

$$W_1F_1 = W_2F_2 \qquad (4\text{-}50)$$

或写成

$$q_{V_1} = q_{V_2}$$

式（4-50）是连续性方程的另一表述形式。它的适用条件，除流体作连续稳定流动外，还必须使流过任意截面时流体的密度 ρ 始终保持不变。因此，式（4-50）不适用于高压气体的流动过程，对于流动过程中压力和温度变化较大时也不适用。式（4-50）只适用于压力和温度变化均不大的气体流动过程（这时计算结果的误差很小）。

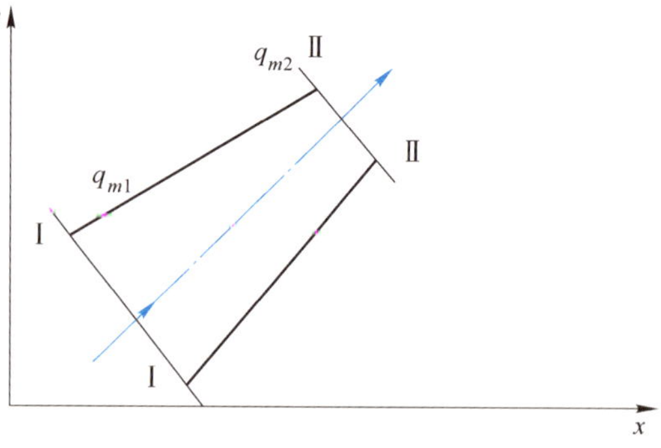

图 4-11　气体在变径管道内连续稳定流动

例 4-5　0 ℃的冷空气通过一段截面变化的圆形管道（见图 4-12），空气流量为 120 kg/min，气流在Ⅰ—Ⅰ和Ⅱ—Ⅱ截面处的流速分别为 30 m/s 和 10 m/s，试计算Ⅰ—Ⅰ和Ⅱ—Ⅱ截面的管道直径。

解　由题设已知 $q_m = 120\ (\text{kg/min}) = 2\ (\text{kg/s})$

体积流量为 $q_V = \dfrac{q_m}{\rho} = \dfrac{2}{1.293} = 1.55\ (\text{m}^3/\text{s})$

在流动过程中，密度可视为不变，根据式（4-44）可得

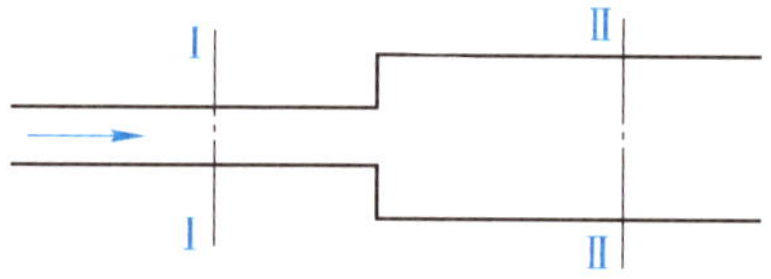

图 4-12　圆形管道直径计算

$$F_1 = \frac{q_V}{W_1} = \frac{1.55}{30} = 0.0517\ (\text{m}^2)$$

所以Ⅰ—Ⅰ截面的管道直径为

$$d_1 = \sqrt{\frac{4F_1}{\pi}} = \sqrt{\frac{4 \times 0.0517}{3.1416}} = 0.256\ (\text{m})$$

同理可得

$$F_2 = \frac{q_V}{W_2} = \frac{1.55}{10} = 0.155\ (\text{m}^2)$$

$$d_2 = \sqrt{\frac{4F_2}{\pi}} = \sqrt{\frac{4 \times 0.155}{3.1416}} = 0.444\ (\text{m})$$

4.3.3.3　伯努利方程

伯努利方程是气体流动时的机械能守恒定律。它说明气体在流动中各种能量间的相互关系。伯努利方程在理论和实践上都是十分重要的基本方程式。

微课
伯努利方程

A　气体的能量

考察气体的运动就需要计算气体所具有的能量。由于地面上任何地方都要

受到大气层的作用力，因此把作为考察对象的气体（炉气或输送气体）的能量减去周围大气因大气压力所具有的能量，并用剩下的相对能量作为炉气或输送气体本身的实际能量。单位体积气体所具有的这种相对能量称为气体的压头。

虚拟仿真
伯努利方程实验

在气体力学中往往把单位体积气体所具有相对位能、相对压力能和相对动能称为位压头、静压头和动压头。

a 位压头

自然界的物体都具有位能。气体也具有位能，当气体的质量、密度和距基准面的高度分别为 m、ρ 和 H 时，则此气块具有的位能为：位能 $=mgH=\rho VgH$。

单位体积气体具有的位能称为位压，因此位压 $=\rho gH$。

当气体的密度 ρ 一定时，气体各处的位压仅随该处距基准面的高度而变，若基准面取在下面，越向上，气体位压越大，越向下，气体的位压越小。

管内气体位压与管外同高度上大气的位压的差值，称为管内气体的相对位压或简称位压头，用符号 $h_{位}$ 表示，单位 Pa。显然，当管内气体的位压为 ρgH，管外同高度上大气的位压为 $\rho' gH$ 时（ρ' 为大气的密度）则管内气体的位压头为：

$$h_{位} = Hg(\rho - \rho') \tag{4-51}$$

式（4-51）中，所研究截面在基准面的上面，H 取正值；反之，H 取负值。当气体的密度 ρ 小于大气密度 ρ'，即浮力大于气体本身的重力时，由式（4-51）可知：这时位压头为负值，即位压头是一种促使气体上升的能量。为了使位压头为正值，常将基准面取在气体的上面，因为基准面以下的高度为负值，当 $(\rho-\rho')$ 一定时，$h_{位}$ 随 H 变化而变化，高处 $h_{位}$ 小，反之亦然。一般来讲，位压头只能计算，不能测量。

b 静压头

压力是一种能量，一定量流体的压力在静止状态下可以抵抗外界的压力而保持平衡。在流动的流体中所具有的压力和外界大气压力之差可以使流动加速或减速。这本身就表明流体的压力就是它所具有的一种机械内能。从气体压力的单位也表明它是单位体积气体所具有的对外界做功的一种能力。已经知道压力的国际单位是 $Pa(N/m^2)$，也就是 1 m^3 气体对外界具有做 1 $N \cdot m=1$ J 功的本领。单位体积气体本身所具有的这种对外界做功的能力称为静压。静压和静压力两者之间的概念是不同的。静压力是指气体垂直作用在单位面积上的力。但两者在数值上相等，单位相同，都是 $Pa(N/m^2)$。把输送气体的静压 p 与同一基准面高度上大气的静压 p' 之差称为输送气体的静压头（简称静头），并以 $h_{静}$ 表示：

$$h_{静} = p - p' = \Delta p \tag{4-52}$$

静压头是输送气体的相对压力能，即输送气体实际对外界做功的能力。它的单位和静压、表压力的单位相同。尽管静压头和表压力两者的概念是不同的，但它们在数值上相等且单位相同。因为表压力可以直接用压力表测量，故静压头也可直接用压力表测量。

例 4-6 有一高 H、内盛满静止热气体的下部开口容器（见图 4-13），设热气体的密度为 ρ，其外冷空气的密度为 ρ'，问：容器内 A、B、C 三点的位压头与静压头为多少？

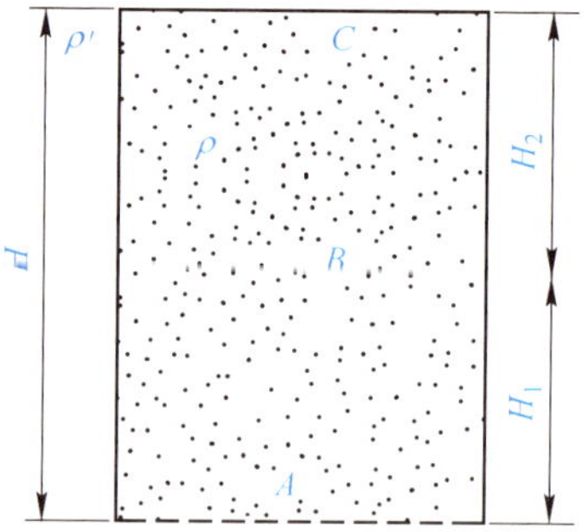

图4-13 位压头与静压头计算

解 按题意以 C 平面为基准面进行分析。

(1) 在 A 点：因为容器下部是开口的与大气相通，则知 $h_{静A}=0$

A 点处热气体对基准面的位压头为正值，且最大为：

$$h_{位A}=Hg(\rho'-\rho)$$

于是 A 点处热气体的总压头为：

$$h_{总A}=h_{静A}+h_{位A}=0+Hg(\rho'-\rho)=Hg(\rho'-\rho)$$

(2) 在 C 点：根据静力平衡方程

$$h_{静C}=h_{静A}+Hg(\rho'-\rho)=Hg(\rho'-\rho)$$

由于 C 点为基准面，故 $h_{位C}=0$，于是 C 点处热气体的总压头为：

$$h_{总C}=h_{静C}+h_{位C}=Hg(\rho'-\rho)+0=Hg(\rho'-\rho)$$

(3) 在 B 点：根据静力平衡方程

$$h_{静B}=H_1g(\rho'-\rho)$$

由于 C 点为基准面，故 $h_{位B}=H_2g(\rho'-\rho)$ 于是 B 点处热气体的总压头为：

$$h_{总B}=h_{静B}+h_{位B}=H_1g(\rho'-\rho)+H_2g(\rho'-\rho)=Hg(\rho'-\rho)$$

由此可得出结论：静止气体在任意高度上的静压头和位压头是可以相互转变的，但是其总压头不变，为一定值 $Hg(\rho'-\rho)$，显然这是机械能守恒的一种表现形式。

c 动压头

一切运动的物体都具有动能，同样，流动的气体也具有动能。由物理学中得知物体的动能是 $mW^2/2$，其中 m 是物体的质量，W 是物体的运动速度。因此，单位体积流体所具有的动能为：$\rho W^2/2$，单位是：1 kg/m³ (m/s)² = 1 N/m²。同样在气体力学中把单位体积气体所具有的动能称为动压，并把输送气体动压与同一高度上大气动压之差称为相对动压，简称为动压头，以 $h_{动}$ 表示。其单位与动压相同仍为 Pa(N/m²)，即

$$h_{动}=\frac{1}{2}\rho W^2-\frac{1}{2}\rho' W'^2 \tag{4-53}$$

在一般情况下，输送气体的流速远远大于同高度上大气的流速 W'，故把 W' 视为零，在工程计算中通常把同高度上大气的动压视为零，因此系统内的动压就等于动压头。

所以
$$h_{动}=\frac{1}{2}\rho W^2 \tag{4-53a}$$

又因为密度 ρ 和流速 W 都和温度有关，即将

$$\rho_t=\frac{\rho_0}{1+\beta t} \quad W_t=W_0(1+\beta t)$$

代入式 (4-53a) 得：

$$h_{动}=\frac{\rho_0/(1+\beta t)\times W_0^2(1+\beta t)^2}{2}=\frac{W_0^2}{2}\rho_0(1+\beta t) \tag{4-53b}$$

必须注意只有流动的气体才具有动压头。$h_{动}$ 可以用动压管直接测量。这种测压管称为

毕托管，如图4-14所示。测量时，将带弯的测量管插入被测气流中心，并迎着气流方向，压力计上所反映的水柱差即为所测得的 $h_{动}$，即

$$h_{动}=h_{总}-h_{静}$$

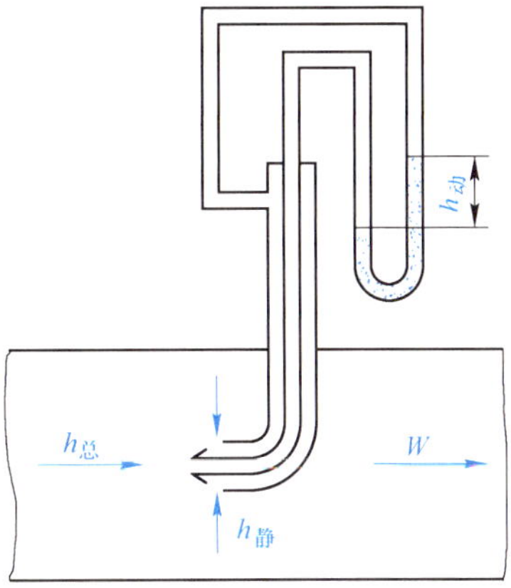

图 4-14 动压头的测量

B 能量守恒定律

气体在管道中从任意截面 1 流向任意截面 2，对于理想气体，黏度系数 $\mu=0$，流动过程中没有摩擦力，因而在流动过程中无能量损失。在无外加能量和没有机械能与热能或化学能之间的相互转变的条件下，单位体积气体在流动过程中必然保持机械能守恒。对于非压缩性气体在稳定流动时，单位体积输送气体本身的机械能（输送气体的静压、位压和动压）守恒。三者在流动过程中可以相互转变，但其机械能即三者的总和将保持不变，即理想气体的伯努利方程式为：

$$p_1+\rho gH_1+\frac{\rho W_1^2}{2}=p_2+\rho gH_2+\frac{\rho W_2^2}{2}=常数 \tag{4-54}$$

式中 p_1，W_1，H_1——1 面处气体的静压、流速和距基准面的高度；

p_2，W_2，H_2——2 面处气体的静压、流速和距基准面的高度。

式（4-54）为输送气体密度 ρ 不变时稳定流动理想气体的伯努利方程式。对于密度变化不大的稳定流动过程也可用式（4-54）进行计算。对于气体密度变化较大的稳定流动过程不能用式（4-54）进行计算。式（5-54）表明：密度不变的理想流体在稳定流动时，各个截面上的静压、位压和动压之和都相等，即单位体积气体的总能量保持常数不变。

式（4-54）没有考虑黏性力的作用，而实际气体是有黏性的，这就需要对理想气体的伯努利方程式进行修正。

由于黏性力表现为流动中的摩擦阻力，气体为了克服这些阻力，就会有部分机械能变为热能，成为不可恢复的能量损失。令 $h_{失}$表示实际气体由任意截面 1 处流到任意截面 2 处期间的能量损失。按照能量守恒定律，截面 1 处气体的总能量应当恒等于截面 2 处的总能量加上 1~2 截面间的能量损失 $h_{失}$之和。实际气体在流动过程中很难保持密度不变，但是当压力变化不大时，一般可认为气体的密度 ρ 只随温度而变化，于是对式（4-54）中的密度 ρ 采用两面间平均温度下的密度代替，同时相应地将式中的流速 W 也以平均流速代替。按式（4-54）可写出实际气体的伯努利方程式为：

$$p_1+\rho gH_1+\frac{\rho W_1^2}{2}=p_2+\rho gH_2+\frac{\rho W_2^2}{2}+h_{失} \tag{4-55}$$

式中 p_1，p_2——1 面和 2 面处的静压，Pa；

H_1，H_2——1 面和 2 面距基准面的高度，m；

ρ——气体在 1 面和 2 面间平均温度下的密度，kg/m^3；

$h_失$——两面间的能量损失，Pa。

式（4-55）就是实际气体流动的伯努利方程式，它也适用于液体流动的分析与计算。式（4-55）用于计算时，高度的基准面通常取在系统的下面。

以上分析的是一种气体在流动过程中各种能量的关系，对于炉子系统，由于炉外大气对炉内气体的作用，因此还要分析炉内气体在大气影响下各种相对能量间的关系。

设图 4-15 的管道内流过的是密度为 ρ 的热气体，外面是密度为 ρ' 的静止气体。现在就 Ⅰ—Ⅰ、Ⅱ—Ⅱ截面写出伯努利方程式如下：

管道内 $p_1+\rho gH_1+\dfrac{\rho W_1^2}{2}=p_2+\rho gH_2+\dfrac{\rho W_2^2}{2}+h_失$

管道外 $p'_1+\rho' gH_1=p'_2+\rho' gH_2$（因为大气是静止的，故 $W'_1=W'_2=0$）

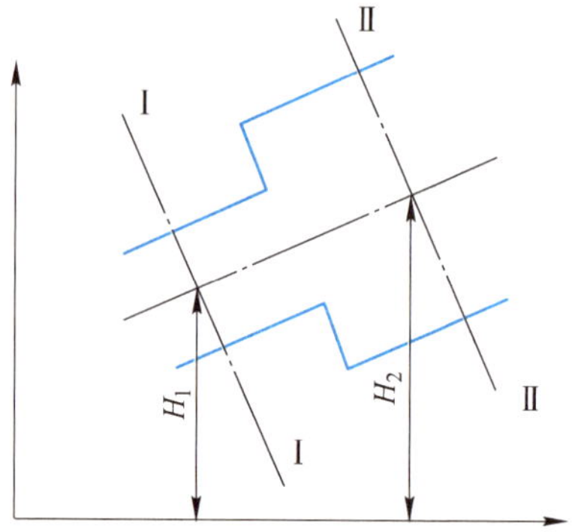

图 4-15 管道Ⅰ—Ⅰ、Ⅱ—Ⅱ截面

两式相减，因 $p_g=p-p'$，或令 $\Delta p=p-p'$，可得

$$p_{g1}+(\rho-\rho')gH_1+\frac{\rho W_1^2}{2}=p_{g2}+(\rho-\rho')gH_2+\frac{\rho W_2^2}{2}+h_失 \tag{4-56}$$

式（4-56）中的 $\rho W^2/2$ 是管内外气体的动压之差，即为单位体积热气体所具有的相对动能，称为动压头，用符号 $h_动$ 表示。式（4-56）若用压头表示，可表述为

$$h_{静1}+h_{位1}+h_{动1}=h_{静2}+h_{位2}+h_{动2}+h_失 \tag{4-56a}$$

式（4-56）就是在大气作用下气体的伯努利方程式，又称双流体方程或气体的压头方程式。它表明，对于热气体管流，由于流动产生压头损失，气体的总压头沿流程会不断减少。在流动过程中，各种压头可以相互转换，但压头损失只能转变为热能而损耗掉，损失的动压头则由静压头或位压头来补偿。式（4-56）常用于工业炉烟道、烟囱、热风管及煤气管的分析与计算。由于实际气体在管道截面上的速度分布是不均匀的，为了简化计算，工程上通常用平均流速来计算动压头，即 $W=q_V/F$，式中 q_V 为气体的体积流量，F 为管道的流通截面积。

下面举例分析压头之间的转变。

例如，气体在如图 4-16 所示的水平文氏管中流动时，分析流动过程中的压头转变。

水平管道各截面上的位压头相同，若不考虑压头损失，则任意截面上总压头保持不变。

在收缩管段，管道截面逐渐减小，气流速度逐渐增加，因而动压头逐渐增大，由于气体总压头一定，静压头必然会减小，即气体的一部分静压头转变为动压头；在扩张段，由于管道截面积逐渐增大，气体流速逐渐降低，因而动压头逐渐减小，所减小的那部分动压头转变为静压头，使静压头逐渐增加。

若考虑气体在流动过程中的压头损失时，可作如下分析。

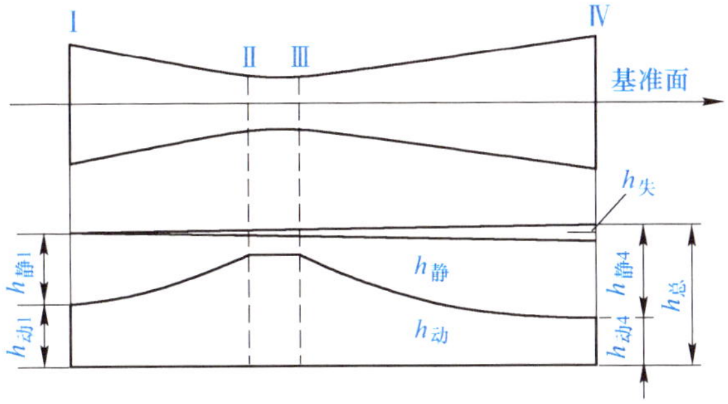

图 4-16　气体在文氏管中的流动

因为在气体流动时才能产生压头损失，故压头损失只能直接由动压头转变。当管道截面已定时，与各截面相对应的动压头也应不变，为了维持各截面相对应的动压头不变，必须有部分静压头转变为动压头，以补充因产生压头损失而减小的动压头。由此可见，在气体由截面Ⅰ流至截面Ⅳ的整个过程中，都存在着静压头变成动压头又转变为压力损失的过程。

综合上述分析，得出如图 4-16 所示的压头转变。

例如，当热气体在截面不变的垂直管道内上升时，分析压头间的转变，如图 4-17 所示。由于截面Ⅰ与截面Ⅱ相等，则 $h_{动1}=h_{动2}$，如暂不考虑 $h_失$，则双流体时的伯努利方程为：

$$h_{位1}+h_{静1}=h_{位2}+h_{静2}$$

因为是热气体，$h_{位1}>h_{位2}$，则必定 $h_{静1}<h_{静2}$，可见气体由截面Ⅰ上升至截面Ⅱ时存在位压头转变为静压头的过程。

若考虑压头损失，则必然存在动压头转变为压头损失的过程。但因截面不变，动压头要求不变，则压头损失所消耗的动压头必须由位压头和静压头补充，而位压头仅随高度和气体密度变化，当气体密度不变时，位压头只随高度变化，与动压头无关。因此，压头损失所消耗的动压头只能由静压头补充，即静压头转变为动压头，动压头又转变为压头损失。压头损失所消耗的压头实质为静压头。

根据上述分析得出如图 4-17 所示的压头转变。

从以上两例分析压头转变可知。

（1）各种压头可相互转变，但只有动压头才能直接变为压头损失，消耗的动压头则由静压头补充。

（2）气体在管道中稳定流动时，动压头变化取决于管道截面及气体温度。截面不变的等温流动，动压头不变；截面变化或变温流动，动压头会变。动压头的变化直接引起静压头的变化。

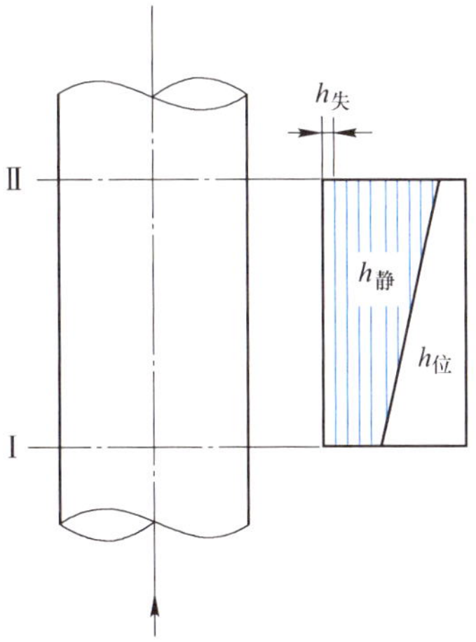

图 4-17　气体在垂直管道中的流动

（3）位压头的变化取决于高度和温度（密度）的变

化。等温的水平流动，位压头不变，高度变化或变温流动时，位压头会变。位压头的变化也会直接影响静压头的变化。

（4）压头损失和压头转变是不同的，压头转变是可逆的，而压头损失已变为热散失掉，是不可逆的。

C 伯努利方程和连续性方程的实际应用

伯努利方程和连续性方程通过联立求解可以解决生产中的许多实际问题。它们在炉子热工操作和炉子系统的设计中有着非常广泛的应用。例如，管路中对流体压头损失的间接测量与计算，流量的测量，炉膛孔洞的逸气和炉门逸气量的计算，烧嘴的设计计算，供气系统及烟道、烟囱等的设计计算都离不开这两个基本方程式。下面通过几个实例来加以说明，这两个基本方程式是学习中必须掌握的重点。

例 4-7 某加热炉的热风管一端与换热器相连，另一端通往烧嘴，如图 4-18 所示。热风管垂直段高 10 m，热空气平均温度 400 ℃，车间空气温度 20 ℃。Ⅰ—Ⅰ截面处的静压头 $p_{g1}=2452.5$ Pa，Ⅱ—Ⅱ截面处的静压头 $p_{g2}=1962$ Pa，求Ⅰ—Ⅰ到Ⅱ—Ⅱ这段热风管的压头损失。

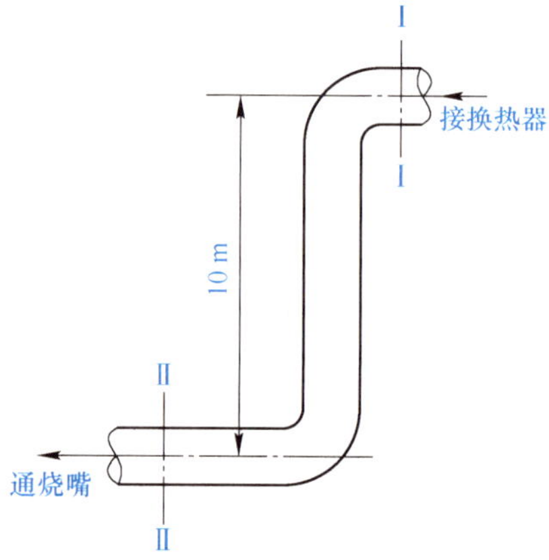

图 4-18 热风管Ⅰ—Ⅰ、Ⅱ—Ⅱ截面

解 就Ⅰ—Ⅰ和Ⅱ—Ⅱ截面写出伯努利方程式：

$$p_{g1}+(\rho-\rho')gH_1+\frac{\rho W_1^2}{2}=$$

$$p_{g2}+(\rho-\rho')gH_2+\frac{\rho W_2^2}{2}+h_{失}$$

由于管径不变，$W_1=W_2$，$\frac{\rho W_1^2}{2}=\frac{\rho W_2^2}{2}$

设基准面取在Ⅱ—Ⅱ截面的水平中心线，则 $H_1=10$，$H_2=0$

根据题意，求出密度 ρ' 及 ρ：

$$\rho'=\frac{1.293}{1+\frac{20}{273}}=1.205\ (\mathrm{kg/m^3})$$

$$\rho=\frac{1.293}{1+\frac{400}{273}}=0.525\ (\mathrm{kg/m^3})$$

所以 $h_{失}=p_{g1}-p_{g2}+(\rho-\rho')gH_1$

$$=2452.5-1962+(0.525-1.205)\times 9.81\times 10=424\ (\mathrm{Pa})$$

由上例可见，摩擦损耗了一部分静压头，此外因为管内是热气体流动，它有上浮的趋势，当热气体自上而下流动时，会使一部分静压头转变成流动中所增加的位压头 $(\rho-\rho')gH_1$。因此，可以得出这样的结论，当热气体自上而下流动时，位压头阻碍气体流动，会使气体的静压头降低；当热气体自下而上流动时，位压头起着帮助气体流动的作用，使静压头增加。这一点在安置热风管道时应予注意。

例 4-8　有一截面逐渐收缩的水平管道，如图 4-19 所示，已知气体的密度 $\rho=1.2\ \mathrm{kg/m^3}$ 和气体在 F_1 截面处的表压力 $p_{g1}=288.4\ \mathrm{Pa}$，$F_2$ 截面处的表压力 $p_{g2}=96.2\ \mathrm{Pa}$，又知 $F_1/F_2=2.0$，$F_1=0.1\ \mathrm{m^2}$，求每小时流过气体的体积流量（不考虑压头损失）。

解　就 1 面（F_1）和 2 面（F_2）写出伯努利方程式：

$$p_{g1}+(\rho-\rho')gH_1+\frac{\rho W_1^2}{2}=p_{g2}+(\rho-\rho')gH_2+\frac{\rho W_2^2}{2}$$

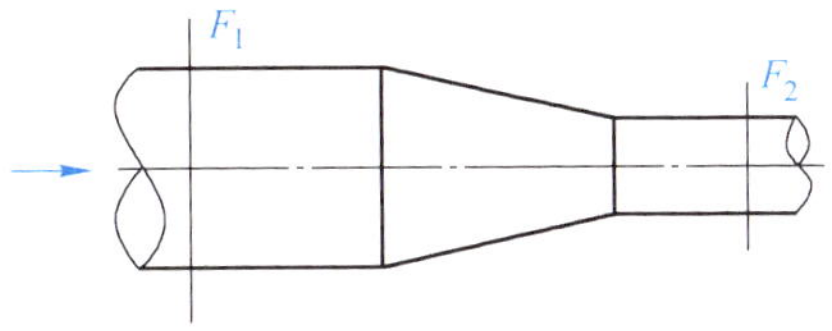

图 4-19　截面逐渐收缩的水平管道

由于管道水平放置，故 F_1 和 F_2 面对任何高度上的基准面来说，其位压头均相等。故上式可简化为：

$$p_{g1}+\frac{\rho W_1^2}{2}=p_{g2}+\frac{\rho W_2^2}{2}\tag{4-57}$$

考虑到流动中压力变化不大，故可视为密度不变，于是由连续性方程可知：

$$W_1F_1=W_2F_2\tag{4-58}$$

所以有 $\dfrac{W_2}{W_1}=\dfrac{F_1}{F_2}$，又已知 $\dfrac{F_1}{F_2}=2.0$，于是将式（4-58）代入式（4-57）式经整理后得到：

$$p_{g1}-p_{g2}=\frac{\rho(2W_1)^2}{2}-\frac{\rho W_1^2}{2}=\frac{3\rho W_1^2}{2}$$

所以
$$W_1=\sqrt{\frac{2(p_{g1}-p_{g2})}{3\rho}}$$

由题意 $p_{g1}=288.4\ \mathrm{Pa}$，$\rho=1.2\ \mathrm{kg/m^3}$，$p_{g2}=96.2\ \mathrm{Pa}$

所以
$$W_1=\sqrt{\frac{2\times(288.4-96.2)}{3\times1.2}}=10.3\ (\mathrm{m/s})$$

于是气体流过 F_1 截面处的体积流量为：

$$q_V=W_1F_1\tau=10.3\times0.1\times3600=3708(\mathrm{m^3/h})$$

通过此例可以看出：在已知水平收缩管道中，如果测得收缩管两截面处的压力差，则可推算出流过气体的体积流量。节流式流量计就是根据此原理制作的。

例 4-9　有一上下加盖的直圆筒高 20 m，如图 4-20 所示，内贮温度为 500 ℃的热气体，它在标准状态下的密度 $\rho_0=1.3\ \mathrm{kg/m^3}$，筒外为 0 ℃的大气，其密度 $\rho_0'=1.293\ \mathrm{kg/m^3}$，如果把上盖打开，求在上盖打开的瞬间直筒底部所受的静压头为多大（不计损失）？

解　按题意所求上盖打开的瞬间，此时热气体尚未往外流动，即 $h_{动}=0$，现以 1—1 截面为基准面写出伯努利方程：

$$p_{g1}+(\rho-\rho')gH_1+\frac{\rho W_1^2}{2}=p_{g2}+(\rho-\rho')gH_2+\frac{\rho W_2^2}{2}$$

因为 $h_{动}=0$，即 $\frac{\rho W_1^2}{2}=\frac{\rho W_2^2}{2}=0$，而在上盖打开时顶部热气体和大气相通，即

$$p_{g2}=0$$

于是得：

$$p_{g1}=(\rho-\rho')gH_2=\left(\frac{1.3}{1+\frac{500}{273}}-1.293\right)\times 9.81\times 20=-163.61(\mathrm{Pa})$$

此时底部静压头为−163.61 Pa，表现为抽力，如果将底盖也打开并与某气源接通，则可借此抽力的作用，通过消耗部分静压头把热气体不断地抽入圆筒底部再不断地从顶部排出，显然这和炉子系统的烟囱完全一样。

例 4-10 在例 4-9 的基础上，设圆筒底直径 $d_1=1.2$ m，筒顶直径 $d_2=0.8$ m，如图 4-21 所示，并已知排入筒底标准状态下的烟气量 $q_{V_0}=1.5\ \mathrm{m^3/s}$，试求此时筒底的静压头 p_{g1}。

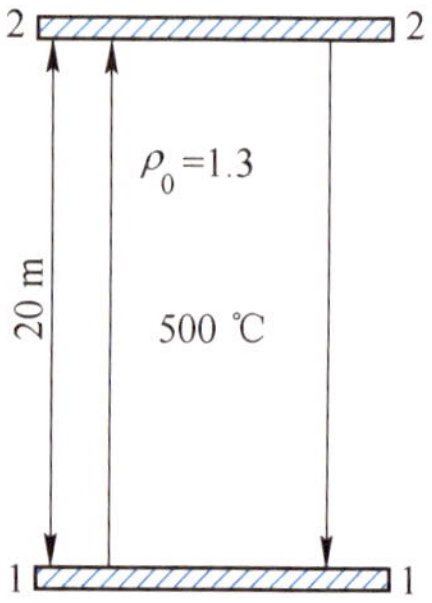

图 4-20 静压头计算

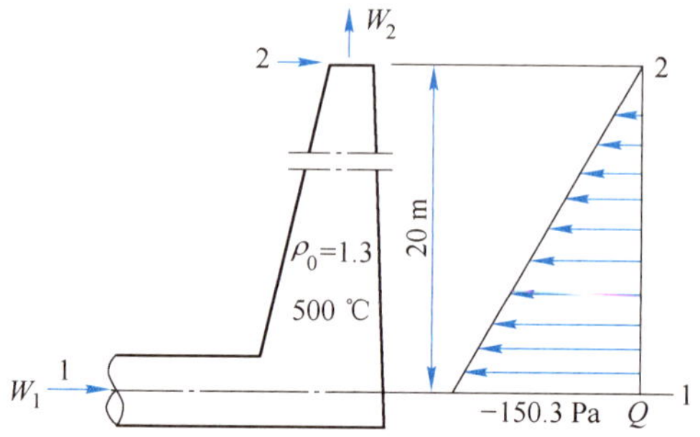

图 4-21 筒底静压头计算

解 按图 4-21 写出伯努利方程：

$$p_{g1}+(\rho-\rho')gH_1+\frac{\rho W_1^2}{2}=$$

$$p_{g2}+(\rho-\rho')gH_2+\frac{\rho W_2^2}{2}$$

取 1—1 面为基准面 $H_1=0$，又 $p_{g2}=0$，上式简化为：

$$p_{g1}=(\rho-\rho')gH_2+\frac{\rho W_2^2}{2}-\frac{\rho W_1^2}{2}$$

而

$$W_{01}=\frac{q_{V_0}}{F_1}=\frac{1.5}{\frac{3.14}{4}\times 1.2^2}=1.33(\mathrm{m/s})$$

$$W_{02}=\frac{q_{V_0}}{F_2}=\frac{1.5}{\frac{3.14}{4}\times 0.8^2}=2.99\approx 3.00(\mathrm{m/s})$$

于是

$$\frac{\rho W_2^2}{2}-\frac{\rho W_1^2}{2}=\frac{\rho_0(W_{02}^2-W_{01}^2)}{2}(1+\beta t)=\frac{1.3\times(3.00^2-1.33^2)}{2}\times\left(1+\frac{500}{273}\right)=13.31\ (\mathrm{Pa})$$

所以此时 $p_{g1}=-163.61+13.31=-150.3\ (\mathrm{Pa})$

此例说明：烟囱底部的抽力是由位压头转变的，并且烟囱越高、热气体与大气的温差越大，则烟囱的抽力就越大。

4.3.3.4 气体流动时的压头损失

气体由于有黏性，在流动过程中会产生阻力。一部分阻力是由于气体本身的黏性及其与管壁的摩擦形成的，称为摩擦阻力。而且这种阻力沿流动路程都存在，故又称为沿程阻力。另一部分阻力是由于气流方向的改变或速度的突变引起的阻力，称为局部阻力。气体流动要克服阻力，就必须做功，因此要消耗部分能量，形成压头损失。

在讨论伯努利方程时，已经指出压头损失只产生在气体流动的时候，如果气体静止不动，就没有损失可言。因此，压头损失的大小和气体的动压头成正比，即

微课
气体流动时的压头损失

$$h_{失}\propto\frac{W^2\rho}{2} \tag{4-59}$$

或者

$$h_{失}=K\frac{W^2\rho}{2} \tag{4-60}$$

如果式中的速度 W 和密度 ρ 都用标准状态下的速度 W_0 和密度 ρ_0 来表示，则式（4-60）可改写为

$$h_{失}=K\frac{W_0^2\rho_0}{2}(1+\beta t)\frac{p_0}{p_t} \tag{4-60a}$$

式中 K——阻力系数。

阻力系数 K 和气体流动的性质、管道的几何形状及表面状况等许多因素有关，除少数情况下可以进行理论分析外，大多数情况下的 K 值是通过实验测定的。

为克服摩擦阻力而造成的压头损失称为摩擦阻力损失，用符号 $h_{摩}$ 表示。一般可按式（4-61）计算：

$$h_{摩}=\lambda\frac{l}{d_{当}}\frac{\rho W^2}{2}=\lambda\frac{l}{d_{当}}\frac{\rho_0 W_0{}^2}{2}(1+\beta t) \tag{4-61}$$

式（4-61）是摩擦阻力损失的计算公式，式中 λ 称为摩擦阻力系数，是雷诺数与管壁粗糙度的函数，其数值可由实验测定。l 为管道长度，其他符号意义同前。

层流流动的摩擦阻力系数与 Re 有下列关系：

$$\lambda=\frac{A}{Re} \tag{4-62}$$

对于圆形管道，式（4-62）中的常数 $A=64$；对于非圆形管道，常数 A 视管道截面形状而异，其数值见表 4-19。

表4-19 非圆形管道的常数 A

管道截面形状	当量直径	常数 A
正方形，边长为 a	a	57
等边三角形，边长为 a	$0.58a$	53
环隙形，宽度为 b	$2b$	96
长方形，边长 $a=0.5b$	$1.33a$	62

层流流体只有靠近管壁的一层与管壁接触，其速度为零。而整个流动是平行流动，气流核心部分并不与管壁接触，因此层流时不论管壁粗糙度如何，对摩擦阻力没有影响。

紊流时摩擦阻力系数可以用式（4-63）计算。

$$\lambda = \frac{A}{Re^n} \tag{4-63}$$

式中，n 和 A 都是根据实验确定的常数，与管壁的粗糙度有关，其值可由表4-20查出。

表4-20 不同管道的 A、n 和 λ 的数值

常数	光滑的金属管道	表面粗糙的金属管道	砌砖管道
A	0.32	0.129	0.175
n	0.25	0.12	0.12
λ	0.025	0.035~0.045	0.05

加热炉上的气体输送基本上都是紊流，由于管径（或烟道截面）很大，管壁的粗糙度对摩擦阻力系数的影响不很大，所以以上公式计算结果具有足够的精确度。

气体流过管道除了沿程摩擦阻力而外，在流经转弯、扩张、收缩、阀门等处时，由于流速或方向突然发生变化，而造成气体与管壁的碰撞及气体质点之间相互的冲撞，这时产生局部阻力。局部阻力造成的能量损失也可用式（4-60）计算，其中阻力系数 K 值从理论上推导是较困难的，除个别情况外，绝大多数局部阻力系数都是通过实验方法确定的。在实际生产中，局部阻力系数 K 可参考《工业炉设计手册》予以确定。

4.3.3.5 烟囱和风机

A 烟囱

a 烟囱的工作原理

微课
烟囱和风机

从图4-22的加热炉排烟系统可以看出：要使高温烟气从炉内排出，必须克服排烟系统的一系列阻力。烟囱之所以能克服这些阻力，是由于烟囱能借助烟气与空气的密度差在其底部形成负压，如果令炉膛尾部的表压力为零压，则炉尾压力必大于烟囱底部的压力（负压），于是在静压差的推动下，热气体就可以经过排烟道流至烟囱底部，最后由烟囱排至大气中。因此，影响炉压的因素主要有：一是烟囱的抽力，二是烟道的阻力。

b 影响烟囱抽力的因素

对图 4-22 列出从烟囱底部（Ⅰ—Ⅰ面）至烟囱顶部的出口（Ⅱ—Ⅱ面）的伯努利方程式，以Ⅱ—Ⅱ面为基准面，烟囱顶的出口处与大气相通，故 $p_{g2}=0$，则得：

$$p'_{g1}+H(\rho'-\rho)g+\frac{\rho_1 W_1^2}{2}=0+0+\frac{\rho_2 W_2^2}{2}+h_{摩囱}$$

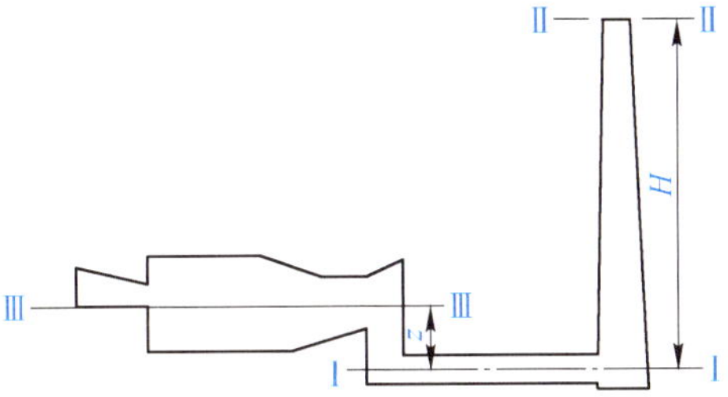

图 4-22 加热炉排烟系统

于是得：

$$p'_{g1}=-\left[H(\rho'-\rho)g-\left(\frac{\rho_2 W_2^2}{2}-\frac{\rho_1 W_1^2}{2}\right)-h_{摩囱}\right]$$

$$|p'_{g1}|=H(\rho'-\rho)g-\left(\frac{\rho_2 W_2^2}{2}-\frac{\rho_1 W_1^2}{2}\right)-h_{摩囱} \tag{4-64}$$

式中，p'_{g1} 为烟囱底部的静压头，是一个负值（即负压），由于炉子内部炉底平面Ⅲ—Ⅲ的静压头一般保持零压左右，即炉内压力大于烟囱底部的压力，所以炉内烟气能流向烟囱底部，并经烟囱排入大气，p'_{g1} 的绝对值就是烟囱对烟气的抽力（$h_{抽}$）。

$H(\rho'-\rho)g$ 为烟囱底部烟气的位压头，抽力就是来自这一项的能量，抽力的大小主要取决于烟囱的高度 H 和空气密度 ρ' 与烟气平均密度 ρ 之差。

$\rho_1 W_1{}^2/2$ 及 $\rho_2 W_2{}^2/2$ 分别代表烟囱底部及顶部烟气的动压头，ρ_1 及 ρ_2 代表烟气在烟囱底部和顶部不同温度下的密度。外面空气的速度可以视为零。由于烟囱断面常为下大上小（即 $W_2>W_1$），括号内的这一项表示速度增加产生的动压头增量。

可见当烟囱形成的烟囱底部负压 p'_{g1} 大小等于排烟管道在烟囱底部所要求的负压 p_{g1} 时，即 $p_{g1}=p'_{g1}$ 时，烟囱就能够顺利地将烟气从炉膛内排出到烟囱底部，并把烟气排到大气中。

烟囱的高度除了考虑有足够的抽力之外，还要考虑对周围环境的污染问题，一般应比附近最高建筑物高 5 m 以上，因此，多数炉子的烟囱高度都有富裕。由于计算中是以假定炉底水平面的相对静压为零作为前提的，烟囱的抽力有富裕，就一定会在炉膛内造成负压。这样将会有大量冷空气被吸入，这是我们所不希望的。为了调节炉内的静压，通常在烟道内设置闸门。当闸门插下时，烟道通道的局部阻力加大，烟囱对炉子的实际抽力就减小。有的工厂还采取人为地让冷空气吸入烟道的办法来调节抽力，冷空气吸入后烟气量增大，烟气温度降低，这两个因素都使实际抽力减小。依靠人工调节的闸门往往难以及时调整，因此在现代化的炉子上，闸门的控制是通过压力参数输入自动调节系统进行调节的。

由式（4-64）可知，烟囱的抽力是由于冷热气体的密度不同而产生的，抽力的计量单位用帕斯卡（Pa）表示，其大小用公式 $(\rho_{冷}-\rho_{热})gH$ 计算，式中 $\rho_{冷}$、$\rho_{热}$ 分别为冷热气体的密度，单位为 kg/m^3；H 为烟囱高度，单位为 m。从公式可以看出，烟囱抽力的大小与烟囱的高度以及烟囱内废气状态有直接关系。烟囱高度确定后，其抽力大小主要取决于烟囱内废气温度的高低，废气温度高则抽力大，反之则抽力小。要使烟囱抽力增加，在操作上应该减少或消除烟道的漏气，保持烟道的严密性，如果烟道不严密，外部冷空气吸入，不仅会使废气温度降低，而且会增加废气的体积，从而影响抽力。烟道还应具有较好的防水层，烟道内应保持无水，水漏入不仅直接影响废气温度，而且烟道积水会使废气的流通断面减小，使烟囱的抽力减小。

c 影响烟道阻力的因素

烟囱底部需要形成多大的负压，主要取决于排烟系统阻力损失的大小。应用伯努利方程式可列出图4-22炉尾（Ⅲ—Ⅲ面）至烟囱底部（Ⅰ—Ⅰ面）的能量平衡方程。如取Ⅲ—Ⅲ面为基准面，并考虑该处与大气相通，则可得到：

$$0 + 0 + \frac{\rho_3 W_3^2}{2} = z(\rho' - \rho)g + p_{g1} + \frac{\rho_1 W_1^2}{2} + h_{局} + h_{摩}$$

于是得：

$$-p_{g1} = z(\rho' - \rho)g + \left(\frac{W_1^2\rho_1}{2} - \frac{W_3^2\rho_3}{2}\right) + h_{局} + h_{摩} \tag{4-65}$$

式（4-65）说明烟气在烟囱底部的静压头为负值，这是由于烟气从零压的炉尾流出后，一部分静压头转变为位压头增量（热气体自上而下流动时，位压头增大，也相当于一种阻力）；另一部分静压头转变为动压头增量；还有一部分则消耗于排烟管道内的阻力，包括摩擦阻力和局部阻力，摩擦阻力是废气在流动时受到砌体内壁的摩擦而产生的一种阻力，该阻力的大小与砌体内壁的光滑程度、砌体断面积大小、砌体的长度和气体的流动速度等有关。局部阻力是废气在流动时因断面突然扩大或缩小等而受到的一种阻碍流动的力。可见用烟囱排烟时，就必须在烟囱底部形成一个与 p_{g1} 相同的负压，才能使炉尾处的烟气克服压头损失与压头转变中所消耗的能量而顺利流向烟囱底部。

B 离心式风机

a 风机的作用

风机可向炉子供应空气或其他气体，也可作为抽烟机来排烟。风机作为供风设备其基本作用是把具有一定风量和风压的空气经过供风管道供往炉前燃烧装置，以保证炉子燃料燃烧对空气的要求。

b 风机的并联和串联

炉子强化生产后，常常遇到风机风量不足的情况，这时可将同型号（即同风压）的几台风机并联起来向总风管送风，而后再将风输送到炉前。并联后的总风量接近于各台风机风量的总和，而风压则接近于原来一台风机的风压。

如果一台风机的风压不能满足炉子生产需要，则可将几台同型号（即同风量）的风机串联起来使用。串联的方法是：将一台风机的出口接到另一台风机的入口上，最后一台风机的出口与供气管道相接，而后送往炉前。串联后的总风压略低于几台风机风压的总和，串联后的总风量接近于一台风机的风量。因为风机串联使用时各台风机的风量未能很好利用，故效率低，而且寿命短。故在实际生产中很少采用风机串联。

c 风机工作的调整

生产中也常常遇到风机能力大于炉子所需能力的情况，加热炉设计的供风能力通常都略有富余，这就要求对风机的工作状态加以调整，即通过调节迫使风机不在最大能力下工作。最简单的调整方法是：适当关闭供风管道上阀门的开启度。其实质是通过增加管道阻力的办法来改变风机的工作状态，以实现降低风量和风压的目的。如果用阀门调节不符合要求时，还可以将掩盖物加盖在风机的吸风口上，即通过减小吸风口面积来减少风机的风量，从而使风机的风量和风压降低以适应生产的要求。如果电机是可调速的，则可通过改变电机转数来达到调节风机风量和风压的目的。

任务实施

4.3.4 炉压的确定

在不同生产阶段炉压是不同的，下面以某厂真实案例，介绍炉压确定情况。

4.3.4.1 烘炉时的炉压

送煤气前，检查并调节炉压为负压，烟闸全开，出料炉门全开。

点火时，装、出料炉门全开，烟闸选择手动状态，炉压调至-20~-5 Pa。

4.3.4.2 正常生产时的炉压

炉压目标值设定 10~20 Pa，最高不超 30 Pa，异常时及时进行调整，两侧炉压存在偏差时，按照数值低的控制（检修、炉门开启期间除外），如炉门严重冒火可根据情况调整，通知自动化检查炉压检测是否准确。

监控炉膛压力，当氮氧化物偏高时，手动将烟闸关小，提高炉压至 20 Pa 以上，如冒火严重可适当缩小，最低 10 Pa 以上。

4.3.4.3 待轧时的炉压

待轧保温过程中炉压 10 Pa 以上。

问题讨论

为什么不同时期炉压不同？

综合训练

模块4 客观题

模块4 主观题

"四新" 拓展——高温金属玻璃垫块材料

一、 技术背景

轧钢加热炉的发展总体经历了两个阶段，20 世纪 50 年代前主要是推钢炉，推钢炉均热段和二加热段的垫块材质国外主要是 Co50，其最大优点是在高温下有自润滑性能，即钢坯在垫块上行进时阻力较小，对钢坯的划伤较小，但 Co50 在 950 ℃以上会有 σ 相产生，导致垫块表面出现鱼鳞状裂纹，垫块表面会出现片状剥落。随着步进炉的出现，由于钢坯与垫块之间没有相对运动，Co50 垫块的自润滑性能已不重要，为了解决 Co50 垫块片状剥落，材料工作者发明了 Co40，也就是减少了 10%的 Co，加入了约 20%的 Ni，解决了 Co50 在 950 ℃以上产生 σ 相的不足。

总体而言，对于步进炉而言，选用 Co40 作为垫块更好，包含了 Co50、Co40 和 Co20 的成分。

武钢 1700 热轧线装备有中国最早（1978 年）建造的步进炉，共有四座步进炉。其中日本中外炉和法国斯坦因各承建两座，3 号炉和 4 号炉用来加热硅钢（最高炉温 1420 ℃），采用菇头垫块焊接方式，1 号和 2 号选用条形垫块，用卡块方式固定，当时均热段和二加热段选用的材质是 Co40。1993 年，北京科技大学负责武钢垫块国产化仿制，1994 年国产垫块试用，各方面性能达到进口水平，武钢技术人员认为日本中外炉的两座加热炉综合性能比法国斯坦因更好。

二、 垫块损坏机理探析

Co50 和 Co40 熔点为 1380~1420 ℃，1200 ℃时最大使用强度为 9.81×10^5 Pa。这里讲的最大使用强度是指材料表面不产生任何塑性变形的强度，国内设计单位往往提及最大抗压强度，这个说法是不科学的，对于 Co50、Co40、Co20 等这类金相组织为奥氏体的材料没有最大抗压强度，因为在高温下可以产生塑性变形（类似于轧钢），所以最大使用强度指标（不产生塑性变形的强度）才是科学的提法。

经过 20 多年思考及研究，认为垫块损坏的主要原因不是磨损、烧蚀氧化造成的，而是被钢坯压坏的，理由如下：钢坯有一定的挠度或侧弯，经过调研，8~10 m 的连铸坯的侧弯大约有 50 mm，也就是说加热炉内不是所有的垫块都承受压力，尤其在炉子二加热段，与均热段相比，垫块与钢坯接触面积更小，即使与钢坯接触的垫块也不是整个工作面都承受压力，而设计院设计时考虑的是全部垫块都承压，由于垫块承压超过了它的最大使用强度，垫块表面产生塑性变形，出现凹坑或垫块的棱角被压变形等。一旦垫块表面出现凹坑，钢坯脱落的氧化铁皮在凹坑聚集并迅速长大，这些凸出的氧化铁皮会在钢坯下表面顶出凹坑，钢坯进入轧钢工序高压水很难清除凹坑内的氧化铁皮，导致热轧材出现质量问题，甚至影响后期冷轧材的质量。对于不锈钢的影响更为严重，因为铬的氧化物与基体结合力强，本来坯下表面高压水除鳞就比较困难，凹坑内的氧化铁皮无法清除干净，在冷轧过程中酸洗时间延长，严重时冷轧板表面会产生一圈一圈的痕迹。

为了证明上述观点，用数值软件模拟了轧钢加热炉内垫块与钢坯接触状态（钢坯侧弯 50 mm，钢坯表面不平度为 3 mm），模拟结果显示钢坯与垫块接触面积大约为 26%。

三、 解决方案

传统耐热垫块材料 Co50、Co40、Co20 熔点均为 1380~1420 ℃，且其金相组织均为奥氏体，而奥氏体组织在高温受力时会产生塑性变形。技术人员通过在钴合金中加入大量钨（不小于 10%），提高合金熔点 40~50 ℃，性能得到了较大提高，使用效果良好，如太钢 2250 mm 热轧加热炉垫块已使用十几年，但后期有相当长时间是在带有缺陷状态下（高度下降、表面有凹坑等）勉强工作的。

2006 年，北京科技大学、泰州枫叶、首钢设计院和首钢迁钢共同研究新材料——高温金属玻璃材质，熔点达 1750 ℃。玻璃结构的材料在温度达到熔点前基本没有塑性变形，且抗氧化性能极限使用温度可达 1500 ℃，最大承压能力是传统钴合金的 4.5 倍。金属玻璃垫块 2009 年在硅钢加热炉上使用 8 年有余几乎零损坏，至今仍在使用。研制高温金属玻璃垫块最初遇到的困难有两个：一是熔点达到 1750 ℃，需要在 2050 ℃铸造，国内已知的常规耐火材料很难满足真空感应炉坩埚及铸件型壳要求；二是高温金属玻璃的脆性大，由于铸造温度高，铸件必须加热至 1600 ℃左右，进行热处理才能消除内应力。现在这两个问题都解决了。目前，武钢条材总厂、攀钢轨梁、首钢 1580 热轧、首钢 2160 热轧、沧州中铁 1750 热轧、沧州中铁 1250 热轧、包钢轨梁、台湾中钢等都大量使用该材料，效果极好，且价格较传统钴合金低。

项目实战——确定某钢种的加热工艺制度

加热温度和炉温设定表

加热温度	
预热段上	
预热段下	
第一加热段上	
第一加热段下	
第二加热段上	
第二加热段下	
均热段上	
均热段下	

加热炉待轧时炉温控制表

停轧时间/min	均热段			加热段		
	提前降温时间/min	提前升温时间/min	下降温度/℃	提前降温时间/min	提前升温时间/min	下降温度/℃
20~30						
30~60						
60~90						
90~120						
120~180						
180 以上						

炉压制度表

烘炉时的炉压	
正常生产时的炉压	
待轧时的炉压	

模块 5 加热产品质量分析

模块背景——“钢筋铁骨”助力绿色冬奥

2022 年，北京冬奥会既是一场全球瞩目的体育盛会，也是一个展示我国新时代钢铁实力的重要窗口。从滑雪跳台“雪飞天”到竞速赛道“雪游龙”，从“冰丝带”再到“雪如意”，走进冬奥场馆，这些造型各异的“钢筋铁骨”给人们留下深刻的印象，这些巨型钢结构的背后有什么奥秘呢？现在就让我们一起领略智慧钢铁、绿色钢铁给冰雪之约带来的全新理念。

为了充分体现北京冬奥会绿色低碳的办奥理念，北京冬奥会场馆包括附属设施的建设，所用的主体材料全部采用了高强韧性、高耐腐蚀性的优质钢。钢结构替代了原来的钢筋混凝土，众所周知，钢的强度提升一倍，就意味着其用量要下降一半，钢的耐腐蚀性提高一倍，那么其寿命就会延长一倍，这很有利于节能环保。此外，使用优质钢的另外一个优势就是改变了过去建筑用钢需要定期刷涂料来防腐蚀的做法，从而大大减少了油漆带来的环境污染。

首钢滑雪大跳台，又称为“雪飞天”，位于北京市石景山区首钢老工业园区北区，是世界上首个采用钢结构建设的永久性保留和使用的滑雪大跳台场馆。首钢滑雪大跳台不同部位对钢材性能有着不一样的特殊需求，比如大跳台的主体支撑结构要能够抵抗 12 级大风、8 级地震。大跳台的钢结构赛道则需要解决反复使用融雪剂对赛道严重腐蚀的世界难题。为此该场馆使用了 7 种高性能的钢材，其中 5 种都属于国内首次使用。

国家雪车雪橇中心，又称为“雪游龙”，位于北京市延庆区西北部，是北京冬奥会中设计难度最大、施工难度最大、施工工艺最为复杂的新建比赛场馆之一，赛道分为 54 个制冷单元，全长 1975 m，垂直落差超过 121 m（约 40 层楼的高度），由 16 个角度、倾斜度都不同的弯道组成，其中第 11 个弯道是目前世界上唯一一个 360° 回旋弯道。建造这样空间三维扭曲的赛道，必须能够承受反复制冷、反复融化，因此对钢材的强度和韧性要求极高。为了满足专属的定制化要求，我国钢铁企业创新性开发了高强钢筋。生产过程中应用了 70% 氧化钒铁和含氮合金等新工艺技术。更具挑战的是，“雪游龙”由于与空气直接接触，表面又需要反复制冰，这就要求铺就“雪游龙”的钢板必须具有较强的耐大气腐蚀性。针对这样的需求，专家们首次将耐候钢运用到雪车赛道。耐候钢是一种耐大气腐蚀的钢材，是介于普通钢和不锈钢之间的低合金钢，它的耐大气腐蚀性是普通钢的 8 倍。据介绍，“雪游龙”使用了 1200 t 赛道耐候钢，高山滑雪中心也首次使用了 6000 多吨的建筑用耐候钢。

国家速滑馆，又称为“冰丝带”，位于北京市朝阳区近奥林匹克公园的林萃路，采用世界跨度最大的单层双向正交马鞍形索网屋面，用钢量仅为传统屋面的1/4。国家速滑馆是世界上首个采用二氧化碳跨临界直冷制冰技术的冬奥速滑场馆。该技术是世界上比较先进环保的制冰技术，碳排放值趋近于零，制冰能效大幅提升。而要使用这种方式制冰，整个冰面下面的不锈钢制冷管加起来总长达到120 km，这样就对钢材的加工精度提出了非常高的要求。速滑馆的冰面是所有冬奥场馆中冰面温度比较低的，按照比赛要求，整个冰面的温差要控制在0.5 ℃，二氧化碳在常温常压下是气态，但在施加一定高压后，二氧化碳会变成临界状态的流体，这些流体通过不锈钢制冷管输送到冰面下的制冷管中，达到降温制冷的目的。如果冰面温度不均匀，有的地方硬、有的地方软，会影响选手的发挥，因此，要求输送流体的不锈钢管必须具备严格的尺寸精确度。尤其针对不同直径、不同长度的钢管需要弯成不同的弧度，因此，对钢管尺寸的精度要求也更加严苛。在钢管矫直过程中，首次采用精度较高的矫直机，而且是反复矫直两次，保证内外椭圆度达到较高精度，这样才能确保不锈钢管衔接的高度吻合，才能保证液态二氧化碳的流量和流速，才能保证比较快地达到冰的恒温性。

国家跳台滑雪中心，又称为“雪如意”，位于河北省张家口市崇礼区，是古杨树场馆群的标志性建筑，是我国首座符合国际标准的跳台滑雪场地，是张家口赛区冬奥会场馆建设中工程量最大、技术难度最高的竞赛场馆。河钢宣钢共为该项目供货达6000余吨钢材，为“雪如意”撑起钢筋铁骨。

国家高山滑雪中心，又称为“雪飞燕”，位于北京市延庆区西北部。中心依托延庆小海坨山天然山形共建设7条赛道，赛道全长9.2 km，最大垂直落差可达900 m，是国内第一条符合奥运标准的高山滑雪赛道，也是目前世界上难度最大的比赛场地之一。该赛道建设所需的建材用钢全部选用了精轧钢筋，与普通钢筋相比，该系列产品具有连接、锚固简便安全，施工方便、节约等显著优越性。

据不完全统计，2022年北京冬奥会场馆建设及主体配套工程建设用钢合计超过百万吨，钢材全部由我国自主研制生产，宝武钢铁、河北钢铁、南京钢铁、首钢、鞍钢、华凌钢铁、张宣高科等多家钢铁企业都为冬奥会场馆建设提供了材料支撑和服务保障。

这些钢材大部分都是经过热轧生产的，热轧生产的第一个环节就是钢的加热，加热质量直接影响钢材质量。钢在加热过程中，往往由于加热操作不好、加热温度控制不当及加热炉内气氛控制不良等原因，使钢产生各种加热缺陷，如氧化、脱碳、过热、过烧等。这些缺陷会严重影响钢的加热质量，甚至造成大量废品和降低炉子的生产率。因此，必须对加热缺陷及其产生的原因、影响因素、预防或减少缺陷产生的办法等进行分析和研究，以期改进加热工艺和加热操作，提高加热质量，从而获得质量优良的钢材。

任务5.1 分析钢氧化的原因及对策

任务描述

钢在炉内加热时，由于炉气中含有大量O_2、CO_2、H_2O，钢表面层会发生氧化。钢坯每加热一次，就有 0.5%~3% 的钢由于氧化而烧损。随着氧化的进行及氧化铁皮的产生造成了大量的金属消耗，增加了生产成本，因此烧损指标是加热炉作业的重要指标之一。

微课
钢的氧化

氧化不仅造成钢的直接损失，而且氧化后产生的氧化铁皮堆积在炉底上，特别是实炉底部分，不仅使耐火材料受到侵蚀，影响炉体寿命，而且清除这些氧化铁皮也是一项很繁重的劳动，严重的时候加热炉会被迫停产。

氧化铁皮还会影响钢的质量，它在轧制过程中压在钢的表面上，就会使表面产生麻点，损害表面质量。如果氧化层过深，会使钢坯的皮下气泡暴露，轧后造成废品。为了清除氧化铁皮，在加工的过程中，不得不增加必要的工序。

氧化铁皮的热导率比纯金属低，钢表面上覆盖了氧化铁皮，恶化了传热条件，炉子产量降低，燃料消耗增加。

知识准备

5.1.1 钢的氧化过程及氧化铁皮结构

钢在常温下的生锈就是氧化的结果，在低温条件下氧化速度非常慢。当温度达到 200~300 ℃时就会在钢的表面生成薄薄的一层氧化铁皮。温度继续升高氧化的速度也随之加快，当温度达到 1000 ℃以上时，氧化开始剧烈进行；当温度达到 1300 ℃以上时，氧化铁皮就开始熔化，这时的氧化速度更为剧烈。如果把 900 ℃时的烧损量作为 1，则 1000 ℃时就为 2，1100 ℃时就是 3.5，到 1300 ℃时则达到 7。

钢的氧化是炉气中氧化性气体（O_2、CO_2、H_2O、SO_2）和钢的表面进行化学反应的结果。根据氧化程度的不同，氧化时生成了几种不同程度的铁的氧化物——Fe_2O_3（赤铁矿）、Fe_3O_4、FeO。

铁的氧化反应方程式如下。

O_2：

$$Fe + \frac{1}{2}O_2 = FeO$$

$$3FeO + \frac{1}{2}O_2 = Fe_3O_4$$

$$2Fe_3O_4 + \frac{1}{2}O_2 = 3Fe_2O_3$$

H_2O：

$$Fe + H_2O = FeO + H_2$$

$$3FeO + H_2O = Fe_3O_4 + H_2$$

$$3Fe + 4H_2O = Fe_3O_4 + 4H_2$$

CO_2：

$$Fe + CO_2 = FeO + CO$$

$$3FeO + CO_2 = Fe_3O_4 + CO$$

$$3Fe + 4CO_2 = Fe_3O_4 + 4CO$$

SO_2：

$$3Fe + SO_2 = FeS + 2FeO$$

钢的氧化过程不仅仅是化学过程，而且是物理过程（即扩散过程）。首先是炉气中的氧在钢的表面被吸附后便发生以上的化学反应。而开始生成薄薄一层氧化铁皮层以后继续氧化，则是铁和氧的原子（分子）透过已生成的氧化物薄层向相反的方向互相扩散，并发生化学反应的结果。在一个方向上，是氧原子透过已生成的氧化物层向钢的内部扩散。在另一个方向上则是铁的离子（原子）由钢的内部透过已形成的氧化物层向外部扩散。当两种元素在相互扩散中相遇时，便发生化学反应而生成铁的氧化物。内层因为铁离子浓度大于氧原子浓度，所以生成低价氧化铁，最外层为高价氧化铁，如图5-1所示。它表明了氧化铁皮结构分层的情况。

由图5-1中可以大致看出各层所占的比例，实验结果指出：Fe_2O_3 占 10%，Fe_3O_4 占 50%，FeO 占 40%，这样的氧化铁皮其熔点为1300~1350 ℃，相应的纯物质的熔点：FeO 为 1377 ℃，Fe_3O_4 为 1538 ℃，Fe_2O_3 为 1565 ℃。

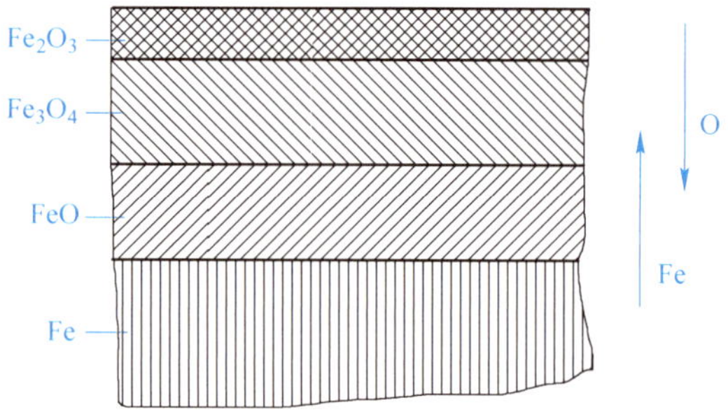

图5-1 氧化铁皮结构

氧化烧损层的厚度有以下关系：

$$\delta = \frac{a}{\rho g} \tag{5-1}$$

式中 δ——氧化铁皮的厚度，m；

a——钢的表面烧损量，kg/m^2；

ρ——氧化铁皮的密度，计算时可按 3900~4000 kg/m^3 选取；

g——氧化铁皮中铁的平均含量，它的范围为 0.715~0.765 kg/kg。

5.1.2 影响氧化的因素

影响氧化的因素有加热温度、加热时间、炉气成分、钢的成分。这些因素中，炉气成分、加热温度、钢的成分对氧化速度有较大的影响，而加热时间主要影响钢的烧损量。

5.1.2.1 加热温度的影响

图5-2是加热温度对碳钢烧损量的影响。由图5-2可见，在850 ℃以下，钢的氧化速度很小，1000 ℃以上则急剧上升。这是因为随着温度的升高，各成分的扩散加快，超过1300 ℃以后，表面的氧化铁皮熔化，扩散的阻力减小，氧化速度大大增加。在600~1200 ℃时，碳钢氧化烧损量与温度及时间的函数关系，有如下的经验式：

$$a = 6.3\sqrt{\tau}\,e^{-\frac{900}{T}} \tag{5-2}$$

式中 τ——加热时间，min；

T——钢的表面温度，K。

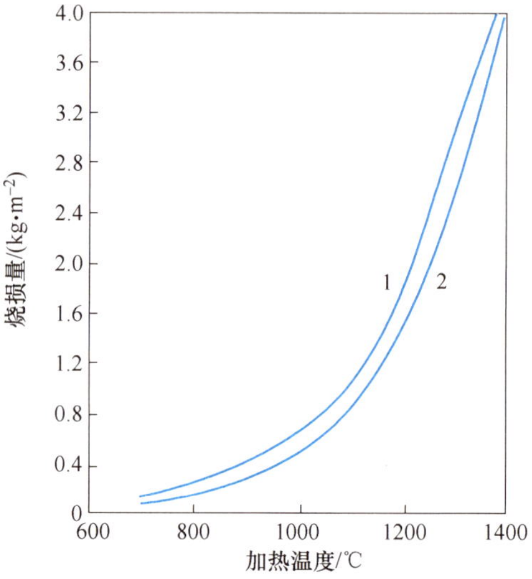

图5-2 加热温度对碳钢烧损量的影响

1—天然气、焦炉煤气；2—高炉煤气

5.1.2.2 加热时间的影响

在同样条件下，加热时间越长，钢的氧化烧损量越多。图5-3是碳钢（$w(C)=0.3\%$）在不同加热温度下烧损量与时间的关系。开始时氧化铁皮随时间的增长比较快，而后逐渐减缓，这是因为开始形成氧化铁皮后，阻碍扩散。但是氧化铁皮并不是很致密的，不能完全防止继续氧化。因此，还是应当尽可能缩短加热时间。例如，提高炉温可能会使氧化增加，但如果能实现快速加热，反而可能使烧损由于加热时间的缩短而减少。又如钢的相对表面越大，烧损也越大，但如果由于受热面积增大而使加热时间缩短，也可能使氧化铁皮减少。

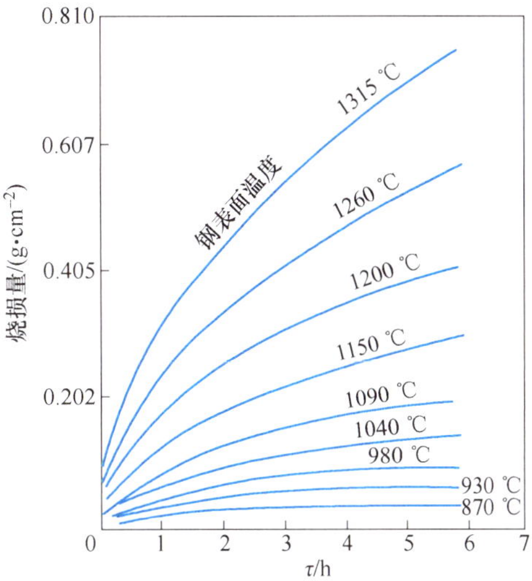

图 5-3　氧化烧损量与时间的关系

5.1.2.3　炉气成分的影响

加热炉炉气成分对氧化的影响很大，炉气成分取决于燃料成分、空气过剩系数 n、完全燃烧程度等。

按照炉气对钢氧化的程度，可以分为氧化性气氛、中性气氛、还原性气氛。炉气中属于氧化性的气体有 SO_2、O_2、H_2O、CO_2，氧化性最强的是 SO_2，依次是 O_2、H_2O、CO_2。属于还原性的气体有 CO、H_2 及 CH_4，属于中性的气体有 N_2。

加热炉中燃料燃烧生成物常是氧化性气氛，在燃烧生成物中保持 2%～3%CO 对减少氧化作用不大，因为燃料燃烧不完全，炉温降低，加热时间延长而使氧化量增加。由于钢与炉气的氧化还原反应是可逆的，因此，炉内气氛的影响主要取决于氧化性气体与还原性气体之比。如果在炉内设法控制炉气成分，使反应逆向进行，就可以使钢在加热过程中不被氧化或少氧化。

当燃料中含 S 或 H_2S 时，燃烧后 SO_2 气体或极少量 H_2S 气体，它们对 FeO 作用后生成低熔点的 FeS，熔点为 1190 ℃，这使钢的氧化速度急剧增大，同时生成的氧化铁皮更加容易熔化，这都大大加剧了氧化的进行。

5.1.2.4　钢的成分的影响

对于碳素钢随其 C 含量的增加，钢的烧损量有所下降，这很可能是由于钢中的 C 氧化后，部分生成 CO 而阻止了氧化性气体向钢内扩散的结果。

合金元素如 Cr、Ni 等它们极易被氧化成为相应的氧化物，但是由于它们生成的氧化物薄层组织结构十分致密又很稳定，因而这一薄层的氧化膜就起到了防止钢的内部基体免遭再氧化的作用。耐热钢之所以能够抵抗高温下的氧化，就是利用了它们能生成致密而且机械强度很好又不易脱落的这层氧化薄膜，如铬钢、铬镍钢、铬硅钢等都具有很好的抗高温氧化的性能。

5.1.3　减少钢氧化的方法

操作上可以采取以下方法减少氧化铁皮：

（1）保证钢的加热温度不超过规程规定的温度；

（2）采取高温短烧的方法，提高炉温，并使炉子高温区前移并变短，缩短钢在高温中的加热时间；

（3）在保证煤气燃烧的情况下，使过剩空气量达最小值，尽量减少燃料中的水分与硫含量；

（4）保证炉子微正压操作，防止吸入冷风贴附在钢坯表面，增加氧化；

（5）待轧时要及时调整热负荷和炉压，降炉温，关闭闸门，并使炉内气氛为弱还原性气氛，以免进一步氧化。

任务实施

5.1.4 钢氧化烧损严重的主要原因

（1）过剩空气系数太大。

（2）炉膛负压。

（3）钢坯加热时间太长（炉温偏低）。

（4）燃料硫含量高。

（5）炉膛内局部温度过高。

5.1.5 钢氧化烧损严重的排除方法

（1）调整空气阀，适当降低空燃比。

（2）调整烟道闸阀或改变烧嘴位置和角度。

（3）缩短高温区加热时间。

（4）采取除硫措施。

（5）在相对位置调整个别烧嘴供热负荷。

问题讨论

加热板坯时不仅要考虑减少氧化烧损，而且要考虑氧化铁皮的脱落问题，如何使氧化铁皮更容易脱离？

任务5.2 分析钢脱碳的原因及对策

任务描述

微课
钢的脱碳、过热和过烧

钢在加热时，在生成氧化铁皮的基础上，由于高温炉气的存在和扩散作用，未氧化的钢表面层中的碳原子向外扩散，炉气中的氧原子也透过氧化铁皮向里扩散，当两种扩散会合时，碳原子被烧掉，为此导致未氧化的钢表面层中化学成分贫碳的现象称为脱碳。脱碳后的钢机械强度（尤其是硬度）大为降低。比如，高碳工具钢就是依靠钢中的碳而具有足够的硬度，如果表面脱碳则硬度会大大降低，甚至成为废品。

在合金钢中，除不锈钢外大多数是高碳钢，只有电工硅钢希望减少轧制时的脆性而允许部分脱碳外，其他钢种发生脱碳则被认为是钢的缺陷，特别是工具钢、滚珠轴承钢、弹簧钢等都是不允许发生脱碳的钢，严重脱碳则被认为是废品。脱碳严重的钢不仅硬度大为降低，脱碳后其抗疲劳强度也降低（弹簧钢就如此），若需淬火的钢则达不到要求，同时还容易出现裂纹等。

在工件加工时，为了清除钢的脱碳层就必须增加额外加工量和金属消耗量，从而加大产品的成本。因此，在防止氧化的同时还应当注意防止和减少钢的脱碳发生。

知识准备

5.2.1 钢的脱碳过程

钢的脱碳过程也就是炉气中的 H_2O、CO_2、O_2、H_2 和钢中的 Fe_3C 进行反应的过程，这些反应式为：

$$Fe_3C + H_2O = 3Fe + CO + H_2$$

$$Fe_3C + CO_2 = 3Fe + 2CO$$

$$2Fe_3C + O_2 = 6Fe + 2CO$$

$$Fe_3C + 2H_2 = 3Fe + CH_4$$

炉气中以 H_2O 的脱碳能力最强，其余依次是 CO_2、O_2、H_2，反应生成的气相产物（CO、H_2、CH_4）不断向外扩散而使脱碳反应得以不断延续。

在高温下脱碳和氧化是同时进行的，并且脱碳往往先于氧化，但氧化生成铁皮后阻止了脱碳时生成的气相产物的向外扩散，因此，氧化后的钢，脱碳的速度也就减慢了，当钢的表面生成致密的氧化铁皮层时则可阻止脱碳的发生。同时，脱碳层深度除了与加热温度和加热时间有关外，还与炉气成分有关。

5.2.2 影响脱碳的因素

和氧化一样，影响脱碳的主要因素是温度、时间、气氛，此外，钢的化学成分对脱碳也有一定的影响。

（1）加热温度对脱碳的影响。加热温度对钢坯可见脱碳层厚度的影响对不同钢种的影响也有所不同，一些钢种随加热温度升高，可见脱碳层厚度显著增加，另一些钢种随着温度的升高，脱碳层厚度增加，加热温度到一定值后，随着温度的升高，可见脱碳层厚度不仅不增加，反而减小。

（2）加热时间对脱碳的影响。加热时间越长，可见脱碳层厚度越大。因此，缩短加热时间，特别是缩短钢坯表面已达到较高温度后在炉内的停留时间，以达到快速加热，是减少钢坯脱碳的有效措施。

（3）炉内气氛对脱碳的影响。气氛对脱碳的影响是根本性的，炉内气氛中 H_2O、CO_2、O_2 和 H_2 均能引起脱碳，而 CO 和 CH_4 却能使钢增碳。实践证明，为了减少可见脱碳层厚度，在强氧化气氛中加热是有利的，这是因为铁的氧化将超过碳的氧化，因而可减少可见脱碳层厚度。

（4）钢的化学成分对脱碳的影响。钢中的含碳量越高，加热时越容易脱碳，若钢中含有铝（Al）、钨（W）等元素时，则脱碳增加；若钢中含有铬（Cr）、锰（Mn）等元素时，则脱碳减少。

任务实施

5.2.3 防止脱碳的方法

（1）对于脱碳速度始终大于氧化速度的钢种，应尽量采取较低的加热温度；对于在高温时氧化速度大于脱碳速度的钢，既可以低温加热又可以高温加热，这时氧化速度大，脱碳层反而薄。

（2）应尽可能采用快速加热的方法，特别是易脱碳的钢应避免在高温下长时间加热。

（3）由于一般情况下火焰炉炉气都有较强的脱碳能力，即使是空气过剩系数为 0.5 的还原性气氛，也不免产生脱碳。因此，最好的方法只能根据钢的成分要求、气体来源、经济性及要求等，选用合适的保护性气体加热。在无此条件的情况下，炉子最好控制在中性或氧化性气氛，可得到较小的脱碳层。

问题讨论

如何测量脱碳层的厚度？

任务 5.3 分析钢过热和过烧的原因及对策

任务描述

微课
其他加热缺陷

钢在加热过程中产生钢的氧化、脱碳的同时，如果钢加热温度过高，而且在高温下停留时间过长，钢内部的晶粒增长过大，晶粒之间的结合能力减弱，钢的力学性能显著降低，这种现象称为钢的过热。过热的钢在轧制时极易发生裂纹，特别是坯料的棱角、端头尤为明显。

如果钢加热温度过高，时间又长，使钢的晶界处开始熔化，有氧渗入，并在晶粒间氧化，这样就失去了晶粒间的结合力，失去其本身的强度和可塑性，在钢轧制时或出炉受震动时，就会断为数段或裂成小块脱落，或者表面形成粗大的裂纹，这种现象称为钢的过烧。

知识准备

5.3.1　产生过热与过烧的原因及补救

产生过热的直接原因，一般为加热温度偏高和待轧保温时间过长。因此，为了避免产生过热的缺陷，必须按钢种对加热温度和加热时间，尤其是高温下的加热时间，加以严格控制，并且应适当减少炉内的过剩空气量，当轧机发生故障长时间待轧时，必须将炉温降低。

过热的钢可以采用正火或退火的办法来补救，使其恢复到原来的状态再重新加热进行轧制，但是，这样会增加成本和影响产量，因此应尽量避免产生钢的过热。

过烧的钢无法挽救，只能报废，回炉重炼。生产中有局部过烧，这时可切掉过烧部分，其余部分可重新加热轧制。

5.3.2　产生过热与过烧的几个时刻

（1）急火追产量时。由于生产中事故较多，班内轧钢产量较低，为了追产量，强化加热，加热段内炉温过高。

（2）停机待轧时间较长时。此时炉子保温压火时间较长，炉温掌握不好。

（3）加热特殊钢种时。未按该钢种的加热工艺要求去做，如均热段的炉温过高或加热段加热时间过长等。

（4）由于加热工操作懒惰，责任心不强或由于热检测元件损坏，没有发现，致使仪表显示失真，又没有注意“三勤”操作。

任务实施

5.3.3　避免过热与过烧的对策

（1）注意均衡生产，不追急火，不追产量。

（2）注意根据待轧时间处理炉子的保温和压火，即应遵守停机待轧时的炉子热工制度。

（3）加热特殊钢种时，首先熟悉其加热工艺要求，并在生产中严格掌握。

（4）注意“三勤”操作，克服懒惰，增强责任心，随时检查，随时联系，随时调整以免事故发生。

问题讨论

如何判断钢的过热与过烧？

任务 5.4 分析表面烧化与粘钢的原因及对策

任务描述

由于操作不慎，可能出现表面烧化现象，表面温度已经很高，使氧化铁皮熔化。表面烧化了的钢容易烧结，黏结严重的钢出炉后分不开，不能轧制，造成报废。因此，表面烧化的钢出炉时要格外小心，表面烧化过多，容易使皮下气孔暴露，从而使气孔内壁氧化，轧制后不能密合，因此产生发裂。

知识准备

5.4.1 表面烧化与粘钢的原因、处理及预防

一般情况下，产生粘钢的原因有三个：

（1）加热温度过高使钢表面熔化，而后温度又降低；

（2）在一定的推钢压力条件下，高温长时间加热；

（3）氧化铁皮熔化后黏结。

当加热温度达到或超过氧化铁皮的熔化温度（1300～1350 ℃）时，氧化铁皮开始熔化，并流入钢料与钢料之间的缝隙中，当钢料从加热段进入均热段时，由于温度降低，氧化铁皮凝固，便产生了粘钢。此外，粘钢还与钢种及钢坯的表面状态有关。一般酸洗钢容易发生粘钢，易切削钢不易发生粘钢。钢坯的剪口处容易发生粘钢。

发生粘钢后，如果粘得不多，应当采用快拉的方法把粘住的钢尽快拉开，但切不可用关闭烧嘴或减少风量的方法降温，这是因为降低温度使氧化铁皮凝固，反而使粘钢更为严重。一般情况下应当在处理完粘住的钢之后，再调整炉温。如果粘钢严重，尤其是两根以上的钢坯之间发生粘钢，需用一定重量的撬棍在粘钢处进行多次冲击，方能撬开。

防止表面烧化的措施，主要是控制加热温度不能过高，在高温下的时间不能过长，火焰不直接烧到钢坯上。

任务实施

5.4.2 炉内粘钢的判断

如果第一块钢坯呈悬臂支出状，第一、第二块钢坯的接触面在滑道梁下滑点以外，则说明出现了粘钢事故，这时一般炉温、钢温较高，炉墙及钢坯呈亮白色。

5.4.3 炉内粘钢的处理步骤

炉内粘钢的处理步骤：

(1) 当发生粘钢事故时，要特别注意监视电视画面，当抽出机（出钢机）托起板坯时，查看后一块板坯是否已脱离；

(2) 发现托起第一块坯时，第二块板坯也跟着一起动作时，应立即停止抽出过程，手动将抽出机下降；

(3) 手动反复托起板坯再放下，将第二块板坯脱离；

(4) 可以用抽出机杆撞击第一块板坯，使之与第二块板坯脱离；

(5) 当已发现有板坯粘接时，对以后抽出的板坯都要严密监视，防止事故扩大；

(6) 调整炉温，防止继续化钢。

问题讨论

对热轧厂钢坯加热时产生表面烧化和粘钢缺陷发生情况进行调研，并讨论调研结果。

任务 5.5　分析加热温度不均匀的原因及对策

任务描述

如果钢坯的各部分都同样地加热到规程规定的温度，那么钢的温度就均匀了。这时轧制所耗电力小，并且轧制过程容易进行。但要达到钢温完全一致是不可能的，大部分厂只要钢坯表面温度和最低部分温度差不超过 30 ℃，就可以认为是加热均匀。如果出现加热温度不均，就会影响到产品质量、能量损耗、设备安全等。

知识准备

5.5.1 钢温不均的表现及原因

5.5.1.1　内外温度不均

内外温度不均匀表现为坯料表面已达到或超过了加热温度，而中心还远远没有达到加热温度，即表面温度高，中心温度低，这主要是高温段加热速度太快和均热时间太短造成的。内外温度不均匀的坯料，在轧制时其延伸系数也不一样，有时在轧制初期还看不出来，但经过轧制几个道次之后，钢温就明显降低，甚至颜色变黑和钢性变硬，如果继续轧制就有可能轧裂或者发生断辊现象。

5.5.1.2　上下面温度不均

上下面温度不均匀，经常都是下面温度较低，这是由于炉底管的吸热及遮蔽作用，钢坯下表面加热条件较差所致。同时由于操作不当及下加热能力不足时，也会造成上下加热面钢温不均。

上加热面的温度高于下加热面的钢坯，在轧制时，由于上表面延伸好，轧件将向下弯曲，极易缠辊或穿入辊道间隙，甚至造成重大事故；上加热面温度低于下加热面温度时，轧件向上弯曲，轧件不易咬入给轧制带来很大困难。

5.5.1.3 钢坯长度方向温度不均

钢坯沿长度方向温度不均，常表现为以下几个方面。

（1）坯料两端温度高，中间温度低，尤其对较宽的炉子更易出现这种现象。这主要是炉型结构的原因，坯料两端头在炉中的受热条件最好。

（2）两端温度低，中间温度高。这主要是炉子封闭不严，炉内负压吸入冷风使坯料端头冷却所致。

（3）一端温度高，一端温度低。一般长短料偏装，或沿宽度方向上炉温不均时易出现。

（4）在有水冷滑道管的连续式炉内，在钢坯与滑道相接触的部位一般温度都较低，而且有明显的水冷黑印。水管黑印常造成板带钢厚度不均，影响产品质量。

任务实施

5.5.2 避免钢坯加热温度不均的措施

对于中心与表面温差大的硬心钢，应适当降低加热速度或相应延长均热时间，以减小温差。

钢的上下表面温差太大时，应及时提高上或下加热炉炉膛温度，或延长均热时间，以改善钢温的均匀性。但应注意并非所有的炉子都是这样，应根据具体情况采取相应措施。

避免钢在长度方向上加热温度不均匀的措施，是适当调整烧嘴的开启度，特别是采用轴向烧嘴的炉子，以保证在炉子宽度方向炉温分布均匀；同时还要注意调整炉膛压力，保证微正压操作，做好炉体密封，防止炉内吸入冷空气。

钢的加热温度不均不仅给轧制带来困难，而且对产品质量影响极大，因此生产中必须尽可能地减少加热的温度不均匀性。

问题讨论

如何使钢的加热温度更加均匀？

任务5.6 分析加热裂纹的原因及对策

任务描述

钢加热出现的裂纹有表面裂纹和内部裂纹两种。有裂纹的钢坯轧制时，可能出现裂纹扩展，造成废品。因此，准确分析产生裂纹的原因，有针对性地提出防范措施，对安全生产、保证产品质量具有重大意义。

知识准备

5.6.1 产生加热裂纹的原因

钢加热中的表面裂纹往往是由于原料表面缺陷（如皮下气泡、夹杂、裂纹等）消除不彻底造成的。原料的表面缺陷在加热时受温度应力的作用发展成为可见的表面裂纹，在轧制时则扩大成为产品表面的缺陷，此外过热也会产生表面裂纹。

加热中的内部裂纹则是由于加热速度过快以及装炉温度过高造成的。尤其是高碳钢和合金钢，这些钢的导热性都较差，在装炉温度过高加热过快的条件下，由于内外温差悬殊造成温度应力过大，致使被加热的钢坯内部不均匀膨胀而产生内部裂纹，因此在加热高碳钢及合金钢时，应严格控制加热速度及炉尾温度，以防止内部裂纹的产生。

任务实施

5.6.2 防止产生加热裂纹的对策

（1）保证原料质量。

（2）严格控制炉温，防止出现钢的过热。

（3）对于大断面的冷坯或高碳钢及合金钢，应严格控制预热段的炉温。

问题讨论

加热什么样的钢坯容易产生加热裂纹，为什么？

综合训练

模块5 客观题

模块5 主观题

“四新” 拓展——热轧板带钢红色氧化铁皮缺陷成因及其控制方法

热轧带钢表面氧化铁皮主要由 FeO、Fe_3O_4、Fe_2O_3 组成，一般邻铁层是比较疏松的 FeO，呈蓝色；依次向外是比较致密的 Fe_3O_4 和 Fe_2O_3，分别呈黑色和红色。铁皮的颜色随各种氧化成分比例的不同而变化，当 Fe_2O_3 比例较高时，表现为红色；FeO 较多时，表现为蓝灰色；Fe_3O_4 占多数时，呈黑色。

热轧板卷的表面通常呈蓝灰色，表面光滑且具有一定的光泽，但由于钢种化学成分或轧制工艺的不同，带钢表面有时会出现红色氧化铁皮，它不仅降低了带钢的美观性，还会经常造成氧化铁皮压入等缺陷。而对于酸洗产品而言，红色氧化铁皮会增加酸的用量，延长酸洗时间，严重降低酸洗效率。目前，造成热轧钢材表面红色氧化铁皮缺陷的原因可以分为两个方面：一是热轧工艺设定不合理；二是钢基体表面形成较低熔点、较高黏附性的 Fe_2SiO_4。在热轧过程中钢板表面长期处于高温阶段，不可避免地会生成以 FeO 为主的氧化铁皮。在高温阶段，FeO 具有优良的塑性，可随基体发生一定的变形而不破裂。然而，随着钢板表面温度降低，氧化铁皮的高温塑性也随之变差，图 5-4 所示为除鳞或低温轧制阶段 FeO 发生破碎，并在后续生产过程中被氧化成高价氧化物 Fe_2O_3，从而引发红色氧化铁皮缺陷。另外，在加热过程中钢基体中 Si 元素发生选择性氧化，在氧化铁皮层与钢基体之间形成 Fe_2SiO_4（铁橄榄石），图 5-5 所示为 Fe_2SiO_4 沿钢基体晶界分布从而对氧化铁皮产生钉扎作用，使带钢表面除鳞后产生大量的 FeO 残留，并在后续生产过程中生成 Fe_2O_3。

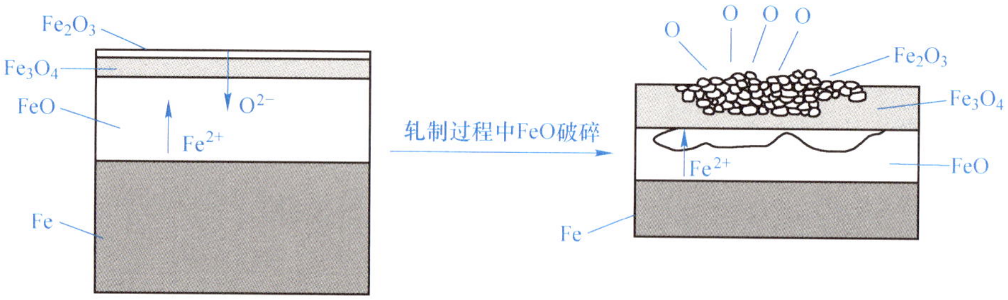

图 5-4 热轧过程造成的红色氧化铁皮缺陷产生机理

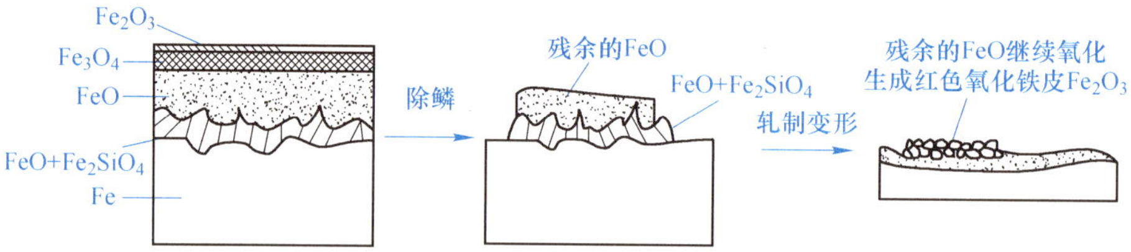

图 5-5 Fe_3SiO_4 造成的红色氧化铁皮缺陷产生机理

通过了解红色氧化铁皮的形成原理可知，优化钢中 Si 含量、除鳞工艺和热轧温度制度，防止热轧中过程 FeO 破碎、减弱 Fe_2SiO_4 对氧铁皮的钉扎作用是消除带钢表面形成红色氧化铁铁皮的关键。因此可以采用以下措施防止红色氧化铁皮的生产：(1) 保证板坯出炉高压水除鳞时，板坯表面温度在 Fe_2SiO_4 的熔融温度（1140 ℃）以上，降低 Fe_2SiO_4 对氧化铁皮钉扎作用，提高氧化铁皮可除鳞性；(2) 增加除鳞道次，保证除鳞效果；(3) 提高轧制节奏，优化轧制温度制度，确保热变形温度，使氧化铁皮处于高温塑性区，避免 FeO 破碎。

项目实战——加热缺陷分析

加热缺陷	产生原因	处理方法	预防措施

模块 6 分析和处理加热事故

模块背景——轧钢操作的“活词典”：全国劳模荣彦明

12 年时间，他与轧机生产线朝夕相伴，从 2250 mm 热轧产线到 MCCR 多模式全连续铸轧生产线，职业生涯划出了一道明亮有型的轨迹，实现了人生成长的一个又一个跨越：

22 岁，被评为首钢京唐公司“青年创新标兵”；

25 岁，被评为“首钢技术能手”；

27 岁，被评为“首钢劳动模范”；

28 岁，被评为“北京市劳动模范”；

33 岁，被评为“全国劳动模范”。

他就是荣彦明，2008 年入职首钢京唐公司，目前是钢轧作业部 MCCR 作业区精轧工。

大学毕业后，荣彦明入职首钢京唐公司，成为热轧作业部一名职工。当时正在建设的 2250 mm 热轧生产线，设备工艺技术新，需要新知识高技能。作为一名见习生，被分配到这样先进的生产线，荣彦明既兴奋又恐慌。对新生产线知识的不足，对操作技术的生疏，让他在驾驭热轧机时打过怵、犯过难。然而他不服输，分秒必争学本领、提技能。在车间，热轧生产线单体、联动、重负荷试车，随处可见他的身影；在宿舍，学理论、记笔记，彻夜钻研；在学习中心，听讲座、提问题，广泛涉猎。他一边学一边记，熟读专业书籍 50 多本，学习笔记 30 多本。为了能够使轧制操作更加流畅，荣彦明攻克英文操作界面障碍，熟记 2000 多个热轧专业单词，操控 70 个按钮如同弹钢琴曲，练就了“手、眼、心”并用，“稳、准、快”合一的精轧操作基本功。

积水成渊，学有所成。2009 年初，荣彦明独立顶岗，成为一名真正的精轧工；2014 年，他夺得北京市轧钢比武状元。他主编和参与编制了精轧 34 个 SOP 手册，涉及 1000 多个标准化作业控制点，成了轧钢操作的“活词典”。

2018 年，荣彦明成为全国钢铁行业技术能手和全国技术能手，先后参与了 2250 mm 热轧板带生产线、自主集成 1580 mm 热轧板带生产线、世界首条多模式连铸连轧生产线（MCCR）的调试、热试、达产等工作，优化程序控制 65 项，攻克 10 多项技术难题，编写了 130 余项操作方法，申报专利 13 项，培养了 14 名徒弟。

任务 6.1 研制处理装出钢事故

任务描述

钢坯入炉、运行、出炉过程中可能会出现各种问题，小事故影响生产，大事故则必须停炉，用科学的方法处理事故可以把损失降到最低，如果处理不当，可能会使事故扩大，不仅会影响生产，更有甚者会造成人身伤害事故。为防止出现事故，应对装出钢事故进行预防，防患于未然。

知识准备

6.1.1 钢坯入炉、运行操作事故的判断、预防及处理

推钢式加热炉机械化自动化程度较低，钢坯入炉及运行过程中容易产生各种事故。因此，本节主要介绍推钢式加热炉经常发生的异常情况和操作事故，有跑偏、碰头及刮墙、掉钢、拱钢及卡钢等。

6.1.1.1 坯料跑偏

当钢坯有月牙弯，尤其是一头有旁弯时，或者炉底不平有结瘤，纵水管高低不一，或者长短混装时，钢料在炉内运行容易发生跑偏现象。

A 坯料跑偏的判断

打开出料炉门，在炉口详细检查钢坯的端部和出料端侧墙的距离，如果坯料端部与侧墙的距离小于 100 mm 时，可认为炉内坯料跑偏。当坯料和侧墙已产生摩擦，应看作严重跑偏。

B 坯料跑偏的原因

炉内钢坯跑偏是造成炉内钢坯碰头、刮墙及掉钢的主要原因，必须注意预防和及时纠正，以减少装炉操作事故的发生。

导致钢坯跑偏的原因主要是：钢坯有不明显的大小头，装炉时没注意和妥善处理；钢坯扭曲变形或炉内辊道及实炉底不平、结瘤，造成推钢机在钢坯两侧用力不均；装钢时操作不当，致使两钢坯之间一头紧靠，一头有缝隙，推钢时受力不均而跑偏。

C 跑偏事故的预防

（1）要预防跑偏事故，装炉工首先必须做到经常观察炉内情况，检查坯料运行状态，是否符合要求，发现异常情况立即查明原因，进行调整或处理。

（2）对于变形严重的钢坯，装炉时应在宽度尺寸较小一侧和相邻钢坯的缝隙中，加垫铁进行预调整，以保证钢坯两边所受推力均匀一致。

（3）对炉底不平造成的跑偏，除了加强检修维护，及时打掉炉底滑道上的结瘤，保证两条道标高一致外，还应适当降低炉温。

（4）在炉内两条滑道水平高低不一致时，尽可能避免装入较短的钢坯。

（5）如果炉内纵向水管滑道一条高一条低，钢坯在运行中总向一面偏斜，这时可根据实际情况，有意将钢坯向滑道较高的一侧偏装，以使钢坯运行到炉头时恰好走正。

（6）步进梁不准经常、频繁踏步或总是保持上升位置，生产中换辊或停轧时间超过 10 min 时，将步进梁放在水平位置。

（7）炉内跑偏钢坯抽出以前，再装入坯料定位时可向跑偏的相反方向修正距离，但不

可过大。

D 钢坯跑偏的处理

对于已经发生的钢坯跑偏现象，可以在跑偏侧推钢机推杆头与钢坯间或两块相邻钢坯之间，加垫铁进行纠正。

在处理较严重的跑偏时，要十分谨慎，不可操之过急。一次加垫铁不宜太厚，应每推一次钢加一次垫铁，逐渐纠正。如果一次加垫铁太厚，有可能造成炉内钢坯“S”形跑偏，两侧刮墙，事故更难于处理，甚至被迫停炉。

6.1.1.2 钢坯碰头及刮墙

钢坯碰头、刮墙的主要原因是：钢坯在炉内运行时跑偏；个别坯料超长；装炉时将钢坯装偏等。钢坯卡墙，如不及时发现和处理，可能把炉墙刮坏或推倒，造成停产的大事故。

对于刮墙及碰头事故要坚持预防为主的原则，关键在于：一要预防钢坯跑偏；二要把住坯料验收关，不合技术规定的超长钢坯严禁入炉；三要严格执行作业规程，保证坯料装正。

对于已发生的轻微刮墙及碰头事故，要及时纠偏。对于严重的碰头，可用两推钢机一起推钢，将其推出炉外。对发现较晚又有可能剐坏炉墙的严重刮墙现象，应该停炉处理。

6.1.1.3 掉钢

掉钢事故是指钢坯从纵向水管滑道上脱落，掉入下部炉膛或烟道内的事故。造成这类事故的主要原因是钢坯跑偏，一般多见于短尺钢坯。

当炉温高、滑道或炉底不平及不明原因发生钢坯持续跑偏的情况时，要特别注意纠偏，防止短坯掉钢事故发生。

在操作中，如发现推钢机推钢行程已超过出炉钢坯宽度的1.5倍，仍不见钢坯出炉，而炉内又未发生拱钢事故时，即可断定是发生了掉钢事故。此外，在发生掉钢事故时，推钢机无负重感，炉内可传来闷响，并且烟尘四起。

推钢式加热炉掉钢事故一般不影响生产。对掉下的钢坯，可安排在小修时入炉取出，或用氧气枪割碎扒出。

步进式加热炉要根据钢坯的掉落位置采取不同的处理方法。若坯料从下端墙和固定梁之间掉入炉内，一般停炉处理；若坯料从下端墙和辊道之间掉入炉外，可就地将坯料吊走。

6.1.1.4 拱钢、卡钢

拱钢是常见的操作事故，多发生在炉子装料口，有时也在炉内发生。出现拱钢事故将造成装出炉作业中断，处理不好还可能卡钢，甚至造成拱塌炉顶、拉断水管等恶性事故，应尽力避免。造成拱钢事故的原因有以下几个方面。

(1) 钢坯侧面不平直、有凸面、带有耳子、侧面有扭曲或弯曲；断面梯形，圆角过大。这种钢坯装炉后，钢坯间呈点线接触，推料时产生滚动，使钢坯拱起。

(2) 炉子过长，坯料过薄，推钢比过大；或大断面的钢坯在前，后边紧接小断面钢坯，大小相差太悬殊。

(3) 炉底不平滑，纵水管与固定炉底接口不平，或均热段实炉底积渣过厚。

卡钢指的是由于拱钢造成的钢坯侧立，嵌入纵水管滑块之间的现象。

炉内发生拱钢和卡钢事故的判断：当推钢机已经推进了一块坯料宽度的行程，钢坯还未出炉时，从炉尾观察即可判断是否拱钢。如果卡钢，就会出现推钢机推不动、电机发生异常声音、推钢机推杆发生抖动等现象。

对拱钢事故的预防有以下几点。

（1）做好检修维护工作，消除炉底不平和滑道衔接不良等设备隐患。

（2）保证装炉钢坯规格正确，侧边不凸起、没耳子、不脱方、不扭曲、不弯曲变形；钢坯断面不能过小，以免装炉后相邻钢坯断面差太大。

（3）装炉工要调整弯曲坯料的装入方向，挑出弯度和脱方超过规定的钢坯，找出可能引起拱钢的坯料，在两钢坯相靠但接触不到的位置上加垫铁调整，保证钢坯之间接触良好，受力均匀。

处理炉外拱钢事故的办法是：找出引起拱钢的坯料，倒开推杆，用撬棍将拱起的钢坯落下，然后加垫铁调整，或调整相互位置及摆放方向。

炉内拱钢事故的处理：如果发生在进炉不远处，可从侧炉门处设法将其叠落在别的钢坯上面，然后用推钢机杆拖拽专门工具，将钢坯拽出重新装炉。如果事故发生在深部，则应设法将其平行叠落在其他钢坯上面，一起推出炉外。

有时拱起的钢坯能连续跌落好多块，这时还必须考虑这些钢坯能否出炉，如有问题还得再行处理。

卡钢主要是拱钢事故在均热段发生又发现不及时所致，若能及时发现和处理就可有效预防。其处理方法同拱钢一样。

6.1.1.5 混钢

将不同熔炼号的钢混杂在一起，应视为加热炉操作的重大事故。

造成混钢事故的唯一原因是装炉时未能很好地确认。为了杜绝此类事故，必须在装炉前和装出炉时，进行认真细致的检查，严格遵守按炉送钢制度。

6.1.1.6 装炉安全事故

A 飞钩、散吊等物体打击事故的预防

装炉小钩飞钩伤人，是装炉操作中最大的安全事故。

a 主要原因

（1）小钩折断，钩齿或钩体飞出。

（2）小钩钩齿变形或防滑纹严重磨损，在吊挂钢环滑脱的同时，小钩带钢绳一起飞出。

（3）吊钩未挂好，钩齿与钢坯接触部位过少。

（4）吊车运行不稳，造成钢坯大幅度摆动或震动。

b 预防措施

从设备方面讲，应保证小钩的材质和加工工艺合理。而预防是否有效，最主要的还在于装炉工本身的操作和平时的安全基础工作。

（1）交接班做好安全检查是避免飞钩的第一道保障，一定要认真仔细地进行，不能敷衍了事。发现小钩不合格立即更换，切不可对付使用，以致酿成大祸。

（2）装炉挂吊时一定要把小钩紧贴在钢坯端头上，两钩对称挂吊。对料宽 700 mm 以下的料，一次可挂两块，但应摆成十字交叉形。对 1000 mm 以上的料，一次只能挂吊一块。在装炉间隙时，不允许让吊车挂着钢坯待装。

（3）装炉工不论在挂钩或摘钩时，都不应将身体正对钩身，起吊后应立即闪开；吊车吊料运行时，装炉工应避开吊车运行路线，以防伤害。

（4）在挂吊及处理操作事故时，必须坚决杜绝多人指挥吊车现象，防止因号令不一，乱中生祸。

B 烧烫伤事故的预防

装炉是高温作业岗位，工作环境恶劣，较易发生烧、烫伤害事故，必须注意做好预防工作。

炉尾高温烟气或火苗外窜，是造成烧伤的主要原因。防止烧伤的主要办法是：勤装钢，不要等推钢机推至最大行程已靠近进炉料门时再装炉。装炉时必须穿戴好劳保用品，尤其要戴好手套和安全帽，当离炉尾较近时，应将头压低，手臂伸前进行工作，以免烧伤面部，燎掉眉毛、睫毛。进料炉门应尽可能放得低些。

装炉工受烫伤威胁主要是隐藏在吊挂回炉热坯的作业中，挂回炉品时，首先要确认脚下无油，以免摔倒在热坯上被烫伤；作业时要站稳，并尽力压低身体，减少身体接受的热辐射；挂好钩后立即撤回，然后再进行指吊作业。

C 挤压伤害事故的预防

挤压伤害常常发生在挂吊、加垫铁等的作业之中，主要是粗心所致，稍加注意就可避免。为此，在挂钩作业时，切记两手握钩的位置不可过低过高（过低易被钢坯挤伤，过高易被钢绳勒着）；钢坯加垫调整时，握垫铁的手不得伸入钢坯之间的缝隙内。

6.1.2 出钢异常情况的判断及处理

凡是不能及时按要求出钢或不能正常输送到轧前辊道上时，都应视为出钢异常情况。这些异常往往是事故先兆或伴生现象，如能及时做出准确判断，迅速妥善处理，就可避免一些事故的发生。

6.1.2.1 出钢与要钢不符

在生产中可能出现出钢工要的某炉某排料没有出钢，而另一排却出钢，或要一块却一连下来两块，或两道各下一块等情况，这都不正常。出钢工在发出要钢信号后，要十分仔细观察出钢情况，如果一次从一条道连续下两块料，可能是炉内粘钢或因装料不当，或因推钢工未及时停止推钢造成。前者两块料几乎同时落下，而后者两块料出炉有一段时间间隔。发生这种情况，出钢工要做好记录，并将要钢信号连续闪动两次，告诉对方下了两块坯。对于已出炉的料，只要不是下一炉号的钢，应一并轧了，但要注意其规格的变化，及时告知轧钢工。由于拱钢而叠落在一起的钢坯也是一起出炉的，有时可能是 3 块一起出炉，这种情况不做异常处理，但由于叠落一起出炉的钢坯一般都加热不透，可按回炉品处理。

由于钢坯碰头或粘钢有时会两条道同时出钢，这时出钢工应给推钢工一个信号，即两信号同时闪动一次，表示两条道各出一块钢。对出炉的钢坯处理原则同前。

是否是信号机故障：有时钢坯不是从出钢工想要的那排料出来的，这时出钢工要检查一下是否信号发错了，如没错则可能是对方误操作；如果连续出现两次这种问题，应检查一下信号机是否出现故障，特别是检修以后，看看两条道信号是否接反。信号机故障还可能造成推钢与要钢联系中断，影响生产，应及时找电气检修人员处理。

有时出炉钢坯上隔号砖的放置与推钢工所给信号不一致，遇此情况，出钢工一定要查明原因，对可能发生混钢事故的任何蛛丝马迹都不能放过，要做好记录。对误操作或其他原因出炉的下号钢坯，不能与上号一起轧制，必须打回炉。

6.1.2.2 用抽出机出钢事故原因及处理

一般板坯加热炉出钢方式是用抽出机出钢，下面介绍抽出机出钢事故原因及处理。

A 板坯从抽出口掉下

原因如下：

（1）板坯粘连，板坯抽出一部分时，从出杆上滑下，因自重而掉下；

（2）抽出机抽出距离不对，板坯掉下；

（3）板坯抽出时歪斜掉下。

处理方法：当板坯掉下后，应立即将该炉均热段熄火，用冷却水冷却高温板坯，将抽出炉门尽量放低，用钢丝绳将板坯吊走回炉。

B 板坯在炉内弯曲过大

原因如下：

（1）炉温过高，并且在炉时间长，板坯表面化钢严重，板坯变软弯曲严重；

（2）板坯定位失误，悬臂量过大，造成悬臂下弯；

（3）轧过一道次后的短坯逆装入，由于板坯厚度减小，且定位不准，悬臂过大，造成弯曲过大。

处理方法如下：

（1）抽出机手动抽出，在板坯经过端墙时特别注意板坯下弯部分能否通过；

（2）如果由于下弯严重，端墙挡住板坯下弯部分时，用垫铁在抽出机臂上增加高度将板坯抽出；

（3）此时要适当降低炉温，防止板坯进一步下弯；

（4）当加垫铁也不能将板坯抽出时，只有停炉熄火，人进入炉内，将板坯弯曲端头割掉，冷坯抽出炉。

C 抽出炉门与抽出机出现其他异常

当抽出炉门与抽出机出现其他异常时：

（1）按下抽出机事故停车按钮；

（2）进行检查处理，因电气或机械等故障时，通知有关人员及时处理；

（3）待事故排除后，将抽出机用手动操作退回到后退极限位置；

（4）按下事故停车复位按钮。

任务实施

6.1.3 装出钢故障原因及处理方法

6.1.3.1 某中厚板厂装出钢故障原因及处理方法

某中厚板厂装出钢故障原因及处理方法见表6-1。

表6-1 某中厚板厂装出钢故障原因及处理方法

故障（异常）	原因	处理方法
物料跟踪数据错误	系统出现异常状况	系统自动或根据操作人员的要求进行跟踪修正
当在辊道上进行板坯核对时，板坯与轧制计划不一致	原料上料出现错误	由操作人员判断此板坯是否允许继续装入加热炉。如果不能装入加热炉，进行“板坯吊销”操作
当板坯已经被装入到加热炉里，而数据还停留在加热炉炉前辊道时	系统出现异常状况	进行“数据强制装入”操作
当已经入炉的板坯需要从加热炉装入侧返回到炉前辊道上	原料上料出现错误	进行“装钢返回”操作（当钢坯装炉后又需要再次返回炉外时，要求操作人员首先确认装钢机能够将返回坯料完全移出炉外。如不能，操作人员要将步进梁向后移动至装钢机能够将返回坯料完全移出炉外后，才允许进行钢坯返回作业）
板坯顶端位置的补正	系统出现异常状况	当误差大于板坯宽度时，可以认为不是误差的累积，而是跟踪有误，因此不进行误差修正，而进行报警输出
加热炉L2系统对于加热炉内出炉侧板坯顶端位置的识别功能，认为板坯已处于把激光检测器接通的位置，但激光检测器没有发出接通信号，则应判断为故障。系统若判断激光检测器故障，则进行报警记录的输出	激光检测器故障	通知调度室主任及有关人员
板坯的位置发生错误	系统、设备出现异常状况，钢坯在推钢过程中异常停止	手动修正每块坯料的位置和数据，保证坯料在辊道中心线位置
当板坯已经从加热炉抽出到出炉辊道上，而数据还停留在加热炉内时	系统出现异常状况	进行“数据强制抽出”操作
当已经在出炉辊道上的板坯需要从加热炉出炉侧返回到加热炉里时	轧机故障或钢坯实际温度低	需要进行“出炉返回”操作（当钢坯出炉后又需要再次返回炉内时，要求操作人员首先确认炉内是否有足够的空位。如没有，操作人员要将步进梁向后移动至有足够的空位放置返回坯料后，才允许进行钢坯返回作业）
在出炉辊道上的板坯需要经过出炉辊道返回板坯库时	设备故障钢坯温度较低	需要进行“返回板坯库”操作

6.1.3.2 某热带厂装出钢故障原因及处理方法

某热带厂装出钢故障原因及处理方法见表6-2。

表 6-2 某热带厂装出钢故障原因及处理方法

故 障	原 因	处 理 方 法
装钢时板坯重叠或撞前一块板坯	步进梁行程计算不准； 装钢机平移编码器不准	（1）联系自动化查清原因； （2）装钢机手动把重叠的板坯托出，增大该块装钢间距设定为 650 mm
出钢机撞炉内板坯	炉内板坯下弯超过出钢臂上表面	（1）加热过程控制板坯温度； （2）保温待轧时步进梁打等高位； （3）现场监护，手动出钢把歪斜板坯调正
炉内步进梁上表面结渣	炉温局部过高，且在炉时间长	（1）调整炉温； （2）保温待轧时，5 min 步进梁走一个步距； （3）出空炉内板坯刮渣

问题讨论

棒线材厂有哪些装出钢事故？

任务 6.2 研制处理加热事故

任务描述

钢在加热过程中可能会出现各种故障，例如，加热参数不能达到最佳状态，加热设备不能正常工作，影响正常生产，发现事故应及时处理，并提前预防。

知识准备

6.2.1 燃气加热炉的常见故障及排除

燃气加热炉的常见故障原因及排除方法见表 6-3。

表 6-3 燃气加热炉常见故障产生原因及排除方法

故障	原 因	排 除 方 法
炉膛温度达不到工艺要求	（1）煤气发热量偏低； （2）空气换热器烧坏，烟气漏入空气管道； （3）空气过剩系数过大或过小； （4）煤气喷嘴被焦油堵塞，致使气流量减少； （5）煤气换热器堵塞，致使煤气压力下降； （6）炉前煤气管道积水，致使气流量减少； （7）炉膛内出现负压力； （8）烧嘴配置能力偏小； （9）炉内水冷管带走热量大，或炉衬损坏，致使局部热损失大； （10）煤气或空气预热温度偏低	（1）在煤气站找出发热值低的原因，提高煤气发热值； （2）分析换热器后空气的氧含量，如低于 20%，则修理空气换热器； （3）调节进风阀及煤气阀，如升温效果不显著，可改大喷嘴； （4）用钎子捅喷嘴，清除焦油渣； （5）清除煤气换热器堵塞的管道； （6）定期排水； （7）增加烟道阻力或改变烧嘴位置和角度； （8）配置大能力烧嘴； （9）改善水冷管隔热，修复炉衬； （10）检修换热器

续表 6-3

故障	原　因	排除方法
炉膛温度分布不均	（1）烧嘴位置布置不合理； （2）烧嘴工作不均衡； （3）排烟口位置及尺寸不合理，排烟不均； （4）靠近炉门口处温度低	（1）改变烧嘴位置或喷射角度； （2）调整烧嘴，使炉内热量均衡； （3）改变排烟口位置或尺寸； （4）将靠近炉门口处的一个或两个烧嘴功率加大，比其他烧嘴功率大20%左右
炉膛压力过大喷火	（1）烟道闸门关得过小； （2）不完全燃烧，使煤气漏出炉外燃烧； （3）煤气流量过大； （4）烟道堵塞或有水； （5）烟道截面积偏小； （6）烧嘴位置布置不合理，火焰受阻后折向炉门，烧嘴角度不合适，火焰相互干扰	（1）调整闸门开启度； （2）调整烧嘴，空气过剩系数控制在1.02~1.05； （3）在保证炉温的情况下，适当减小煤气流量； （4）清理烟道，排水； （5）修改烟道截面积； （6）重新布置烧嘴的位置
燃烧不稳定	（1）煤气中水分太多； （2）煤气压力不稳定经常波动； （3）烧嘴喷头内表面不够清洁或烧坏； （4）烧嘴砖选择不当； （5）冷炉点火，煤气量少	（1）根据季节，定期放水； （2）清除煤气量供应不稳定造成的驼峰； （3）清理烧嘴喷头内表面脏物或更换喷头； （4）开大煤气总阀和炉前煤气阀
煤气自动控制失灵	（1）煤气控制阀后压力控制达不到要求； （2）煤气控制阀后最大压力和最小压力参数选择不当； （3）煤气压力为最小值时，烧嘴回火	（1）减小煤气控制阀关闭时的间隙面积（即加大控制阀阀片直径）； （2）正确选择煤气控制阀的前后压力参数； （3）保证烧嘴的出口速度不低于燃烧速度

6.2.2 步进系统中的故障及排除

步进系统中故障的产生原因和修理方法见表 6-4。

表 6-4　步进系统中故障的产生原因和修理方法

故障	原　因	修理方法
步进梁后退（返回）不到位	检查横移液压缸是否全部收回，并听液压阀台是否有继续供油声	如果液压缸全部收回，并且液压阀台还在供油，则检查凸轮开关中后退到位开关是否损坏，若损坏即更换。未坏，检查凸轮开关中后退到位凸轮凹槽是否到位，未到位，调整使其到位
	横移液压缸未全部收回，液压阀台继续供油	检查步进梁框架是否有卡阻现象，若有卡阻现象则请机械维修人员处理。若无卡阻现象，可以调整相关比例放大板的参数以增加液压流量，使得液压缸全部收回
	横移液压缸未到位而液压阀台未继续供油	检查相应电磁阀是否得电，若没电应检查计算机相应的输出位、中间继电器、输出端子、电缆等是否损坏，损坏的即更换。若现场有电，则应更换液压阀
步进梁前进不到位，修理方法与返回不到位相同		

续表 6-4

故障	原　因	修 理 方 法
步进梁上升不到位	检查提升缸是否全部收回，液压阀台是否继续供油	若提升缸全部收回，液压阀台继续供油，则检查凸轮开关凹槽是否到位。若未到位，则调整到位。若到位，应检查上升到位限位是否损坏，若损坏就要去全部更换
	如提升缸未全部收回，液压阀台继续供油	检查步进梁框架是否有卡阻现象，炉内钢坯是否太重，若无上述情况，调整相关比例放大板的参数以增加液压的流量，使液压缸全部收回，使步进梁上升到位
	如提升缸未全部收回，液压阀台未继续供油	检查相应电磁阀是否得电，若电磁阀得电，应更换液压阀。如电磁阀未得电，应检查计算机柜内相应的输出位、中间继电器、输出端子、电缆等是否损坏，若损坏即更换
步进梁下降不到位，修理方法与上升不到位相同		

6.2.3 炉底水管的故障及排除

炉底水管故障常见的有水管堵塞、漏水及断裂三种，见表 6-5。这些故障处理不及时就可能造成长时间停产的大事故，因此要给予足够的重视。

表 6-5　炉底水管故障及排除

故障	现　象	原因及排除
水管堵塞	出口水温高，水量少，有时甚至冒蒸气	（1）冷却水没有很好过滤，水质不良； （2）安装时不慎将焊条或破布等杂物掉进管内没有清除
水管漏水（往往都发生在靠墙绝热包扎砖容易脱落部分水管的下边）	（1）炉膛内水管漏水时，可以看到喷出的水流和被烧黑的炉墙或铁渣； （2）砌体内漏水，砌体变黑； （3）严重漏水时，出水口水流小，温度高	（1）安装时未焊好，或短焊条留在水管（立管）中将水管磨漏； （2）冷却水杂质多，水温高，结垢严重，管壁温度过高而氧化烧漏
水管断裂（一般都发生在纵水管上）	（1）炉温不明原因的突然下降； （2）冷却水大量汽化和逸出炉外； （3）回水管可能断水或冒气	卡钢或水管断水变形等造成总水管被拉裂

需要特别指出的是：当检查发现上述水冷系统故障时，应立即停炉降温进行处理。对于漏水的情况，在炉温未降到 200 ℃以下时，不能停水，以免整个滑道被钢坯压弯变形。

6.2.4 换热器的故障原因分析

换热器烧坏的原因可从以下几方面分析：

（1）煤气不完全燃烧，高温烟气在换热器中燃烧；

（2）换热器焊缝处烧裂，大量煤气逸出，并在换热器内遇空气燃烧；

（3）空气换热器严重漏气；

（4）换热器安装位置不当；

（5）停炉时换热器关风过早。

6.2.5 空气或煤气供应突然中断的判断

生产中有时会由于多种原因造成燃料及助燃空气的供应中断，在这种情况下，及早做出正确的判断，对防止发生安全事故是极其重要的。

当煤气中断供应时，仪表室及外部的低压警报器首先会发出报警声、光信号，烧嘴燃烧噪声迅速衰减。煤气中断时，只有风机送风声音，炉内无任何火焰，仪表室各煤气流量表、压力表指向零位，温度呈线性迅速下降。

当空气供应中断时，室内外风机断电报警铃同时报警，烧嘴燃烧噪声迅速降低，炉内火焰拉得很长，四散喷出，而且火焰光色发暗，轻飘无力。当系统总的供电网出现故障时，还会造成全厂停电，仪表停转，警报失灵。

任务实施

6.2.6 加热过程中的事故原因及处理方法

6.2.6.1 炉体耐材故障原因及处理方法

炉体耐材故障原因及处理方法见表6-6。

表6-6 炉体耐材故障原因及处理方法

故障（异常）	原因	处理方法
炉顶肩部塌落	（1）使用时间过长； （2）炉体振动； （3）炉顶热胀冷缩等因素致使吊挂砖断裂	（1）立即停炉； （2）汇报作业区相关人员及调度室

6.2.6.2 煤气管道系统故障原因及处理方法

煤气管道系统故障原因及处理方法见表6-7。

表6-7 煤气管道系统故障原因及处理方法

故障	原因	处理方法
CO报警器出现报警现象，煤气泄漏区域充满煤气味	（1）煤气管道损坏； （2）管道腐蚀	（1）通知调度室； （2）由专业人员佩戴空气呼吸器查明煤气漏点大小； （3）临时处理泄漏点，不能临时处理的停炉吹扫管道进行处理； （4）直径大于100 mm的煤气管道漏煤气，处理人员戴好氧气呼吸机，切断煤气来源（关闭上道阀门、堵盲板），进行氮气吹扫，由专业人员处理； （5）直径不大于100 mm的煤气管道漏煤气，由专业人员处理； （6）煤气泄漏区域做好现场隔离，人员疏散

续表 6-7

故障	原　因	处 理 方 法
煤气压力低流量小	(1) 燃气厂供煤气压力低; (2) 煤气总管压力调节阀或上均热压力调节阀故障; (3) 煤气管道泄漏	(1) 通过调度室主任与燃气厂联系，同时检查煤气管道系统; (2) 关闭加热炉烧嘴前煤气阀门，同机械、电气点检员人员一同关闭煤气管道切断阀; (3) 打开煤气放散阀，进行煤气放散，然后通入氮气吹扫，并在取样口检测 CO 含量小于 30 mg/m^3，然后关闭氮气阀和煤气放散阀; (4) 全开装出料炉门和烟道闸门
煤气管道泄漏点燃烧	煤气管道损坏，煤气泄漏遇到明火	(1) 通知调度室及作业区负责人; (2) 直径不大于 100 mm 的煤气管道着火时，可直接关闭煤气阀门灭火; (3) 直径大于 100 mm 的煤气管道着火时，安装压力表，逐渐降低煤气压力，打开氮气阀门，在煤气管道内通入氮气，煤气管道压力大于100 Pa，严禁突然关闭煤气阀门，防止回火爆炸; (4) 严禁使用酸碱灭火器，或用水浇喷已烧红的设备，防止损坏设备; (5) 着火较小时，采用灭火器、打水、堵泥、钉木塞等方法处理
煤气管道爆炸，产生剧烈爆炸声，区域充满煤气味	煤气管道损坏，煤气泄漏遇到明火，或煤气管道发生煤气回火	(1) 通知调度室及作业区负责人; (2) 煤气爆炸事故发生后，处理人员戴好氧气呼吸机，立即切断煤气来源（关闭上道阀门、堵盲板），进行氮气吹扫; (3) 煤气爆炸区域做好现场隔离，人员疏散
板坯数据丢失	二级故障	通知轧机手动接管数据

6.2.6.3 空气换热器故障原因及处理方法

空气换热器故障原因及处理方法见表 6-8。

表 6-8 空气换热器故障原因及处理方法

故障（异常）	原　因	处 理 方 法
热风温度过高（换热器前）	(1) 热风量小; (2) 加热炉温度过高; (3) 烟道稀释风机风量小或因故停止	(1) 调节热风压力调节阀增加热风压力，流量; (2) 检查调整烟道稀释风机风量; (3) 降低加热炉温度; (4) 确保换热器前烟气温度不超过 850 ℃
热风温度压力小	换热器泄漏	汇报有关人员，检查处理

6.2.6.4 加热炉汽化冷却、电力、压缩空气、氮气、煤气中断故障原因及处理方法

加热炉汽化冷却、电力、压缩空气、氮气、煤气中断故障原因及处理方法见表 6-9。

表 6-9 加热炉汽化冷却、电力、压缩空气、氮气、煤气中断故障原因及处理方法

故障（异常）	原因	处理方法
汽化冷却、电力、压缩空气、氮气、煤气中断	设备故障	（1）通知调度室及值守人员确认； （2）通知调度室及作业区负责人确认停炉； （3）关闭煤气管道切断阀和烧嘴前煤气阀门

6.2.6.5 板坯加热缺陷原因及处理方法

板坯加热缺陷原因及处理方法见表 6-10。

表 6-10 板坯加热缺陷原因及处理方法

缺陷	原因	处理方法
过热	板坯加热温度过高，时间过长	（1）严格按技术标准要求烧钢，保证板坯加热温度及在炉时间； （2）在待轧或待热时，严格按技术标准要求调整加热炉炉温
过烧	板坯加热温度过高，时间过长	（1）严格按技术标准要求烧钢，保证板坯加热温度及板坯在炉时间； （2）在待热或待轧时，严格按技术标准要求控制炉温； （3）随时观察调整烧嘴焰长度严防火焰直接接触钢坯
化钢	板坯加热温度过高，时间过长	（1）严格按技术标准要求烧钢，避免加热温度过高，时间过长； （2）在待热或待轧时，严格按加热技术标准要求控制温度； （3）随时检查调整烧嘴火焰长度，严防火焰直接接触钢坯
脱碳	板坯加热温度过高，时间过长	严格按技术标准要求烧钢，正确控制加热温度、时间
麻点	板坯加热温度过高，时间过长，板坯表面形成氧化铁皮难以清除掉	严格按技术标准烧钢
板坯表面与内部温度不均	板坯加热时间不足	严格执行加热技术标准保证板坯在炉时间
水管黑印严重	板坯加热时间不足	严格执行加热技术标准保证板坯在炉时间
板坯纵向温度不均	加热炉横向温度不均	（1）调整加热炉各段烧嘴开启数量的对称性； （2）调整各段烧嘴火焰，保证加热炉横向温度均匀

问题讨论

钢在加热过程中有可能发生什么故障？

任务 6.3　研制处理汽化冷却系统事故

任务描述

汽化冷却系统运行事故按损坏程度可分为爆炸事故、被迫停炉的重大事故和不需要停炉的一般事故三类。事故发生的主要原因有两个方面：一是属于汽化冷却装置的事故；二是操作、管理不善引起的。当发生事故时，操作和管理人员应做到以下几点：(1) 运行操作人员在任何事故面前都要冷静，迅速查明发生事故的原因，及时准确地处理问题，并应如实向上级报告；(2) 运行操作人员遇到自己不明确的事故现象，应迅速请示领导或有关技术管理人员，不可盲目擅自处理；(3) 事故发生后，除采取防止事故扩大的措施外，还不能破坏事故现场，以便对事故进行调查分析；(4) 在事故处理过程中，运行管理和操作人员，都不得擅自离开现场；(5) 汽包事故消除后，必须详细检查，确认汽包各部分都正常时，方可重新投入使用；(6) 汽包事故消除后，应将事故发生的时间、起因、经过、处理方法、处理后检查的情况及设备损坏的部位和损坏程度，详细记录。

知识准备

汽化冷却装置的事故，一部分由加热炉的事故引起，另一部分由装置本身的事故造成。前者主要有炉体脱落、钢坯掉道、水梁保护层脱落、水冷部件的工业水突然停水和煤气事故等。当需要加热炉迅速停炉时，汽化冷却装置应密切配合加热炉操作进行停炉。装置本身造成的事故主要的汽包缺水、满水、汽水共腾、突然停电和汽包水位计损坏等。下面仅叙述装置本身的部分事故处理。

6.3.1　应立即停炉的情况

汽化冷却系统在运行中，遇到下列情况之一时，应立即停炉：

(1) 汽包水位低于水位表的下部可见边缘；

(2) 不断加大给水及采取其他措施，但水位仍继续下降；

(3) 水位超过最高可见水位（满水），经放水仍不能见到水位；

(4) 给水泵全部失效或给水系统故障，不能给水；

(5) 水位表或安全阀失效；

(6) 设备损坏，汽包构架被烧红等；

(7) 其他异常情况，危及汽包及运行人员安全。

紧急停炉操作，根据具体使用的燃料不同，管道设施及其他设备的不同而不同。最主要的操作为水系统、燃料系统等处的阀门切换。

6.3.2　汽包缺水

汽包上水位表指示的水位低于最低安全水位线时，称为汽包缺水。汽包缺水的原因是：

（1）运行操作人员失职，或是对水位监视不严，或是由于擅离职守，当水位在水位表中消失时未能及时发现；

（2）给水自动调节器失灵；

（3）水位表失灵，造成假水位，运行人员未及时发现，产生误操作；

（4）给水设备或给水管路发生故障，使水源减少或中断；

（5）汽包排污后，未关闭排污阀，或排污阀泄漏；

（6）炉底管开裂。

当汽包水位计水位降到最低水位，并继续下降低于水位计下部的可见部分时，一般分两种情况进行处理。

（1）如水位降低（即低于最低水位以下并继续下降）是发生在正常操作和监视下，且汽包压力和给水压力正常时，应采取下列处理措施：1）首先与加热工核对水位，真正缺水可开大给水阀，增加汽包的供水量；2）如与仪表水位不相符应对汽包上各水位计进行核对、检查、冲洗，以查明其指示是否正确；3）检查给水自动调节是否失灵，应消除由于给水调节器失灵造成的水位降低现象，必要时切换为手动调节；4）如上述措施处理后，汽包的水位仍然继续降低时，应停止汽包的全部排污，查明排污阀是否泄漏，同时还应检查水梁、立柱管、循环水管道、给水管道、仪表导压管道是否泄漏，如发现水位降低是由于这些管道或排污阀泄漏造成的，应按事故停炉程序使汽化冷却装置停止运行。

（2）如水位降低是由于给水系统压力过低造成时，则应立即启动备用给水泵增加水压，并不断监视汽包水位。若水压不能恢复时，装置应降压运行，直至水压能保证给水为止。若降压运行后水压仍继续下降，水位随之降低至水位计下部的可见部分以下时，则应按事故停炉程序停止装置运行。

（3）当启动备用泵时，应关闭原使用泵及原使用泵的附带阀门，防止两泵压力不一，造成回灌。

6.3.3 汽包满水

当汽包水位计水位超过高水位，并继续上升或超过水位上部可见部分时，尽快与加热工核对水位，同时分析事故的性质。对于此事故，一般可以从以下方面进行处理。

（1）对汽包各水位计进行检查、冲洗和核对，查明其指示是否正确。

（2）检查给水自动调节是否失灵，应消除由于给水调节器失灵造成的满水现象，必要时切换为手动调节。

（3）将给水阀关小，减小给水量。

（4）如经上述处理后，水位计中水位仍继续升高，应立即关闭给水阀，并打开汽包定期排污阀；如有水击现象时还应打开蒸汽管的疏水阀，待水位计中重新出现水位并至正常水位范围内时，即停止定期排污和疏水，稍开给水阀，逐渐调整水位和给水量，使恢复正常运行。

在运行中突然发现汽包水位计内看不见水位，此时应立即进行水位计冲洗，用“吊水”（也称为“叫水”）法判断是满水还是缺水，是轻微缺水还是严重缺水，并做出判断和处理：

（1）如用“吊水”法后，水位重新在汽包水位计中出现，且无继续上升或下降的现象，则应谨慎地向汽包进水，注意水位变化，使之逐步恢复正常运行；

（2）如用“吊水”法后，水位重新在汽包水位计中出现，但不断上升超过水位计上部可见部分时，则为严重满水，可按上述方法进行满水事故处理；

（3）如用“吊水”法后，水位仍未在汽包水位计中出现，则为汽包严重缺水，此时严禁向汽包进水，应按事故停炉程序尽快停止装置运行。

6.3.4 汽水共腾

当汽包内水表面产生急剧蒸发，称为汽水共腾。汽水共腾将在汽包水表面产生大量泡沫，并引起假水位。一般处理步骤如下：全开连续排污阀，并打开定期排污阀，同时加强向汽包给水，以维持水位正常，加强炉水取样分析，按分析结果调整排污，直至炉水品质合格为止。

如汽水共腾产生严重的蒸汽带水，使蒸汽管中产生水击现象时，应开启蒸汽管上的疏水阀加强疏水。

6.3.5 炉管变形

6.3.5.1　事故分析

炉底管变形一般分两种情况：一种是突发性的变形事故；另一种是逐渐发生的变形事故。前者一般是由于偶然性的恶劣施工质量原因，如管路堵塞、接管张冠李戴；或严重的误操作原因，如汽包烧干，也有的是极不合理的设计原因。后者则一般是由于汽化冷却系统设计不合理，或操作存在问题而导致炉底管发生逐渐变形，即积累变形，一般炉底管变形多属后者。

对于金属材料，在高温下长期作用载荷将影响材料的力学性能。对于碳钢，在 300 ℃以下，虽长期作用载荷其机械性能无明显变化，而当超过这一范围，且载荷超过某一范围，则材料就会发生缓慢变形，此变形为塑性变形，逐渐增大导致破坏，称为蠕变。加热炉汽化冷却炉底管设计要求其使用温度（管壁温度），不得超过其冷却介质工作压力下饱和温度 80℃，超过这一温度就可能出现问题。当炉底管壁温度升高时，强度和刚度条件就可能不满足了，从而导致炉管的变形。那么是什么原因使得炉底管壁温度升高的呢？我们从汽化冷却系统的结构和操作运行两个方面进行分析。

A　汽化冷却系统的结构

汽化冷却系统阻力系数偏大，导致水流速降低。循环回路的阻力包括局部阻力和沿程阻力，局部阻力指由于转向、扩张、缩径、分流等引起的阻力损失；沿程阻力指介质与回路管壁间的摩擦产生的阻力损失，它与路径长短有关。阻力越大，循环对动压头的要求提高，致使水流速降低，可以从下降管的流量看出水流速的高低，炉底管内水流速偏低，使水与炉管的换热减弱，表现为蒸汽产量降低，导致壁温升高。

B 操作运行

不合理的操作也是导致炉底变形的重要因素。

（1）汽包一次补水过多导致管壁温度升高。对于自然循环的汽化冷却系统，循环动力是下降管中水与上升管中汽水混合物的重力差，如果汽包一次补水量过多，则汽包水的热焓量大大降低，这样进入炉管内水的“欠热”增加，水段长度延长，蒸汽产量降低，使上升管中含汽率降低，循环动力减弱，循环流速减小导致壁温升高。

（2）开停炉不当，导致炉管变形。如自然循环的汽化冷却系统，开炉前不提前打开引射蒸汽并组织提高蒸汽压力，致使开炉时引射能力不足，加上升温速度快，炉管就会受损害。停炉前，当汽包压力低于一定值时要打开蒸汽引射帮助循环，但有时启动不及时，也会导致炉管变形。

6.3.5.2 解决办法

（1）改变上升管、下降管路径使其走最佳路径，减少转向和路途。

（2）限制汽包一次补水量，并尽快实现自动补水。

（3）严格开炉、停炉操作，升温要缓慢。

任务实施

6.3.6 汽化冷却系统常见故障的原因、判断及处理方法

汽化冷却系统常见故障的原因、判断及处理方法见表 6-11。

表 6-11 汽化冷却系统常见故障的原因、判断及处理

故障	可能造成的事故	可能原因判断	处理方法
汽包水位迅速下降	汽包严重缺水	（1）给水自动调节失灵； （2）给水泵、给水管路，发生故障； （3）加热炉热负荷突然增加； （4）排污阀内漏，排污阀未关死或排污量大	（1）手动调节给水泵、阀门开度进行上水； （2）开大上水旁路阀，关小或关死连续排污、定期排污阀
汽包水位偏高	蒸汽管内可能产生水冲击使管道漏气	（1）给水自动调节失灵； （2）给水流量大蒸汽流量小	（1）通知班长进行相关处理，检验真实水位； （2）手动调节关小或暂时关闭上水阀； （3）开大排污调节上水降低液位

续表 6-11

故障	可能造成的事故	可能原因判断	处 理 方 法
汽包压力迅速上升	（1）安全阀起跳； （2）汽包严重超压	（1）蒸汽输出量突然大减； （2）仪表调节回路不正常，调节器开度变小； （3）压力表失灵	（1）降低汽化系统功率，降低炉膛温度； （2）检查外送蒸汽手阀是否被关闭； （3）检查汽包压力调节阀是否正常
汽包压力迅速下降	汽包水位高速度下降	（1）汽包、换热器破裂漏水； （2）水位高或输出蒸汽突然增加； （3）压力表故障； （4）加热炉热负荷突然降低	关小蒸汽外送调节阀
汽化管道泄漏	停炉	（1）焊口开裂； （2）法兰漏气； （3）取压点漏气	（1）管道泄漏，但流量未达到报警值时，请示生产技术室是否停炉处理； （2）管道泄漏，流量达到报警值，但补水能供上时，请示生产技术室是否停炉处理； （3）管道泄漏，流量达到报警值，且补水供不上时，启动紧急停炉程序，并上报领导

问题讨论

在运行中突然发现汽包水位计内看不见水位时，如何用"吊水"法判断是汽包满水还是缺水，是轻微缺水还是严重缺水？

综合训练

模块6
客观题

模块6
主观题

"四新"拓展——轧钢工业大气污染物排物标准

文本
轧钢工业大气污染物排放标准

项目实战——分析和处理加热事故

<table>
<tr><th>事 故 经 过</th><th>原　　因</th><th>预防措施</th></tr>
<tr><td>板坯出斜撞到炉门隔墙事故
1580 加热炉在出钢过程中，由于板坯头部下塌，出钢机出钢时撞在板坯上，导致板坯出斜，如图 6-1 所示。

图 6-1　事故图 1
事故发生之后，操作人员及时到现场处理，在调整板坯过程中，操作工为了尽快恢复板坯位置，在出钢臂没有下落到位时就进行操作，致使板坯撞在炉门前隔热箱上，如图 6-2 所示。

图 6-2　事故图 2
隔热箱被撞歪，卡在炉门下边，炉门无法关闭，同时后面板坯存在塌头，只能手动出钢，考虑温降问题，后续两块板坯除鳞回退，事故共造成 3 块板坯回退</td><td></td><td></td></tr>
<tr><td>中板加热炉掉坯事故
中板加热炉掉坯事故图如图 6-3 所示。

图 6-3　事故图 3</td><td></td><td></td></tr>
</table>

续表

事 故 经 过	原 因	预防措施
中板加热炉炉墙烧穿事故 中板加热炉炉墙烧穿事故图如图 6-4 所示。  图 6-4 事故图 4		
厚板加热炉煤气换热器着火事故 厚板加热炉煤气换热器着火事故图如图 6-5 所示。  图 6-5 事故图 5		
厚板加热炉钢坯掉道事故 厚板加热炉钢坯掉道事故图如图 6-6 所示。  图 6-6 事故图 6		

模块 7 改进节能环保措施

模块背景——发展绿色钢铁，共创低碳未来

党的二十大报告强调“推动绿色发展，促进人与自然和谐共生”，为钢铁行业指明“低碳转型”与“高质量发展”融合方向。作为生产关键环节，轧钢原料加热岗位的节能实践，既是落实“双碳”目标的核心抓手，也是创新驱动产业升级的缩影。

传统加热炉依赖化石燃料，碳排放强度高，轧钢原料加热工序能耗占钢铁生产总能耗的20%~30%，行业通过技术创新、绿色改造对全流程降碳意义重大。

（1）技术升级：采用蓄热式燃烧技术和智能温控系统，燃烧效率提升10%~15%，燃气消耗显著减少；

（2）余热循环：通过余热发电技术将高温烟气转化为电能，如伊犁钢铁项目年发电8500万度（相当于减排$CO_2$5.3万吨），吨钢能耗降低16 kg标煤；

（3）氢能突破：河钢全球首例120万吨氢冶金项目以氢气替代碳基燃料，碳排放减少70%，开辟绿色加热新路径。

在高质量发展框架下，轧钢低碳实践需统筹效率与环保：

（1）工艺革新：推行热送热装技术，利用连铸坯800 ℃以上余热直轧，缩短加热时间30%，吨钢节能15 kg标煤；

（2）智能管控：依托数字化模型实时优化加热曲线，减少过烧和能源浪费，提升成材率2%；

（3）标准引领：太钢主导制定《轧钢工序碳排放技术要求》，以规范化管理推动全行业能效提升。

落实党的二十大“协同推进降碳、减污、扩绿、增长”要求，钢铁行业需以轧钢加热为切入点，通过工艺革新、能源替代和标准升级实现生产洁净化、资源循环化。这一转型对岗位提出更高要求：

（1）技能转型：操作者从经验依赖转向数据驱动，掌握智能温控、碳排放监测等数字化技能；

（2）循环协同：深入参与余热回收、固废资源化等环节，推动能源“吃干榨净”；

（3）精细管理：对接ISO 50001体系，杜绝空炉待机、燃气泄漏等隐形损耗，实现“每一度电、每一方气”的效能跃升。

未来，唯有将技术创新与岗位实践深度融合，方能锻造绿色钢铁标杆。从氢能火焰到余热发电，从智能模型到微操降碳，钢铁行业正以创新为刃、人才为基，在钢花飞溅中淬炼低碳未来，为美丽中国注入工业强音。

任务 7.1　分解、量化加热炉经济技术指标

任务描述

微课
加热车间的技术经济指标

加热炉的生产率、热效率等经济技术指标是衡量加热炉加热能力的重要指标，是轧钢车间生产参数制定的重要参考标准，分解、量化加热炉经济技术指标便于实现加热炉的优质、高产、低消耗。

知识准备

7.1.1　加热炉的主要尺寸

连续加热炉的基本尺寸包括炉子的长度、宽度和高度。它们是根据炉子的生产能力、钢坯尺寸、加热时间和加热制度等确定的。加热炉的尺寸没有严格的计算方法与公式，一般是计算并参照经验数据来确定。

7.1.1.1　炉宽

炉宽根据钢坯长度确定：　单排料 $B = l + 2c$　（7-1）

双排料 $B = 2l + 3c$　（7-2）

式中　l——钢坯长度，m；

c——料排间及料排与炉墙间的空隙，m，一般取 $c = 0.15 \sim 0.30$ m。

7.1.1.2　炉长

炉子的长度分为全长和有效长度两个概念。有效长度是钢坯在炉膛内所占的长度，而全长还包括了从出钢口到端墙的一段距离。炉子有效长度是根据总加热能力计算出来，公式为：

$$L_{效} = \frac{Gb\tau}{ng} \tag{7-3}$$

式中　G——炉子的生产能力，kg/h；

b——每根钢坯的宽度，m；

τ——加热时间，h；

n——坯料的排数；

g——每根钢坯的重量，kg。

炉子全长等于有效长度加上出料口到端墙的距离 A，侧出料的炉子只要考虑能设置出料口即可，A 值为 1~3 m。

推钢式加热炉的长度受到推钢比的限制，所谓推钢比是指坯料推移长度与坯料厚度之比。推钢比太大会发生拱钢事故，如图 7-1 所示。此外，炉子太长，推钢的压力大，高温下容易发生粘连现象。因此，炉子的有效长度要根据允许推钢比来确定，一般原料条件时

方坯的允许推钢比可取200~250，板坯取250~300。如果超过这个比值，就采用双排料或两座炉子。但如果坯料平直，圆角不大，摆放整齐，炉底清理及时，推钢比也可以突破这个数值。因此，炉子有效长度确定后，还必须用炉子允许的最大推钢长度予以校核。炉子推钢长度等于有效长度加上炉尾至推钢机推头退到最后位置之间的距离。最大推钢长度与钢坯的厚度、外形、圆角、长度、平直度、推力大小、推钢速度及炉底状况等因素有关。目前，多采用允许推钢长度与钢坯最小厚度之比，即允许推钢比来确定或校核。

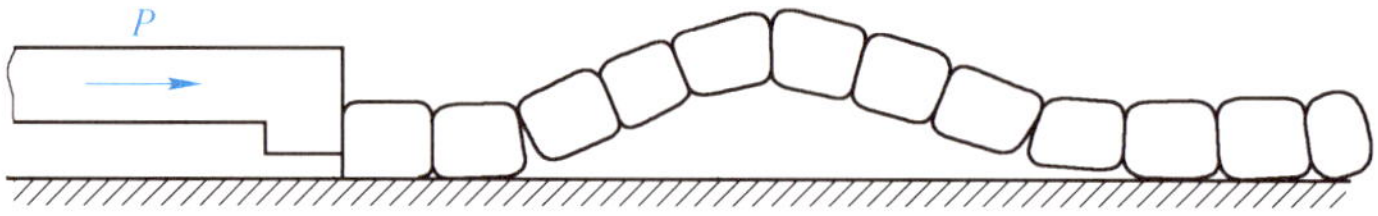

图7-1 拱钢事故

预热段、加热段和均热段各段长度的比例，可根据坯料加热计算中所得各段加热时间的比例，以及类似炉子的实际情况决定。

三段式连续加热炉各段长度的比例分配大致如下：

（1）预热段25%~40%$L_{效}$；

（2）加热段25%~40%$L_{效}$；

（3）均热段15%~25%$L_{效}$。

多点供热的炉子，其加热段较长，占整个有效长的50%~70%，预热段很短。

7.1.1.3 炉高

炉膛的高度各段差别很大，炉高现在不可能从理论上进行计算，各段的高度都是根据经验数据确定的。决定炉膛高度要考虑热工因素和结构因素两个因素。

7.1.2 加热炉的生产率

7.1.2.1 加热炉的生产率及其计算

加热炉的生产率是指炉子单位时间内的产量，一般用t/h来表示。目前大型加热炉生产率已高达300~400 t/h。当然也可以用日产量或班产量来表示炉子生产率。

若已知加热时间，生产率用G表示，则可按式（7-4）计算：

$$G=\frac{N}{\tau} \tag{7-4}$$

式中 G——炉子小时产量，t/h；

N——炉子容量，炉内容纳金属质量，t；

τ——加热时间，h。

为了确切地说明炉子工作的好坏，常采用单位生产率这一指标，即每平方米炉底布料面积（有效炉底面积）的小时产量，单位是kg/(m^2·h)。目前大型现代化加热炉的单位生产率已高达 700~800 $kg/(m^2 \cdot h)$，甚至更高。单位生产率用 P 表示。P 值又称为有效炉底强度。

可按式（7-5）计算：

$$P = \frac{G \times 1000}{F} \tag{7-5}$$

式中　P——有效炉底强度，$kg/(m^2 \cdot h)$；

G——炉子小时产量，t/h；

F——炉底布料面积，m^2。因 F 的值为有效炉底面积，对连续加热炉，F 可用式（7-6）计算：

$$F = nlL \tag{7-6}$$

式中　n——连续加热炉炉内坯料排数；

l——坯料长度，m；

L——炉子的有效长度，m。

7.1.2.2　影响加热炉生产率的因素

A　炉型结构的影响

炉子型式、大小，炉体各部分的构造、尺寸，炉子所用的材质，附属设备的构造等，都属于炉型结构方面的因素。炉型结构不仅应设计合理，而且要保证砌筑质量合格，以期延长炉子的使用寿命，缩短检修周期。

炉型结构对生产率的影响很大，提高生产率可从以下几方面考虑。

（1）采用新炉型。加热炉总的发展趋势是向大型化、多段化、机械化、自动化方向发展。例如轧钢加热炉，最初轧机能力很小，钢锭尺寸也很小，当时连续式加热炉很多是一段式或二段式的实底炉，到 20 世纪四五十年代主要是三段式两面加热的炉子。之后，出现了五段式、六段式甚至八段式的炉子。除此之外，二段式、三段式加热炉的炉型也有很多变化，例如，加热段配置了上下烧嘴和顺向、反向烧嘴，或在炉顶配制平焰烧嘴，沿炉子全长配置侧烧嘴等。炉子的单位生产率也由过去只有 300~400 $kg/(m^2 \cdot h)$，提高到今天超过1000 $kg/(m^2 \cdot h)$。每座炉子的小时产量可达 350×10^3 kg 以上。

炉子的机械化程度越来越高，轧钢车间由推钢式连续加热炉发展到各种步进式、辊底式、环形及链式加热炉等。一些异型坯过去在室状炉内加热，现在改在环形炉内加热，生产率有了很大提高。

炉子的自动化是目前的发展方向，由于实现热工自动调节，可以及时准确地反映炉内工况和有效地控制炉温、炉压等一系列热工参数，从而可以很好地实现所希望的炉温制度、炉压制度和气氛类别，提高炉子的产量和质量。电子计算机的使用，可以实行炉况的最佳控制。

（2）改造旧炉型。扩大炉膛，增加装入量。在炉基不变的情况下，可以通过对炉体的改造，扩大炉膛，增加装料量。

改进炉型和尺寸，使之更加合理。有的炉子炉型、尺寸采用通用设计，但具体条件出入很大，如燃料不同、发热量相差悬殊、坯料尺寸与设计出入较大等。有的炉子原来使用固体燃料，以后改烧重油，后来又改烧煤气。此外，有的炉膛过高，上下压差大，金属表面气体温度低；或炉顶太低，气层厚度薄，炉墙的中间作用降低。这些都不利于热交换。在炉子改建时，如能根据实践经验选择合理的尺寸，将能加快坯料的加热，从而提高炉子的生产率。

减少炉子的热损失。通过炉体传导的散热损失和冷却水带走的热通常占炉子热负荷的1/5~1/4，不仅造成热能的消耗，而且降低了炉子的温度，影响坯料的加热。减少这方面的损失，可以提高炉子产量。

加热炉炉底水管的绝热是节约能源，提高炉子生产率的一项重要措施。由于水管与坯料直接接触，冷却水带走的热一部分是有效热，使坯料温度受到影响，其次坯料与水管接触的地方产生水管黑印，坯料上下面会形成阴阳面，也需要延长均热时间，这些都对炉子的产量和加热质量有影响。现在大力推广耐火可塑料包扎炉底水管，仅这一项措施就可以提高炉子生产率15%~20%。

国内外也有使用无水冷滑轨加热炉，采用高级耐火制品或耐热金属作为滑轨材料。据报道，这一项目的采用可使加热能力增加30%左右。

B 燃烧条件和供热强度的影响

热负荷增大以后，炉子的温度水平提高，向金属传热的能力加强。这一点对负荷较低的炉子，效果比较显著，如果热负荷已经较高，继续提高热负荷，增产的效果并不明显。相反，供热强度过大，还会引起燃料的浪费，金属的烧损增加，炉体的损坏加速，因此，炉子必须有一个合理的热负荷。

连续式加热炉提高供热强度的重要措施是增加供热段数，扩大加热段、提高加热段炉温水平、缩短预热段，但这些措施往往会使废气出炉温度相应提高。

提高热负荷的一个重要先决条件是必须保证燃料的完全燃烧，如燃料在炉内有10%不能燃烧，炉子产量将降低15%~20%。

为了提高热负荷或改善燃烧条件，对燃烧装置的改进应给予充分重视。有的炉子生产率不高是由于烧嘴能力不足或者烧嘴结构不完善（如雾化质量太差、混合不良），需要加以改进或更新。炉子向大型化方向发展后，炉长、炉宽增加了，如何保证炉内温度均匀，这与炉子生产率和产品质量都有密切关系。为此出现了火焰长度可调烧嘴和平焰烧嘴，位置由端烧嘴发展到侧烧嘴、炉顶烧嘴，分散了供热点，改善了燃烧条件和传热条件，从而有效地提高了炉子生产率。

C 坯料入炉条件的影响

在加热条件一定的情况下，坯料越厚，所需要的加热时间越长，炉子单位生产率越低。

坯料厚度是客观现实条件。为了提高生产率应设法增加坯料的受热面积，连续加热炉上明显的例子是把一面加热的实底炉，改为具有下加热的炉子，这样在计算加热时间时，相当于坯料厚度减小了一半。除去炉底水管带走的热量，炉子生产率仍可提高

25%～40%。

坯料的入炉温度对炉子生产率也有重要的影响。入炉温度越高，加热所需要的热量越少，加热时间越短，炉子生产率越高（例如，轧钢厂已成功实现钢坯的热装热送，并借鉴保温罩原理在热送过程中进行全程保温）。此外，国外还研究利用炉子废气喷吹预热坯料，既可以回收热能，又可以提高加热炉的生产率。

D 工艺条件的影响

加热工艺也是影响炉子生产率的一个因素。如轧钢加热炉，在制定加热工艺时，要考虑到选择最合理的加热温度、加热速度和钢坯终了温度的均匀性。钢种、钢料断面尺寸常有变动、加热工艺要做相应的调整，如果加热温度定得太高，加热速度太快，断面温度差定得太严，都会影响炉子生产率。现在国内外注意到了降低出钢温度对节约能源、提高炉子生产率的作用，纷纷实行低温轧制工艺制度。

上述影响因素都可以看作是外部条件，是可以控制或改变的因素。都是为了改善炉膛热交换的条件，使金属在单位时间内得到更多的热量，缩短加热时间。

还有很多影响炉子生产率的因素，有些甚至还是起主导作用的。例如，车间其他设备能力和炉子生产能力之间的相互制约关系。对轧钢车间来说，轧机产量小于炉子产量则炉子实际生产率会受到轧机的限制。对于不同规格的产品，由于轧机产量的不同，炉子的产量也就不相同。此外，还有炉体寿命、维修质量、原料管理、生产调度、操作事故等因素的影响。要针对上述所列诸因素，抓住主要矛盾，进行综合考虑，为了提高炉子生产率，片面强调某一个方面都不会收到良好的效果。

7.1.3 炉子热平衡

钢铁企业是能源消耗大户，我国钢铁企业近年来的能耗量占全国总能耗的12%～13%，轧钢加热炉的能耗占轧钢生产总能耗的70%左右。通过热平衡计算，可以找出降低能耗的方法，是加热炉节能的重要技术手段。

热平衡是热力学第一定律在炉子热工上的应用。所谓热平衡，不单纯是炉子上的热量收支平衡，也可以是指整个企业各种能量之间的综合收支平衡，即能量供应与消耗、有效利用、能量损失之间的平衡。在平衡计算时，根据需要可以将各种能量按“等价热量”进行计算。这里的炉子热平衡，它表示一定时间内炉子系统、燃烧室、换热器等设备的热量收入与支出情况。

7.1.3.1 编制热平衡的目的

编制热平衡的目的在于以下几种情况。

（1）通过现场测试，编制热平衡表，见表7-1。分析炉子的热工作，判断热量利用合理与否，提出提高炉子热效率的途径。

（2）在设计炉子时，通过热平衡计算确定炉子的燃料消耗量，有时也可以通过热平衡计算确定炉子的工件加热温度。

表 7-1 热平衡表

热收入项			热支出项		
项目名称	热量 /kJ·h^{-1}	占比/%	项目名称	热量 /kJ·h^{-1}	占比/%
燃料燃烧的化学热	Q_1	70~100	金属加热所需的热量	Q'_1	10~50
燃料带入的物理热	Q_2	0~15	出炉废气带走的热损失	Q'_2	30~80
空气带入的物理热	Q_3	0~25	燃料化学不完全燃烧损失	Q'_3	0.5~3
钢坯氧化的化学热	Q_4	1~5	燃料机械不完全燃烧损失	Q'_4	0.2~5
			炉体的散热损失	Q'_5	2~10
			冷却水热损失	Q'_6	0~15
			经开启炉门或窥视孔等的辐射热损失	Q'_7	0~4
			经开启炉门或孔、缝等的逸气热损失	Q'_8	0~5
			其他热损失	Q'_9	0~10
总　计	$\Sigma Q_{收入}$	100	总　计	$\Sigma Q_{支出}$	100

7.1.3.2 炉子热平衡计算

设计新炉子时，通过炉子热平衡计算，可以确定炉子的燃料消耗量，进而确定燃烧装置的供热能力。根据评价设备及热平衡编制目的的不同，可以有不同形式的热平衡。例如，可以是单位时间内炉子的热平衡，适用于连续式加热炉；也可按一个工作周期建立热平衡，适用于间歇操作的炉子，还可以是对热工设备的某一个局部区域做热平衡以深入研究该区域内的热量收支分配情况。总之，热平衡是研究炉子热工特点的一个基本技术手段。

在编制炉子热平衡时，必须注意如下几个问题：

（1）在编制热平衡时，必须首先划定热平衡的区域。进入这一区域的热量为热收入，离开这一区域的热量为热支出。

（2）热平衡中热量的表示方法因炉型而异，对于连续式工作的炉子，通常以单位时间（h）为基准计算热平衡，其中热量的单位是 kJ/h。

（3）计算热量的起始温度，采用 0 ℃较为方便，各项物理热均由此计算起。

（4）物料平衡是热平衡的前提。为了做出热平衡，必须首先有物料平衡。

如前所述，一座炉子由几个主要部分组成，因而可以编制全炉的热平衡，也可以编制某一区域的热平衡，如炉膛热平衡、预热装置热平衡。必要时还可以划分更小的区域，如沿炉长方向将炉膛分为几个区域，分别编制热平衡。这里重点讨论轧钢加热炉炉膛的热平衡，它是炉子各区域热平衡中核心的一环。

以下分别介绍热平衡各项的计算（基准温度为 0 ℃，热量的单位为 kJ/h）。

A 热收入项计算

（1）燃料燃烧的化学热。这项热量是炉子的工艺热源，是热收入的主要部分。

$$Q_1 = BQ_{低} \tag{7-7}$$

式中 B——燃料消耗量，kg/h 或 m^3/h；

$Q_{低}$——燃料的低发热量，kJ/kg 或 kJ/m^3。

（2）燃料带入的物理热。在使用煤气时，为利用废热或提高燃料的燃烧温度，经常也将煤气预热。

$$Q_2 = Bc_{燃}t_{燃} \tag{7-8}$$

式中 $c_{燃}$——燃料的平均比热容，kJ/(kg·℃) 或 $kJ/(m^3·℃)$；

$t_{燃}$——燃料的入炉温度,℃。

（3）空气带入的物理热。采用预热器来预热助燃空气，它所带入的热量在热收入项中，它的大小主要取决于空气的预热温度。

$$Q_3 = BnL_0c_{空}t_{空} \tag{7-9}$$

式中 $c_{空}$，$t_{空}$——助燃空气的平均比热容 $kJ/(m^3·℃)$ 和入炉温度（℃）；

n——燃烧时的空气过剩系数；

L_0——燃料所需的理论空气量，m^3/m^3 或 m^3/kg。

（4）钢坯氧化的化学热。钢在高温火焰炉中加热时，要产生氧化烧损。其烧损率一般为 1%~3%，每 1 kg 钢氧化反应放出的热量大约为 5652 kJ。

$$Q_4 = 5652Ga \tag{7-10}$$

式中 G——炉子产量，kg/h；

a——钢的氧化烧损，kg/kg，计算时可取 0.01~0.03 kg/kg。

B 热支出项计算

（1）金属加热所需的热量。这项热量是材料进行各种热加工所必需的热量，是加热工艺的目的。

$$Q'_1 = G(c_2t_2 - c_1t_1) \tag{7-11}$$

式中 t_1，t_2——金属入炉和出炉时的温度,℃；

c_1，c_2——金属入炉和出炉时的平均比热容，kJ/(kg·℃)。

（2）出炉废气带走的热损失。废气带走的热损失，在热平衡的支出项中，通常为最大的热损失，其所占的比例随炉型而异。一般连续式炉为 25%~30%。影响这项热损失大小的主要因素是出炉废气温度和废气量。

$$Q'_2 = BV_{废}c_{废}t_{废} \tag{7-12}$$

式中 $V_{废}$——单位燃料燃烧时产生的废气量，m^3/m^3 或 m^3/kg；

$t_{废}$——出炉废气温度,℃；

$c_{废}$——出炉废气的平均比热容，$kJ/(m^3·℃)$。

（3）燃料化学不完全燃烧损失。当燃料燃烧时，由于空气量供给不足或燃烧装置的混合性能不好，都会造成燃料的化学不完全燃烧。在废气中含有可燃物质，其中主要是一氧化碳和氢气。一般可以认为废气中每含 1%的一氧化碳就会同时存在有 0.5%的氢气，这样混合气体中一标准立方米一氧化碳折算的发热量为 18042 kJ，因此这项热损失可按式（7-13）

计算：

$$Q'_3 = 18042BV_{n,\mathrm{CO}}/100 \tag{7-13}$$

式中 $V_{n,\mathrm{CO}}$——100 m^3 废气中一氧化碳的体积，m^3。

这项热损失的大小取决于燃料的完全燃烧程度，根据计算，废气中每含有1%的CO，就有2%~5%的燃料损失。

（4）燃料机械不完全燃烧损失。这项热损失通常是指烧固体燃料时漏下炉箅或被吹走的煤末，或是指烧液体和气体燃料时经管道不严密处漏损的燃料，也可以指废气中炭黑形成的损失。可按式（7-14）计算：

$$Q'_4 = KBQ_{低} \tag{7-14}$$

式中 K——燃料机械不完全燃烧百分数。对于固体燃料 K 为3%~10%；气体燃料 K 为0.5%~1%；液体燃料 K 不超过1%。

（5）炉体的散热损失。在连续式加热炉上，热量通过炉墙、炉顶和炉底向外散失热量。其散热量的大小，主要取决于炉子的工作温度和构成砌体材质的性质和厚度。

$$Q'_5 = \frac{3.6 \times (t_1 - t_2)}{\dfrac{S_1}{\lambda_1} + \dfrac{S_2}{\lambda_2} + \cdots + 0.06}F \tag{7-15}$$

式中 t_1——炉子内表面温度，℃；

t_2——炉子周围空气温度，℃；

S_1，S_2——各层耐火材料和绝热材料的厚度，m；

λ_1，λ_2——各层耐火材料和绝热材料的热导率，W/(m·℃)；

0.06——炉壁外表面与周围空气之间的热阻；

F——炉壁的散热面积，m。

由于炉体各部分砌体厚度不同，温度不同，所以炉体各部分的散热损失要分别计算，然后把它们加起来，才能求得整个炉体的散热损失。

（6）冷却水热损失。在连续式加热炉内，水冷滑轨及其他水冷部件将带走大量的热，占热平衡支出项的10%~30%。

$$Q'_6 = G_{水}(i' - i) \tag{7-16}$$

式中 $G_{水}$——冷却水消耗量（如为汽化冷却时，即产生的蒸汽量或补给水量与排污水量之差），kg/h；

i，i'——冷却水入口和出口的焓，kJ/kg，如为汽化冷却时，即为进水时水的焓量与生成的蒸汽的焓。

（7）经开启炉门或窥视孔等的辐射热损失。当炉门或窥孔打开时，由炉内向外辐射造成热损失。炉温越高、开启时间越长，热损失就越大，其数值可按式（7-17）计算：

$$Q'_7 = 20.4\left(\frac{T_{炉}}{100}\right)^4 \varphi F\psi \tag{7-17}$$

式中 $T_{炉}$——炉门或窥孔处炉气温度，K；

F——开启炉门或窥孔的面积，m^2；

φ——综合角度系数，一般对大炉门 $\varphi=0.7\sim0.8$，小炉门 $\varphi=0.2\sim0.5$；

ψ——炉门或窥孔的开启时间，h。

（8）经开启炉门或孔、缝等的逸气热损失。当炉内压力大于大气压（炉子正压操作）时，炉气就要通过开启炉门或孔、缝等处向炉外逸出，而造成热损失。炉压越大，逸出热气体越多，热损失也越大。在现场测定时，可根据所测得的逸出气体的量和温度，按式（7-18）计算：

$$Q'_8 = V_0 c_{炉气} t_{炉气} \tag{7-18}$$

式中　V_0——在标准状态下，从炉内逸出的气体量，m^3/h；

$c_{炉气}$——炉气的平均比热容，$kJ/(m^3\cdot℃)$；

$t_{炉气}$——炉气的温度，℃。

（9）其他热损失。此项包括炉子蓄热的热损失，炉体不严密而带来的热损失，氧化铁皮带走的热量，加热炉各种支架、链带、炉辊等的热损失等。这些项目有的可以计算，如间歇式炉蓄热损失、稳定态下炉底的热损失等，有的则很难计算，只能做大致估算。

C　求燃料消耗量 B

炉子的热平衡式为：

$$Q_1 + Q_2 + \cdots + Q_5 = Q'_1 + Q'_2 + \cdots + Q'_9 \tag{7-19}$$

在炉子热平衡方程式（7-16）中，只有一个未知数，即燃料消耗量 B，故解此方程即得燃料消耗量。

D　编制热平衡表

为了便于对热平衡收、支各项进行比较，一般是把热平衡结果列成表格的形式，并表示热收入和热支出各项在总热量中所占的百分数。有了热平衡表对炉子热量利用情况就可以一目了然。

在实际的炉子上，测出热平衡的所有项目，往往是很困难的，一般测定一些主要项目，对分析研究问题也就够了。热平衡表的格式见表 7-1。

7.1.4　加热炉的燃耗及热效率

由于能源紧缺，节能的重要性与日俱增。而能体现节能的重要指标如热效率、燃耗等指标已越来越得到人们的广泛关注。

7.1.4.1　加热炉的单耗

A　定义

加热炉的单耗一般用生产单位质量（每 1 t）的坯料或工件所消耗的燃料量来表示，又称为单位燃耗。使用气体燃料时一般用“m^3（煤气）/t 坯料”表示，使用固体或液体燃料时用“kg（燃料）/t 坯料”表示。鉴于各种燃料发热量不同，用上述表示方法不便于比较，因此也可以将不同燃料的燃耗都折合成“标准燃料（标准煤）”消耗量，即用“kgce/t 坯料”表示。

单位实物燃耗 b：

$$b = \frac{B}{G} \tag{7-20}$$

式中 b——单位燃耗，kg/t 或 m^3/t；

B——燃料消耗量，kg/h 或 m^3/h；

G——炉子小时产量，t/h。

单位热耗 R：

$$R = \frac{BQ_{低}}{G} \tag{7-21}$$

式中 R——单位热耗，kJ/t。

单位标准燃耗 b'：

$$b' = \frac{BQ_{低}}{G \times 29302} \tag{7-22}$$

式中 b'——单位标准燃耗，kgce/t；

$Q_{低}$——燃料低发热量。

每 1 kg 标准燃料（标准煤）发热量规定为 29302 kJ/kg（7000 kcal/kg）。因此，单位标准燃耗很容易换算为“单位热耗”，即生产 1 t 坯料消耗的燃料所发出的热量（kJ/t）。

在现场实际生产中，统计燃耗的方法有两种：一种是按炉子正常生产时每小时平均，即小时平均燃料消耗量除以小时产量；另一种是按每月、每季度或每年平均，也就是以一时期内燃料的总消耗量除以合格产品的产量。显然前一种统计方法可以说明炉子热工作状况的好坏，也是应该关心的指标，而后一种统计方法除了和炉子热工作状况好坏有关外，还和作业率、停炉次数、产品合格率、燃料漏损等因素有关。

B 加热炉的可比单耗

由于炉子所用燃料不同，加热坯料的品种不同，因而炉子单耗不具有可比性，为了取得可比性，采用炉子可比单耗，其计算公式如下：

$$炉子可比单耗 = \frac{炉子单耗}{燃料换算系数 \times [1 + 合金比 \times (特殊钢消耗系数 - 1)]} \tag{7-23}$$

燃料换算系数。不同燃料的换算系数见表 7-2，炉子等级表见表 7-3。

表 7-2 不同燃料的换算系数

燃料种类	换算系数	燃料种类	换算系数
重油、焦油、天然气、焦炉煤气	1.0	发热量 5024 kJ/m³（1200 kcal/m³）的混合煤气	1.30
煤	1~1.5	发生炉煤气	1.20
发热量 8374~9211 kJ/m³（2000~2200 kcal/m³）的混合煤气	1.1	高炉煤气	1.50

续表 7-2

燃料种类	换算系数	燃料种类	换算系数
发热量 6699~7537 kJ/m^3（1600~1800 kcal/m^3）的混合煤气	1.15		

注：1. 综合燃料换算系数 = $\sum_{n=1}^{i} i$ 种燃料百分比×i 种燃料换算系数；

2. 特殊钢消耗系数一般取 1.5。

表 7-3 轧钢加热炉可比单耗等级表 （10^6 kJ/t）

炉子等级	大型>700		中小型			线材	中厚板	无缝		薄板
	开坯	成材	开坯	中型材	小型材		连轧	环形炉	斜底炉	一次成材
特级	<1.716（<0.41）	<1.800（<0.43）	<1.507（<0.36）	<1.591（<0.38）	<1.381（<0.33）	<1.339（<0.32）	<2.093（<0.50）	<2.093（<0.50）	<2.260（<0.54）	待定
一等	<2.177（<0.52）	<2.260（<0.54）	<1.967（<0.47）	<2.051（<0.49）	<1.758（<0.42）	<1.591（<0.38）	<2.721（<0.65）	<2.595（<0.62）	<2.265（<0.78）	<2.512（<0.6）
二等	<2.763（<0.66）	<2.930（<0.70）	<2.295（<0.62）	<2.721（<0.65）	<2.428（<0.58）	<2.219（<0.53）	<3.558（<0.85）	<3.642（<0.87）	<3.935（<0.94）	<3.558（<0.85）
三等	<3.182（<0.76）	<3.349（<0.80）	<2.972（<0.71）	<3.140（<0.75）	<2.930（<0.70）	<2.637（<0.63）	<4.396（<1.05）	<4.815（<1.15）	<5.652（<1.35）	<4.605（<1.1）
等外	>3.182（>0.76）	>3.349（>0.80）	>2.972（>0.71）	>3.140（>0.75）	>2.930（>0.70）	>2.637（>0.63）	>4.396（>1.05）	>4.815（>1.05）	>5.652（>1.35	>4.605（>1.1）

注：表中括号内数字的单位为 10^6 kcal/t。

7.1.4.2 加热炉的热效率

由热平衡表可以看出，在热量收入方面，通常只有燃料燃烧的化学热才是炉子真正的外供热源。预热空气和预热燃料的物理热实际上是出炉废气所带走的热量反馈回来的一部分，金属氧化的化学热与总热量相比很小，一般可以忽略不计。在热量支出方面，只有用于加热金属才算是有效热，而其余各项除了通过预热空气和燃料的部分烟气物理热外，都是损失的热量。因此，炉子热能利用情况的好坏主要取决于用于加热金属的有效热和燃料燃烧的化学热这两项的比值，这个比值的大小，在炉子热工计算中称为炉子热效率，用符号 η 表示。

$$\eta = \frac{\text{金属加热所需的热}Q_1'}{\text{燃料燃烧的化学热}Q_1} \times 100\% \tag{7-24}$$

炉子的热效率越大，说明热能的利用越好。一般连续式加热炉的热效率为 30%~50%。因此，热效率也是评价炉子热工作状况的指标之一。

各种炉子热效率波动很大，一般波动在如下范围：

（1）均热炉为 30%~40%；

（2）连续加热炉为 30%~60%；

（3）室状锻造炉为 10%~15%；

（4）高炉为60%～80%；

（5）热处理炉为5%～20%。

图7-2绘出了加热炉的热负荷、燃料消耗量B（曲线1）、热效率η（曲线2）、单位热耗b（曲线3）与炉子单位生产率P之间的关系。可以看出热负荷随生产率的变化是一条单调上升的曲线；热效率则随P的提高起初上升，升到某一数值后又下降；单位热耗与热效率相反，先随P的提高而下降，降到某一最低点后又随P的提高而上升。按照这个规律从节能的观点出发，炉子在单位热耗最低处，即热效率最大值处所对应的热负荷上工作时，炉子最节省燃料，这个热负荷称合理热负荷。由此可知炉子合理热负荷应是热耗最低点处对应的生产率所要求的热负荷。

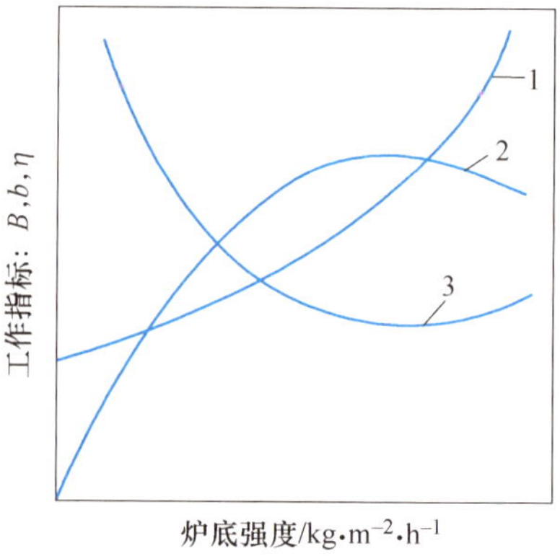

图7-2 加热炉的热工指标

1—燃料消耗量（B）；2—热效率（η）；3—单位热耗（b）

显然，正确运用该曲线所描述的规律，通过合理的生产调度管理，可以收到节约能源的效果。

7.1.5 提高炉子热效率降低燃耗的途径

分析炉子热平衡是了解炉子热工作状况好坏的重要方法，通过分析，可以发现影响燃耗的主要因素，抓住主要矛盾，采取节约燃料的相应措施。对于大多数炉子，可从以下几个方面考虑。

（1）要使燃料在炉膛内完全燃烧，需要有合理的燃烧器结构和合理的燃烧制度等。

（2）减少烟气带走的物理热并将此热量充分地利用。如在保证产量和加热质量情况下，采取尽可能降低出炉烟气温度，控制好炉膛压力防止冷空气吸入炉内等措施；还可以利用烟气中余热，安装换热器来预热空气或煤气，安装余热锅炉产出蒸汽。

（3）减少炉膛内各项热损失。将炉内水管进行绝热包扎，改善炉衬绝热条件以减少热损失。采用无水冷滑轨可以完全杜绝水冷热损失，采用汽化冷却也可以利用一部分热量来产出蒸汽。采用新型高效节能型筑炉材料，可以减少炉墙蓄热并减少通过炉墙向外散失热量造成的热损失。

（4）尽可能强化向金属的传热过程，缩短加热时间，减少非作业时间，提高炉子生产率。这些措施在一定范围内可以降低燃耗指标，由于炉子产量的提高，对于单位产品燃耗来说相对降低了。由于提高了作业时间而降低燃耗的收效可能更大，提高炉子生产率和降低燃耗关系（见图7-2），但当炉子热负荷超过最佳热负荷后会造成不完全燃烧等热损失量增加，这时虽然炉子生产率仍能提高，但单位燃耗指标将会增加。

（5）提高入炉坯料温度可以使燃耗指标降低。这对于有条件进行热装的炉子来说是行之有效的方法。

（6）减少燃料漏损，提高产品合格率。加强管理，改进操作必须引起足够的重视。

（7）根据生产线的情况，合理地调节炉内的温度。特别是遇到长时间停机时，要减小供热负荷，不但节约燃料，而且减少烧损。

综上所述，对任何措施都要一分为二看待，从降低燃耗看有利，从其他方面看也可能出现不利影响，这里面有技术问题，也有管理和操作方面的问题。

任务实施

7.1.6 确定炉子的等级

例 7-1 某厂小型加热炉采用重油与发生炉煤气为燃料，重油发热量为 40195 kJ/kg，煤气发热量为 5736 kJ/m³，被加热钢料的合金比为 0.3。根据某月份统计，每 1 t 钢消耗重油 40 kg、煤气 150 m³，试计算可比能耗。

解 （1）炉子单耗。

$$40195 \times 40 + 5736 \times 150 = 2.47 \times 10^6 \ (\text{kJ/t})$$

（2）燃料百分比。

油：

$$\frac{40195 \times 40}{2.47 \times 10^6} = 65.18\%$$

煤气：

$$\frac{5736 \times 150}{2.47 \times 10^6} = 34.82\%$$

（3）合金比已知等于 0.3。

（4）特殊钢燃耗系数取 1.5。

（5）综合燃耗系数。

$$\text{综合燃耗系数} = 0.6518 \times 1.0 + 0.3482 \times 1.2 = 1.069$$

（6）炉子可比单耗。

$$\text{炉子可比单耗} = \frac{2.47 \times 10^6}{1.069 \times [1 + 0.3(1.5 - 1)]} = 2.009 \times 10^6 \ (\text{kJ/t})$$

根据加热炉可比单耗，确定炉子的等级，按表 7-3 中数据，该炉达到二等炉。

问题讨论

如何达到优质、高产、低消耗？

任务 7.2 制定节能措施

任务描述

加热炉是轧钢厂的主要耗能设备之一，其能耗占轧钢工序能耗的 60%～70%，能耗水平直接影响轧钢生产成本，因此降低加热炉能耗是轧钢节能的主要方向和目标。要想达到节能降耗的目的，必须熟知传热知识，并科学控制传热过程，减少热量损失，提高热量利用率。

热量由高温向低温部位传递的过程称为传热。传热是自然界中的一个很普遍的自然现象。如将冷的金属放在高温的炉子内，金属的温度便会逐渐上升并接近炉子温度。

传热是一种复杂的物理现象。为便于研究，通常按物理本质的不同，将其分为三种基本的传热形式，即传导、对流和辐射。工程上研究传热的目的主要是解决两类问题：一是力求增强传热过程，如换热设备中的热量交换，加热炉内炉气与物料之间的热量交换等；二是力求减弱传热过程，如对炉子采取各种保温措施，力求减少各种热量散失，提高炉子的热效率等。利用传热知识，制定节能措施。

知识准备

7.2.1 稳定态导热

温度不同的物体直接接触时，或物体内部温度不同的相邻部分之间，热量由高温侧向低温侧传递的现象，称为传导传热，简称导热。

微课
稳定态导热

导热作用是物体内部两相邻质点（如分子、原子、离子）通过热振动，将热量依次传递给低温部分。传导传热在固体、液体和气体中都可以发生，但主要发生在固体中。例如，炉壁内的传热、坯料由表及里的传热、金属热端向冷端的传热等，都是传导传热的例子。

稳定态导热是指导热系统内各部分的温度不随时间发生变化，或者说同一时间内传入物体的热量与该物体传出的热量是相等的。如果传入的热量多于传出的热量，则该物体的热含量必有增加，温度将随之升高；反之，则将出现温度降低。这都属于“非稳定态传热”的范围。各种热力设备在持续不变的工况下运行时的热传递过程属稳定态传热过程；而在启动、停机、工况改变时的传热过程则属非稳定态传热过程。

7.2.1.1 传导传热基本公式

物体内温度相同的所有点连成的面积称为等温面。如图 7-3 所示，设两等温面间距离为 dx，温差为 dt，则传导的热量 Q(W)，应与温度差及传热面积成正比，而与距离成反比。

$$Q = -\lambda \frac{\mathrm{d}t}{\mathrm{d}x}F \tag{7-25}$$

式中 Q——单位时间内传导传热传递的热量大小，W；

λ——热导率，W/(m·℃)；

$\frac{\mathrm{d}t}{\mathrm{d}x}$——传热方向上的温度梯度，℃/m；

F——传热面积，m^2。

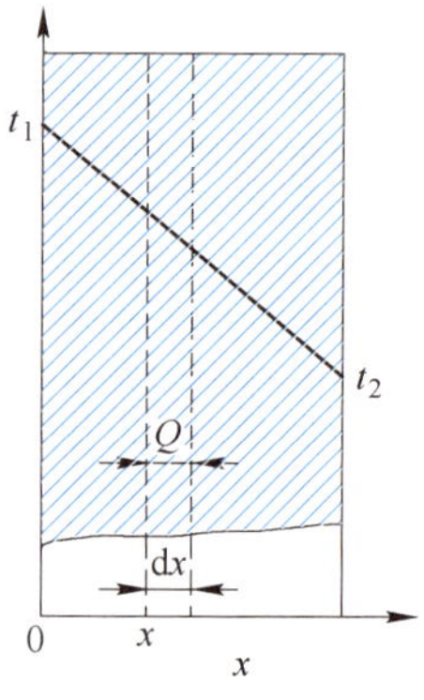

图 7-3 物体导热

式（7-25）称为傅里叶定律，是传导传热的基本定律。

7.2.1.2　热导率

物体导热能力的大小用热导率 λ 来表示，其物理意义是当传热物体厚度为 1 m、表面温差为 1 ℃、传热面积为 1 m^2 时，在单位时间内传递的热量大小。

各种材料的热导率都由实验测定。气体、液体和固体三者比较来看，气体的热导率最小，仅为 0.0058 W/(m·℃)，而且随着温度的升高，气体的热导率也随之增大；液体的热导率为 0.093~0.698 W/(m·℃)，温度升高时，有的液体的热导率减小，有的热导率增大；固体的热导率比较大，其中以金属的热导率最大，为 2.326~418.68 W/(m·℃)。纯银的热导率最高（λ_0 = 419 W/(m·℃)），铜（λ_0 = 395 W/(m·℃)）、金（λ_0 = 302 W/(m·℃)）、铝（λ_0 = 209 W/(m·℃)）等都是热的良导体，一般有色金属的热导率较钢铁材料的热导率高。铁的热导率约为52.34 W/(m·℃)。

由于气体的热导率比较小，因此在工业生产中常用增加物体孔隙度的办法来减小物体的热导率。例如，将各种建筑材料制成多孔结构，则可制成热导率低得多的隔热材料。一般来说，孔隙率越大导热性越差。

钢铁据其化学成分、热处理和组织状态的不同，其热导率有很大差别。例如，经过轧制的钢，其导热性要比铸造的好；经退火的钢要比未经退火的钢导热性好，碳素钢的导热性要比合金钢好。而且碳素钢的导热性随其含碳量的不同而变化，一般含碳量越高，其导热性越差，合金钢的导热性也是随其合金元素含量的多少而变化的，合金元素与碳的作用一样，通常都是促使钢的导热性降低，因此高合金钢的导热性更差。

对于同一种物质来说，随着温度的变化其热导率也发生变化。对大多数物质而言，其热导率随其温度呈线性变化，即：

$$\lambda_t = \lambda_0 + bt \tag{7-26}$$

式中　λ_t，λ_0——物质在 t ℃和 0 ℃时的热导率，W/(m·℃)；

b——热导率的温度系数，视不同材料由实验确定，W/(m·$℃^2$)。

附表 9 为一些物质的热导率，下面介绍几种常见材料的热导率。

A　金属的热导率

生铁的热导率见表 7-4。

表 7-4　生铁的热导率

温度/℃	0	100	200	300	400	500	600
λ/[W·(m·℃)$^{-1}$]	50	49	35	40	56	78	95

碳素钢（w(C)<1.5%；w(Mn)<0.5%；w(Si)<0.5%）在常温下的热导率 λ_0。可用式（7-27）计算：

$$\lambda_0 = 69.8 - 10w(\mathrm{C}) - 16.7w(\mathrm{Mn}) - 33.7w(\mathrm{Si}) \tag{7-27}$$

式中　w(C)——钢中含碳量,%；

w(Mn)——钢中含锰量,%；

w(Si)——钢中含硅量,%。

碳素钢的热导率一般随其温度升高而降低，变化关系见式（7-26）。其实验常数 b 可由表 7-5 查得。

表 7-5 碳素钢实验常数 b 的数值

钢号	纯铁	10 号钢	20 号钢	45 号钢
$b/[W\cdot(m\cdot℃)^{-1}]$	-0.017	-0.020	-0.017	-0.013

B 耐火材料的热导率

常用耐火材料在常温下的热导率和热导率的温度系数见表 7-6。

不同温度下耐火材料的热导率仍可用式（7-26）计算，式中 λ_0 和 b 的值可查表 7-6。

表 7-6 耐火材料的 λ_0 和 b 值

种类	$\lambda_0/[W\cdot(m\cdot℃)^{-1}]$	$b/[W\cdot(m\cdot℃)^{-1}]$
黏土砖	0.7	0.00064
高铝砖	1.52	-0.00019
硅砖	1.05	0.0009
镁砖	4.3	-0.00051
铬镁砖	1.98	0
碳砖	23.26	0.035
轻质黏土砖	0.29	0.00026
硅藻土砖	0.072	0.000206
蛭石砖	0.09	0.00036
红砖	0.47	0.00051
石棉	0.157	0.00019
矿渣棉	0.052	0

C 液体的热导率

常用液体的热导率见表 7-7。

表 7-7 常用液体的热导率

名称	温度/℃	$\lambda/[W\cdot(m\cdot℃)^{-1}]$
水	0	0.551
	20	0.599
	50	0.648
	100	0.863
	150	0.864
	200	0.663
	250	0.618
	300	0.540

续表 7-7

名称		温度/℃	λ/[W·(m·℃)$^{-1}$]
重油		32	0.119
		100	0.111
焦油	重	30	0.175
	轻	30	0.116
煤油		0	0.121
		200	0.90

D 气体的热导率

常用气体的热导率见表 7-8。

表 7-8 常用气体的热导率（$\lambda\times10^2$） [W/(m·℃)]

温度/℃	0	100	200	300	400	500	600	700	800	900	1000	1100	1200
空气	2.49	3.19	3.83	4.45	5.06	5.63	6.19	6.72	7.23	7.72	8.20	8.64	9.08
氧气	2.51	3.26	4.00	4.72	5.43	6.09	6.71	7.30	7.87	8.37	8.89	9.37	9.84
烟气	2.28	3.09	3.97	4.84	5.77	6.64	7.49	8.29	9.00	9.80	10.49	11.29	12.22
蒸汽	—	2.42	4.32	7.01									

7.2.1.3 平壁导热

一般工业炉的炉墙，很多都是平壁。壁内导热问题应用很广。为使问题简化，忽略了壁周边的影响，而认为壁内温度沿平面均匀分布，且各等温面皆与表面平行。就是说，温度只沿壁的法线方向变化，平壁导热如图 7-4 所示。

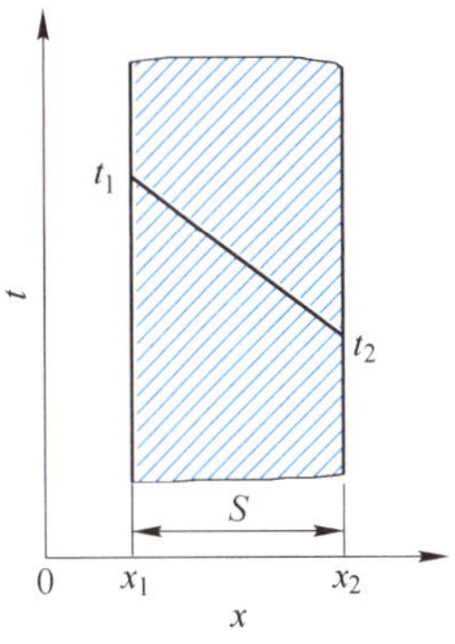

图 7-4 平壁导热

A 单层平壁

设壁两侧温度分别为 t_1、t_2，壁厚为 S。按稳定热态下傅里叶单向导热方程［见式(7-25)］，分离变量后，写成：

$$Q\frac{\mathrm{d}x}{F}=-\lambda\mathrm{d}t$$

两边积分： $$\int_{x_1}^{x_2}Q\frac{\mathrm{d}x}{F}=\int_{t_1}^{t_2}-\lambda\mathrm{d}t$$

考虑到平壁稳定导热时，Q 及 F 皆为常数，故上式左边先进行积分：

$$\frac{Q}{F}(x_2-x_1)=\int_{t_1}^{t_2}-\lambda\mathrm{d}t$$

将关系式（7-26）代入，并以（t_2-t_1）同时乘以上式的右边，将负号并入（t_2-t_1）中，则上式改写成：

$$\frac{Q}{F}(x_2-x_1)=(t_1-t_2)\frac{\int_{t_1}^{t_2}(\lambda_0+bt)\mathrm{d}t}{t_2-t_1}$$

λ_0及 b 皆为常数，故上式右边可积分，并整理为：

$$\frac{Q}{F}(x_2 - x_1) = (t_1 - t_2)\left[\lambda_0 + b\left(\frac{t_1 + t_2}{2}\right)\right]$$

式中　$x_2 - x_1$——壁的厚度 S；

$\lambda_0 + b\left(\frac{t_1 + t_2}{2}\right)$——$t_1$ 和 t_2 之间的平均热导率 $\lambda_{均}$。

故上式可写成：

$$\frac{Q}{F}S = (t_1 - t_2)\lambda_{均}$$

或

$$Q = \frac{\lambda_{均}}{S}(t_1 - t_2)F$$

公式也可写为：

$$Q = \frac{t_1 - t_2}{\dfrac{S}{\lambda_{均}F}} \tag{7-28}$$

可见，平壁稳定导热时的“热压”即为壁两侧的温度差。而“热阻”为：

$$R = \frac{S}{\lambda_{均}F}$$

即热阻与壁厚成正比，而与平均热导率及传热面积成反比。

例 7-2　试求通过某加热炉炉壁的单位面积向外的散热量。已知炉壁为黏土砖 $\lambda_1 = 0.7 + 0.00064t_{均}$，厚 360 mm，壁内外表面温度各为 800 ℃及 50 ℃。若换用轻质黏土砖做炉壁，$\lambda_2 = 0.29 + 0.00026t_{均}$，其他条件不变，问减少热损失多少？

解　（1）对黏土砖：

$$\lambda_{均} = 0.7 + 0.00064 \times \left(\frac{800 + 50}{2}\right) = 0.972(\text{W}/(\text{m}\cdot℃))$$

代入式（7-28）得：

$$Q_1 = \frac{800 - 50}{\dfrac{0.36}{0.972 \times 1}} = 2025\ (\text{W}/\text{m}^2)$$

（2）对轻质黏土砖：

$$\lambda_{均} = 0.29 + 0.00026 \times \left(\frac{800 + 50}{2}\right) = 0.401(\text{W}/(\text{m}\cdot℃))$$

$$Q_2 = \frac{800 - 50}{\dfrac{0.36}{0.401 \times 1}} = 835\ (\text{W}/\text{m}^2)$$

$$\frac{Q_1 - Q_2}{Q_1} \times 100\% = \frac{2025 - 835}{2025} \times 100\% = 59\%$$

用轻质黏土砖代替普通黏土砖后，减少热损失约 59%。

B 多层平壁

实际炉壁多数是由两层或多层材料构成。各层材料的热导率不同，现以两层平壁为例。

已知壁内外两侧温度为 t_1、t_3，各层厚度为 S_1 及 S_2，热导率分别为 λ_1、λ_2。为使问题简化，假定两层壁为紧密接触，且接触面两边温度相同，并假设为 t_2，多层平壁导热如图 7-5 所示。

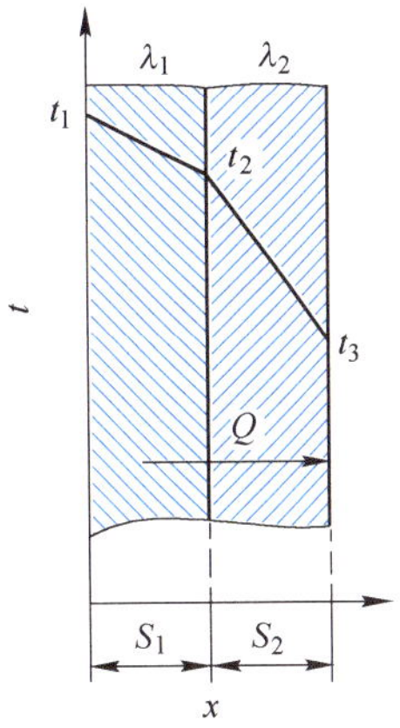

图 7-5 多层平壁导热

首先按单层平壁导热公式分别计算各层热流。

根据式（7-28）可得对第一层：

$$Q_1 = \frac{t_1 - t_2}{\dfrac{S_1}{\lambda_1 F}} \tag{7-29}$$

对第二层：

$$Q_2 = \frac{t_2 - t_3}{\dfrac{S_2}{\lambda_2 F}} \tag{7-30}$$

假定均为稳定热态，通过物体的热流应相等，即：

$$Q_1 = Q_2 = Q$$

按和比定律得：

$$Q = \frac{(t_1 - t_2) + (t_2 - t_3)}{\dfrac{S_1}{\lambda_1 F} + \dfrac{S_2}{\lambda_2 F}} = \frac{t_1 - t_3}{\dfrac{S_1}{\lambda_1 F} + \dfrac{S_2}{\lambda_2 F}} \tag{7-31}$$

对平壁，若内外侧面积都相等，也可将 F 提出：

$$Q = \frac{t_1 - t_3}{\dfrac{S_1}{\lambda_1} + \dfrac{S_2}{\lambda_2}} F \tag{7-32}$$

当 Q 求出后，可按式（7-29）或式（7-30）求出中间温度 t_2：

$$t_2 = t_1 - Q\frac{S_1}{\lambda_1 F},\ t_2 = t_3 + Q\frac{S_2}{\lambda_2 F}$$

从式（7-31）或式（7-32）可看出，通过两层平壁导热的热流等于两层的热压之和与两层热阻之和的比值，即：

$$Q = \frac{\Delta t_1 + \Delta t_2}{R_1 + R_2} = \frac{t_1 - t_3}{R_1 + R_2}$$

可用同样方法证明，通过多层平壁的导热量为：

$$Q = \frac{t_1 - t_{n+1}}{\sum\limits_{i=1}^{n} R_i} \tag{7-33}$$

其中，$R_i = \dfrac{S_i}{\lambda_i F_i}$。

应该注意：在推导多层平壁公式时，曾假定各层紧密接触，而接触的两表面温度相同。实际中往往由于表面不平滑两相邻面很难紧密贴在一起，而且由于空气薄膜的存在，将使多层热阻增加。这种附加热阻称为“接触热阻”，其数值与空隙大小，充填物种类及温度高低都有关系，很难精确估计，工程中往往忽略这一影响，但应注意到因此而产生的误差。

另外，当应用式（7-32）或式（7-33）时，需要确定各层的平均热导率。因而要知道各接触面的温度。但实际中往往难以测定这些温度。为解决这一问题，一般采用试算逼近法。试算逼近法是指先假定接触面温度为两极端温度的某种中间值，依此算出 Q 值后，再验算中间温度（见例 7-3），若相差太多则以验算结果为第二次假定温度，再算一次。直至两个数值相近为止。实际上，由于中间温度对热导率的影响程度不大，对 Q 值的影响范围更小，一般假定 1~2 次就能达到要求。

例 7-3 设有一炉墙，用黏土砖和红砖两种材料砌成，厚度均为 230 mm，炉墙内表面温度为 1200 ℃，外表面温度为 100 ℃，试求每秒通过每平方米炉墙的热损失。如果红砖的使用允许温度为 800 ℃，那么在此条件下能否使用？

解 （1）先设中间温度 $t_2 = \dfrac{1200 + 100}{2} = 650(℃)$，根据表 7-6 查得各层的平均热导率为：

$$\lambda_1 = 0.7 + 0.00064 \times \frac{1200 + 650}{2} = 1.292(\mathrm{W/(m \cdot ℃)})$$

$$\lambda_2 = 0.47 + 0.00051 \times \frac{100 + 650}{2} = 0.661(\mathrm{W/(m \cdot ℃)})$$

（2）代入式（7-32）中：

$$Q = \frac{1200 - 100}{\dfrac{0.23}{1.292} + \dfrac{0.23}{0.661}} = 2091\ (\mathrm{W/m^2})$$

（3）验算中间温度。利用第一层导热公式

$$Q = \frac{t_1 - t_2}{\dfrac{S_1}{\lambda_1 F}}$$

$$t_2 = t_1 - \frac{S_1}{\lambda_1 F}Q = 1200 - \frac{0.23}{1.292 \times 1} \times 2091 = 828(℃)$$

求出的中间温度与假设的中间温度相差太远，应再次假设。

（4）第二次计算，假设 $t_2 = 828$ ℃，各层 $\lambda_{均}$：

$$\lambda_1 = 0.7 + 0.00064 \times \frac{1200 + 828}{2} = 1.349(\mathrm{W/(m \cdot ℃)})$$

$$\lambda_2 = 0.47 + 0.00051 \times \frac{100 + 828}{2} = 0.707(\mathrm{W/(m \cdot ℃)})$$

由此

$$Q = \frac{1200 - 100}{\dfrac{0.23}{1.349} + \dfrac{0.23}{0.707}} = 2213\ (\mathrm{W/m^2})$$

再来验算中间温度 t_2：

$$t_2 = 1200 - \frac{0.23}{1.349 \times 1} \times 2213 = 822\ (℃)$$

求出的温度与第二次假设的温度（828 ℃）相差不多，故第二次计算正确。由此得出：

（1）通过此炉墙的热流为 2213 $\mathrm{W/m^2}$；

（2）红砖在此条件下使用不太适宜。

7.2.1.4 圆筒壁导热

A 单层圆筒壁导热

平壁导热的特点是导热面保持不变，实际生产中完全满足这一条件的情况较少。例如，圆筒形炉及室状炉的周围壁向外导热时，导热面不断地增大，这时不能简单地套用上述公式。下面研究通过圆筒壁的导热。

为使问题简化，假定温度沿表面分布均匀，而且等温面都与表面平行。即温度只沿径向改变，单层圆筒壁导热如图 7-6 所示。

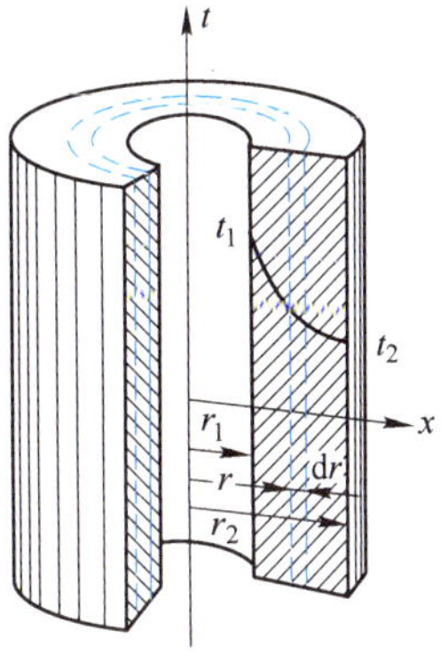

图 7-6 单层圆筒壁导热

按单向稳定态导热的傅里叶公式（7-25），得：

$$Q = -\lambda \frac{\mathrm{d}t}{\mathrm{d}r} \cdot 2\pi r L$$

以 λ 表示平均热导率，分离变量后积分得：

$$\lambda(t_1 - t_2) = \int_{r_1}^{r_2} \frac{Q\mathrm{d}r}{2\pi r L}$$

$$\lambda(t_1 - t_2) = \frac{Q}{2\pi L}\ln\frac{r_2}{r_1}$$

$$Q = \lambda \frac{t_1 - t_2}{\ln\dfrac{r_2}{r_1}} \cdot 2\pi L \tag{7-34}$$

可写作：

$$Q = \lambda \frac{t_1 - t_2}{r_2 - r_1} \cdot \frac{2\pi L(r_2 - r_1)}{\ln\dfrac{r_2}{r_1} \cdot \dfrac{2\pi L}{2\pi L}}$$

令 $r_2 - r_1 = S$，并注意到 $2\pi Lr_2$、$2\pi Lr_1$，分别为 F_2、F_1，则：

$$Q = \frac{t_1 - t_2}{\frac{S}{\lambda}} \cdot \frac{F_2 - F_1}{\ln \frac{F_2}{F_1}} \tag{7-35}$$

这里 $\frac{F_2 - F_1}{\ln \frac{F_2}{F_1}}$ 称为 F_2 与 F_1 的对数平均值。

于是式（7-35）可写成：

$$Q = \frac{t_1 - t_2}{\frac{S}{\lambda F_{均}}} \tag{7-36}$$

与式（7-28）比较可见，圆筒壁导热公式与平壁导热公式完全相同，只是取内外面积的对数平均值（$F_{均}$）代替平壁的传热面（F）就可以。

B 多层圆筒壁导热

取一段由三层不同材料组成的多层圆筒壁，如图7-7所示。设各层之间接触很好，两接触面具有同样的温度。已知多层壁内外表面温度为 t_1 和 t_4，各层内、外半径为 r_1、r_2、r_3、r_4，各层热导率为 λ_1、λ_2、λ_3、λ_4。层与层之间两接触面的温度 t_2 和 t_3 是未知数。

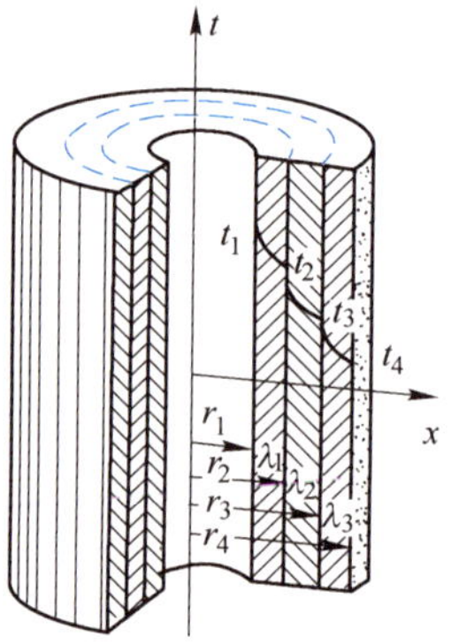

图7-7 多层圆筒壁导热

通过各层的热量根据式（7-34）可得：

$$\left.\begin{aligned} Q_1 &= \frac{2\pi L(t_1 - t_2)}{\frac{1}{\lambda_1}\ln \frac{r_2}{r_1}} \\ Q_2 &= \frac{2\pi L(t_2 - t_3)}{\frac{1}{\lambda_2}\ln \frac{r_3}{r_2}} \\ Q_3 &= \frac{2\pi L(t_3 - t_4)}{\frac{1}{\lambda_3}\ln \frac{r_4}{r_3}} \end{aligned}\right\} \tag{7-37}$$

在稳定状态下，通过各层的热量都是相等的，即 $Q_1 = Q_2 = Q_3 = Q$。利用上面这些方程式可求出每一层里面的温度变化，即：

$$\left.\begin{aligned} t_1 - t_2 &= \frac{Q}{2\pi L} \cdot \frac{1}{\lambda_1}\ln \frac{r_2}{r_1} \\ t_2 - t_3 &= \frac{Q}{2\pi L} \cdot \frac{1}{\lambda_2}\ln \frac{r_3}{r_2} \\ t_3 - t_4 &= \frac{Q}{2\pi L} \cdot \frac{1}{\lambda_3}\ln \frac{r_4}{r_3} \end{aligned}\right\} \tag{7-38}$$

将上面方程中各式相加得多层总温差：

$$t_1 - t_4 = \frac{Q}{2\pi L}\left(\frac{1}{\lambda_1}\ln\frac{r_2}{r_1} + \frac{1}{\lambda_2}\ln\frac{r_3}{r_2} + \frac{1}{\lambda_3}\ln\frac{r_4}{r_3}\right) \tag{7-39}$$

由此求得热流 Q 的计算式：

$$Q = \frac{2\pi L(t_1 - t_4)}{\frac{1}{\lambda_1}\ln\frac{r_2}{r_1} + \frac{1}{\lambda_2}\ln\frac{r_3}{r_2} + \frac{1}{\lambda_3}\ln\frac{r_4}{r_3}} \tag{7-40}$$

按照同样的推理，可以直接写出包含几层圆筒壁的导热计算公式为：

$$Q = \frac{2\pi L(t_1 - t_{n+1})}{\sum_{i=1}^{n}\frac{1}{\lambda_i}\ln\frac{r_{i+1}}{r_i}} = \frac{t_1 - t_{n+1}}{\sum_{i=1}^{n}\frac{1}{2\pi L\lambda_i}\ln\frac{r_{i+1}}{r_i}} \tag{7-41}$$

或者写成：

$$Q = \frac{t_1 - t_{n+1}}{\sum_{i=1}^{n} R_i} = \frac{\Delta t}{R} \tag{7-42}$$

式中 Δt——n 层圆筒壁内外表面温度差；

R——多层圆筒壁的总热阻，℃/W。

$$R = \sum_{i=1}^{n} R_i = \sum_{i=1}^{n}\frac{1}{2\pi L\lambda_i}\ln\frac{r_{i+1}}{r_i}$$

从式（7-38）可求得各层的接触面温度。

$$\left.\begin{aligned} t_2 &= t_1 - \frac{Q}{2\pi L}\cdot\frac{1}{\lambda_1}\ln\frac{r_2}{r_1} \\ t_3 &= t_2 - \frac{Q}{2\pi L}\cdot\frac{1}{\lambda_2}\ln\frac{r_3}{r_2} \\ t_3 &= t_4 + \frac{Q}{2\pi L}\cdot\frac{1}{\lambda_3}\ln\frac{r_4}{r_3} \end{aligned}\right\} \tag{7-43}$$

或

上面的多层圆筒壁导热计算公式含多个对数项，这在实际运算中是很不方便的。为了简化计算，常把圆筒壁当作平壁计算。按照式（7-36）的形式，对多层圆筒壁，可按多层平壁导热的原理推导出式（7-44）：

$$Q = \frac{t_1 - t_{n+1}}{\sum_{i=1}^{n}\frac{S_i}{\lambda_i F_{均i}}} \tag{7-44}$$

式中 S_i——各层壁的厚度，m；

λ_i——各层壁的平均热导率；

$F_{均i}$——各层内外表面的对数平均值，m²；若 $\frac{F_1}{F_2} < 2$，则对数平均值可用算术平均值代替，即 $F_{均i} = \frac{F_i + F_{i+1}}{2}$。

例 7-4 蒸汽管内外直径各为 160 mm 及 170 mm，管外包扎两层隔热材料，第一层隔热材料厚 30 mm，第二层厚 50 mm。因温度不高，可视各层材料的热导率为不变的平均值，数值如下：管壁 $\lambda_1=58\ W/(m\cdot℃)$，第一层隔热层 $\lambda_2=0.175\ W/(m\cdot℃)$，第二层隔热层 $\lambda_3=0.093\ W/(m\cdot℃)$。若已知蒸汽管内表面温度 $t_1=300\ ℃$，最外表面温度 $t_4=50\ ℃$，试求每米长管段的热损失和各层界面温度。

解 （1）求各层核算面积（对每米长管段）。

各层交界面积：

$$F_1=\pi D_1L=3.14\times0.16\times1=0.5(m^2)$$

$$F_2=\pi D_2L=3.14\times0.17\times1=0.53(m^2)$$

$$F_3=\pi D_3L=\pi(D_2+2S_2)=3.14\times(0.17+2\times0.03)\times1=0.72(m^2)$$

$$F_4=\pi D_4L=\pi(D_3+2S_3)=3.14\times(0.23+2\times0.05)\times1=1.04(m^2)$$

因 $\frac{F_2}{F_1}$、$\frac{F_3}{F_2}$、$\frac{F_4}{F_3}$ 皆小于 2，故核算面积可用算术平均值求得：

$$F_{均1}=\frac{F_1+F_2}{2}=\frac{0.5+0.53}{2}=0.515(m^2)$$

$$F_{均2}=\frac{F_2+F_3}{2}=\frac{0.53+0.72}{2}=0.625(m^2)$$

$$F_{均3}=\frac{F_3+F_4}{2}=\frac{0.72+1.04}{2}=0.88(m^2)$$

（2）代入式（7-44）得：

$$Q=\frac{t_1-t_2}{\frac{S_1}{\lambda_1F_{均1}}+\frac{S_2}{\lambda_2F_{均2}}+\frac{S_3}{\lambda_3F_{均3}}}$$

$$=\frac{300-500}{\frac{0.005}{58\times0.515}+\frac{0.03}{0.175\times0.625}+\frac{0.05}{0.093\times0.88}}$$

$$=282(W/m^2)$$

（3）若用对数平均值：

$$F_{均1}=\frac{0.53-0.50}{\ln\frac{0.53}{0.50}}=0.515(m^2)$$

$$F_{均2}=\frac{0.72-0.53}{\ln\frac{0.72}{0.53}}=0.620(m^2)$$

$$F_{均3}=\frac{1.04-0.72}{\ln\frac{1.04}{0.72}}=0.87(m^2)$$

$$Q = \frac{300 - 50}{\frac{0.05}{58 \times 0.515} + \frac{0.03}{0.175 \times 0.62} + \frac{0.05}{0.093 \times 0.87}} = 280(\text{W/m}^2)$$

本例的误差小于 1%。

（4）求界面温度：

$$t_2 = t_1 - \frac{S_1}{\lambda_1 F_{均1}} Q = 300 - \frac{0.005}{583 \times 0.515} \times 282 = 300\ (℃)$$

$$t_3 = t_4 + \frac{S_3}{\lambda_3 F_{均3}} Q = 50 + \frac{0.05}{0.093 \times 0.88} \times 282 = 222\ (℃)$$

7.2.2 对流给热

7.2.2.1 对流给热的机理和类型

微课
对流给热

对流给热是指运动的流体与固体表面之间通过热对流和导热作用所进行的热交换过程，称为对流给热或对流换热。

气体力学中已讲到边界层的理论概念，从中知道，流体在运动时，与固体接触的表面处形成一流速近似于零的薄膜层，从这个薄膜层到流速恢复远方来流速度的区域就是流动边界层，或称为动力边界层，如图 7-8 所示。把基本上没有速度梯度的流体部分称为主流或流体核心。

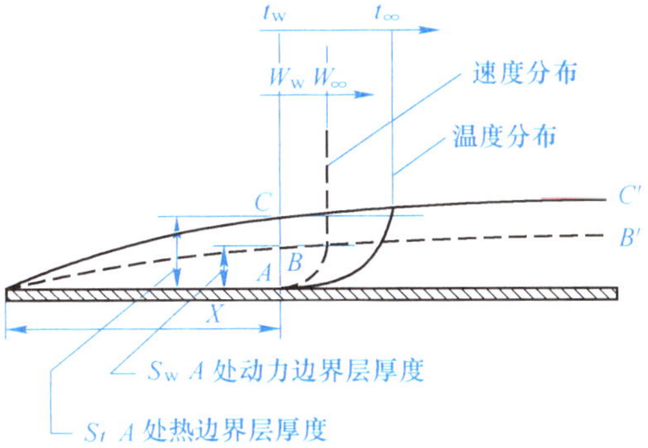

图 7-8　传热边界层与动力边界层

同样在有放热现象的系统中，流体与表面的温度降落主要集中在靠近边界的这一薄膜层内，这种温度变化（即温度梯度）的边界层称为传热边界层。流体的传热边界层与动力边界层的概念在一般情况下是不同的。

当流体的紊乱程度较大时，边界层内的一部分流体由层流变成紊流。只是靠近固体壁面处，才仍保持一小小的做层流流动的薄膜层，即层流底层或称为层流内层。

由于层流边界层内流体分子无径向位移和掺混现象，因而通过该层的换热只能靠导热来实现。即使在紊流边界层下换热也必须在层流底层内由导热来完成。边界层虽然很薄，但它的热阻却相当大，这就是说高温表面向低温流体或高温流体向低温表面进行对流给热时，热阻主要发生在边界层内，因此，温度降落也主要出现在边界层内。同时也可以看到对流给热不仅包括热对流作用和边界层的导热作用，同时还伴随着流体分子的扩散混合过程。因此，对流给热过程极为复杂，一切影响边界层内导热速率（如边界层厚度、流体的热导率等热物理性质）及流体紊流混合强度的因素（如流体的性质、流速、表面形状，以及流体和固体的相对位置等），都将直接影响到对流给热量的大小。

当流体为层流时，边界层很厚，则流体内部的混合只能靠分子扩散作用来实现。因此，这时整个对流给热过程都显示出导热的特征。当流体呈紊流流动时，由于边界层减薄了，同时流体内部的混合作用也随着紊流程度的增大而显著加强，所以这时的对流给热过程仅仅在层流底层内才有导热特征。因此，对流给热在紊流程度提高时得到了明显的强化。

根据流动原因的不同，把对流给热分为自然对流给热和强制对流给热两大类。

在自然对流给热时，流速主要由于其内部的温差而定，所以 $Q_{对}$ 也主要取决于温差的大小。在强制对流给热时，$Q_{对}$ 将直接受到流速的极大影响。此外，在给热过程中，如果伴随有流体的相变发生（如沸腾、凝结），则热量的转移（热量传输）就不仅取决于温度差和流体的流动状态了，更主要的将是流体的汽化（或液化）潜热的大小和产生新相的性质（本书只讨论无相变的对流给热），因而不能把一般情况下无相变时的对流给热概念及其所导出的公式无条件地加以套用。

7.2.2.2 牛顿公式及对流给热系数

把上述影响对流给热的诸多因素，可以定性地概括为表面的几何因素、几何形状 φ、定形尺寸 L、表面粗糙度、流体的热物性参数（热导率 λ、热容量 C_p、密度 ρ、黏度 μ 等）、传热的推动力（流体与表面间的温度差 $\Delta t = t_1 - t_2$）及流体的速度 W 等。这样，就可以把对流给热量 Q 表示为下面的一般函数形式，即：

$$Q = f(\varphi、L、\lambda、C_p、\rho、\mu、W、t_1、t_2\cdots) \tag{7-45}$$

为了计算对流给热量 Q，把式（7-45）改写为：

$$Q = \alpha_{对}(t_1 - t_2)F \tag{7-46}$$

式（7-46）就是牛顿对流给热公式，将式（7-46）移项得：

$$\alpha_{对} = \frac{Q}{(t_1 - t_2)F}$$

即 $\alpha_{对}$ 的定义式。

从该定义式中看出 $\alpha_{对}$ 的物理意义就是：当流体与壁面的温差为 1 ℃时，单位面积上单位时间内的对流给热量，单位是 $W/(m^2 \cdot ℃)$。

牛顿公式只给出了计算对流给热的方法，但未解决对流给热的计算问题，它只是用 $\alpha_{对}$ 替换了所有影响对流给热的复杂因素，因为实际上为：

$$\alpha_{对} = \phi(W、t_1、t_2、\lambda、C_P、\rho、\mu、\phi、L、\cdots)$$

这样一来对流给热的根本问题在于如何具体确定对流给热系数 $\alpha_{对}$。如果 $\alpha_{对}$ 求出，则对流给热的问题就很简单。

同样也可以把对流给热量写成欧姆定律的形式：

$$Q=\frac{t_1-t_2}{\dfrac{1}{\alpha_{对}F}} \tag{7-47}$$

对流给热的热阻为：

$$R=\frac{1}{\alpha_{对}F}$$

下面着重讨论如何确定对流给热系数 $\alpha_{对}$ 的问题。

7.2.2.3 对流给热系数的若干实验公式

要利用式（7-46）来计算对流给热量，必须求出在各种情况下的对流给热系数的数值。对流给热系数在特定的条件下，可以从理论上进行推导，但一般情况下都是用实验的方法来确定。由于实验条件的差异，对同一种对流情况也可能会得到不同的公式和数值，有的甚至出入很大，故下面所介绍的经验公式、图表和数据，只是某些情况下的大概数值。

A 流体与固体表面的自然对流给热

炉子外表面的对流给热，就是此种情况。很显然，炉顶附近的自然对流循环比较容易，侧墙次之，架空炉底下的自然对流循环最难，对流给热的能力最差。

此种情况下对流给热系数 $\alpha_{对}$ 的经验数值如下：

垂直侧墙 $\alpha_{对}=2.56\sqrt[4]{\Delta t}$

平面炉顶 $\alpha_{对}=3.26\sqrt[4]{\Delta t}$ （7-48）

炉底 $\alpha_{对}=1.98\sqrt[4]{\Delta t}$

式中 $\alpha_{对}$——对流给热系数，W/(m^2·℃)；

Δt——固体表面与大气的温度差，℃。

B 强制对流给热

a 流体在管内做紊流运动时的对流给热

$$\alpha_{对}=A\frac{W_0^{0.8}}{d^{0.2}} \tag{7-49}$$

式中 W_0——管内的流速，m/s；

d——管子内径或当量直径，m；

A——因流体种类和流体温度而异的系数。

式（7-49）适用范围是：$Re>10^4$，$Pr=0.7\sim2500$，$L/d>50$。

常用流体在某些温度下的 A 值可查表 7-9。

表 7-9 某些流体的 A 值

水	温度/℃	0	20	40	60	80	100
	A	1425	1849	2326	2756	3082	3373
重油	温度/℃	40	60	80	100	120	140
	A	31	52	88	119	147	197

续表 7-9

空气	温度/℃	0	200	400	600	800	1000
	A	3.97	4.32	4.68	4.89	5.16	5.35
烟气	温度/℃	0	200	400	600	800	1000
	A	3.95	4.63	5.35	5.76	6.41	6.64
水蒸气	温度/℃	100	150	200	250	300	350
	A	4.07	4.13	4.30	4.52	4.71	4.98

若 $L/d<50$，应在式（7-49）中加乘长度校正系数 k_l，即

$$\alpha_{对} = k_l A \frac{W_0^{0.8}}{d^{0.2}} \tag{7-50}$$

k_l值取决于换热管段进口处的形状、管内流动 Re 的大小等。当换热管段进口以前没有急剧转弯或截面变化的情况下，k_l可按表 7-10 选取。

表 7-10　紊流下的 k_l 值

Re	L/d								
	1	2	5	10	15	20	30	40	50
1×10^4	1.65	1.50	1.34	1.23	1.17	1.13	1.07	1.03	1
2×10^4	1.51	1.40	1.27	1.18	1.13	1.10	1.05	1.02	1
5×10^4	1.34	1.27	1.18	1.13	1.10	1.08	1.04	1.02	1
1×10^5	1.28	1.22	1.15	1.10	1.08	1.06	1.03	1.02	1
1×10^6	1.14	1.11	1.08	1.05	1.04	1.03	1.02	1.02	1

显然，在相同条件下水的对流给热能力大于重油的对流给热能力，更大于气体的对流给热能力。而对一定温度下的一定流体而言，流速越大，直径越小，则对流给热系数越大。

b　流体横向流过单管时的对流给热

流体横向流过单管面时的流动情况，如图 7-9 所示。在管道的前后，流动的情况大不相同。因此，沿管子的周围对流给热系数的数值也不一样，如图 7-10 所示。在圆管的正面，有较多的质点透过边界层而直接冲击到壁面上，因此这里（$\varphi=0°$）的放热系数最大。顺着流体流动的方向边界层的厚度逐渐增加，给热系数的数值迅速降低，而在 90°~100°时降到最低值。在管的后面部分，流体具有强烈的旋涡，因而给热系数又重新变大。

$$\alpha_{对} = B \frac{W_0^{0.6}}{d^{0.4}} \varepsilon_{\varphi} \tag{7-51}$$

式中　W_0——流体在管外的流速，m/s；

d——管子外直径或外当量直径，m；

B——因流体种类和流体温度而异的系数；

ε_{φ}——流体与管子间冲击角为 φ 时的修正系数。

常用流体在某些温度下的 B 值可查表 7-11。

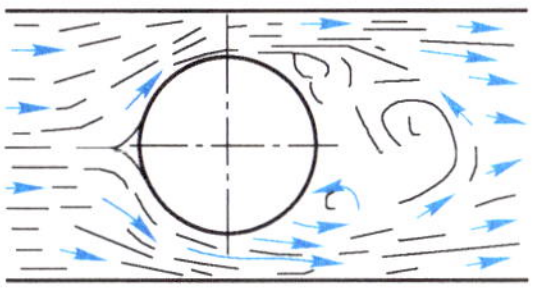

图 7-9 流体横向流过单管面的流动情况

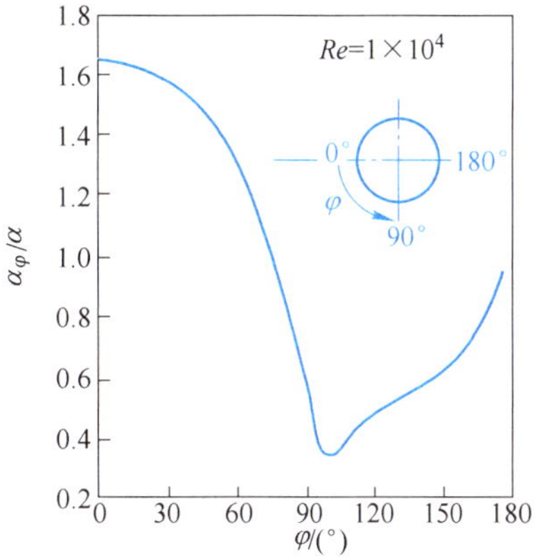

图 7-10 沿管周上对流给热系数的变化

表 7-11 某些流体的 B 值

水		重油		空气		烟气		水蒸气	
温度/℃	B	温度/℃	B	温度/℃	B	温度/℃	B	温度/℃	B
0	992	40	81	0	3.98	0	4.00	100	4.23
20	1192	60	94	200	4.62	200	5.30	160	4.47
40	1258	80	135	400	5.48	400	6.35	200	4.84
60	1462	100	155	600	6.00	600	7.16	250	5.18
80	1611	120	180	800	6.49	800	8.06	300	5.50
100	1663	140	207	1000	6.89	1000	8.50	350	5.78
						1600	11.05		

不同 φ 值时的修正系数 ε_{φ} 可查表 7-12。

表 7-12 不同 φ 值时的 ε_{φ}

φ	90°	80°	70°	60°	50°	40°	30°	20°	10°
ε_{φ}	1.0	1.0	0.98	0.94	0.88	0.78	0.67	0.52	0.42

显然，在相同条件下，水的给热能力大于重油的对流给热能力，更大于气体的对流给热能力。对一定温度下的一定流体而言，流速越大，管径越小，冲击角越大，则对流给热系数越大。

c 流体横向流过管束时的对流给热

流体横向冲击管束时的情况与单管类似，但影响因素更复杂。管束排列方式有顺排及错排两种，如图 7-11 所示。从第二排起，每排管都正处于前排产生的漩涡区的尾流内，所受到的冲击情况不如错排时强烈。因而错排内的给热过程一般较顺排略为强烈。另外，沿流动纵深方向管束排数多少也将影响平均给热

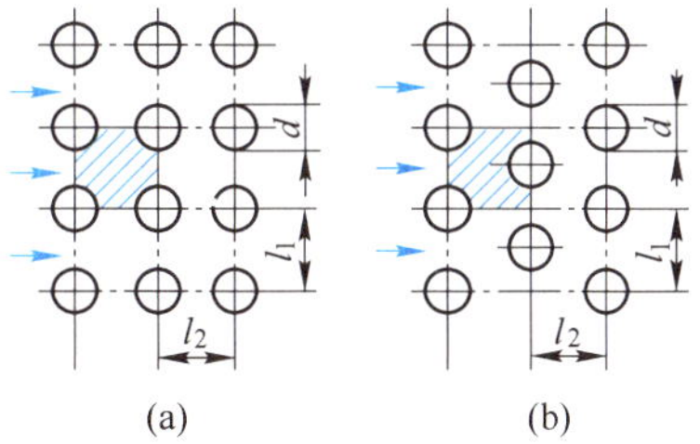

图 7-11 管束排列方式

（a）顺排；（b）错排

系数。流体进入管束后，由于速度及方向反复变化而增加了流体的紊乱程度，因而沿着流动方向，各排管的给热系数将逐渐增加，大约到第三排以后才逐渐趋于稳定。因此，整个管束的平均给热系数将随着排数的增加而稍有增大。

流体在管外垂直管束呈强制紊流流动时，其对流给热系数的计算方法如下。

(1) 对于错排管束：

$$\alpha_{对} = abB\frac{W_0^{0.6}}{d^{0.4}} \tag{7-52}$$

式中 W_0——流体在管束间最窄通道处的流速，m/s；

d——管束管子的外直径，m；

B——系数，见表 7-11；

a——系数，见表 7-13；

b——系数，见表 7-13。

表 7-13 系数 *a* 值和 *b* 值

a		*b*		
当$\frac{l_1}{d}$<3 时	当$\frac{l_1}{d}$>3 时	对第一排管子	对第二排管子	对第三排以后的管子
$a = 1 + 0.1\frac{l_1}{d}$	$a = 1.3$	$b = 0.756$	$b = 1.01$	$b = 1.28$

式 (7-52) 可计算管束的任意排管子的对流给热系数。管束的平均对流给热系数为：

$$\alpha_{对均} = \frac{\alpha_{对1} + \alpha_{对2} + (n-2)\alpha_{对3}}{n} \tag{7-53}$$

式中 $\alpha_{对1}$——第一排管的对流给热系数；

$\alpha_{对2}$——第二排以后管子的对流给热系数；

$\alpha_{对3}$——第三排以后管子的对流给热系数；

n——管束内管子的总排数。

因此，当管子排数较多时，管束的平均对流给热系数可取为第三排管的对流给热系数。

(2) 对于顺排管束。顺排的第一排管子的对流给热系数同于错排的第一排管子的对流给热系数，可用式 (7-52) 计算。

顺排的第二排以后管子的对流给热系数为：

$$\alpha_{对} = aC\frac{W_0^{0.65}}{d^{0.35}} \tag{7-54}$$

式中 W_0——流体在管束间最狭通道处的流速，m/s；

d——管束管子的外直径或外当量直径，m；

a——系数，见表 7-13；

C——因流体种类和流体温度而变的系数。

常用流体在常用温度下的 C 值见表 7-14。

表 7-14　某些流体的 C 值

水		重油		空气		烟气		水蒸气	
温度/℃	C	温度/℃	C	温度/℃	C	温度/℃	C	温度/℃	C
0	1349	40	78	0	4. 89	0	5. 00	100	5. 23
20	1617	60	105	200	5. 82	200	6. 40	150	5. 47
40	1872	80	149	400	6. 51	400	7. 56	200	5. 82
60	2093	100	181	600	7. 09	600	8. 61	250	6. 16
80	2838	120	200	800	7. 56	800	9. 54	300	6. 63
100	3280	140	252	1000	8. 02	1000	9. 89	350	7. 09

顺排管束的平均对流给热系数可用式（7-55）计算：

$$\alpha_{对均}=\frac{\alpha_{对1}+(n-1)\alpha_{对2}}{n} \tag{7-55}$$

式中　$\alpha_{对1}$——第一排管的对流给热系数；

$\alpha_{对2}$——第二排以后管子的对流给热系数；

n——管束内管子的总排数。

当管束排数较多时可用第二排管子的对流给热系数为顺排管束的平均对流给热系数。

上面的两种管束的计算关系式都是对流体与管束垂直而言的，即冲击角为 90°。当冲击角小于 90°时，所求结果应乘以表 7-12 中的修正系数。

由错排管束的式（7-52）和顺排管束的式（7-54）可以看出，在相同条件下，水的对流给热能力大于重油的对流给热能力，更大于各种气体的对流给热能力。同时也可以看出，对一定流体而言，流体的温度越高，流体的流速越大，管子的管径越小，管的间距较大，管束排数较多，则流体与管束间的对流给热系数越大。实际经验表明，当其他条件相同时，错排管束的对流给热系数大于顺排管束的对流给热系数。

应当指出，上面介绍的几个关系式都是用相似理论法所求得的准数关系式的简化公式。这些简化公式比一般的实验式的应用范围较广。但是它仍然仅适用于所给的几种流体，对于其他流体则仍需用原准数关系式计算。

7.2.3　辐射换热

7.2.3.1　辐射换热的基本概念

微课
辐射换热

物体的热能变为电磁波（辐射能）向四周传播，当辐射能落到其他物体上被吸收后又变为热能，这一过程称为辐射换热。

辐射换热与对流给热和传导传热有着本质的区别。

（1）辐射是一切物体固有的特性，任何物体只要温度高于绝对零度，都会向外辐射热量。

（2）辐射不需要任何介质，在真空中同样可以传播。太阳的辐射热通过极厚的真空带而射到地球就是很好的例证。

（3）热量的传递过程伴随有能量形式的转变，即热能—辐射能—热能。传递热能的电磁波是波长为 0.4~40 μm 的可见光波和红外线，故通常这些射线又称为热射线。

由于辐射是一切物体的固有特性，所以不仅是高温物体把热量辐射给低温物体，而且低温物体同样把热量辐射给高温物体，最后低温物体得到的热量是两者的差额。只要参与相互辐射的两物体的温度不同，此差额就不等于零。因此，辐射换热严格地讲应该称为辐射热交换。

当物体接收热射线时，与光线落到物体上一样，有三种可能的情况：一部分被吸收；一部分被反射；另一部分透过物体继续向前传播。辐射能的吸收、反射和透过如图 7-12 所示。

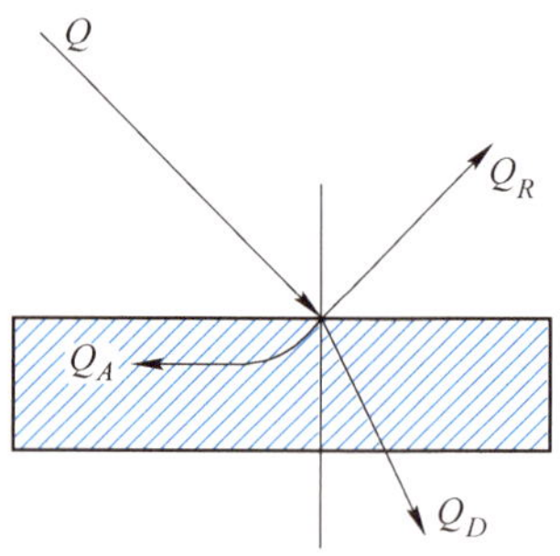

图 7-12 辐射能的吸收、反射和透过

根据能量守恒定律，这三者之间应有如下的关系：

$$Q_A + Q_R + Q_D = Q \tag{7-56}$$

$$\frac{Q_A}{Q} + \frac{Q_R}{Q} + \frac{Q_D}{Q} = 1 \tag{7-57}$$

如以 A、R、D 分别表示物体对热辐射的吸收能力、反射能力和透过能力，称为物体的吸收率 A、反射率 R 和透过率 D，则：

$$A + R + D = 1 \tag{7-58}$$

若 $A=1$，$R=0$，$D=0$，即落在物体上的热辐射都被该物体吸收，没有反射和透过，这种物体称为绝对黑体，简称黑体。

若 $R=1$，$A=0$，$D=0$，即落在物体上的全部辐射能完全被该物体反射出去，这种物体称为绝对白体，简称白体。

若 $D=1$，$A=0$，$R=0$，即投射到物体上的辐射能全部透过该物体，没有任何吸收和反射，这种物体称为绝对透过体，简称透过体。

在自然界中，绝对黑体、绝对白体和绝对透过体都是不存在的。这三种情况只是为了研究问题方便而进行的假设。自然界中大量物体是介于其间的，例如，固体与液体一般认为是不透过的，即 $A+R=1$；气体认为是不反射的，即 $A+D=1$。这些物体统称为灰体。

还应该指出，不要把黑体、白体、透热体与黑色物体、白色物体、透明物体混淆起来，前者是对热射线而言，后者是对可见光而言。如雪是白色的，但可吸收热射线的 98.5%，玻璃对可见光能自由透过，但对热射线透过很少。

物体对辐射能吸收、反射和透过的能力，取决于物体的性质、表面状况、温度及热射线的波长等，如物体表面越粗糙，吸收能力越大，越接近于黑体。

自然界所有物体的吸收率、反射率和透过率的数值都在 0~1 的范围内变化，绝对黑体并不存在。但绝对黑体这个概念，无论在理论上还是实验研究工作上都是十分重要的。用人工方法可以制成近乎绝对黑体的模型。如图 7-13 所示，在空心物体的壁上开一个小孔，假使各部分温度均匀，此小孔就具有绝对黑体的性质。若小孔面积小于空心物体内壁面积的 0.6%，所有进入小孔的辐射热，在多次反射以后，99.6%以上都将被内壁吸收。

7.2.3.2 辐射的基本定律

A 普朗克定律

普朗克定律说明绝对黑体的辐射强度与波长和温度的关系，根据普朗克研究的结果，绝对黑体单一波长的辐射强度与波长和温度的关系如下：

$$E_{0\lambda}=\frac{c_1\lambda^{-5}}{e^{\frac{c_2}{\lambda T}}-1} \tag{7-59}$$

式中 $E_{0\lambda}$——绝对黑体（符号“0”表示绝对黑体）在温度为 T（K）、波长为 λ 的单一波长的辐射强度或称单色辐射强度；

e——自然对数的底；

c_1，c_2——实验常数，其中 $c_1=3.74\times10^{-16}(\mathrm{W\cdot m^2})$；$c_2=1.44\times10^{-2}(\mathrm{m\cdot K^2})$。

将式（7-59）绘成图 7-14。由图看出：当 $\lambda=0$ 时，$E_{0\lambda}=0$，随着 λ 的增加，$E_{0\lambda}$ 也跟着增大，当 λ 增大到某一数值时，$E_{0\lambda}$ 为最大值，然后又随着 λ 的增加而减少，至 $\lambda=\infty$ 时，又重新降至零。利用式（7-59）求极值就可以得出，对应于辐射力 $E_{0\lambda}$ 为最大值的波长 λ_{max} 与绝对温度 T 之间有下面的关系，即

$$\lambda_{max}\cdot T=2.9\times10^{-3}(\mathrm{m\cdot K}) \tag{7-60}$$

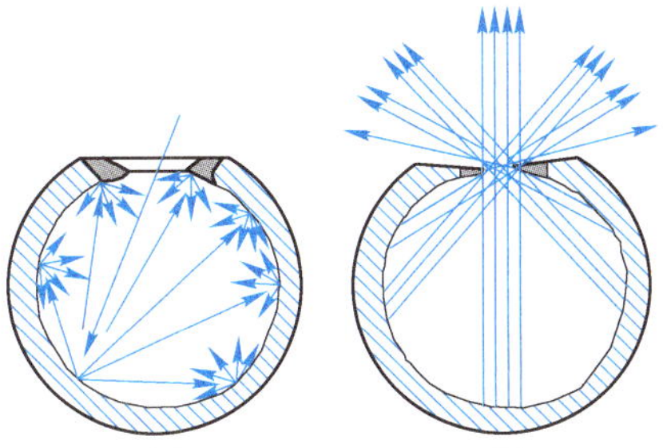

图 7-13 绝对黑体的模型
（a）吸收；（b）辐射

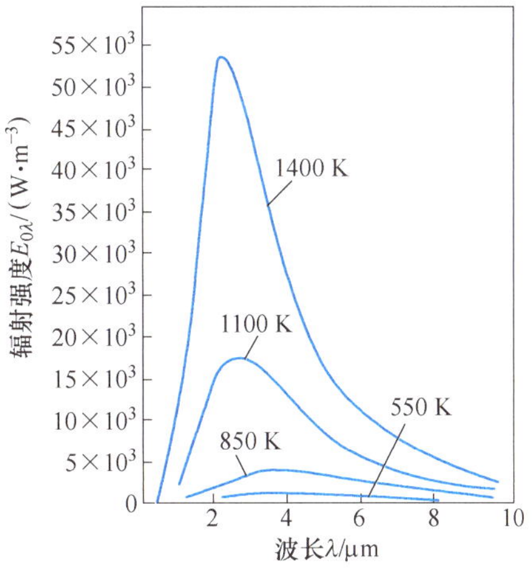

图 7-14 绝对黑体的辐射强度与波长和温度的关系

式（7-60）称为维恩偏移定律。它表明：对应于最大辐射力的波长 λ_{max} 与绝对温度 T 呈反比例。$E_{0\lambda}$ 的最大值是随着温度的升高向波长较短（可见光波）的一边移动，利用这个特点，可以判断辐射体的温度。低温时，中长波射线所占比例较大，颜色发红；温度升高后，短波射线所占比例增多，颜色发白。由图 7-14 还可看出：当温度低于 850 K 时，$E_{0\lambda}$ 较小，但随着温度的升高而迅速增长，故温度高的物体，其辐射强度也大。

实际物体的辐射强度，因波长和温度而发生变化，只能根据该物体辐射光谱的试验来确定。如果试验所得到的辐射光谱是连续的，而且曲线 $E_\lambda=f(\lambda)$ 又和同温度下绝对黑体的曲线相似，即在所有波长 $\frac{E_\lambda}{E_{0\lambda}}=$ 常数，符合这一条件的物体称为灰体。经验表明，大多数工程材料都是灰体。

B 斯蒂芬-玻耳兹曼定律

在冶金炉方面最有用的是单位时间内、单位面积上辐射出来的所有波长的辐射能量，很明显，将式（7-59）积分后即可得绝对黑体的辐射能力：

$$E_0=\int_0^\infty E_{0\lambda}\mathrm{d}\lambda=\int_0^\infty\frac{c_1\lambda^{-5}\mathrm{d}\lambda}{e^{c_2/(\lambda T)}-1}$$

积分后得

$$E_0=C_0\left(\frac{T}{100}\right)^4 \tag{7-61}$$

式中 C_0——绝对黑体的辐射系数，它等于5.67；

E_0——绝对黑体的辐射能力，W/m^2。

由此可见，绝对黑体的辐射能力与其绝对温度的四次方成正比。故将斯蒂芬-玻耳兹曼定律称为四次方定律。辐射体温度升高，其辐射能力迅速地增加，这就进一步说明了提高辐射物体的温度是加强辐射传热最有效的措施。

严格地说，斯蒂芬-玻耳兹曼定律只有对于绝对黑体才是正确的。但经实验证明，这一定律也可以应用于灰体。这时该定律表达形式为：

$$E=C\left(\frac{T}{100}\right)^4 \tag{7-62}$$

式中 C——灰体的辐射系数，对于不同物体其辐射系数 C 也不同。其数值取决于物体的性质、表面状况和温度，C 值永远小于 C_0，为0~5.67。

物体（灰体）的辐射能力与同温度下绝对黑体的辐射能力 E_0之比值称为物体的黑度，用 ε 表示，即：

$$\varepsilon=\frac{E}{E_0}=\frac{C\left(\frac{T}{100}\right)^4}{C_0\left(\frac{T}{100}\right)^4}=\frac{C}{C_0} \tag{7-63}$$

物体的黑度或称辐射率表示该物体辐射能力接近绝对黑体辐射能力的程度，因此黑度可以说明不同物体的辐射能力，它是分析和计算热辐射的一个重要的数值。金属表面具有较小的黑度；表面粗糙的物体或氧化的金属表面，则具有较大的黑度。常见物体的黑度数值见表7-15，这些数值是用实验测得的。知道了各种物体的黑度 ε 值就可按式（7-64）计算实际物体的辐射能力：

$$E=\varepsilon E_0=\varepsilon C_0\left(\frac{T}{100}\right)^4=\varepsilon\cdot 5.67\left(\frac{T}{100}\right)^4 \tag{7-64}$$

表 7-15 一些物体的黑度

名　称	温度/℃	ε
表面磨光的铁	425~102	0.144~0.377
表面氧化的铁	100	0.736
氧化铁和铸铁	500~1200	0.85~0.95
表面磨光的钢件	770~1040	0.52~0.56
表面氧化的钢件	940~1100	0.8
表面粗糙的红砖	20	0.93
表面粗糙的硅砖	100	0.8
表面粗糙的黏土砖	高温	0.8~0.9
表面附釉的黏土砖	高温	0.75
表面粗糙的镁砖	高温	0.80
表面附釉的白云山砖	高温	0.80
表面粗糙的镁铝砖	高温	0.80
表面粗糙的高铝砖	高温	0.80
碳化硅	580~800	0.95~0.88
炭黑	1000 以上	0.95
炼铜反射炉炉料	850~1000	0.7~0.85
炼铜反射炉炉渣	1250	0.6~0.7
钢水	大于 1600	0.65
氧化的钢	200~600	0.79
光亮的钢	80	0.018

C　克希荷夫定律

克希荷夫定律说明物体的黑度与吸收率的关系。假设有两个十分靠近的大物体，其中一个为绝对黑体，另一个为任意物体，后者的黑度为 ε，吸收率为 A，设两者相靠的面积相同，如图 7-15 所示。

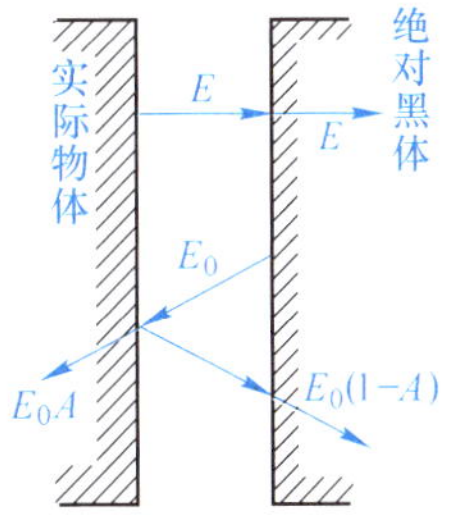

图 7-15　求证克希荷夫定律

实际物体的对外辐射 EF 或 εE_0F(W) 全部落到绝对黑体表面，且全部被吸收。

绝对黑体对外辐射 E_0F(W) 全部落到实际物体上，被吸收一部分 (E_0FA)，其余部分反射回到绝对黑体表面，然后全部被自身吸收 $E_0F(1-A)$。

这时，绝对黑体表面所得的净热量可按该表面热平衡得出：

$$Q = \varepsilon E_0F + E_0F(1-A) - E_0F$$

假设两表面温度相等，则差额热量为零，即 $Q=0$，上式成为：

$\varepsilon E_0 = E_0A$（按实际物体表面热平衡可得同样结果）

由此得

$$\varepsilon = A \tag{7-65}$$

这是一个重要的结论：任何物体的黑度等于其同温度下的吸收率（严格地说这一结论只是在平衡辐射时才正确），这就是克希荷夫定律。

从上述结论还可推出如下概念。

（1）物体的辐射能力与其吸收能力是一致的，能辐射的波，也能被该物体吸收。

（2）反射能力大的物体，因其吸收能力小，故辐射能力必定小。

（3）绝对黑体的吸收率等于 1，为最大。故同一温度下绝对黑体的辐射能力也最大，这是因为它的 $\varepsilon=1$。或者说，任何实际物体的辐射系数（C）都将小于 5.67。

7.2.3.3 两物体间的辐射热交换

在冶金生产中，常遇到一物体通过辐射把热量传给另一物体（如炉墙对被加热物），这时就发生两物体之间的辐射热交换，其辐射热交换量的大小不仅与辐射强度有关，而且还与两物体的表面形状及两表面在空间所处的相互位置有关。图 7-16 所示的两个平面三种布置情况（两表面的温度分别为 T_1 与 T_2）。在第一种布置情况下，由于两板十分靠近，每个表面发出的辐射能几乎全落到另一板上。在第二种布置情况下，每个表面发出的辐射能都只有一部分落到另一表面上，剩下的则进入空间中去。至于最后一种布置，则是每个表面的辐射能均无法投射到另一表面上。显然，在第一种布置情况下，两板间的辐射换热量最大，第二种次之，第三种布置方式的辐射换热量等于零。

图 7-17 表明表面形状对辐射换热的影响。若比较两根直径相等且平行放置的圆管与两块平行的平板，板的宽度等于圆管的周长，别的条件也相对应。可以预料两平板间的换热量会比两圆管的大。这是因为在两平板的场合，每个表面发出的辐射能有比较多的部分可以落到另一表面上。

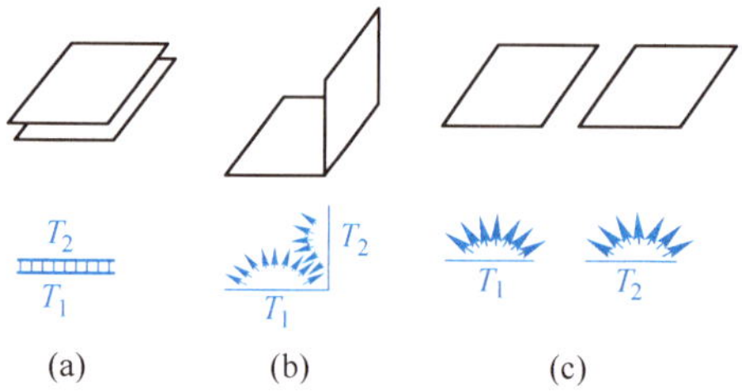

图 7-16 相对位置的影响

（a）换热量最大；（b）换热量次之；（c）换热量等于零

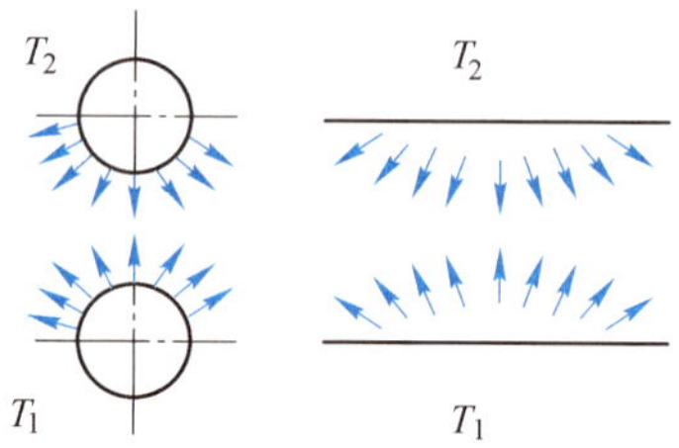

图 7-17 表面形状的影响

在空间任意位置的物体之间的辐射热交换比较复杂。要从理论上求出它们之间的关系比较困难，可是在封闭体系中两物体间的辐射热交换要简单得多。如把冶金炉中金属的加热和熔炼（如炉墙对金属和物料的辐射）近似看作封闭体系，就可使我们的讨论大为简化，便于找出它们的相互关系。

A 角度系数的概念

角度系数是表示从某一表面射到另一表面的能量与射出去的总能量之比，用符号 φ 表示：

$$\varphi_{12} = \frac{\text{从 } F_1 \text{ 表面射到 } F_2 \text{ 表面上的能量}}{\text{从 } F_1 \text{ 表面上射出去的总能量}}$$

$$\varphi_{21} = \frac{\text{从 } F_2 \text{ 表面射到 } F_1 \text{ 表面上的能量}}{\text{从 } F_2 \text{ 表面上射出去的总能量}}$$

由此可见，角度系数乃是一个几何参数，它只取决于两表面在空间的相对位置，而与表面的黑度和温度无关。

要想用数学分析方法求出两物体间的角度系数，是比较复杂的，但是可以从简单的几何关系导出一些基本定理，利用这些定理，来求角度系数，这些基本定理如下。

(1) 任何平面和凸面自身辐射出去的射线，不能落入自身，故对自身的角度系数为零，即 $\varphi_{11}=0$。

(2) 在一个封闭体系内，任一表面辐射出去的射线，将全部分配在体系内各个表面上。故 $\varphi_{11}+\varphi_{12}+\varphi_{13}+\cdots+\varphi_{1n}=1$。开口也可看作是封闭体系的一个表面，射线通过开口向体系外部投射出去。

(3) 对任意两个表面而言 $F_1\varphi_{12}=F_2\varphi_{21}$，此关系称为互变定理。由于角度系数与表面的黑度和温度无关，可以设想两个任意放置的黑体表面 F_1 和 F_2 它们的温度相等，辐射能力为 E_0，于是 F_1 的辐射能被 F_2 吸收为 $E_0F_1\varphi_{12}$，同时 F_2 的辐射能被 F_1 吸收的为 $E_0F_2\varphi_{21}$，既然两个表面的温度相等，故 $E_0F_1\varphi_{12}=E_0F_2\varphi_{21}$

或
$$F_1\varphi_{12}=F_2\varphi_{21} \tag{7-66}$$

B　最常见的几种封闭体系及它们之间的角度系数

(1) 两个很靠近的平面［见图 7-18 (a)］。$\varphi_{11}+\varphi_{12}=1$，$\varphi_{11}=0$，故 $\varphi_{12}=1$，同理 $\varphi_{21}=1$。

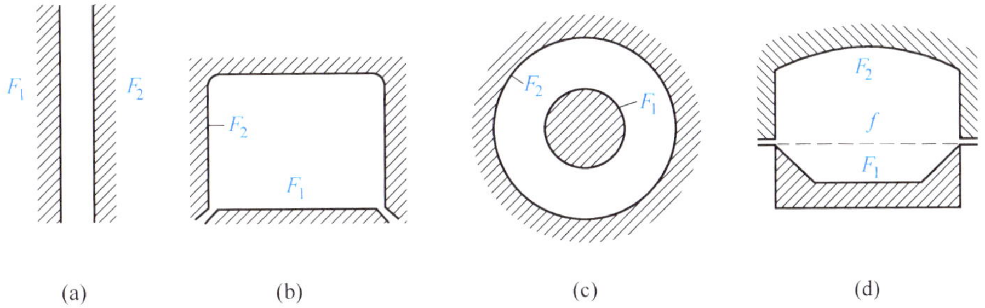

图 7-18　一些简单情况下的角度系数

(a) 两个靠近的平面；(b) 一个平面和一个曲面；(c) 一个大曲面包围一个小曲面；(d) 两个曲面

(2) 一个平面和一个曲面组成的封闭体系［见图 7-18 (b)］相当于加热炉壁与物料表面组成的系统：

$$\varphi_{11}+\varphi_{12}=1,\ \varphi_{11}=0$$

故
$$\varphi_{12}=1$$

而
$$F_1\varphi_{12}=F_2\varphi_{21}$$

得
$$\varphi_{21}=\varphi_{12}\frac{F_1}{F_2}=\frac{F_1}{F_2}$$

所以
$$\varphi_{22} = 1 - \varphi_{21} = \frac{F_2 - F_1}{F_2}$$

（3）一个大曲面包围一个小曲面的封闭体系［见图 7-18（c）］，相当于金属锭在连续式加热炉内加热。根据同样的分析可得出：

$$\varphi_{11} = 0,\ \varphi_{12} = 1,\ \varphi_{21} = \frac{F_1}{F_2}$$

$$\varphi_{22} = 1 - \varphi_{21} = \frac{F_2 - F_1}{F_2}$$

（4）两个曲面组成的封闭体系［见图 7-18（d）］。因 F_1 向 F_2 或 F_2 向 F_1 的投射都要通过两曲面接合的界面处 f，所以 $\varphi_{11} = \varphi_{1f}$，$\varphi_{21} = \varphi_{2f}$，由图可知：

$$\varphi_{12} = \varphi_{1f} = \frac{f}{F_1},\ \varphi_{21} = \frac{f}{F_2}$$

对于更加复杂的几何形状与相对位置时的角度系数，可以用数学分析的方法或通过实验来求得。工程上为计算方便起见，已经将常见的几何形状与相对位置时的角度系数绘制成图线，可从有关书籍中查得。

C 封闭体系内两表面间的辐射热交换

$$Q = C_{12}\left[\left(\frac{T_1}{100}\right)^4 - \left(\frac{T_2}{100}\right)^4\right] F_1 \varphi_{12} \tag{7-67}$$

式中

$$C_{12} = \frac{5.67}{\left(\dfrac{1}{\varepsilon_1} - 1\right)\varphi_{12} + 1 + \left(\dfrac{1}{\varepsilon_2} - 1\right)\varphi_{21}} \tag{7-68}$$

C_{12}称为 1、2 两表面组成系统的综合辐射系数，或称导来辐射系数。C_{12}中因分母恒大于 1，故 C_{12}恒小于 5.67。若两表面全为黑体，则 C_{12}=5.67。

例 7-5 从半连轧加热炉推出的钢坯尺寸为 1500 mm×4000 mm×100 mm，其表面温度 t_1=1300 ℃，黑度 ε_1=0.8 经实测钢坯在送往轧机的辊道上运行时间为 1 min，试求开轧温度 $t_{轧}$ 为何？又知车间温度为 20 ℃，钢坯密度 ρ = 7800 kg/m³，比热容 c = 0.712 kJ/(kg · ℃)，且不考虑除鳞喷水时的温度降落和钢坯向车间的对流散热及向辊道的导热。

解 （1）由两表面辐射换热基本公式知道：

$$Q = C_{12}\left[\left(\frac{T_1}{100}\right)^4 - \left(\frac{T_2}{100}\right)^4\right] F_1 \varphi_{12}$$

钢坯可视为平面 F_1，车间可视为曲面 F_2，即图 7-18（c）种情况。所以有：

$$\varphi_{12} = 1,\ \varphi_{21} = \frac{F_1}{F_2} = \frac{F_1}{\infty} = 0$$

$$C_{12} = \frac{5.67}{\left(\dfrac{1}{\varepsilon_1} - 1\right)\varphi_{12} + 1 + \left(\dfrac{1}{\varepsilon_2} - 1\right)\varphi_{21}} = 5.67 \times 0.8 = 4.536$$

F_1 为整个钢坯的表面积

$$F_1 = 2 \times (1.5 \times 4.0) + 2 \times (4.0 \times 0.1) + 2 \times (1.5 \times 0.1) = 13(\mathrm{m}^2)$$

所以
$$Q = 4.536 \times \left[\left(\frac{1300 + 273}{100}\right)^4 - \left(\frac{273 + 20}{100}\right)^4\right] \times 13$$
$$= 3605854\ (\mathrm{W})$$

即
$$Q = 3605854 \times 60 = 216351(\mathrm{kJ/min})$$

此即 1 min 钢坯的辐射热损失。

（2）再由热平衡即可求出钢坯在一分钟内的温降 Δt 为：

$$Q = Mc\Delta t$$

$$\Delta t = \frac{Q}{Mc}$$

而质量 $M = \rho V = 7800 \times (1.5 \times 4.0 \times 0.1) = 4680(\mathrm{kg})$

$$\Delta t = \frac{216351}{4680 \times 0.712} = 64.9(℃)$$

于是开轧温度 $t_{轧}$ 为：

$$t_{轧} = 1300 - 64.9 = 1235.1(℃)$$

当然实际开轧温度由于除鳞时还有温降，以及钢坯还有向车间对流散热等，故实际开轧温度应乘一个修正系数（由实验确定），可按 0.95 算，所以

$$t_{轧实} = 0.95 \times 1235.1 = 1173.3(℃)$$

7.2.3.4 气体与固体间的辐射热交换

在冶金炉内，燃料燃烧后，热量是通过炉气传给被加热物料的。因此，炉内实际进行的是气体与固体表面间的辐射热交换，而炉气（火焰）的辐射是起着关键作用的。

A 气体辐射的特点

气体的辐射和吸收与固体比较起来有很多特点，主要有以下三点。

（1）不同的气体，其辐射和吸收辐射能的能力不同。气体的辐射是由原子中自由电子的振动引起的。单原子气体和双原子气体（如 N_2、O_2、H_2）没有自由电子，因此它们的辐射能力都微不足道，实际上是透热体。但多原子气体，尤其是燃烧产物中的三原子气体，如 H_2O、CO_2、和 SO_2，却具有相当大的辐射能力和吸收能力。

（2）气体的辐射和吸收，对波长具有选择性。固体的辐射光谱是连续的，即它能辐射和吸收 $\lambda = 0 \sim \infty$ 所有波长的辐射能。而气体只能辐射和吸收某一定波长间隔中的辐射能，即它只能辐射和吸收光谱中某些部分的能量，这些波长范围即所谓“光带”。对于光带以外的辐射线，气体就成为透热体，所吸收和放射的能量等于 0。因此，气体的辐射和吸收都带有选择性。二氧化碳和水蒸气的辐射和吸收光带见表 7-16。

（3）在气体中，能量的吸收和辐射是在整个体积内进行的。固体的辐射和吸收都是在表面进行的，气体则是在整个体积内进行。当热射线穿过气体时，其能量因沿途被气体所吸收而减少。这种减少取决于沿途所遇到的分子数目。碰到的气体分子数目越多，被吸收的辐射能量也就越多。而射线沿途所遇到的分子数目与射线穿过时所经过的路程长短及气体的压力有关。

表 7-16 二氧化碳和水蒸气的辐射和吸收光带

光 带	气体种类			
	H_2O		CO_2	
	波长自 $\lambda_1 \sim \lambda_2/\mu m$	$\Delta\lambda/\mu m$	波长自 $\lambda_1 \sim \lambda_2/\mu m$	$\Delta\lambda/\mu m$
第一光带	2. 24~3. 27	1. 03	2. 36~3. 02	0. 66
第二光带	4. 8~8. 5	3. 7	4. 01~4. 8	0. 79
第三光带	12~25	13	12. 5~16. 5	4. 0

火焰的黑度对于炉内辐射传热有重要的意义。单从燃料燃烧生成的二氧化碳和水蒸气计算，炉气的黑度是不大的（$\varepsilon_{气}=0.2\sim0.3$），但燃料中部分碳氢化合物高温热分解生成极细的炭黑，这种固体炭黑微粒的辐射能力比气体大得多（$\varepsilon=0.95$），而且可以辐射可见光波。由于这种发光火焰的存在，使火焰的辐射能力提高，因而加速金属的加热和熔化，使炉子的生产率得到显著增加。这种增加火焰黑度的方法（通常在气体火焰中喷入少量重油或焦油），称为火焰掺碳，此法已广泛应用于某些炉子，烧油时火焰的辐射能力比烧煤气时的火焰辐射能力大得多就是一个典型的例子。这是因为烧油时（特别是焦油），火焰中有热分解的碳粒，这种碳粒颗粒很小，但黑度很大。又如同样条件下，由于水蒸气的黑度比二氧化碳的黑度大，因此烧焦炉煤气（含有大量的 H_2 和 CH_4）比烧高炉煤气的辐射性要好，烧天然气（含有 90%以上的 CH_4），其辐射能力比焦炉煤气要好。

必须指出，产生固体炭黑微粒的同时，将使燃料不完全燃烧，降低了火焰的温度。这样虽然黑度增加了，但是由于温度的降低，却有可能使辐射下降，反而对传热不利。因此，只有当火焰黑度很低时，采用火焰掺碳才有较大效果。

B 气体与固体之间的辐射热交换

如炉子或通道，内部充满辐射气体，计算气体与其周围壁间的辐射传热时，气体对壁辐射的净热量为：

$$Q=\frac{5.67}{\dfrac{1}{\varepsilon_{壁}}+\dfrac{1}{\varepsilon_{气}}-1}\left[\frac{\varepsilon_{气}}{A_{气}}\left(\frac{T_{气}}{100}\right)^4-\left(\frac{T_{壁}}{100}\right)^4\right]F_{壁} \tag{7-69}$$

若忽略气体黑度与吸收率之间的差别，令 $A_{气}=\varepsilon_{气}$，则

$$Q=\frac{5.67}{\dfrac{1}{\varepsilon_{壁}}+\dfrac{1}{\varepsilon_{气}}-1}\left[\left(\frac{T_{气}}{100}\right)^4-\left(\frac{T_{壁}}{100}\right)^4\right]F_{壁} \tag{7-70}$$

7.2.4 综合传热

实际传热现象中，几乎都是两种或三种换热方式同时发生。例如，气体与壁面间换热通常都是对流和辐射同时进行的综合换热过程。而在炉膛内对钢坯的加热过程、炉气通过炉墙向大气的散热损失及换热器中高温流体与低温流体间的换热过程等则往往是三种换热方式同时进行的。这些两种或两种以上传热方式同时存在的传热过程，称为综合传热（换热）。以下就常见的

微课
综合传热

稳态下综合换热加以讨论。

7.2.4.1 气体与壁面间的综合换热

对一般的换热装置，气体与壁面间的换热通常是辐射和对流同时存在下的综合换热。这时总热量应是辐射传热量和对流给热量之和。如果以 Q 表示所得总热量，则根据式(7-46)和式（7-70）的可得

$$Q = \alpha_{对}(t_1 - t_2)F + C_{12}\left[\left(\frac{T_1}{100}\right)^4 - \left(\frac{T_2}{100}\right)^4\right]F \tag{7-71}$$

为了方便起见，可将两个传热量都用对流给热形式表示，令

$$\alpha_{辐} = \frac{C_{12}\left[\left(\frac{T_1}{100}\right)^4 - \left(\frac{T_2}{100}\right)^4\right]}{t_1 - t_2}$$

则

$$\alpha_{辐}(t_1 - t_2) = C_{12}\left[\left(\frac{T_1}{100}\right)^4 - \left(\frac{T_2}{100}\right)^4\right] \tag{7-72}$$

将式（7-72）代入式（7-71）得

$$\begin{aligned} Q &= \alpha_{对}(t_1 - t_2)F + \alpha_{辐}(t_1 - t_2)F \\ &= (\alpha_{对} + \alpha_{辐})(t_1 - t_2)F \end{aligned}$$

$$\alpha_{\Sigma} = \alpha_{对} + \alpha_{辐}$$

$$Q = \alpha_{\Sigma}(t_1 - t_2)F \tag{7-73}$$

式（7-73）是对流和辐射同时存在的综合传热的基本公式。

显然，正确地选用 t_1、t_2、F、$\alpha_{对}$ 和 C_{12} 是准确地计算物体综合传热的关键。由式（7-73）中看出，物体间的温度差、给热表面积和综合给热系数是影响辐射和对流同时存在的综合传热的三个基本因素。

7.2.4.2 流体通过固体对另一流体的综合传热

当一壁面两侧存在着温度不同的流体时，就必然有热量从高温侧向低温侧传递。例如，热管道内的高温流体通过管壁向大气空间的传热、炉内气体通过炉衬向大气空间或水冷设备的传热、换热器内高温流体通过管壁向低温流体的传热等都属于这种综合传热。

图 7-19 是这种综合传热机构的示意图。由图 7-19 中看出，壁的一侧为高温流体，另一侧为低温流体。因此，这种综合传热包括三个传热过程：（1）高温流体对壁的高温表面辐射和对流的综合给热过程；（2）壁的高温表面对壁的低温表面的传导传热过程；（3）壁的低温表面对低温流体的综合给热过程。

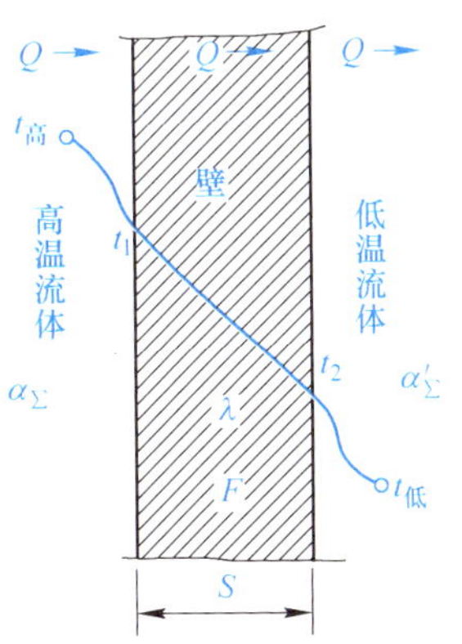

图 7-19 流体通过固体对另一流体的传热

动画
综合传热

如果传热是稳定热态，而且固体壁为单层平壁，则这三个过程的关系式分别为：

$$Q=\alpha_{\Sigma}(t_{高}-t_1)F$$

$$Q=\frac{\lambda}{S}(t_1-t_2)F$$

$$Q=\alpha'_{\Sigma}(t_2-t_{低})F$$

将以上三式联立可得：

$$Q=\frac{1}{\frac{1}{\alpha_{\Sigma}}+\frac{S}{\lambda}+\frac{1}{\alpha'_{\Sigma}}}(t_{高}-t_{低})F$$

这是高温流体通过单层平壁向低温流体的综合传热的基本公式。这个公式也可用另一种形式表示，令

$$K=\frac{1}{\frac{1}{\alpha_{\Sigma}}+\frac{S}{\lambda}+\frac{1}{\alpha'_{\Sigma}}}$$

$$Q=K(t_{高}-t_{低})F \tag{7-74}$$

K 称为传热系数，它代表由外部给热和内部导热组成的综合传热的传热本质。K 值大时则说明此综合传热的传热能力强，反之则弱。

传热系数 K 的倒数称为热阻，而且通常称$\frac{1}{\alpha_{\Sigma}}$和$\frac{1}{\alpha'_{\Sigma}}$为外热阻。热阻常用符号 R 表示，单位是 $m^2\cdot$℃/W。

如果平壁为多层，其综合传热量仍用式（7-74）计算，这时其传热系数为：

$$K=\frac{1}{\frac{1}{\alpha_{\Sigma}}+\sum_{i=1}^{n}\frac{S_i}{\lambda_i}+\frac{1}{\alpha'_{\Sigma}}}$$

有时高温流体的温度是未知数，或有时很难确定高温流体对壁的高温表面的辐射给热系数。为此，将后两式联立并经整理可得不包括 $t_{高}$ 和 α_{Σ} 在内的如下单层平壁的综合传热公式：

$$Q=K\ (t_1-t_{低})\ F$$

$$K=\frac{1}{\frac{S}{\lambda}+\frac{1}{\alpha'_{\Sigma}}} \tag{7-75}$$

此情况下的 n 层平壁的综合传热量仍用式（7-75）计算，而其传热系数为：

$$K=\frac{1}{\sum_{i=1}^{n}\frac{S_i}{\lambda_i}+\frac{1}{\alpha'_{\Sigma}}}$$

大多数的圆筒壁都可用平壁计算。但当圆筒的内半径小于壁厚时，则高温流体通过单层圆筒壁向低温流体的综合传热公式为：

$$Q=\frac{t_{高}-t_{低}}{\dfrac{1}{\alpha_{\Sigma}\cdot F_{内}}+\dfrac{S}{\lambda\cdot F_{均}}+\dfrac{1}{\alpha'_{\Sigma}\cdot F_{外}}} \tag{7-76}$$

7.2.4.3 火焰炉内的综合传热

连续加热炉、均热炉、炼铜反射炉、熔铝反射炉、各种回转窑等都属于火焰炉。参与炉膛内热交换过程的有三种基本物质：炉气、炉壁和被加热金属，这三者之间热量交换过程如图 7-20 所示。

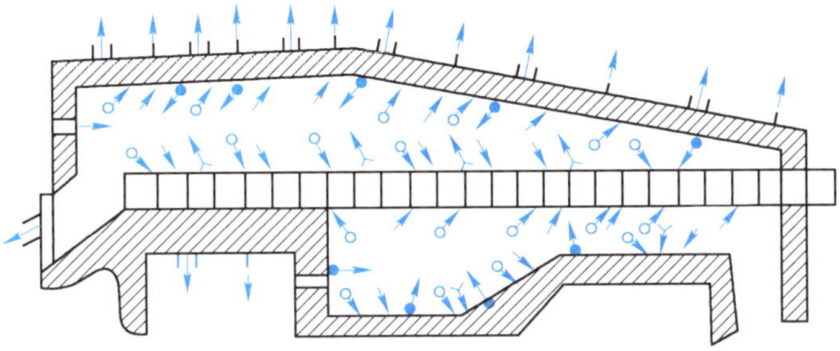

图 7-20 加热炉炉膛传热示意图

由燃烧废气辐射传给钢坯（锭）或炉墙；
由燃烧废气对流传给钢坯（锭）或炉墙；
由炉墙辐射传给钢坯（锭）或透过炉气传到炉墙其他部位；
由钢坯（锭）对外辐射透过炉气投射到炉墙；
由炉墙辐射给外部周围；
由炉墙对流给外部周围

动画
加热炉内的热交换

燃料燃烧所产生的炉气是加热炉炉膛内的热源。炽热的气体以对流与辐射的方式把热量传给被加热金属的表面，同时也传给炉壁。金属与炉壁各吸收一部分热量后，把其余的反射出来。被金属吸收的热量加热了金属，使金属的温度升高；而反射出来的辐射能在经过炉气时，被炉气吸收一部分，其余的透过炉气又投射到炉壁上。同样，炉壁表面吸收一部分热量后，将其余的反射出去，而反射出去的辐射能在经过炉气时被吸收一部分，其余的透过炉气又投射到金属表面和炉壁的其他部位。

炉墙在吸收炉气以对流和辐射方式传来的热量的同时，也吸收金属辐射来的热量，也就是说这里不仅存在气体与固体间的热交换，而且也存在金属与炉壁间的辐射热交换。另外，炉壁也向外辐射和反射热量。同样，金属在吸收炉气以对流和辐射方式传来的热量和炉壁辐射来的热量的同时，本身也向外辐射和反射热量。

可见，炉膛内的热量交换过程是很复杂的，辐射、对流和传导同时存在。对炉内坯料的加热，对流、辐射、传导在不同的温度范围所占的比例不同。在 800 ℃以下时，炉气与金属工件之间的传热主要依靠对流给热；在 800～1000 ℃时，炉气与金属工件之间的传热则要同时依靠对流和辐射换热；在高于 1000 ℃时，炉气与金属工件之间的传热主要依靠辐射换热，这时金属所吸收的热量约 90%通过辐射换热方式实现。

为使问题简化，先做如下假设：

（1）火焰充满炉膛，而且火焰、炉壁、物料各处的温度都是均匀的，分别为 $T_气$、$T_壁$、$T_料$；

（2）炉壁已达到稳定热态，本身不吸收辐射热量，而通过传导向外散失的部分热量，近似地看作由炉气对流给热来补偿；

（3）火焰的黑度与吸收率相等；

（4）物料为平面，并布满炉底（即 $\varphi_{料壁}=1$）。

对高温火焰炉，炉气传给物料的总热量可由下式计算：

$$Q = Q_{对} + Q_{辐}$$

式中 $Q_{对}$——火焰对物料的对流给热量，W；

$Q_{辐}$——火焰及炉壁向物料的辐射热量，W。

根据对流给热和辐射换热的计算公式：

$$Q = \alpha_{对}(t_{气} - t_{料})F_{料} + C_{气壁料}\left[\left(\frac{T_{气}}{100}\right)^4 - \left(\frac{T_{料}}{100}\right)^4\right]F_{料} \tag{7-77}$$

式中 $C_{气壁料}$——炉气及炉壁向物料传热的综合辐射换热系数。

$$C_{气壁料} = \frac{5.67\varepsilon_{气} \cdot \varepsilon_{料}[1 + \varphi_{壁料}(1 - \varepsilon_{气})]}{\varepsilon_{气} + \varphi_{壁料}[\varepsilon_{料} + \varepsilon_{气}(1 - \varepsilon_{料})]}$$

将上式中分子分母同除以 $\varphi_{壁料} \cdot \varepsilon_{气}$，则 $C_{气壁料}$ 也可写成下列形式：

$$C_{气壁料} = \frac{5.67\varepsilon_{料}[\omega + (1 - \varepsilon_{气})]}{\omega + \dfrac{1 - \varepsilon_{气}}{\varepsilon_{气}}[\varepsilon_{料} + \varepsilon_{气}(1 - \varepsilon_{料})]} \tag{7-78}$$

式中 ω——炉围展开度，$\omega = \dfrac{F_{壁}}{F_{料}} = \dfrac{1}{\varphi_{壁料}}$，其中，$F_{壁}$是炉子内壁的面积，$F_{料}$是物料的有效辐射面积。

为了计算方便，取 $\varepsilon_{料}=0.8$，代入式（7-78），并将计算结果制成图。如图 7-21 所示，使用时根据 ε 和 ω 即可查出 $C_{气壁料}$。

由图 7-21 可以看出以下几个方面。

（1）随着气体黑度的增加，$C_{气壁料}$也增加，但当 $\varepsilon_{气}$大于 0.4 之后再增加 $\varepsilon_{气}$，则 $C_{气壁料}$增加得不多，因此，当气体黑度小于 0.4 时，增加气体黑度是强化辐射传热的有效途径。由于气体的黑度随着炉气中 CO_2 与 H_2O 的含量及火焰中炭粒的多少发生改变，因此，如果采用粉煤、重油或焦油与煤气混合燃烧，则能增加火焰的亮度，也即增加火焰的黑度，从而加强火焰的辐射强度。但是当 $\varepsilon_{气}$大于 0.4 后，再增加 $\varepsilon_{气}$，则意义不大。如果这时增加黑度是采用碳氢化合物分解的办法，反而会因温度低而使辐射能力降低。

（2）炉围开展度越大，则 $C_{气壁料}$越大，辐射传热越强，但此结论只适合于炉气充满炉膛的情况下，如果炉气不充满炉膛，则增大炉墙面积，不仅不会使辐射传热加强，反而因通过炉墙的传导，使热损失增大。

（3）式（7-78）不包括炉墙黑度，故炉墙黑度不影响辐射传热。因为炉墙黑度大，则

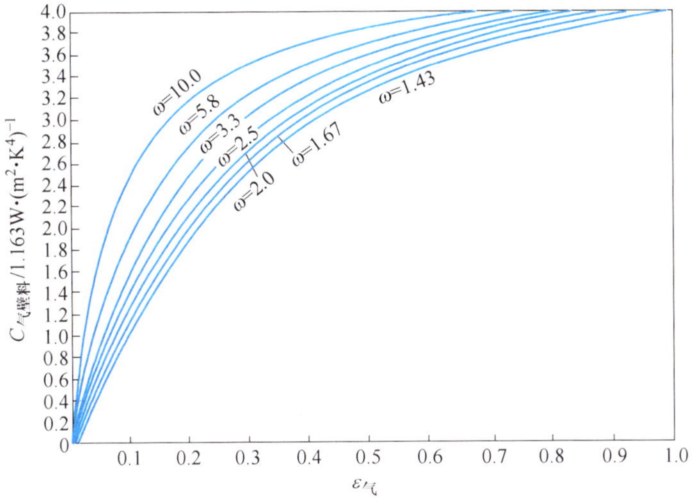

图 7-21 $C_{气壁料}$与 $\varepsilon_{气}$ 及 ω 的关系

(1 kcal/h = 1.163 W)

通过炉墙反射出去的热量少，而被炉墙吸收后辐射出去的热量多，如果炉墙黑度小，则被炉墙吸收后辐射出去的射线少，而反射出去的多。

（4）气体黑度越大，炉墙对热交换起的作用越小。当气体黑度等于 1.0 时，$C_{气壁料}$ 为常数，则炉墙对热交换就不再发生作用，这是因为炉墙反射和辐射出来的能量全部被气体吸收，不可能达到炉料表面，反之，当气体黑度小时，炉墙的作用就显著。

7.2.5 钢坯加热时间的计算

前面所讨论的传热过程都是稳定态下的传热，即物体的温度场不随时间发生变化。实际上在物体加热和冷却过程中，其温度场是随着时间发生变化的，也就是说实际物体内的导热是不稳定态下的导热过程，因此要计算钢坯的加热时间或加热温度就要对不稳定态下的导热进行研究。

研究不稳定导热的主要目的是找出物体内部各点的温度及传递的热量随时间变化的规律，从而了解在加热或冷却过程中物体断面上的温度分布情况及物体的加热时间。不稳定态下导热问题的求解方法有数学分析法、数值解法和实验法等，数学分析法可以扫码学习，这里主要介绍使用经验公式计算加热时间。

一般工程设计和改造扩建加热炉时，常根据一些类型炉子的实际效果利用经验公式来估算连续加热炉的加热时间 τ，这种方法比较简单方便，但有一定局限性。

文本
数学分析法
计算加热时间

连续加热炉中常用的经验公式如下。

（1）黑斯公式：

$$\tau = K\frac{S}{1.24 - S} \tag{7-79}$$

式中 S——钢料的全厚，m；

K——系数，单面加热 $K=22.7$，两面加热 $K=13.9$；

τ——钢坯加热时间，h。

（2）泰茨公式：

$$\tau=(11.7+8.35S)S \tag{7-80}$$

式中 S——钢料的全厚，m；

τ——钢坯加热时间，h。

（3）炉尾烟气温度为800~850 ℃，炉底强度小于500 kg/(m^2·h)，对于三段式连续加热炉中两面加热低碳钢可用式（7-81）计算：

$$\tau=(7.0+0.05S)S \tag{7-81}$$

式中 τ——加热时间，min。

（4）炉尾烟气温度为1100~1200 ℃，P 为700 kg/(m^2·h）以上的三段式或多段式炉可用式（7-82）计算：

$$\tau=(5.0+0.1S)S \tag{7-82}$$

式中 τ——加热时间，min。

（5）按单位厚度钢料加热时间的经验数据来估计 τ 的公式：

$$\tau=C\cdot S \tag{7-83}$$

式中 S——钢料厚度，cm；

C——每厘米厚的钢料加热所需的时间，h/cm。其中，对软钢及低碳钢：$C=0.1\sim0.15$ h/cm；对中碳钢和低中合金钢：$C=0.15\sim0.2$ h/cm；对高碳钢和高合金钢：$C=0.2\sim0.3$ h/cm；对高级工具钢：$C=0.3\sim0.4$ h/cm。

（6）根据经验的炉底强度确定 τ：

$$\tau=\frac{\rho\cdot S}{P} \tag{7-84}$$

式中 ρ——钢料的密度，kg/m^3；

S——钢料的全厚，m；

P——有效炉底强度，kg/(m^2·h)；

τ——钢坯加热时间，h。

任务实施

7.2.6 节能操作规范

不同厂的节能操作规范各有特点，以某中板厂为例介绍其节能操作规范见表7-17。

表 7-17　某中厚板厂节能操作规范

序号	作业名称	作业内容与方法	相关要求
1	降温保温	按中厚板厂《工艺技术规程》要求控制加热炉各段温度	
2	节电作业	(1) 4 h（含4 h）以上检修，停 1 号、2 号加热炉液压站； (2) 气温低于-10 ℃时，4 h 以上停机，关闭加热炉液压站，生产前 1 h 开启； (3) 气温低于-15 ℃时，停机期间可不关闭液压站	泵电机开启数量执行轧钢作业区下发的《停开机操作规范》相关要求
3	节约压缩空气	2 h 以上停机，关闭加热区域摄像头冷却用净化压缩空气	可生产前 1 h 开启
4	控制室式炉炉压	按照“三协调”方法操作	“一协调”：火焰长度与阀门开口度的协调。 保温初期，调整空气和煤气压力稳定在 7.5~8.5 kPa，逐个对蓄热室烧嘴火焰长度进行标定，根据火焰长度对阀门开口度进行固定，火焰长度不超过炉宽的一半（3~3.5 m），防止两侧火焰射流的相互影响。 “二协调”：供热量与排烟量协调。 升温中期，减少炉内气体流动，烧嘴七对开启六对；在 750~1100 ℃升温时，采用高炉煤气燃烧系统均匀升温，最大升温速度不超过 85 ℃/h，1100~1240 ℃采用高炉煤气和上部混合煤气同时使用，下部混合煤气不参与升温。 “三协调”：蓄热室温度与烟机排烟温度的协调。 保温末期，根据蓄热室的温度调整空烟、煤烟手阀开口度，将蓄热室温度控制在 100~150 ℃；结合调整风机压力参数，将空烟风机、煤烟风机管道内温度控制在 80~150 ℃

7.2.7 节能控制措施

钢铁厂节能控制措施，因生产的产品不同差异很大，下面以某带钢厂为例，介绍其节能控制措施。

7.2.7.1 节电

节电措施为：

(1) 换辊及 0.5 h 以上停机，停加热炉区域辊道电机；

（2）1 h 以上停机，停加热炉区域轴流风机；

（3）检修期间，按照检修计划启停液压站；

（4）停炉后，炉温 400 ℃以下，停排烟风机；

（5）停炉后，炉温 200 ℃以下，停助燃风机；

（6）停炉后，炉温 100 ℃以下，停循环泵、给水泵。

7.2.7.2 节约压缩空气

当停机 2 h 及以上时，停机后板坯激光冷热检装置冷却用压缩空气继续吹扫 40 min，接到作业长通知后方可停止；生产前 40 min 开启。

7.2.7.3 节约燃气

8 h 以上检修关闭预热段、一加段、二加段烧嘴，均热段炉温控制在 800~950 ℃。

问题讨论

你还能想到哪些节能措施？

任务 7.3 提出烟气污染物指标控制方略

任务描述

微课
烟气污染物的控制

大气污染是指由于人类活动和自然过程引起某种物质进入大气中，呈现出足够的浓度，达到足够的时间，超过了自然界动态平衡恢复能力，并因此而危害了人体的舒适、健康和福利或危害环境的现象。

引起大气污染的来源称为污染源。污染源有的来自自然界，如火山爆发、森林火灾、自然尘、森林植物释放的萜烯类碳氢化合物、海浪飞沫颗粒物等；有的来自人类活动，如燃料燃烧、废物的焚烧、工业生产过程的排放、交通运输过程的排放、农业活动排放等。这些直接排放到大气中的污染物称为一次污染物；一次污染物被太阳照射后，经过一系列的光化学反应产生的污染物称为二次污染物。大气污染物按其存在状态，可分为气溶胶污染物和气态污染物两类。气溶胶污染物有粉尘、烟、飞灰、黑烟和雾等；气态污染物有氮氧化物、硫氧化物、碳氧化物等。大气污染物主要来自燃料燃烧过程、工业生产过程和交通运输过程三个方面。根据我国对烟尘、SO_x、NO_x和 CO 四种污染物来源的统计分析，燃料燃烧生成的大气污染物约占全部污染物的 70%，工业生产生成的约占 20%，交通运输过程生成的约占 10%。由此可见，燃料燃烧是大气污染物的主要来源。

轧钢加热炉是轧钢过程中所需的关键设备，其生产过程中会产生颗粒物、SO_x、NO_x等有害物质，随着环保排放标准越来越严，国家治理污染的力度不断加大，目前轧钢加热炉烟气排放污染物的治理已初见成效，在轧钢加热生产中，排放标准要求：基准含氧量 8% 的情况下，颗粒物排放浓度小于等于 10 mg/m^3，二氧化硫排放浓度小于等于 50 mg/m^3，氮氧化物排放浓度小于等于 150 mg/m^3。有的地区要求标准更高：颗粒物不超过 8 mg/m^3；

二氧化硫不超过 30 mg/m³；氮氧化物小时均值不超过 50 mg/m³。因为基准含氧量为 8%，所以实际检测烟气污染物时，应同时对烟气中的氧含量进行实测，实测烟气污染物排放浓度应按式（7-85）换算为含氧量 8%状态下的基准排放浓度，并以此作为判定排放是否达标的依据。操作人员通过主控室一级电脑画面监控环保指标，出现问题及时处理。

$$C_{基} = \frac{21 - 8}{21 - O_{实}} \cdot C_{实} \tag{7-85}$$

式中　$C_{基}$——污染物基准排放浓度，mg/m³；

$C_{实}$——实测污染物排放浓度，mg/m³；

$O_{实}$——实测的干烟气中含氧量体积分数,%。

知识准备

7.3.1　硫氧化物的生成及防治

燃料燃烧产生的含硫化合物主要是 SO_x，SO_x 主要指 SO_2 和 SO_3。

7.3.1.1　SO_x 的生成与危害

A　气体燃料中的硫

气体燃料中的硫含量较少，主要以气态 H_2S 的形式存在，天然气中硫含量一般小于 1%，而且气态的 H_2S 比较容易除去。因此，由气体燃料燃烧造成的硫化物污染一般不太严重。

B　SO_x 的生成

气体燃料中的硫在燃烧过程中与氧气反应生成 SO_2 和 SO_3，但 SO_3 的浓度很低。在完全燃烧条件下，有 0.5%～2.0%的 SO_2 将进一步氧化而生成 SO_3。

C　硫酸雾、酸雨及酸性尘

烟气中的水蒸气和 SO_3 结合生成硫酸（H_2SO_4）蒸气，这些硫酸蒸气在温度降低时，就会凝结成硫酸滴，称为硫酸雾。硫酸雾在大气中与粉尘结合会形成酸性粉尘，被雨水淋落而产生酸雨。烟气进入大气后，SO_2 由于日光照射而缓慢转化成 SO_3，从而生成硫酸烟雾。SO_2 是一种无色具有强烈辛辣窒息性气味的气体，对黏膜和呼吸道有强烈的刺激作用。大气中含（0.3～1.0）×10^{-6} m³/m³ 的 SO_2 时，人们便会有感觉。SO_3 的吸湿性很强，与空气中的水汽结合将生成具有强腐蚀性硫酸烟雾，对动植物、建筑与设备（尤其是金属部位）具有严重的危害性，也是酸雨的主要有害组成。

7.3.1.2　SO_x 的防治方法

减少 SO_x 的排放主要有两条基本途径：一方面是减少其生成；另一方面是清除烟气中的 SO_x 之后再排放。具体方法有以下几种。

（1）采用低硫燃料。采用低硫燃料是减少 SO_x 的方法之一。例如，气体燃料的 H_2S 含量一般低于 0.5%，而且目前已有较成熟的技术可以将 H_2S 除去。因此，若条件许可，可以优先选用含硫量低的气体燃料。

（2）燃烧前脱硫。燃料在进入燃烧设备之前对含硫量高的燃料进行脱硫处理。对于气体燃料中的 H_2S，主要采用吸收法进行处理。常用的吸收剂有氨水、碳酸钠、乙醇胺等。

（3）低氧燃烧。燃料中的硫在燃烧过程中和空气中的氧化合生成 SO_2，部分 SO_2 进一步氧化成 SO_3，与烟气中的水结合将产生硫酸 H_2SO_4，从而带来低温腐蚀和酸性尘等问题。影响 SO_3 生成量的因素，除燃料的含硫量外，主要与烟气中氧的浓度有关。降低剩余氧的浓度可降低 SO_3 的转化率。因此，低氧燃烧能够有效地控制由于硫燃烧引起的危害。

7.3.1.3 烟气脱硫技术

除非采用无硫燃料，否则要彻底消除烟气中硫的氧化物是困难的，为了降低烟气中硫的氧化物的排放量，通常还要采用烟气脱硫技术。

烟气脱硫是一种燃烧后处理法，是在烟气排入大气之前，利用碱性脱硫剂对烟气中 SO_x 进行脱硫反应。常用的脱硫剂主要有消石灰、石灰石、白云石等钙基脱硫剂。脱硫剂一般利用炉内较高温度进行自身煅烧，煅烧产物与 SO_x 发生反应，生产硫酸盐或亚硫酸盐，以灰渣的形式排出炉外，减少 SO_x 向大气的排放，达到脱硫的目的，其反应式如下。

（1）脱硫剂的分解反应：

$$\text{消石灰 } Ca(OH)_2 = CaO + H_2O$$

$$\text{石灰石 } CaCO_3 = CaO + CO_2$$

$$\text{白云石 } CaCO_3 \cdot MgCO_3 = CaO + MgO + 2CO_2$$

（2）硫化反应：

$$CaO + SO_2 + \frac{1}{2}O_2 = CaSO_4$$

少量的 SO_3 也会与 CaO 直接反应生成 $CaSO_4$。

按使用脱硫剂的形态和原理可分为干法和湿法两大类。干法采用粉状或粒状脱硫剂除去 SO_x；湿法采用液体脱硫剂除去 SO_x。干法脱硫后烟气温度降低不大，烟气从烟囱中排出后易于扩散出去。湿法脱硫的效率较高，易操作，但存在废水的后处理问题，而且烟气的温度降低过多，不利于烟囱排放，容易对工厂所在区造成污染。因此，目前轧钢加热炉烟气脱硫大多采用干法脱硫，该反应过程中，脱硫塔充当做一个填装脱硫剂的容器，烟气自下而上，脱硫剂在重力作用下自上而下，烟气由下部进入干法脱硫固定床后，二氧化硫将与脱硫剂发生反应，生成硫化物。经过一段时间，脱硫剂会被硫化物覆盖，这时要将硫化物清除掉，以便让脱硫剂继续发挥作用。

7.3.2 氮氧化物的生成与控制

7.3.2.1 氮氧化物的种类、生成机理及危害

A 氮氧化物的种类及生成机理

燃烧过程中生成的氮氧化物（NO_x）主要指 N_2O、NO 和 NO_2，其中 NO 约占 90%。在燃烧过程中产生 NO_x 的氮有两个来源：一个是燃烧用空气中的氮气，另一个是燃料中所含

的氮。燃烧过程中生成的 NO_x 主要有三个途径：一是温度型 NO_x，温度足够高时，可占到 NO_x 总量的 20%左右；二是瞬时型 NO_x，生成量很小；三是燃料型 NO_x，占 NO_x 总生成量的 60%~80%。

（1）温度型 NO_x。空气中的氮气，在高温下氧化而产生的氮氧化物，称为温度型 NO_x。

温度型 NO_x 生成反应基本上是在燃料燃烧后期才发生，故在火焰中不会产生大量温度型 NO_x。实验发现，火焰温度低于 1500 ℃时，温度型 NO_x 生成量极少；当火焰温度高于 1500 ℃时，生成速度就显著提高。可见，温度的影响对温度型 NO_x 的生成具有决定性作用，温度越高，NO_x 的浓度越大。另外，烟气在高温区的停留时间和氧浓度对 NO_x 的生成也有影响。烟气在高温区的停留时间越长，NO_x 的生成量越多；随着空气过剩系数的增加，NO_x 的生成量先增加，到一定极值后会下降。对于有焰燃烧，NO_x 的最大值在空气过剩系数大于 1 的区域。

（2）瞬时型 NO_x。在富燃料（缺氧）的燃烧区域，碳氢燃料分解产生的 CH、C_2 等自由基与空气中的氮气（N_2）发生反应，生成中间产物如氰化氢（HCN）、氨基（NH）等。

反应示例：$$CH + N_2 \longrightarrow HCN + N$$

中间产物进一步氧化生成 NO_x。

瞬时型 NO_x 主要在高温富燃火焰中快速生成。因此，降低燃烧温度是抑制瞬时型 NO_x 的有效途径，另外提高空气过剩系数可以降低碳氢燃料火焰区内 CH 和 C 自由基的浓度，从而抑制瞬时型 NO_x 的形成。由此可见，空气过剩系数对瞬时型 NO_x 和温度型 NO_x 的影响是相反的。

（3）燃料型 NO_x。燃料型 NO_x 是在 600~900 ℃较低温度条件下，燃料中结合氮在燃烧过程中直接氧化生成，由燃料中的氮生成的 NO_x 称为燃料型 NO_x。其生成机理是很复杂的，通常认为有如下两条途径：1）燃料中含有的氮化合物；2）燃料中的有机氮化合物分解为 HCN、CN、NH、NH_2 等中间产物，然后与 O_2、O、OH 作用进而生成 NO_x。当燃料温度为 800℃时，烟气中的 NO_x，主要是由燃料中的氮生成的。

B 氮氧化物的危害

NO 为无色无嗅气体，它与血色素的亲和力很强，为 CO 的数百倍至 1000 倍。当浓度大时，其毒性较大，很易和动物血液中的血色素结合，造成血液缺氧而引起中枢神经麻痹。NO_2 为棕色气体，具有强氧化性。NO_2 是非常有害的气体，它可使人体的血色素硝化，吸入 NO_2 可引起呼吸系统的疾病，其毒性约为 SO_2 的 10 倍。当 NO_2 浓度为（90~100）$\times10^{-6}$ m^3/m^3 时，接触 3 h 就可致人死亡。在太阳紫外线的照射下，排入大气中的 NO_x 与碳氢化合物可发生反应生成具有强氧化能力的有害物质，并形成光化学烟雾。由 NO_x 和 SO_x 生成的硝酸和硫酸同为酸雨的主要成分。光化学烟雾和酸雨都是十分有害的环境污染物。

7.3.2.2 减少气体燃料氮氧化物的措施

减少气体燃料氮氧化物的措施有以下几个方面。

（1）改善操作条件。这种方法是用降低燃烧温度和 O_2 浓度来抑制 NO_x 生成的，其措施是降低过剩空气量、降低热负荷和降低空气预热温度。

当燃料和空气的混合比例改变时，火焰各部分的温度和 O_2 浓度也发生变化。通常情况下，当空气过剩系数为 1.03~1.07 时，降低含氧量可显著减少 NO_x 的生成量。这是因为空气中的 N_2 得不到氧气，因而可以降低温度型 NO_x 的生成。对气体燃料而言，低氧燃烧技术是降低 NO_x 生成量的有效措施。燃烧装置低负荷运行时，由于供给燃烧装置的燃料减少，使炉内温度水平下降，从而使 NO_x 生成量减少。

燃烧设备低负荷运行，由于炉内温度水平下降，其燃烧效率将降低，即化学不完全燃烧损失和机械不完全燃烧损失将增加。因此，应根据各方面情况适当处理。

降低空气预热温度，可以使火焰温度下降，从而使 NO_x 的生成量下降。但是，这一方法的缺点是燃烧设备的效率下降，在实际运行中应综合考虑这两个方面的影响。

改善操作条件不需要对燃烧装置进行改造，比较简单易行，但其改进范围有限，而且可能带来热效率下降、燃料不完全燃烧等不良影响。因此，仅靠这种方法难以取得各方面都满意的效果。

（2）空气分级降低 NO_x 排放。空气分级供给基本原理是将空气分阶段供给，避免温度过高及空气过剩系数在 NO_x 生成区处于较高的水平，从而降低 NO_x 生成。将燃烧用的空气分两阶段送入。在第一阶段，将从主燃烧器供入炉膛的空气量减少到总燃烧空气量的 70%~75%（相当于理论空气量的 80%），使燃料先在缺氧的富燃料燃烧条件下燃烧。此时第一级燃烧区内空气过剩系数小于 1，燃料燃烧速度和燃烧温度降低，燃烧生成 CO，将已有的 NO_x 还原分解，从而抑制燃料 NO_x 的生成。为了完成全部燃烧过程，完全燃烧所需的其余空气则通过布置在主燃烧器上方的专门空气喷口（overfire air，OFA）——称为“火上风”喷口送入炉膛，与第一级燃烧区在“贫氧燃烧”条件下所产生的烟气混合，在空气过剩系数大于 1 的条件下完成全部燃烧过程，虽然这时空气量多，但由于火焰温度较低，所以在第二级内也不会生成较多的 NO_x，因而总的 NO_x 生成量是降低的。由于整个燃烧过程所需空气是分两级供入炉内，故称为空气分级供给燃烧法。

（3）烟气再循环降低 NO_x 排放。将部分低温烟气直接送入炉内，或与空气（一次风或二次风）混合后送入炉内。因烟气吸热和稀释了氧浓度，使燃烧速度和炉内温度降低，所以 NO_x 减少。

（4）浓淡偏差燃烧。浓淡偏差燃烧是使部分燃料在空气不足下燃烧，即燃料过浓燃烧；另一部分燃料在空气过剩下燃烧，即燃料过淡燃烧。燃料过浓部分，因氧气不足，燃烧温度不高，所以燃料 NO_x 均不高。燃料过淡部分，因空气量很大，燃烧温度降低，使 NO_x 降低。因此，这种方法只要在总风量不变时，调整不同喷口的燃料与空气的比例，然后保证浓淡两部分燃气充分混合并燃尽。该方法较简单，NO_x 显著减少。

（5）燃料分级燃烧。在燃烧中已生成的 NO 遇到烃根 CH_i 和未完全燃烧产物 CO、H_2、C 和 C_mH_n 时，会发生 NO 的还原反应，反应式为：

$$4NO + CH_4 = 2N_2 + CO_2 + 2H_2O$$

$$2NO + 2C_mH_n + \left(2m + \frac{n}{2} - 1\right)O_2 \longrightarrow N_2 + 2mCO_2 + nH_2O$$

$$2NO + 2CO \longrightarrow N_2 + 2CO_2$$

$$2NO + 2C \longrightarrow N_2 + 2CO$$

$$2NO + 2H_2 \longrightarrow N_2 + 2H_2O$$

利用这一原理，如图 7-22 所示，将 80%～85%的燃料送入第一级燃烧区，在空气过剩系数大于 1 条件下，燃烧并生成 NO_x。送入一级燃烧区的燃料称为一次燃料，其余 15%～20%的燃料则在主燃烧器的上部送入二级燃烧区，在空气过剩系数小于 1 的条件下形成很强的还原性气氛，使得在一级燃烧区中生成的 NO_x 在二级燃烧区内被还原成氮分子，二级燃烧区又称再燃区，送入二级燃烧区的燃料又称为二次燃料，或称再燃燃料。在再燃区中不仅使已生成的 NO_x 得到还原，还抑制了新的 NO_x 的生成，可使 NO_x 的排放浓度进一步降低。

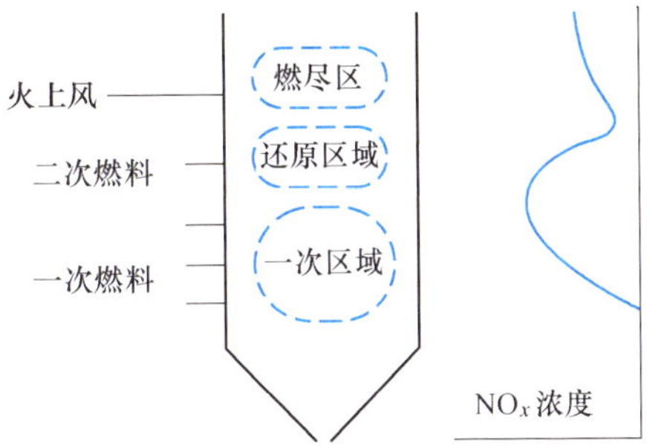

图 7-22　燃料分级燃烧原理示意图

一般情况下，采用燃料分级可使 NO_x 的排放浓度降低 50%以上。在再燃区的上面还需布置“火上风”喷口，形成第三级燃烧区（燃尽区），以保证再燃区中生成的未完全燃烧产物的燃尽，这种燃料分级燃烧又称为再燃烧法。

7.3.2.3　烟气脱硝技术

实验证明，采用改进燃烧技术来控制 NO_x 有一定效果，但 NO_x 降低率较低。要进一步降低 NO_x 排放，必须采用烟气脱硝技术。

烟气脱硝技术是根据 NO_x 具有氧化、还原和吸附的特性而采取的措施。NO 的氧化法，也称湿法，即 NO 先氧化成 NO_2，然后 NO_2 溶于水而变成硝酸。NO 的还原法，又称为干法，是将 NO 和 NO_2 用还原剂还原成 N_2。目前，轧钢加热炉烟气常采用还原法脱硝。还原法脱硝工艺包括 SCR 工艺（选择性催化还原）、SNCR 工艺（选择性非催化还原），以及在二者基础上发展起来的 SNCR/SCR 组合式烟气脱硝技术。

A　选择性催化还原（SCR）

这种方法是采用氨（NH_3）作为还原剂，将 NO_x 还原为 N_2，反应式如下：

$$2NH_3 + 5NO_2 \longrightarrow 7NO + 3H_2O$$

$$4NH_3 + 6NO \longrightarrow 5N_2 + 6H_2O$$

当烟气中有少量 O_2 时，将促使 NH_3 和 NO 进行反应，反应式如下：

$$4NO + 4NH_3 + O_2 \longrightarrow 4N_2 + 6H_2O$$

无催化剂时，这个反应的最佳温度为 900～1000 ℃，若高于此温度，则很大部分 NH_3 将变成 NO_x；若低于此温度，则其反应速度很小。采用催化剂时，其反应的温度可控制在 300～400 ℃，此时可得到 80%～90%的脱硝率。

B 选择性非催化还原（SNCR）

选择性非催化还原方法其原理与前述的SCR方法相同，所不同的是不用催化剂，还原剂的喷入点一般处于高温区。该方法由于不用催化剂，故设备和运行费用较少，但还原剂消耗量较大，并要保证反应温度和停留时间，其脱硝率较低，为50%~80%。

7.3.3 颗粒物污染及其防治

颗粒物是指生产过程中排放的炉窑烟尘和生产性粉尘的总称。

7.3.3.1 燃烧烟尘（炉窑烟尘）

燃料的种类不同，它们燃烧生成烟尘的机理也有所不同。气体燃料的燃烧烟尘主要是由轻质碳氢化合物生成的。当碳氢化合物在空气供应不足的情况下受热可以发生热分解而生成炭黑，通常称为气相析出型烟尘。一般来说，碳原子数多的燃料比较容易生成炭黑，因而炔类和烯烃类生成的炭黑的可能性比烷烃类更严重。炭黑粒径很小，一般为0.02~0.05 μm。由于其粒径很小，容易黏附于物体上而难以清除。

烟尘可造成严重的环境污染，不仅使建筑物和所在地区的卫生条件恶化，影响农作物生长，损坏机器设备，而且会危害人们的身体健康。当烟尘浓度为250 $\mu g/m^3$ 时，短时期接触就会使呼吸道病患者的病情恶化；当烟尘浓度达100 $\mu g/m^3$ 时，长期接触，会使呼吸道病症加剧或呼吸道病患者死亡率上升。

对于气体燃料，影响烟尘的因素主要是操作条件，操作条件对烟尘生成的影响比较复杂，涉及的因素也较多，其中最主要的有空气过剩系数、燃烧温度和燃烧时间。空气过剩系数增加，燃料容易完全燃烧，排烟中的烟尘浓度会下降。提高炉膛燃烧温度和延长在高温区的停留时间都会使烟尘量下降。因为燃烧时产生的烟尘的燃烧速率取决于氧化剂（空气）扩散到固体表面上的扩散速率，以及表面上的反应速率，高温时，化学反应速率是烟尘燃烧速率的主要影响因素；因此，要使烟尘中可燃质在离开炉膛前燃尽，除及时供给充足的空气外，还必须使烟尘在足够高的温度下停留足够长的时间。

燃料与空气混合的程度对烟尘的产生有很大影响。由于燃烧装置多采用扩散燃烧，混合过程快慢及完善程度决定着扩散燃烧的快慢和完善程度。因此，加强煤气和空气的混合将使烟尘浓度降低。

7.3.3.2 生产性粉尘

轧钢生产中生产性粉尘主要包括检修时产生烟道粉尘、炉膛粉尘、耐材粉尘，还有除渣时产生的氧化铁皮粉尘等。防止生产性粉尘的措施主要有：提高检修时的机械化、自动化程度，减少人工操作，增加除尘设备，制定科学的检修规程，进一步减少生产性粉尘的产生。

任务实施

现在以某厂加热炉为例进行加热炉污染物控制。

7.3.4 二氧化硫控制

二氧化硫主要受煤气热值、煤气配比、硫化氢含量影响，如二氧化硫有升高趋势，参考以下措施。

（1）与能源中心沟通煤气配比情况，并告知 SO_2 控制水平，要求转炉煤气按照最大量控制，并且增加天然气配比。

（2）某一烟囱氧含量偏高（不小于 14%）导致 SO_2 连续超标时，确认该烟囱对应的两座加热炉是否有检修，如其中一炉停炉，确认该炉烟闸全关并且使用纤维毯封堵闸板缝隙、排烟风机入口阀全关、各段烟气流量调节阀全关，并检查烟道人孔是否封堵。

（3）煤气配比及 H_2S 含量正常、加热炉各项工艺参数正常情况下出现连续超标或指标变化趋势异常，联系设备厂家检查检测设备是否异常。

（4）在氮氧化物可控的前提下，如二氧化硫出现超标，适当增加空燃比，炉尾残氧控制在 3%~6%，使煤气充分燃烧，蓄热式加热炉所有加热段空燃比同步提高，均热至一加段在现有空气过剩系数控制标准的基础上，增加 0.1~0.5，防止蓄热部分烟气不完全燃烧，如氮氧化物受空燃比影响浓度上升超标，优先保证氮氧化物指标达标。

（5）检修结束或炉役结束，装钢升温前，提前与能源中心联系，降低硫化氢含量至 130 mg/m^3 以下，将焦炉煤气比例降至最低，天然气按最大量控制，升温过程出现二氧化硫超标应立即与能源中心联系，调整煤气成分，降低煤气用量。

（6）操作监控硫化氢浓度及三种煤气流量趋势，重点关注转炉煤气，发现转炉煤气降低后，应及时联系能源中心进行调整。

（7）二氧化硫异常偏高，出现瞬时值超出 50 mg/m^3 时，监控平均浓度，根据指标趋势，预判有超标风险应及时停机报备。

（8）煤气用量大幅波动时，通知能源中心用量变化，并建议优先保证转炉煤气稳定。煤气用量降低时，先降焦炉煤气，再降高炉煤气；煤气用量上升时，先提高高炉煤气量，再调整焦炉煤气量，防止焦炉煤气占比短时上升，影响混合煤气硫元素浓度。

7.3.5 氮氧化物控制

出现事故停机、设备强化（轧机换辊时间 10 min 左右，每天给一次 30~40 min 的换辊时间，多给 20~30 min，处理产线上的一些小隐患，这个时间称为设备强化时间）、慢节奏等非正常工况时，应密切监控 NO_x 排放浓度，如氮氧化物有升高趋势，参考以下措施。

（1）调节实际空燃比，均热段、二加段、一加段手动控制时，空煤气流量必须小于理论空燃比；自动控制时，空气过剩系数按照下限控制，降低炉尾残氧。氮氧化物仍然超出标准时，可适当增加煤气用量，降低空燃比，不再执行低温出钢，对于控温钢种，进行炉外摆钢或加水降温。

（2）炉内降温时，同步调节空气、煤气量，禁止加大空气量。

（3）作业区提前审核计划，如遇控温钢种与高温钢种衔接，应调整辊期顺序，防止出现低温钢炉内降温造成氮氧化物超标。

（4）煤气热值波动或热值偏高时，联系能源中心调整煤气热值。

（5）监控炉膛压力，目标设定 15~20 Pa，当氮氧化物偏高时，手动将烟闸关小，提高炉压至 20 Pa 以上，如冒火严重可适当缩小，最低 10 Pa 以上。

（6）加热炉生产稳定、工艺参数正常情况下出现超标或指标变化趋势异常，联系设备厂家检查检测设备是否异常。

7.3.6 颗粒物控制

颗粒物主要受烟道内粉尘、烟囱氧含量影响，如颗粒物指标有升高趋势，或即将达到 7 mg/m^3，参考以下措施。

（1）正常生产期间颗粒物异常变化，联系设备厂家检查设备。如果监控超标是由于氧含量较高（不小于14%）导致折算值超标，应适当增加煤气用量，确认稀释风机关闭，降低烟道氧含量。

（2）停炉检修对应的烟囱出现颗粒物超标，确认关闭该炉烟道闸板并且使用纤维毯封堵闸板缝隙，降低施工速度，防止炉内出现扬尘，监控颗粒物趋势。拆除耐材、铺垫镁砂、清理烟道等工作造成颗粒物不可控时，停止施工，安排在轧线检修期间进行。

（3）当颗粒物累计均值达到 8 mg/m^3，停机调整。

7.3.7 检修或临时故障停机时环保指标控制

检修停止装钢、装钢前开始升温、开始装钢、开始出钢或其他煤气大幅变化时，提前通知能源中心煤气用量计划；临时故障停机时，加热炉操作工第一时间与环保员沟通并告知其故障停机大致时间，在未得到环保员告知停机报备之前，加热炉必须按预案控制排放指标，保证小时均值不超预警值，并告知能源中心煤气用量变化。

7.3.8 停、开炉期间环保指标控制注意事项

（1）停炉降温期间注意控制烟气中氧浓度，发现烟囱氧含量高于16%时，降低烟闸开度，蓄热式加热炉减小蓄热烧嘴的空气供给（两座炉子共用一个烟囱时，其中一座炉子生产时）。

（2）新炉点火后，首次装钢安排在白班，提前联系能源中心将天然气调至最大，确保转炉煤气稳定供应，升温过程监控对应烟囱环保指标，通知加热工和环保员现场跟踪，出现超标立即逐级反馈，确定控制措施。

7.3.9 应急控制

（1）如二氧化硫持续偏高，以上措施无效，无法保证均值达标，加热炉首先减量

2 万~4 万立方米，然后立即联系能源中心，天然气最大量，焦炉煤气停用，高炉煤气减量 50%，监控煤气压力不小于 8 kPa，如仍无法保证指标，加热炉继续降低煤气用量，联系能源中心逐步降低高炉煤气、焦炉煤气用量。

（2）如发现烟气在线监控仪表故障，环保数据出现大幅跳变，联系设备厂家检查设备。

（3）正常按照二氧化硫不超 40 mg/m^3 控制，当煤气质量或配比出现变化，导致指标超出 50 mg/m^3 时，补充以下措施控制。

1）当前小时内前 20 min 均值超出 50 mg/m^3 时，告知能源中心调节煤气配比，适当降低焦炉煤气和高炉煤气量。

2）当前小时内前 30 min 均值超出 50 mg/m^3，加热炉操作立即联系能源中心，告知指标情况，并要求降低高炉煤气和焦炉煤气占比，执行紧急控制，建议配比为：转炉煤气每小时 10 万立方米以上、焦炉煤气每小时 1 万立方米以下、高炉煤气每小时 2.5 万立方米以下，如果转炉煤气低于每小时 8 万立方米，高炉煤气和焦炉煤气进一步降低，根据二氧化硫指标逐步降低到 0 m^3/h。煤气调节过程由能源中心根据煤气平衡调配，加热炉操作配合能源中心调节混合煤气总量和压力。

（4）煤气调整过程会对加热炉运行产生较大影响，需监控炉压、空燃比、煤气压力等参数，煤气压力接近切炉值（安全压力）时，必须立即减量保证压力稳定，确保加热炉安全稳定运行。

（5）为防止煤气波动对加热炉安全运行、板坯加热质量产生影响，造成次生事故，优先停机调整，保证加热炉安全运行，停机过程中将指标控制在 50 mg/m^3 以下，煤气量较停机前至少降低一半以上。

（6）能源中心调节滞后或煤气压力偏低时，两线加热炉自主减少煤气量，根据指标情况，2250 产线加热炉逐步减量至 7.5 万 m^3/h 以下；1580 加热炉总量减至 6.5 万 m^3/h 以下，转炉煤气不足时进一步降低，直至指标可控。

（7）检修报停机期间，在加热炉出空前，二氧化硫和氮氧化物也尽可能控制在 50 mg/m^3、150 mg/m^3 以下。

问题讨论

你还能想到哪些降低硫氧化物、氮氧化物和颗粒物的方法？

综合训练

模块7 客观题

模块7 主观题

"四新" 拓展——污染因子排放数据模型

（1）颗粒物实测值与折算值模型见表 7-18。

表 7-18 颗粒物折算值

氧含量/%	实测值/(mg·m⁻³)								
	1.5	2.5	3.5	4.5	5.5	6.5	7.5	8.5	9.5
8	1.50	2.50	3.50	4.50	5.50	6.50	7.50	8.50	9.50
9	1.63	2.71	3.79	4.88	5.96	7.04	8.13	9.21	10.29
10	1.77	2.95	4.14	5.32	6.50	7.68	8.86	10.05	11.23
11	1.95	3.25	4.55	5.85	7.15	8.45	9.75	11.05	12.35
12	2.56	3.61	5.06	6.50	7.94	9.39	10.83	12.28	13.72
13	2.44	4.06	5.69	7.31	8.94	10.56	12.19	13.81	15.44
14	2.79	4.64	6.50	8.36	10.21	12.07	13.93	15.79	17.64
15	3.25	5.42	7.58	9.75	11.92	14.08	16.25	18.42	20.58
16	3.90	6.50	9.10	11.70	14.30	16.90	19.50	22.10	24.70
17	4.88	8.13	11.38	14.63	17.88	21.13	24.38	27.63	30.88
18	6.50	10.83	15.17	19.50	23.83	28.17	32.50	36.83	41.17
19	9.75	16.25	22.75	29.25	35.75	42.25	48.75	55.25	61.75
20	19.50	32.50	45.50	58.50	71.50	84.50	97.50	110.50	123.50

（2）二氧化硫实测值与折算值模型见表 7-19。

表 7-19 二氧化硫折算值

氧含量/%	实测值/(mg·m⁻³)								
	5	10	15	20	25	30	35	40	45
8	5.00	10.00	15.00	20.00	25.00	30.00	35.00	40.00	45.00
9	5.42	10.83	16.25	21.67	27.08	32.50	37.92	43.33	48.75
10	5.91	11.82	17.73	23.64	29.55	35.45	41.36	47.27	53.18
11	6.50	13.00	19.50	26.00	32.50	39.00	45.50	52.00	58.50
12	8.54	14.44	21.67	28.89	36.11	43.33	50.56	57.78	65.00
13	8.13	16.25	24.38	32.50	40.63	48.75	56.88	65.00	73.13
14	9.29	18.57	27.86	37.14	46.43	55.71	65.00	74.29	83.57
15	10.83	21.67	32.50	43.33	54.17	65.00	75.83	86.67	97.50
16	13.00	26.00	39.00	52.00	65.00	78.00	91.00	104.00	117.00
17	16.25	32.50	48.75	65.00	81.25	97.50	113.75	130.00	146.25
18	21.67	43.33	65.00	86.67	108.33	130.00	151.67	173.33	195.00
19	32.50	65.00	97.50	130.00	162.50	195.00	227.50	260.00	292.50
20	65.00	130.00	195.00	260.00	325.00	390.00	455.00	520.00	585.00

（3）氮氧化物实测值与折算值模型见表 7-20。

表 7-20 氮氧化物折算值

氧含量/%	实测值/(mg·m^{-3})								
	15	25	35	45	50	60	70	80	90
8	15.00	25.00	35.00	45.00	50.00	60.00	70.00	80.00	90.00
9	16.25	27.08	37.92	48.75	54.17	65.00	75.83	86.67	97.50
10	17.73	29.55	41.36	53.18	59.09	70.91	82.73	94.55	106.36
11	19.50	32.50	45.50	58.50	65.00	78.00	91.00	104.00	117.00
12	25.61	36.11	50.56	65.00	72.22	86.67	101.11	115.56	130.00
13	24.38	40.63	56.88	73.13	81.25	97.50	113.75	130.00	146.25
14	27.86	46.43	65.00	83.57	92.86	111.43	130.00	148.57	167.14
15	32.50	54.17	75.83	97.50	108.33	130.00	151.67	173.33	195.00
16	39.00	65.00	91.00	117.00	130.00	156.00	182.00	208.00	234.00
17	48.75	81.25	113.75	146.25	162.50	195.00	227.50	260.00	292.50
18	65.00	108.33	151.67	195.00	216.67	260.00	303.33	346.67	390.00
19	97.50	162.50	227.50	292.50	325.00	390.00	455.00	520.00	585.00
20	195.00	325.00	455.00	585.00	650.00	780.00	910.00	1040.00	1170.00

项目实战——节能环保措施

节能环保措施	原因说明

模块 8 智能加热控制技术

模块背景——从钢铁大国到钢铁强国

我国的钢产量从 1949 年的 15.8 万吨到 1996 年突破 1 亿吨，从缺钢少铁一跃成为世界第一产钢大国，这是中国乃至世界钢铁工业发展进程中的一个里程碑。2020 年，中国年产钢突破 10 亿吨，至 2021 年，连续 26 年稳居钢产量世界冠军的宝座。我国钢材自给自足能力已超过 98%，中国钢铁建成了全球产业链最完备、规模最大的钢铁产业体系；在工艺装备、科技创新、品种质量、绿色智能等方面不断提升和突破，取得了举世瞩目的伟大成就，正由一个钢铁大国向钢铁强国转变。由于钢铁生产过程的复杂性，仅靠常规的控制方法很难对其生产过程进行有效的控制，因此，需通过钢铁工业的智能控制生产，提高产品品质，提升我国钢铁行业的核心竞争力。

轧钢加热炉的生产受上游连铸、原料库库存及下游轧制节奏、生产计划等众多因素的影响，传统加热炉控制是通过人工调节烧嘴的空燃比来达到温度需求，存在人为干预多、控制精度低、工况复杂操作难度大等问题，制约了钢坯的加热质量，同时无法保证出钢温度达到要求的同时加热能耗达到最优。随着冶金行业智能化的不断发展，轧钢工序的智能化发展需求迫切，面对生产线智能化的发展要求，加热作为轧钢的重要工序，智能化势在必行，针对加热炉的现状，探索“会思考”的加热炉，实现加热炉智能化过程控制技术的突破尤为重要。

任务 8.1 加热炉一级系统控制

任务描述

目前轧钢加热过程大多采用的是计算机控制，现在以热轧带钢生产为例介绍其加热区计算机控制流程。

热轧带钢生产的原料可以是堆放在热轧板坯库的冷坯，也可以是在保温坑中保温的热坯，或者是直接从连铸机经传输辊道运送过来的高温坯（直接热装）。由于市场要求的多样化，热轧带钢产品的品种、规格也必然是多种多样的。反映在轧钢生产中，每一块钢都可能和它前后的轧件在品种规格上有所不同。因此，为了保证带钢质量，必须针对每块板坯的特性（钢种、坯料和成品的规格、力学性能要求等），制定特定的轧制规程，并据此进行生产工艺过程和设备的控制。因此，每块待轧板坯在进炉之前，都需将与其有关的初始数据作为轧制规程制定与生产过程控制的依据输入计算机。板坯和轧制计划的初始数据通常是由生产控制计算机通过网络系统传送给过程控制计算机的，如果没有生产控制计算机，就要通过初始数据输入（Primary Data Input，PDI）终端直接输入过程控制计算机中。

板坯进炉之前首先要用吊车或其他设备将其装载到上料辊道（A 辊道）上，并在此进行长度测量和称重。测量装置自动完成测量之后，要把实测数据传送给过程计算机。过程计算机对测量数据进行检查，发现异常则输出报警信息，请求操作人员进行相应处理。过程计算机把 PDI 中的板坯号和操作人员通过操作员站（也称为人机接口，即 HMI）输入的实际板坯号进行比较，以保证上料板坯与生产轧制计划一致，这称为板坯确认或板坯识别。如果发现异常，就要根据情况或者修改轧制计划即重新排定轧制顺序，或者将板坯从上料辊道上移走，也称吊销。

在加热炉入口辊道（B 辊道），对已经测量和由过程计算机确认的板坯，按照规定的炉号、炉列，由基础自动化控制器进行板坯移动和炉前定位控制，使板坯在炉前对中。这是由 B 辊道主令速度控制（MSC）程序和自动位置控制（APC）程序来完成的。

过程计算机根据已在炉前定位板坯的宽度和炉内最后一块板坯的实际位置，确定推钢机的移动行程，并对设定值进行合理性检查。在满足装钢条件时，通过基础自动化的 APC（自动位置控制）程序控制推钢机把板坯装入加热炉内的预定位置。

在正常轧制时，计算机控制炉内步进梁进行上升—前进—下降—后退的反复循环动作，使板坯从加热炉入口侧逐渐移向出口侧。当发生异常情况时（例如由于轧线故障或检修不能生产，使板坯在炉时间大于规定时间），则控制步进梁进行上升—下降的踏步动作避免通水冷却的固定承载梁使板坯形成过大的水印（即局部低温区）。

板坯被装载到 A 辊道上以后，就开始由过程控制计算机进行跟踪。所谓跟踪即是使计算机随时掌握每一块已上料板坯的当前位置，并根据整个轧线上各个（冷）热金属检测器的检得、检失信号，确定触发该信号的是哪一块钢，及时启动相应的处理程序。正确的轧件跟踪是对轧线设备动作进行正确的顺序控制的基础，也是使特定的轧制规程与特定的轧件一一对应，避免出现“张冠李戴”错误的根本保证，因此具有特殊的重要性。加热炉区跟踪功能主要为加热炉区的设定计算提供轧件位置信息。通常，加热炉区的跟踪功能划分为加热炉入口跟踪、加热炉炉内跟踪和加热炉出口跟踪三部分。

为按照工艺规定的加热制度控制板坯温度，过程计算机需通过数学模型不断地计算出炉内每块板坯的当前温度，并动态地计算出各段炉温的目标值，作为燃烧控制的基准值，加热炉燃烧控制由仪表控制系统完成。

计算机根据轧件的尺寸和轧件的运动方程，预测轧件在粗轧区、精轧区、卷取区的运行时间，并且根据轧制线上的生产状况和加热炉烧钢状况，决定板坯从加热炉抽出的时间，进行轧制节奏控制。除了全自动出钢方式（节奏方式）以外，还有定时出钢和强制出钢方式。当有出钢请求时，过程计算机首先要检查出钢的各种条件是否满足，然后进行出钢机行程的设定计算，并通过基础自动化 APC 程序控制出钢机的前进与后退，把加热好的钢坯从炉内托出放在出炉辊道的中心线上。

板坯出炉后，由出炉辊道负责输送板坯进入粗轧区，辊道的运转速度根据板坯前方是否有先行坯来决定，以避免发生碰撞。出炉板坯在向粗轧区传送时，首先要经过高压水除鳞箱进行除鳞，去除炉内加热时在板坯表面产生的氧化铁皮，以保证带钢的表面质量。除鳞水的开闭由基础自动化控制器依据板坯头尾检测信号进行控制。

加热炉一级系统实现了自动上料、自动出炉，各区温度自动控制等功能。

知识准备

8.1.1 热轧计算机系统的分级与功能划分

现代化的钢铁联合企业热轧生产线，从多品种、小批量、高质量、节约能源、提高生产率、降低成本、充分满足用户的要求出发，大多数都配置了从设备控制到生产管理的较完善的多级计算机系统，一个比较完备的热轧计算机系统一般由四级构成，即基础自动化级（L1 级）、过程控制级（L2 级）、生产控制级（L3 级）、生产管理级（L4 级）。

微课
热轧计算机系统的分级与功能划分

8.1.1.1 基础自动化系统功能（L1 级）

基础自动化系统的应用软件包括轧线跟踪、模拟轧钢等全线性的功能及按区域划分的各项功能。整个热轧生产线包括坯料库、加热炉、粗轧、精轧、卷取、钢卷运送、热轧平整分卷线、地下油库等区域。主要完成设备的顺序控制、位置控制、速度控制、质量控制（厚度、宽度、温度、板形），以及加热炉热工参数控制等任务。其具体功能分述如下。

A 轧线跟踪基础自动化

一般负责轧件的位置（跟踪区）跟踪，为此根据工艺需要将轧线分为 20 多个跟踪区。跟踪结果一方面送 L2 级以便进行数据跟踪，另一方面用于 L1 级的节奏控制、运送控制及碰撞检查。轧件跟踪的主要检测元件为 CMD（冷金属检测器，用于炉前上料及装料辊道，但当工艺上采用热装时则将使用 HMD）、HMD（热金属检测器）及 LR（负荷继电器——轧件进入轧机时轧制力或电流的跃变信号）。

轧件跟踪不是根据 CMD、HMD、LR 的状态信息（ON 或 OFF），而是根据它们的状态变化信息（OFF-ON 称为检得，ON-OFF 称为检失）来发现轧件的到来及离开，通常将这些信息称为事件。计算机控制系统正是通过对这些事件的实时感知，及时调度相应的事件处理程序以完成特定的功能，使整个轧制过程能够有序地正确进行。CMD、HMD 及 LR 主要设置在跟踪区的边界处（两个跟踪区之间），以用来判断轧件离开或进入某跟踪区。除此之外，还将设置在某些特殊地点以便利用检得或检失事件来启动或停止 L1 级特定程序的运行。这些事件一般需和跟踪结果（轧件处于某个跟踪区）一起上送 L2 级，以便启动或停止 L2 级的程序，例如“轧件到达粗轧出口处设定点”的事件将用来启动精轧设定程序。

为了及时判断轧件（轧线上可有多个轧件）位置的变化，一般每 100 ms 对所有跟踪检测元件的状态进行采样，通过上次采样状态及本次采样状态的比较可分析出哪些检测元件发生了状态变化以及是发生了检得还是检失变化，以便跟踪轧件位置（跟踪区）变化，并通过查检得表和检失表来决定启动或停止哪个功能程序。

B 板坯库区域

板坯库区域主要完成以下控制功能：（1）板坯库辊道设备运转的顺序控制；（2）称量机板坯位置控制；（3）称量结果向 L2 级、L3 级计算机传送；（4）接受板坯库 L3 级计算机的板坯搬运指令；（5）传感器跟踪信号向板坯库 L3 级计算机传送；（6）人机接口功能。

C 加热炉区域

加热炉区域主要完成以下控制功能：（1）加热炉入口侧辊道顺序控制；（2）板坯在加热炉前的测长及对中控制；（3）装料机的顺序控制、行程控制及板坯测宽；（4）装料炉门的控制；（5）步进梁的顺序控制及行程控制；（6）出料炉门的控制；（7）出料机的顺序控制及行程控制；（8）实际数据收集及称量；（9）向 L2 级计算机传送实际数据，接收 L2 级计算机的设定数据；（10）人机接口功能；（11）加热炉数据采集用记录仪的自动启/停功能。

8.1.1.2 过程控制计算机系统功能（L2 级）

过程控制计算机系统主要执行基于数学模型的轧制规程制定与优化功能，完成工艺控制参数和设备控制参数目标值的设定计算任务。

现代热轧过程计算机的控制范围从板坯核对开始，到成品入库结束，其主要作用是通过数学模型的计算，完成工艺过程参数和设备控制参数目标值的设定，规定轧制过程和轧机等设备的静态工作点，从而提高成品头部质量目标的命中率，为成品全长的质量控制提供良好的初始状态。其主要功能包括加热炉燃烧控制、数据跟踪、轧制节奏控制、粗轧设定计算、自动宽度控制、精轧设定计算、自动厚度控制、终轧温度控制、板形控制、卷取温度控制和卷取机设定计算等。这里只介绍加热炉燃烧自动控制（ACC）。

加热炉燃烧自动控制通过计算加热炉各段炉温的设定值，使每块坯料在预定的出炉时刻能够达到规定的出炉目标温度和均热度，适应多品种小批量生产的要求，实现保证产品质量、节约能源、自动操作运转的目的。其主要内容包括：（1）板坯装炉温度计算；（2）炉内板坯温度计算；（3）炉内跟踪；（4）炉温设定值计算机模型自学习；（5）必要的在炉时间计算；（6）出炉温度计算；（7）停炉处理。

8.1.1.3 生产控制计算机系统功能（L3 级）

生产控制计算机系统主要完成生产计划的调整和发行，生产实绩的收集、处理和上传给生产管理级，对坯料库、成品库等进行管理，以及进行产品质量监控等任务。目前，这一级的任务多由厂级 MES 系统完成。其生产控制范围从热轧厂的坯料库入口开始，到成品库发货口为止，包括坯料库区、加热炉区、轧机区、卷取区、钢卷库区、成品库区，以及磨辊间等所有生产区域。有关生产、技术、计划等管理部门的生产管理控制功能也在生产控制计算机系统完成。

8.1.1.4 生产管理计算机系统功能（L4 级）

除了 L3 级的功能以外，其余的生产管理任务多由生产管理级及 ERP 系统完成，生产管理计算机系统的管理范围应从接受用户订单开始，主要包括合同管理、生产计划编制、各生产线的相互协调、按合同申请材料、将作业计划下发给 L3 级、收集 L3 级的生产实绩、跟踪生产情况和质量情况、组织成品出厂发货、进行用户账务管理、结算等整个营销和生产活动的全过程等任务。目前，这一级的任务多由公司级 ERP 系统完成。

任务实施

以某厂智能化过程控制技术为例，介绍物料全自动跟踪系统和一级燃控系统配置。

8.1.2 物料全自动跟踪系统

加热区域物料的全自动跟踪系统是实现智能化的前提，根据 MES 系统钢坯数据，结合炉区测量等设备，实现钢坯在加热炉炉区的位置控制。坯料在炉内的准确位置是炉温优化控制的基础，系统为炉内的每一块坯料建立一个记录，这些记录在计算机内依次排列，并随着坯料向前移动而移动。坯料上料时，系统获取坯料的基本信息，建立一个新的记录，而当坯料出炉至除鳞辊道时，则删除相应的坯料记录。步进梁前进或后退一个循环，装钢完成和出钢完成信号作为炉内跟踪更新的依据。在剔除、返装等非正常生产操作情况下，可以在人工修正界面进行炉内外信息的修正，同时，炉内跟踪允许正向和反向跟踪。

图片
钢坯在加热炉炉区的位置分布图

8.1.3 一级燃控系统配置

一级燃控系统炉体共配置低 NO_x 烧嘴 48 个，每一区的温度由热电偶来测量，并以相邻区的热电偶温度为备用，加热段采用数字全脉冲燃烧控制方式，均热段采用比例+脉冲燃烧控制方式，各区温度由温度控制器根据温度设定值通过温度手动和温度自动两种模式进行控制。温度手动时，不考虑热电偶温度，由操作工在温度 PID 面板上手动设定输出（MV）；温度自动时，根据设定温度 SP 和热电偶温度 PV，经 PID 运算后输出 MV。每个区域底部烧嘴温度设置了“自动选择”功能，可通过选择该区热电偶的平均值、高值、低值进行温度控制，以达到温度的均匀性。

图片
一级燃控系统配置

问题讨论

加热炉一级控制系统还有哪些需要改进的？

任务 8.2 加热炉二级智能燃烧模型

任务描述

通过加热炉的二级智能燃烧模型使运行参数更优化，效率更高，生产成本更低，加热工艺更优。面对生产线智能化的发展要求，针对加热炉的现状，为实现从坯料入炉前的温度检测、炉内温度控制、钢坯跟踪运行、钢坯出炉的全过程自动运行，使用智能燃烧模型，在满足钢坯均匀升温达到目标温度的同时，使钢坯的加热温度稳定在一个较窄的工艺区间内，最大限度地降低加热温度的波动性，减少人为干预的影响，降低岗位的劳动强度。采用智能燃烧模型进行温度控制，可以对每支钢坯在入炉—炉内运行—出炉过程中的加热时间和加热温度进行数据追踪，进行加热数据收集、汇总，实现了每一支钢坯从源头来追溯加热过程，构成钢坯加热、轧制过程的闭环管理。同时，使加热运行参数更优化，钢坯出炉温度达到目标值，钢坯截面温差最小，降低岗位劳动强度，并达到环保指标要求。

知识准备

在冶金生产过程中，总希望加热炉一直处于最佳的工作状态，而靠人工来实现这一目标往往是不可能的。因此，一般都采用仪表将加热炉的工作参数显示出来并对其进行一些检测，以此来指导人们的操作和实现自动调节，从而达到增加产量、提高质量、降低热耗的目的。检测及调节的热工参数，主要为温度、压力、流量等几个基本物理量及燃烧产物成分的分析等几个方面。对温度、压力、流量等可采用单独的专门仪表进行检测或调节，对燃烧产物成分可用专门的气体分析器进行检测或调节。对热工参数进行检测，无论采用哪类仪表，大体都由下列几部分组成。

（1）检测部分：它直接感受某一参数的变化，并引起检测元件某一物理量发生变化，而这个物理量的变化是被检测参数的单值函数。

（2）传递部分：将检测元件的物理量变化，传递到显示部分。

（3）显示部分：测量检测元件物理量的变化，并且显示出来，可以显示物理量变化，也可以根据函数关系显示待测参数的变化。前者多采用在实验室内，而工业生产中大多数用后者，这是因为后者比较直观。

由于电信号的传递迅速、可靠，传递距离比较远，测量也准确、方便。所以常将检测元件感受到待测参数的变化而引起的物理量变化，转换成电信号再进行传递，这类转换装置称为变送器。

8.2.1 自动控制基础知识

热工参数自动调节是手动调节的发展，它是利用检测仪表与调节仪表模拟人的眼、手、脑的部分功能，代替人的工作而达到调节作用的。图 8-1 所示是一座加热炉手动调节和自动调节系统示意图。

手动调节时，先由操作人员用眼观察显示仪表上温度的数值，然后根据工艺要求做出判断，用手调节供给燃料阀门的开启度，改变燃料流量，调节炉温使其稳定在规定的数值上。显然，手动调节劳动强度大，特别是对某些变化迅速、条件要求较高的调节过程很难适应。自动调节时，由热电偶感受温度的变化，经变送器送入调节器与给定值相比较（判别与规定数值的偏差），按一定的调节规律（事先选定好）输出调节信号驱动执行器改变

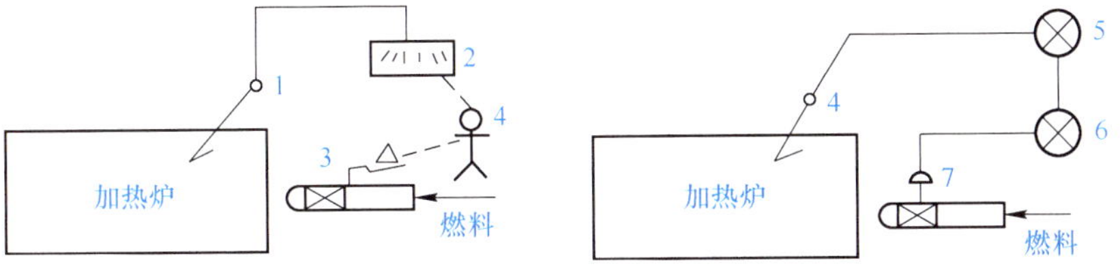

图 8-1 加热炉手动调节与自动调节示意图

1—测温元件；2—显示仪表；3，6—调节阀；4—操作人员；5—变送器；7—气动调节阀

燃料流量维持温度恒定。可以看出，热电偶及变送器代替了人的眼睛，调节器代替了人脑的部分功能，执行器相当于人手。在调节过程中没有人直接参与，大大地减轻了操作人员的劳动强度，调节质量也有明显提高。但应明确，自动调节一点也不排斥人的智能作用，因为给定值的设定、调节规律的选定、各环节的联系与配合丝毫也离不开人的智能作用。

8.2.2 调节系统的组成

调节对象虽然有多种，但调节系统的组成基本上是相同的。现以加热炉炉温调节为例，来说明一个调节系统的组成部分，如图 8-2 所示。

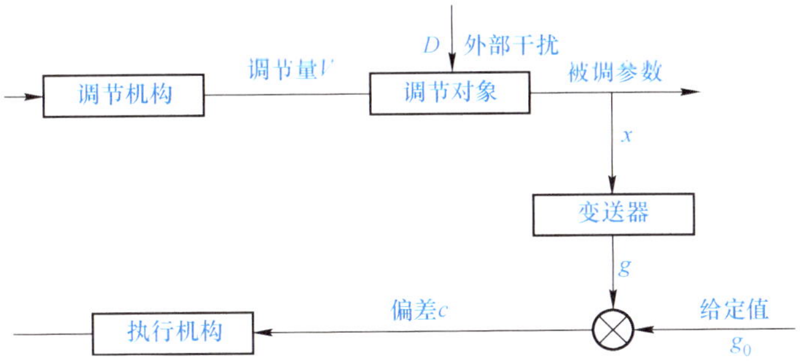

图 8-2 简单调节系统方案图

调节系统中的感温元件是热电偶，热电偶输出的电信号供给调节器，先在调节器的比较线路中与给定值进行比较，若有差值，将差值经过运算放大而发出指令给执行器，最后由执行器执行调节任务。如炉温降低，由执行器开大阀门，增加煤气流量；反之亦然。

8.2.3 调节系统的分类

调节系统的分类方法很多，按被调节参数分为温度调节系统、压力调节系统、流量调节系统等；按仪表能源分为电动液压调节系统、气动调节系统等；按调节规律分为比例、比例积分、比例微分、比例积分微分等。为了便于分析自动调节系统的性质，常按给定值将调节系统分为下列三类系统。

（1）定值调节系统。所谓定值，是指给定值不随时间变化。上述加热炉炉温调节系统就是一个例子。定值系统中又有简单系统与复杂系统之分。一般而言，简单系统只包括一个基本调节器所组成的闭合回路。如果扰动因素多，采用一个回路不能满足要求时，就要设置两个以上回路，从而构成复杂调节系统。

（2）程序调节系统。在此系统中，给定值按一定的时间程序而变化，被调节参数也按一定时间程序变化。例如，热处理炉的炉温调节就是一个例子。因为热处理工艺要求一定的升温、保温、降温时间并要按一定的规律或程序来变化，所以热处理炉的炉温调节要通过程序给定装置使给定值按程序规定变化，炉温也就跟随给定值的程序而变化。

（3）随动系统。在随动系统中，给定值不断随时间变化，但预先不知其变化规律，要求被调节参数跟随给定值变化，并且希望又快又准地随着给定值的变化而同步变化。例如在燃烧调节中，空气量与燃料量之间有一比值，燃料量随炉况变化而变化，但预先无法得知燃料量的变化规律。这时燃料量相当于给定值，空气量相当于被调节参数，燃料量与空气量的比值调节系统就是随动系统。

8.2.4 气体燃料供给系统的自动控制

在加热炉中，燃料燃烧过程只有在燃气与空气成一定比例时才能保证合理燃烧。把两个流量自动保持在一定比例上的调节系统，称为比例调节系统。现以调节炉温为例说明气体燃料供给的自动控制。炉膛温度由热电偶检测，通过温度变送器送到调节器，根据炉膛温度自动改变煤气流量。与此同时，煤气流量经孔板、流量变送器送到空气流量调节器作为给定值，空气流量经过空气流量孔板和空气流量变送器也送到流量调节器。当煤气流量改变时，空气流量即按比例器给定的比例而变化，从而使空气流量自动地随煤气流量而变化，保持两者比例不变。

比例调节本质上也是一种前馈调节，但是它只考虑主变量（煤气）与从变量（空气）之间的静态比值，而没考虑动态关系，因而调节效果也有所差异。但比例调节比较简单，而且比较容易实现，在主变量不是经常变化不定，或主变量这些变化所引起的被调节参数波动幅度不大时，均可以考虑采用比例调节。例如，煤气的发热值变化不大时的燃烧调节，大多可采用比例调节。

8.2.5 炉温、炉压的自动控制

8.2.5.1 测温传感元件

温度是热参数中最重要的一个，它直接影响工艺过程的进行。在加热炉中，钢的加热温度、炉子各区域的温度、炉温随时间变化的规律等，都直接影响炉子生产率及钢坯的质量。另外，供给炉子的燃料的温度、冷却水的温度等也都有严格的限制，所有这些都要求有准确的温度测量，故对温度的正确检测具有重要的意义。

温度检测的内容包括炉温测量、炉壁温度测量、钢温测量、烟气温度测量等。

（1）炉温测量。根据加热炉炉型不同和各自的特点，在沿炉长方向选出有代表性的测量点，用热电偶高温计连续测量并记录温度。

（2）炉壁温度测量。炉顶内表面及侧墙内表面温度可用热电高温计或光学高温计测量，有条件时应分段测炉顶及炉墙外表面温度，则沿炉长方向用表面温度计分段测量。

（3）钢温测量。钢温测量俗称“黑匣子”试验。可采用将钢料钻孔和切槽，埋入热电偶，然后将高温温度记录仪装入有耐火纤维隔热的保温箱中，连接热电偶并随钢坯进入炉内。随钢坯运动从炉子进口移动到炉子的出口，出炉后，由计算机调出记录数据，“黑匣子”是实现加热炉的数学模型控制和加热过程问题诊断的重要装置。钢料表面温度也可用光学高温计测量。

图片
“黑匣子”
试验过程

（4）烟气温度测量。测量出炉烟气温度可由抽气热电偶进行测量。用抽气热电偶比用普通热电偶所测得的温度要高些，它更接近真实温度。抽气热电偶构造各异，抽气方法可用真空泵或用高压喷射。烟气温度的检测点尚无统一规定。一种观点认为，在炉尾测试比较真实地代表了出炉烟气的温度，因此检测点选在距装料口 1~2 m 钢料上表面 200 mm 处；另一种观点认为，在直烟道下部测定可避免吸入冷空气的影响。

8.2.5.2　炉温的自动控制

自动调节时，热电偶感受到炉温变化，经变送器送入调节器与给定值相比较，按一定的调节规律，输出调节信号驱动执行器，改变燃料流量，维持炉温恒定。一般常用恒温调节器来自动调节炉温，把电子电位计上的任务指针拨到预定的温度标度（记录纸）上，经过一定的时间后，温度便会自动达到预定的数值，而且根据需要还可以保持预定的数值。这是由于任务指针拨动以后，恒温调节器得到了信号，它把信号放大，并驱动电动机执行机构动作，调整煤气翻板、空气翻板、烟道闸门等使炉温按预定数值升降。恒温调节器的外形很简单，表盘上有“自动”和“手动”两个位置。在自动调节炉温时，调节器上的两个小按钮必须放在“接通”和“自动”的位置上。

如果自动调节失灵，指针振动，这时便可将放在“自动”处的按钮移向“手动”位置，转入手动操作——拨动调节器上的手扣，调整煤气量来进行加热。手扣上的刻度是指煤气管道里翻板打开的百分数。

当恒温调节器发生故障或不用的时候，应将按钮移向“切断”的位置。

8.2.5.3　测压传感元件

压力检测是热工参数检测的重要内容之一。加热炉炉膛压力对钢料加热质量及其产量均有重大影响。煤气管道内的压力检测同时是安全技术方面的重要内容。采用水冷测压管由炉子侧墙炉门插入炉内，用微压计分别测量炉顶、钢料上下表面和炉底处的压力，将其结果绘制成沿炉长方向的压力分布曲线，进而分析炉内气体流动情况。

8.2.5.4　炉压的自动控制

在加热炉上压力的测量和调节占有重要的地位，若炉压过大，大量的炉气从炉门或不严密处向外逸出，造成热量损失，烧坏炉子的钢架结构，加热炉的使用寿命就会大大降低，并使环境温度过高。若炉压过小，则会导致从炉门、炉衬裂缝以及其他开口处漏入大量的环境中的冷空气，使炉温降低，这样使燃烧的热量浪费，影响炉内传热并加剧金属的氧化。理想的炉压应是炉底水管上表面处于微正压。在某些情况下，压力测量又是安全生产所必需的，如以煤气作为燃料的炉子，必须保证煤气管道内的压力大于大气压，否则空气会从开口处吸入管内引起爆炸事故。因此，有必要对炉压进行控制，才能保证节能燃烧和安全生产。

加热炉在预热段、加热段和均热段都设有检测压力的装置，一般采用调节烟道闸板开口度的方法，控制炉膛压力在微正压状态，防止吸入冷风。为了尽量减少炉门开启造成的影响，采用模糊控制方式，通过压力变送器采集的压力信号，经过模数转换成数字信号，反馈到控制器中，再经过控制器的运算，通过输出端来控制压力调节阀。压力调节阀采用电动蝶阀，电动蝶阀驱使执行机构带动烟道闸板开口度的大小，通过压力闭环控制炉膛压力。

8.2.6 加热炉计算机自动控制

随着现代化工业的发展以及对节省能源和自动控制要求的不断提高，计算机控制系统越来越显示其优越性。采用这样的系统可以进一步实现复杂的调节，提高系统运行的可靠性，简化操作并改善调节品质和赋予控制系统以人工智能。因此，计算机控制是实现节能、控制过程最优化和综合自动化的重要手段。

8.2.6.1 加热炉计算机自动控制的原理

在加热炉上用计算机控制热工过程主要是代替全部调节器和显示仪表，将各种热工参数的信号输入计算机，计算机按给定的数学模型控制各热工参数，实现最佳的热工制度，并定时显示打印出各参数的数值。

在加热炉上应用控制计算机，往往还不只限于控制热工过程，从原料的称重、入炉、加热过程对钢坯跟踪及与轧机生产的联系、确定出炉时间等均可实现计算机控制，并将整个加热过程的记录传给下一工序。

控制加热炉的热工过程，主要是根据被加热钢坯的品种、尺寸，最终的温度要求及炉内的传热条件，计算出钢坯的最佳升温曲线和炉温曲线，然后打成卡片输入计算机中。计算机按输入的信息控制燃料量、燃料过程及其他需要调节的各种参数。

钢温和炉温曲线，是根据炉膛内的热交换和钢坯内部的传热条件计算的。由于沿炉长这些条件是变化的，一般是将炉子分为若干段，并认为在每一小段内上述参数是不变的，计算出各段的温度变化，最后连成一条曲线，只要分段足够小，计算出的数学模型就足够精确。

8.2.6.2 加热炉计算机自动控制的基本组成

加热炉生产是连续进行的，应用于控制生产的计算机系统包括硬件和软件两部分。

A 硬件

硬件一般由计算机、外部设备、输入输出通道和操作台等部分组成。

（1）计算机。计算机是控制系统的核心，完成程序存储、程序执行的功能，并进行必要的数值计算及逻辑判断和数据处理等工作。

（2）外部设备。外部设备实现计算机与外界交换信息的功能，主要包括人机通信设备、输入/输出设备和外存储器等。输入设备主要用来输入数据、程序，常用的输入设备有键盘、鼠标、光电输入等。输出设备主要用来把各种信息和数据提供给操作人员，以便及时了解控制过程的情况。常用的输出设备有打印机、记录仪表、显示器等。外存储器主要用于存储系统程序和数据，如硬盘、光盘等。

(3) 输入输出通道。输入输出通道是计算机和生产过程设置之间的信息传递和变换的连接通道。它的作用一方面是将控制对象的生产过程参数取出，经过转换，变换成计算机能够接受和识别的代码；另一方面将计算机输出的控制命令和数据，经过变换后作为操作执行机构的控制代码，以实现对生产过程的控制。

(4) 操作台。操作台是操作人员用来与计算机控制系统进行“对话”的平台，由以下几部分组成。

1) 显示装置。如显示屏幕或荧光数码显示器，以显示操作人员要求显示的内容或报警信号。

2) 一组或几组功能板键。板键旁有标明其作用的标志或字符，扳动板键计算机就执行该标志所标明的动作。

3) 一组或几组送入数字的板键。用来送入某些数据或修改控制系统的某些参数。

B　软件

软件通常分为两类：一类是系统软件，另一类是应用软件。系统软件包括程序设计系统诊断程序操作系统及与计算机密切相关的程序，带有一定的通用性，由计算机制造厂提供。应用软件是根据要解决的实际问题而编制的各种程序。在自动控制系统中，每个控制对象或控制任务都配有相应的控制程序，用这些控制程序来完成各个控制对象的不同控制要求。这种为控制目的而编制的程序通常称为应用程序。这些程序的编制涉及生产工艺、生产设备、控制工具等，首先应建立符合实际的数据模型，确定控制算法和控制功能，然后将其编制成相应的程序，如图 8-3 所示。

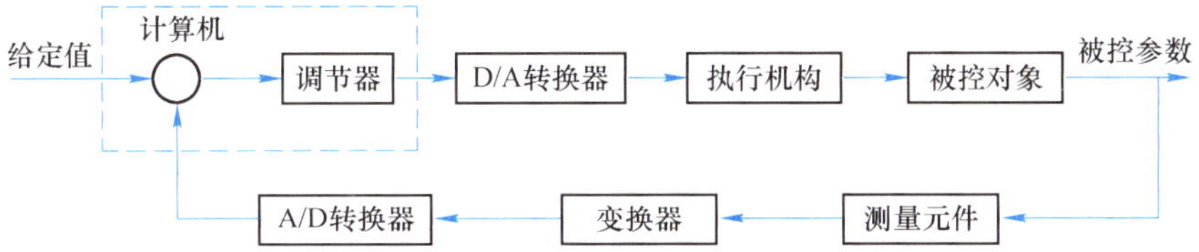

图 8-3　自动控制系统

8.2.6.3　加热炉计算机自动控制的过程

计算机控制系统的控制过程可简单地归纳为以下两个步骤。

(1) 数据的采集：对被控参数的瞬时值进行检测，并从计算机输出。

(2) 控制：对采集到的表征被控参数状态的测量值进行分析，并按已定的控制规律决定控制过程，适时地对控制机构发出控制信号。

上述过程不断重复，使整个系统按照一定的品质指标进行工作，并且对被控参数和设备出现的异常状态及时监督并迅速处理。

任务实施

以某厂智能化过程控制技术为例，介绍其智能燃烧模型。

8.2.7 智能燃烧模型

坯料温度计算通过一个二元有限差分模型进行在线计算。炉内传导、对流和辐射产生的热交换用这个模型来说明。计算根据系统中存储的坯料的尺寸、钢种数据和坯料位置来进行。对于坯料内部的结点，热交换来自与其相邻结点之间的热传导。坯料表面的结点，热交换包括相邻结点之间的热传导和炉气的辐射，不同钢种的热工物理特性被作为温度功能存储在系统内的钢种数据表中，对于每一结点，在线模型都运用所要求的热物理特性的合适插入值作为当前结点温度的计算。

智能燃烧模型涉及炉温设定与加热曲线下发的功能。炉温设定值计算软件周期性地计算炉内每一块坯料的温度分布、温度变化和特殊热焓，以确定加热炉每个燃烧控制段的合适的温度设定值。炉温设定值计算的目的是决定燃烧控制段的温度设定值，使控制段的每一块钢坯到达其控制段末端时能被加热到理想的温度，且钢坯在任何时候其表面温度都不能超过最高的表面温度限制值，表面和中心的温度差不超过最大的温差限制。

图片
智能燃烧模型状态

模型状态中会显示自动燃烧系统根据炉内钢坯工艺制定的炉内温度设定值，显示炉内钢坯温度。点击炉内相应钢坯，将会显示钢坯基本信息和钢坯温度计算模型计算出的钢坯各层温度。

智能燃烧模型主要功能如下。

(1) 工单计划。根据三级 MES 下发的生产计划，可通过选择“生产计划”或日期进行查询以轧制计划号为单位的生产订单的坯料信息。

图片
生产计划界面

(2) 工艺管理。智能燃烧通过界面中的加热工艺设置的数据参数进行温度下发，从而控制炉膛燃烧。加热工艺管理数据是依据加热工艺制度制定的。在生产计划界面点击工艺管理，可进行数据编辑。

图片
工艺管理界面

(3) 自动与半自动功能。模型设置了自动与半自动功能，自动为正常状态下的燃烧控制，半自动为用于信息跟踪异常或单一品种加热类别的试验情况。

(4) 温度下发。自动模式下的设置，可选择整炉控制或者分段控制，在烧钢控制界面，对每个控制区域进行了分段。

图片
烧钢控制界面

在基础设定值计算完后，根据钢种类别加热制度优先级的划分来修正每一段的基础炉温设定值。若当前加热段存在两类钢且优先级不同，在优先级高的钢坯支数大于 2 的情况下，按照优先级高的钢种加热制度计算炉温，否则按当前加热段钢坯分布计算加权平均值，无交叉温度以合理空步步数来达到不同的温度目标。设置有三种温度模式，根据钢种类别及生产出钢节奏状态进行选择，控制灵活。节能模式：工艺温度范围的中间值偏下；常规模式：工艺温度范围的中间值；高效模式：工艺温度范围的中间值偏上。

（5）补偿设置。当某段工艺范围需要调整时，操作人员可对某段进行温度补偿，数据可以正负，点击清零，可以将所有补偿数值归零，点击设定，当前补偿数据生效。

（6）待轧策略。程序中设置待轧模式，输入待轧时间，各区温度在现基础上根据待轧制度进行温度下发，进行降温操作。

（7）离线模型。离线模型用来分析和建立钢坯在加热炉内的初始加热曲线。离线计算与在线计算使用的是同样的热工模型计算程序。操作者输入不同的产品数据和加热炉的热工条件进行离线模拟计算，钢坯在这种情况下的加热状况，可通过模拟得出的加热曲线来判断，这些虚拟的热工条件是否符合加热这种钢坯的要求，经过反复模拟以得到钢坯理想的加热曲线。

图片
离线模型界面

（8）加热曲线。在加热曲线界面左边列表栏中默认显示炉内的生产钢坯信息，点击钢坯信息会显示该钢坯生产过程中钢坯温度计算模型计算出的钢坯升温曲线和其所在区域段的炉温。

图片
加热曲线界面

查询模块输入日期，点击查询按钮可查询过往生产历史中生产的钢坯生产过程中的钢坯升温曲线和其所在区域段的炉温，也可以按选定日期查询。可以拖动游标查看各个时刻的温度。

（9）报表功能。加热报表界面查询系统是根据实际生产情况记录，经过二级生产的钢坯基本信息和炉内其他信息的生产报表。可查询每支钢坯位置及对应温度，也可查询加热日产报表、出炉报表及班组产量报表，也可输入轧制计划号，按照轧制号进行查询，按需求查询相应报表后，显示在下方列表中，点击导出按钮，将会按 Excel 表格形式导出至电脑中，方便保存分析数据。报表中同时设置了二级智能燃控投用率的查询功能。

图片
加热报表界面

（10）环保指标控制。程序中设置了提前升降温策略，在优先级的基础上均热段提前 5 个料位，加一加二提前 8 个料位，对下一段进行升降温度的计算，工艺转换时进行适当空步，若有整段空步，炉温设定计算按即将进入该段的钢坯提前升降温。

加入的提前升降温策略和空步逻辑优化，在工艺要求的范围内更多地考虑环保指标的控制，避免炉内的急剧升降温，保证温度的缓慢升降，确保硫氧化物、氮氧化物和颗粒物的排放控制在环保要求范围内。

问题讨论

加热炉智能控制还有哪些需要改进的地方？

综合训练

模块8
客观题

模块8
主观题

“四新”拓展——加热炉智能化过程控制技术

一、 项目背景与意义

随着冶金行业智能化的不断发展，轧钢工序的智能化发展需求迫切。加热作为轧钢的重要工序，智能化势在必行，加热炉控制系统又是轧钢产线自动化控制较为薄弱的环节，其困难和问题主要体现在以下几个方面。

（1）加热炉生产受上游连铸、板坯库库存及下游轧制节奏、生产计划等众多因素的影响，装炉基本依靠人工进行调度、核对、定位直至最终入炉。出炉基本采用周期或手动出钢的方式，很难做到依据轧制节奏，结合即将出炉板坯的温度，自动出钢。

（2）影响加热炉板坯加热质量的因素很多，且各因素互相耦合，是个多变量、非线性很强的系统，控制难度大。而炉内高温、粉尘的气氛环境，没有有效的检测手段来实时测量板坯的温度，使其成为名副其实的“黑箱”。

（3）加热炉生产调度、精准控制存在一系列难题，如板坯的加热过程缺乏计划性和连续性、加热质量难以保障、随机性强等；此外，在轧机换辊或故障时，也不能有效地进行炉温智能控制，无法保证恢复轧制时板坯出钢温度达到要求的同时加热能耗达到最优。

（4）对加热炉能效及加热质量缺乏整体的评估，相关性参数也较为单一，仅仅依靠开轧或轧后温度作为评估的依据，时效性较差，且难以满足目前工况及炉况复杂、生产多规格、高品质的需求。

二、 技术解决方案

面对产线智能化的发展要求，针对加热炉的现状，以解决控制系统的痛点问题、实现“会思考”的加热炉为目标，探索加热炉智能化过程控制技术的突破。

（一）物料全自动跟踪系统

加热区域物料的全自动跟踪系统是实现智能化的前提。上料环节采用坯号智能识别装置，结合板坯规格测量等设备，并与智能库管系统进行对接，实现板坯的自动核对、定位、装炉等操作。系统综合上游连铸、库区备料状况及产线的生产节奏，总体协调实现加热炉步进和装、出炉的全自动控制。

（二）高精度板坯温度预报模型

高精度的板坯温度预报模型是目前实时监测炉内板坯温度场的有效方法，也是实现炉温智能控制的基础。传统的温度预测模型通常选取宽度截面作为计算域，采用宽度和厚度方向的二维差分来计算板坯的温度场，这种方法无法体现板坯下表面接触水梁的温度变化。为了考虑水冷梁的热传导和遮蔽作用，根据加热炉水梁错位和布料图，选取错位前后的重叠区域作为计算域，充分考虑板坯内部沿长度方向的传热和水梁黑印影响，精度更高，并可优化在炉时间，降低能耗。

（三）炉温智能优化设定模型

实现炉温的智能优化设定是加热炉系统智能化的核心，也是体现加热炉过程控制技术的先进性所在。炉温的全自动设定需建立在物料全自动跟踪及板坯温度精准预报的基础之上，由工况感知模块判断当前加热炉工况类型，基于智能燃烧专家系统策略库，检索匹配的策略代号，结合轧线反馈的温度、待轧、节奏调整等信息，通过智能推理对各燃烧段内不同板坯的加热权重进行优化设定，从而实现炉温的动态设定和燃烧的智能控制。

（四）加热质量及加热炉能效评估智能决策体系

建立加热质量及加热炉能效评估体系，对于实现“会思考”的加热炉至关重要。该体系综合运用各类大数据分析工具，对板坯温度、位置、工况、设备等时空大数据进行分析，以得到加热质量与升温曲线、设备及工况的关系。建立加热炉炉膛及系统的能质平衡模型，根据加热炉热平衡测试数据分析加热炉能耗与生产率、钢种、规格、燃料状况及其他炉况等参数的关联关系，建立客观评价加热炉能耗水平及节能改造效果的加热炉能效评价体系。

三、主要创新性

（一）板坯坯号智能识别技术

坯号智能识别系统由坯号检测传感器、高清相机、智能识别算法和专家筛选核对模型组成，是智能产线不可或缺的一部分。图像文字识别（OCR）技术应用广泛，但是工业场景的喷印、钢印、点阵、手写等字符属于特定的应用场景。工业字符的空间分布结构、上下文语义规则具有特定规律，常规 OCR 识别技术忽略了空间分布和上下文语义的有价值信息。采用 BKVision 视觉算法库，针对工业生产中的喷印、钢印字符识别进行了专门的算法开发与在线优化，具有业内领先的识别准确率。

（二）考虑氧化铁皮的板坯温度预报技术

板坯的加热是一个非常复杂的物理化学过程，不仅受到燃烧、氧化、辐射、热流的影响，炉体尺寸及底部水冷辊道也会在很大程度上影响板坯的加热效果。在建立在线模型之前，尽可能多地考虑炉内可能影响温度计算的因素，建立复杂精细的三维模型，对其进行分析优化来确定最终的在线应用方案。

板坯的氧化层是由于在高温氧化环境下，铁离子向外扩散，氧由表面向铁的内部扩散所形成的。由于氧化层的热传导性比较差，影响板坯的加热效果，因此，对板坯温度场的研究也要考虑氧化层的生成和增长。离线三维温度场模型对板坯的整个加热过程进行仿真计算并定量分析了氧化烧损对板坯传热的影响，在此基础上，建立了在线的简化二维模型，实现温度预报模型的精准性和快速性。

（三）复杂炉况、工况的动态感知技术

加热工艺策略的制定与当前的炉况、工况有密切的关系，通过对复杂炉况、工况的动态感知，对关键的工艺参数进行动态补偿，提高了系统的鲁棒性。系统根据生产计划、钢种、坯料尺寸、即时产量、各段炉温、供给燃烧量等实际信息，结合在线检测的板坯 RDT 温度（粗轧出口温度）、各段炉膛温度、轧制节奏、待轧时间（非计划）、热值、空燃比变化等信息，运用智能化专家推理的方法来产生控制策略，解决加热炉过程控制优化问题，大大提高加热炉控制过程对各种工况和炉况的适应能力，减少人工干预，提高板坯加热质量和智能化控制水平。

项目实战——智能加热控制

智能控制措施	原 因 说 明

附　　录

附表 1　常用单位换算表

物理量名称	符号	换算关系	
		国际单位制	工程单位制
压力	p	Pa（N/m^2）	物理大气压 工程大气压（kg/mm^2） 毫米水柱 毫米汞柱
		1 物理大气压 = 760 mmHg = 10332 mmH_2O = 101326 Pa 1 工程大气压 = 98066.5 Pa = 0.968 物理大气压 1 mmH_2O = 9.81 Pa 1 mmHg = 133.32 Pa	
热量	Q	kJ	kcal
		1 kcal = 4.1868 kJ	
比热容	c	kJ/(kg·℃)	kcal/(kg·℃)
		1 kcal/(kg·℃) = 4.1868 kJ/(kg·℃)	
热流密度	q	W/m^2	kcal/(m^2·h)
		1 kcal/(m^2·h) = 1.163 W/m^2	
热导率	λ	W/(m·℃)	kcal/(m·h·℃)
		1 kcal/(m·h·℃) = 1.163 W/(m·℃)	
换热系数	α	W/(m^2·℃)	kcal/(m^2·h·℃)
		1 kcal/(m^2·h·℃) = 1.163 W/(m^2·℃)	

附表 2　在大气压力为 760×133.3 Pa 下烟气的物理参数

（烟气中组成的分压力 p_{CO_2} = 0.13×760×133.32 Pa，p_{H_2O} = 0.11×760×133.32 Pa，p_{N_2} = 0.76×760×133.32 Pa）

t/℃	ρ /(kg·m^{-3})	c_p /[kJ·(kg·℃)$^{-1}$]	λ /[kJ·(m·h·℃)$^{-1}$]
0	1.295	1.043	0.206
100	0.950	1.068	11.262
200	0.748	1.097	14.444
300	0.617	1.122	17.417

续附表 2

t/℃	ρ /(kg·m⁻³)	c_p /[kJ·(kg·℃)$^{-1}$]	λ /[kJ·(m·h·℃)$^{-1}$]
400	0. 525	1. 151	20. 515
500	0. 457	1. 185	23. 614
600	0. 405	1. 214	26. 712
700	0. 363	1. 239	29. 768
800	0. 330	1. 264	32. 950
900	0. 301	1. 290	36. 048
1000	0. 275	1. 306	39. 230
1100	0. 257	1. 323	42. 287
1200	0. 240	1. 340	45. 427

附表 3　碳素钢的焓量与温度的关系　(kJ/kg)

温度/℃	含碳量（质量分数）/%										
	0. 090	0. 234	0. 300	0. 540	0. 610	0. 795	0. 920	0. 994	1. 235	1. 410	1. 575
100	46. 48	46. 48	46. 89	47. 31	47. 73	48. 15	50. 24	48. 57	49. 41	48. 57	50. 24
200	95. 46	95. 88	95. 88	95. 88	96. 3	96. 72	100. 49	99. 23	100. 06	98. 81	100. 91
300	148. 22	149. 89	150. 73	151. 57	152. 83	154. 5	155. 76	154. 5	154. 92	154. 5	157. 01
400	205. 16	206	206. 42	208. 93	209. 77	210. 19	213. 54	211. 02	213. 12	210. 61	213. 96
500	265. 46	266. 71	267. 54	268. 39	269. 22	271. 32	275. 92	272. 16	274. 25	272. 16	276. 76
600	339. 15	339. 98	340. 82	343. 33	343. 75	344. 59	349. 61	346. 26	347. 52	345. 43	351. 29
700	419. 12	419. 54	420. 79	422. 89	423. 72	424. 56	427. 29	422. 89	427. 91	425. 4	431. 27
800	531. 75	542. 64	550. 59	547. 66	542. 22	550. 17	550. 17	544. 31	548. 5	544. 31	553. 94
900	629. 31	631. 4	628. 05	620. 09	616. 75	610. 88	602. 93	605. 02	602. 93	605. 86	613. 81
1000	704. 67	701. 74	698. 81	689. 18	686. 67	679. 13	653. 59	670. 76	661. 13	673. 27	669. 92
1100	780. 86	772. 5	768. 31	760. 78	757. 43	749. 47	724. 77	741. 1	732. 31	744. 87	720. 16
1200	850. 4	844. 52	841. 59	831. 54	829. 03	821. 07	791. 34	804. 32	795. 53	813. 12	782. 97
1250	885. 55	880. 11	877. 6	868. 8	866. 29	856. 24	824. 84	841. 59	833. 21	849. 54	817. 72

附表 4　干空气的热物理性质

温度/℃	ρ/(kg·m⁻³)	c_p /[kJ·(kg·℃)$^{-1}$]	λ	
			W/(m·℃)	kJ/(m·h·℃)
0	1. 293	1. 005	0. 0244	0. 08792
20	1. 205	1. 005	0. 0259	0. 09337
40	1. 128	1. 005	0. 0276	0. 09923
60	1. 06	1. 005	0. 0290	0. 10425
80	1	1. 009	0. 0305	0. 10969

续附表 4

温度/℃	ρ/(kg·m^{-3})	c_p /[kJ·(kg·℃)$^{-1}$]	λ W/(m·℃)	kJ/(m·h·℃)
100	0.946	1.009	0.0321	0.11556
120	0.898	1.009	0.0334	0.12016
140	0.854	1.013	0.0349	0.12560
160	0.815	1.017	0.0364	0.13105
180	0.779	1.022	0.0378	0.13607
200	0.674	1.026	0.0393	0.14151
250	0.746	1.038	0.0427	0.15366
300	0.615	1.047	0.0460	0.16580
350	0.566	1.059	0.0491	0.17668
400	0.524	1.068	0.0521	0.18757
500	0.456	1.093	0.0547	0.20683
600	0.404	1.114	0.0622	0.22399
700	0.362	1.135	0.0671	0.24158
800	0.329	1.156	0.0718	0.25833
900	0.301	1.172	0.0763	0.27465
1000	0.277	1.185	0.0807	0.29056
1100	0.257	1.197	0.0850	0.30606
1200	0.239	1.21	0.0915	0.32950

注：表中为 1 大气压下的数据。

附表 5 气体的平均比热容 [kJ/(m^3·℃)]

温度/℃	O_2	N_2	CO	H_2	CO_2	H_2O	SO_2	CH_4	C_2H_4	空气	烟气
0	1.3063	1.2937	1.2979	1.277	1.5994	1.4947	1.7233	1.5491	1.8255	1.2979	1.4235
100	1.3188	1.2979	1.3021	1.2895	1.7082	1.5073	1.8129	1.6412	2.0641	1.3021	
200	1.3356	1.3021	1.3063	1.2979	1.7878	1.524	1.8883	1.7585	2.2818	1.3063	1.4235
300	1.3565	1.3063	1.3147	1.3	1.8631	1.5407	1.9552	1.8883	2.4953	1.3147	
400	1.3775	1.3147	1.3272	1.3021	1.9301	1.5659	2.018	2.0139	2.6879	1.3272	1.457
500	1.3984	1.3272	1.344	1.3063	1.9887	1.591	1.0683	2.1395	2.8638	1.344	
600	1.4151	1.3398	1.3565	1.3105	2.0432	1.6161	2.1143	2.2609	3.0271	1.3565	1.4905
700	1.4361	1.3523	1.3733	1.3147	2.085	1.6412	2.152	2.3781	3.1694	1.3691	
800	1.4486	1.3649	1.3858	1.3188	2.1311	1.6664	2.1813	2.4953	3.3076	1.3816	1.5189
900	1.4654	1.3775	1.3984	1.323	2.1688	1.6957	2.2148	2.6	3.4322	1.3984	
1000	1.4779	1.39	1.4151	1.3314	2.2023	1.725	2.2358	2.7005	3.5462	1.411	1.5449
1100	1.4905	1.4026	1.4235	1.3356	2.2358	1.7501	2.2609	2.7884	3.6551	1.4235	
1200	1.5031	1.4151	1.4361	1.344	2.2651	1.7752	2.2776	2.8638	3.7514	1.4319	1.5659
1300	1.5114	1.4235	1.4486	1.3523	2.2902	1.8045	2.2986	2.8889	3.7514	1.4445	

续附表 5

温度/℃	O_2	N_2	CO	H_2	CO_2	H_2O	SO_2	CH_4	C_2H_4	空气	烟气
1400	1.5198	1.4361	1.457	1.3606	2.3143	1.8296	2.3195	2.9601	—	1.4528	1.591
1500	1.5282	1.4445	1.4654	1.3691	2.3362	1.8548	2.3404	3.0312	—	1.4696	
1600	1.5366	1.4528	1.4738	1.3733	2.3572	1.8784	2.3614	—	—	1.4779	1.6161
1700	1.5449	1.4612	1.4831	1.3816	2.3739	1.9008	2.3823	—	—	1.4863	
1800	1.5533	1.4696	1.4905	1.39	2.3907	1.9217	—	—	—	1.4947	1.6412
1900	1.5617	1.4738	1.4989	1.3984	2.4074	1.9427	—	—	—	1.4989	
2000	1.5701	1.4831	1.5031	1.4068	2.4242	1.9636	—	—	—	1.5073	1.6663

附表 6　不同温度下的饱和水蒸气量

温度/℃	饱和水蒸气分压/Pa	每 1 m^3 含水蒸气量/g	温度/℃	饱和水蒸气分压/Pa	每 1 m^3 含水蒸气量/g
20	17.5×133.32	19	39	52.4×133.32	59.6
21	18.9×133.32	20.2	40	55.3×133.32	63.1
22	19.8×133.32	21.5	42	61.5×133.32	70.8
23	21.1×133.32	22.9	44	68.3×133.32	79.3
24	22.4×133.32	24.4	46	75.5×133.32	88.8
25	23.8×133.32	26	48	83.7×133.32	99.5
26	25.2×133.32	27.6	50	92.5×133.32	111
27	26.7×133.32	29.3	52	102.1×133.32	125
28	28.3×133.32	31.1	54	112.5×133.32	140
29	30×133.32	33.1	56	123.8×133.32	156
30	31.8×133.32	35.1	57	129.8×133.32	166
31	33.7×133.32	37.3	58	136.1×133.32	175
32	35.7×133.32	39.6	60	149.4×133.32	197
33	37.7×133.32	42	62	163.8×133.32	221
34	39.9×133.32	44.5	64	179.3×133.32	248
35	42.2×133.32	47.3	66	196.1×133.32	280
36	44.6×133.32	50.1	68	214.2×133.32	315
37	47.1×133.32	53.1	70	233.7×133.32	357
38	49.7×133.32	56.2	72	254.6×133.32	405

附表 7　简单可燃气体的燃烧特性

气体名称	分子式	燃烧反应式	发热量/($kJ \cdot m^{-3}$)		理论空气需要量/($m^3 \cdot m^{-3}$)	理论燃烧产物量/($m^3 \cdot m^{-3}$)	理论燃烧温度/℃
			$Q_{高}$	$Q_{低}$			
氢	H_2	$H_2+\frac{1}{2}O_2=H_2O$	12749	10786	2.381	2.881	2230

续附表 7

气体名称	分子式	燃烧反应式	发热量/($kJ \cdot m^{-3}$)		理论空气需要量/($m^3 \cdot m^{-3}$)	理论燃烧产物量/($m^3 \cdot m^{-3}$)	理论燃烧温度/℃
			$Q_{高}$	$Q_{低}$			
一氧化碳	CO	$CO+\frac{1}{2}O_2=CO_2$	12628	12628	2.381	2.881	2370
甲烷	CH_4	$CH_4+2O_2=CO_2+2H_2O$	39554	35820	9.524	10.524	2030
乙烷	C_2H_6	$C_2H_6+\frac{7}{2}O_2=2CO_2+3H_2O$	69663	63751	16.667	18.167	2090
丙烷	C_3H_8	$C_3H_8+5O_2=3CO_2+4H_2O$	99161	91256	23.81	25.81	2105
丁烷	C_4H_{10}	$C_4H_{10}+\frac{13}{2}O_2=4CO_2+5H_2O$	128516	118651	30.953	33.453	2115
戊烷	C_5H_{12}	$C_5H_{12}+8O_2=5CO_2+6H_2O$	157913	146084	38.096	41.096	2212
乙烯	C_2H_4	$C_2H_4+3O_2=2CO_2+2H_2O$	63002	59066	14.286	15.286	2290
丙烯	C_3H_6	$C_3H_6+\frac{9}{2}O_2=3CO_2+3H_2O$	91929	86005	21.429	22.929	2220
丁烯	C_4H_8	$C_4H_8+6O_2=4CO_2+4H_2O$	121398	113514	28.572	30.572	2195
苯	C_6H_6	$C_6H_6+\frac{15}{2}O_2=6CO_2+3H_2O$	146302	140382	35.715	37.215	2230
乙炔	C_2H_2	$C_2H_2+\frac{5}{2}O_2=2CO_2+H_2O$	58011	56043	11.905	12.405	2620
硫化氢	H_2S	$H_2S+\frac{3}{2}O_2=SO_2+H_2O$	25407	23384	7.143	7.643	1850

附表 8　常用钢材的热导率　[W/(m·K)(kcal/(m·h·℃))]

材料名称	在下列温度时的 λ						
	100	200	300	400	500	600	900
15 号钢	77.46 (66.6)	66.4 (57.3)	—	47.33 (40.7)	—	41.05 (35.3)	—
20 号钢	50.59 (43.5)	48.61 (41.8)	46.05 (39.6)	42.33 (36.4)	38.96 (33.5)	35.59 (30.6)	—
25 号钢	51.06 (43.9)	48.96 (42.1)	46.05 (39.6)	42.80 (36.8)	39.31 (33.8)	35.59 (30.6)	26.4 (22.7)
35 号钢	75.36 (64.8)	64.43 (55.4)	—	43.96 (37.8)	—	37.68 (32.4)	—
60 号钢	50.24 (43.2)	—	41.87 (36.0)	—	—	33.49 (28.8)	29.3 (25.2)
16Mn 钢	50.94 (43.8)	47.57 (40.9)	43.96 (37.8)	39.54 (34.0)	36.05 (31.0)	—	—
铸钢 2G20	50.7 (43.6)	48.50 (41.7)	—	42.33 (36.4)	—	35.59 (30.6)	—
1Cr18Ni9Ti	16.28 (14.0)	17.58 (15.1)	18.84 (16.2)	20.93 (18.0)	23.83 (19.8)	24.66 (21.2)	—

附表 9　各种不同材料的密度、热导率、比热容和导温系数

材料名称	ρ /(kg·m^{-3})	t /℃	λ /[kJ·(m^2·h·℃)$^{-1}$]	C_p /[kJ·(kg·℃)$^{-1}$]	a /(m^2·h^{-1})
铝箔	20	50	0.1675		
石棉板	770	30	0.4187	0.8164	0.712×10^3
石棉	470	50	0.3977	0.8164	1.04×10^3
沥青	2110	20	2.512	2.093	0.57×10^3
混凝土	2300	20	4.605	1.130	1.77×10^3
耐火生黏土	1845	450	3.726	1.088	1.855×10^3
干土	1500	—	0.4982	—	—
湿土	1700	—	2.366	2.10	0.693×10^3
煤	1400	20	0.670	1.306	0.37×10^3
绝热砖	550	100	0.5024	—	—
建筑用砖	800~1500	20	0.837~1.047	—	—
硅砖	1000	—	2.931	0.6783	6.0×10^3
焦炭粉	449	100	0.687	1.214	0.126×10^3
锅炉水锈（水垢）	—	65	4.734~11.304	—	—
干砂	1500	20	1.172	0.7955	9.85×10^3
湿砂	1650	20	4.061	2.093	1.77×10^3
波特兰水泥	1900	30	1.088	1.130	0.506×10^3
云母	290	—	2.093	0.8792	82.0×10^3
玻璃	2500	20	2.680	0.670	1.6×10^3
矿渣混凝土块	2150	—	3.349	0.8792	1.78×10^3
矿渣棉	250	100	0.2512	—	—
铝	2670	0	733.0	0.9211	328.0×10^3
青铜	8000	20	230.0	0.3810	75.0×10^3
黄铜	8600	0	308.0	0.3768	95.0×10^3
铜	8800	0	1382.0	0.3810	412.0×10^3
镍	9000	20	209.0	0.4605	50.5×10^3
锡	7230	0	230.0	0.2261	141×10^3
汞（水银）	13600	0	31.40	0.1382	16.7×10^3
铅	11400	0	126.0	0.1298	85.0×10^3
银	10500	0	1650.0	0.2345	670.0×10^3
钢	7900	20	163.0	0.4605	45.0×10^3
锌	7000	20	419.0	0.3936	152.0×10^3
铸铁（生铁）	7220	20	226.0	0.5024	62.5×10^3

附表 10　各种物体在室温时的黑度

材料名称	黑度 ε	材料名称	黑度 ε
〔金属〕			
磨光的金属	0.04~0.06	光面玻璃	0.94
旧的白铁皮	0.28	硬橡皮	0.95
钢板：		刨光的木材	0.8~0.9
无光镀镍钢板	0.11	纸	0.8~0.9
新压延的钢板	0.24	耐火黏土砖	0.85
镀锌钢板	0.28	水、雪	0.96
生锈的钢板	0.69	湿的金属表面	0.98
〔其他材料〕		灯烟	0.95
石棉水泥板	0.96	抹灰砖砌体	0.94
油毛毡	0.93	没抹灰的砖	0.88
石膏	0.8~0.9	各种颜色的漆	0.8~0.9

附表 11　各种物体在高温下的黑度

材 料 名 称	温度/℃	黑度 ε
〔金属〕		
表面磨光的铝	300~600	0.04~0.057
表面磨光的铁	400~1000	0.14~0.38
氧化铁	500~1200	0.85~0.95
	100	0.75~0.80
液体铸铁	1300	0.28
氧化铜	800~1100	0.54~0.66
氧化后的铅	200	0.63
液体铜	1200	0.15
钢	300	0.64
精密磨光的金	600	0.035
磨光的纯银	600	0.032
〔其他材料〕		
耐火砖	800~1000	0.8~0.9
石棉纸	400	0.95
烟灰	250	0.95

参考文献

[1] 王华．加热炉［M］．4版．北京：冶金工业出版社，2015.
[2] 孔维军．原料准备与加热［M］．天津：天津大学出版社，2012.
[3] 刘玠，杨卫东，刘文仲．热轧生产自动化技术［M］．北京：冶金工业出版社，2017.
[4] 陈英明．热轧带钢加热工艺及设备［M］．北京：冶金工业出版社，1985.
[5] 陈淑贞．中厚板原料加热［M］．北京：冶金工业出版社，1985.
[6] 贺成林．冶金炉热工基础［M］．2版．北京：冶金工业出版社，1990.
[7] 陈鸿复．冶金炉热工与构造［M］．北京：冶金工业出版社，1993.
[8] 杨意萍．轧钢加热工［M］．北京：化学工业出版社，2009.
[9] 日本工业协会．工业炉手册［M］．北京：冶金工业出版社，1989.
[10] 葛霖．筑炉手册［M］．北京：冶金工业出版社，1994.
[11] 王秉铨．工业炉设计手册［M］．北京：机械工业出版社，1996.
[12] 戚翠芬．加热炉［M］．北京：冶金工业出版社，2004.
[13] 张善亮．加热炉［M］．北京：冶金工业出版社，1995.
[14] 王厚山．冶金炉热工基础辅导教程［M］．北京：化学工业出版社，2009.
[15] 戚翠芬．加热炉基础知识与操作［M］．北京：冶金工业出版社，2005.
[16] 栾贻民．蓄热式步进梁式棒线加热炉［M］．北京：科学技术文献出版社，2016.
[17] 戚翠芬．轧钢原料加热［M］．北京：冶金工业出版社，2013.
[18] 人力资源和社会保障部教材办公室．热工常识［M］．北京：中国劳动社会保障出版社，2011.
[19] 王晓丽．加热炉操作与控制［M］．北京：冶金工业出版社，2016.
[20] 栾贻民．步进梁式加热炉入门与提高［M］．北京：冶金工业出版社，2020.
[21] 朱玉琴．管式加热炉［M］．北京：中国石化出版社，2016.
[22] 岑可法，姚强，骆仲泱，等．燃烧理论与污染控制［M］．北京：机械工业出版社，2004.
[23] 王冠，安登飞，庄剑恒，等．工业炉窑节能减排技术［M］．北京：化学工业出版社，2015.
[24] 康永林，唐荻．轧钢过程节能减排先进技术［M］．北京：冶金工业出版社，2020.
[25] 李雪，夏垒，井玉安，等．材料成型过程传热原理与设备［M］．2版．北京：冶金工业出版社，2024.
[26] 戚翠芬，张树海，张志旺．轧钢加热技术［M］．北京：冶金工业出版社，2025.